国家出版基金项目
NATIONAL PUBLICATION FOUNDATION

"十三五"
国家重点出版物出版规划项目

陆战装备科学与技术·坦克装甲车辆系统丛书

坦克装甲车辆通用质量特性设计与评估技术

Design and Evaluation Techniques for RAMS of Tank and Armored Vehicles

刘树林 刘勇 伊枭剑 陈守华 编著

北京理工大学出版社
BEIJING INSTITUTE OF TECHNOLOGY PRESS

内 容 简 介

本书共有 8 章，重点论述通用质量特性管理要求及指标体系、可靠性设计与试验、评估技术、维修性设计与评估技术、保障性设计与分析技术、测试性设计技术、安全性工程等内容，研究通用质量特性管理、设计分析、试验评估等方面的工程理论和实践。

本书将基础理论与工程实际案例相结合，突破了以往类似书籍只涉及单独通用质量特性的局限，是首部研究装甲车辆通用质量特性的工程理论和应用的图书，为产品设计分析人员提供了大量的分析实例，主要供本行业研究、设计、管理与教学人员使用，对广大工程设计人员具有很强的指导作用，也可以作为可靠性专业研究生教材和高年级本科生专业教材。

版权专有　侵权必究

图书在版编目（CIP）数据

坦克装甲车辆通用质量特性设计与评估技术／刘树林等编著. —北京：北京理工大学出版社，2020.3

（陆战装备科学与技术·坦克装甲车辆系统丛书）

国家出版基金项目　"十三五"国家重点出版物出版规划项目　国之重器出版工程

ISBN 978 - 7 - 5682 - 8326 - 7

Ⅰ.①坦… Ⅱ.①刘… Ⅲ.①坦克 - 质量特性 - 设计②坦克 - 质量特性 - 评估③装甲车 - 质量特性 - 设计④装甲车 - 质量特性 - 评估 Ⅳ.①TJ811

中国版本图书馆 CIP 数据核字（2020）第 054304 号

出　　版／北京理工大学出版社有限责任公司
社　　址／北京市海淀区中关村南大街 5 号
邮　　编／100081
电　　话／（010）68914775（总编室）
　　　　　（010）82562903（教材售后服务热线）
　　　　　（010）68948351（其他图书服务热线）
网　　址／http://www.bitpress.com.cn
经　　销／全国各地新华书店
印　　刷／北京捷迅佳彩印刷有限公司
开　　本／710 毫米×1000 毫米　1/16
印　　张／31.5　　　　　　　　　　　　　　责任编辑／钟　博
字　　数／544 千字　　　　　　　　　　　　文案编辑／钟　博
版　　次／2020 年 3 月第 1 版　2020 年 3 月第 1 次印刷　责任校对／周瑞红
定　　价／148.00 元　　　　　　　　　　　　责任印制／李志强

专家委员会委员（按姓氏笔画排列）：

于　全　　中国工程院院士

王　越　　中国科学院院士、中国工程院院士

王小谟　　中国工程院院士

王少萍　　"长江学者奖励计划"特聘教授

王建民　　清华大学软件学院院长

王哲荣　　中国工程院院士

尤肖虎　　"长江学者奖励计划"特聘教授

邓玉林　　国际宇航科学院院士

邓宗全　　中国工程院院士

甘晓华　　中国工程院院士

叶培建　　人民科学家、中国科学院院士

朱英富　　中国工程院院士

朵英贤　　中国工程院院士

邬贺铨　　中国工程院院士

刘大响　　中国工程院院士

刘辛军　　"长江学者奖励计划"特聘教授

刘怡昕　　中国工程院院士

刘韵洁　　中国工程院院士

孙逢春　　中国工程院院士

苏东林　　中国工程院院士

苏彦庆　　"长江学者奖励计划"特聘教授

苏哲子　　中国工程院院士

李寿平　　国际宇航科学院院士

李伯虎	中国工程院院士
李应红	中国科学院院士
李春明	中国兵器工业集团首席专家
李莹辉	国际宇航科学院院士
李得天	国际宇航科学院院士
李新亚	国家制造强国建设战略咨询委员会委员、中国机械工业联合会副会长
杨绍卿	中国工程院院士
杨德森	中国工程院院士
吴伟仁	中国工程院院士
宋爱国	国家杰出青年科学基金获得者
张 彦	电气电子工程师学会会士、英国工程技术学会会士
张宏科	北京交通大学下一代互联网互联设备国家工程实验室主任
陆 军	中国工程院院士
陆建勋	中国工程院院士
陆燕荪	国家制造强国建设战略咨询委员会委员、原机械工业部副部长
陈 谋	国家杰出青年科学基金获得者
陈一坚	中国工程院院士
陈懋章	中国工程院院士
金东寒	中国工程院院士
周立伟	中国工程院院士

郑纬民	中国工程院院士
郑建华	中国科学院院士
屈贤明	国家制造强国建设战略咨询委员会委员、工业和信息化部智能制造专家咨询委员会副主任
项昌乐	中国工程院院士
赵沁平	中国工程院院士
郝　跃	中国科学院院士
柳百成	中国工程院院士
段海滨	"长江学者奖励计划"特聘教授
侯增广	国家杰出青年科学基金获得者
闻雪友	中国工程院院士
姜会林	中国工程院院士
徐德民	中国工程院院士
唐长红	中国工程院院士
黄　维	中国科学院院士
黄卫东	"长江学者奖励计划"特聘教授
黄先祥	中国工程院院士
康　锐	"长江学者奖励计划"特聘教授
董景辰	工业和信息化部智能制造专家咨询委员会委员
焦宗夏	"长江学者奖励计划"特聘教授
谭春林	航天系统开发总师

《陆战装备科学与技术·坦克装甲车辆系统丛书》
编写委员会

编者序

坦克装甲车辆作为联合作战中基本的要素和重要的力量，是一种最具临场感、最实时、最基本的信息节点和武器装备，其技术的先进性代表了陆军装备现代化程度。

装甲车辆涉及的技术领域宽广，经过几十年的探索实践，我国坦克装甲车辆技术领域的专家积累了丰富的研究和开发经验，实现了我国坦克装甲车辆从引进到仿研仿制再到自主设计的一次又一次跨越。在车辆总体设计、综合电子系统设计、武器控制系统设计、新型防护技术、电子电气系统设计及嵌入式软件设计、数字化与虚拟仿真设计、环境适应性设计、故障预测与健康管理、新型工艺等方面取得了重要进展，有些理论与技术已经处于世界领先水平。随着我国陆战装备系统的理论与技术取得重要进展，亟需通过一套系统全面的图书来呈现这些成果，以适应坦克装甲车辆技术积淀与创新发展的需要，同时多年来我国坦克装甲车辆领域的研究人员一直缺乏一套具有系统性、学术性、先进性的丛书来指导科研实践。为了满足上述需求，《陆战装备科学与技术·坦克装甲车辆系统丛书》应运而生。

北京理工大学出版社联合中国北方车辆研究所、内蒙古金属材料研究所、北京理工大学、中国人民解放军陆军装甲兵学院、南京理工大学、中国人民解放军陆军军事交通学院和中国兵器科学研究院等单位一线的科研和工程领域专家及其团队，策划出版了本套反映坦克装甲车辆领域具有领先水平的学术著作。本套丛书结合国际坦克装甲车辆技术发展现状，凝聚了国内坦克装甲车辆技术领域的主要研究力量，立足于装甲车辆总体设计、底盘系统、火力系统、防护系统、电气系统、电磁兼容、人机工程、质量与可靠性、仿真技术、协同作战辅助决策等方面，围绕装甲车辆"多功能、轻量化、网络化、信息化、全电化、智能化"的发展方向，剖析了装甲车辆的研究热点和技术难点，既体现了作者团队原创性科研成果，又面向未来、布局长远。为确保其科学性、准确性、权威性，丛书由我国装甲车辆领域的多位领军科学家、总设计师负责校审，最后形成了由24分册构成的《陆战装备科学与技术·坦克装甲车辆系统丛书》，具体名称如下：《装甲车辆概论》《装甲车辆构造与原理》《装甲车辆行驶原理》《装甲车辆设计》《新型坦克设计》《装甲车辆武器系统设计》《装甲车辆火控系统》《装甲防护技术研究》《装甲车辆机电复合传动系统模式切换控制理论与方法》《装甲车辆液力缓速制动技术》《装甲车辆悬挂系统设计》《坦克装甲车辆电气系统设计》《现代坦克装甲车辆电子综合系统》《装甲车辆嵌入式软件开发方法》《装甲车辆电磁兼容性设计与试验技术》《装甲车辆环境适应性研究》《装甲车辆人机工程》《装甲车辆制造工艺学》《坦克装甲车辆通用质量特性设计与评估技术》《装甲车辆仿真技术》《装甲车辆试验学》《装甲车辆动力传动系统试验技术》《装甲车辆故障诊断技术》《装甲车辆协同作战辅助决策技术》。

　　《陆战装备科学与技术·坦克装甲车辆系统丛书》内容涵盖多项装甲车辆领域关键技术工程应用成果，并入选"国家出版基金"项目、"'十三五'国家重点出版物出版规划"项目和工信部"国之重器出版工程"项目。相信这套丛书的出版必将承载广大陆战装备技术工作者孜孜探索的累累硕果，帮助读者更加系统、全面地了解我国装甲车辆的发展现状和研究前沿，为推动我国陆战装备系统理论与技术的发展做出更大的贡献。

丛书编委会

前　言

　　本书从满足装甲车辆研制需求和提升装甲车辆通用质量特性水平出发，重点论述通用质量特性管理要求及指标体系、可靠性设计与评估技术、维修性设计与评估技术、安全性设计与评估技术、保障性设计与分析技术等内容，并结合工程实践，给出了通用质量特性管理、设计分析、试验评估等方面的工程案例。

　　本书共分为8章，第1章"概论"主要介绍了装甲装备的通用质量特性的内涵，分析了国内外技术现状和发展需求，指出了存在的问题和差距；第2章"通用质量特性管理与工程实践"主要介绍了通用质量特性的组织管理机构及职责、不同阶段的管理任务及工作项目，还介绍了生产与售后服务质量管理、通用质量特性指标体系及工程案例；第3章"可靠性设计技术与工程实践"主要介绍了GO法、FMECA、动态故障树等方法，以及可靠性优化分配技术，并结合装甲车辆介绍了GO法、FTA等的工程应用；第4章"可靠性试验、评估与工程实践"主要介绍了环境应力筛选、加速试验、可靠性强化试验、可靠性摸底试验以及可靠性评估技术，并针对可靠性摸底试验列出了成功案例。第5章"维修性设计、评估技术与工程实践"主要介绍了维修性主动设计技术、基于虚拟现实的维修性评价、维修性评价指标体系、维修训练技术及相应的工程案例。第6章"保障性设计分析技术与工程实践"主要介绍了装备保障性要求论证、装备保障方案的确定与优化、装备保障资源需求与分析、装备保障性试验与评价以及工程案例。第7章"测试性设计技术与工程实践"主要介绍了测试性设计方法、BIT设计、测试性预计与分析及工程案例。第8章"安全性工程"主要介绍了安全性工程原理、安全性分析方法、安全性设计方法、安全性工程管理及工程案例。

本书是首部研究装甲车辆通用质量特性的工程理论和应用的图书，并将基础理论与工程实际案例相结合，为产品设计分析人员提供了大量的分析实例，具有很强的指导作用，对于装甲车辆的研制开发、装备通用质量特性水平的提升和适应实战化需求都具有非常重要的现实意义。

本书第1章由刘勇、刘树林撰写，第2章由刘树林、刘勇撰写，第3章由伊枭剑、刘树林撰写，第4章由高振涛、郭文珺撰写，第5章由刘树林、焦娜、伊枭剑撰写，第6章由陈守华、张波撰写，第7章由王秋芳、刘勇撰写，第8章由焦健、冯强撰写，全书由刘树林、刘勇起草撰写大纲和最终审定，由刘树林、焦娜、伊枭剑、郭文珺统稿。

本书在撰写过程中得到了中国人民解放军陆军装甲兵学院单志伟教授，中国人民解放军陆军研究院装甲兵研究所吴纬高工，北京航空航天大学任羿教授、吕川教授，中国北方车辆研究所王剑研究员等的指导，并根据他们提出的宝贵意见进行了修改，在编写过程中参考了许多专著和论文，在此向以上为本书的出版付出心血的所有同仁以及本书的主审专家和出版编审一并表示衷心的感谢。

由于作者的知识、经验和水平有限，书中难免存在不妥和错漏之处，恳请读者批评指正。

编　者

目 录

第 1 章　概　论 ……………………………………………………… 001

1.1　装甲装备通用质量特性概述 ……………………………… 003

1.2　装甲装备通用质量特性发展需求分析 …………………… 004

　　1.2.1　提升装甲装备可靠性的需求，对提升产品可靠性基础
　　　　　能力提出了迫切要求 ……………………………… 004

　　1.2.2　满足装备实战适用性要求，对提升装甲产品可靠性
　　　　　能力提出现实需求 ………………………………… 005

　　1.2.3　装备研发模式和发展机制转变，对提升行业可靠性
　　　　　能力提出了发展需求 ……………………………… 005

1.3　国内外现状 ………………………………………………… 006

　　1.3.1　国外现状 ………………………………………… 006

　　1.3.2　国内现状 ………………………………………… 007

1.4　存在的问题和差距 ………………………………………… 008

　　1.4.1　研制模式落后，基础数据缺乏 ……………………… 008

　　1.4.2　试验能力薄弱，缺少研制试验条件支撑 …………… 009

　　1.4.3　保障能力不足，影响装备使用 …………………… 010

第 2 章　通用质量特性管理与工程实践 ……………………… 011

2.1　通用质量特性组织管理机构 ……………………………… 012

2.2　通用质量特性专项组的职责 ………………………………… 013

2.3　各分系统通用质量特性主任设计师的职责 ………………… 013

2.4　通用质量特性管理模式 ……………………………………… 014

2.5　通用质量特性管理思想 ……………………………………… 014

2.6　通用质量特性管理阶段及任务 ……………………………… 014

　　2.6.1　通用质量特性管理阶段 ……………………………… 014

　　2.6.2　主要管理任务 ………………………………………… 014

2.7　通用质量特性管理实施阶段及管理工作项目 ……………… 015

　　2.7.1　研制阶段通用质量特性管理实施流程 ……………… 015

　　2.7.2　研制阶段通用质量特性管理工作项目 ……………… 016

2.8　生产质量与售后服务质量管理 ……………………………… 025

2.9　通用质量特性参数体系 ……………………………………… 026

　　2.9.1　通用质量特性的主要参数 …………………………… 026

　　2.9.2　通用质量特性参数分类及适用阶段 ………………… 030

　　2.9.3　通用质量特性参数设计分解层次 …………………… 031

　　2.9.4　装甲装备通用质量特性定性要求 …………………… 033

2.10　工程案例 …………………………………………………… 035

　　2.10.1　可靠性工作要求 …………………………………… 035

　　2.10.2　可靠性工作组织机构和运行管理要求 …………… 036

　　2.10.3　可靠性工作计划的制定 …………………………… 038

　　2.10.4　对承制方和转承制方的监督和控制 ……………… 039

　　2.10.5　可靠性评审 ………………………………………… 039

　　2.10.6　故障报告、分析和纠正措施系统（FRACAS）

　　　　　 的建立 …………………………………………… 040

　　2.10.7　可靠性信息管理要求 ……………………………… 041

　　2.10.8　可靠性设计分析工作管理要点 …………………… 041

　　2.10.9　可靠性试验工作管理要点 ………………………… 045

　　2.10.10　各研制阶段可靠性工作项目选择 ………………… 045

第3章　可靠性设计技术与工程实践 …………………………… 049

3.1　基于GO法的装甲车辆可靠性建模与分析技术 …………… 051

　　3.1.1　GO法的基本理论 …………………………………… 051

　　3.1.2　GO法的分析流程 …………………………………… 055

3.2　FMECA分析技术 …………………………………………… 059

3.2.1　FMECA 技术标准 ………………………………… 059

　　　3.2.2　FMECA 技术标准的工作流程 …………………… 060

　　　3.2.3　FMECA 技术分析步骤 ………………………… 061

　　3.3　动态故障树分析技术 ………………………………… 067

　　　3.3.1　结构及工作原理分析 ……………………………… 067

　　　3.3.2　可靠性框图绘制 …………………………………… 067

　　　3.3.3　建立动态故障树 …………………………………… 068

　　　3.3.4　模块分解 …………………………………………… 068

　　　3.3.5　各模块定性分析和定量分析 ……………………… 068

　　3.4　装甲车辆可靠性优化分配技术 ……………………… 069

　　　3.4.1　基于模糊层次分配和新、旧系统分配的故障率复合

　　　　　　分配方法 …………………………………………… 070

　　　3.4.2　标度与模糊数权重评估 …………………………… 070

　　　3.4.3　基于模糊层次分配和新、旧系统分配的故障率复合

　　　　　　分配问题的求解 …………………………………… 073

　　　3.4.4　基于 GO 法的装甲车辆可靠性、维修性指标权衡优化

　　　　　　分配方法 …………………………………………… 076

　　　3.4.5　基于 GO 法的装甲车辆可靠性、维修性指标权衡优化

　　　　　　分配问题的求解 …………………………………… 080

　　3.5　工程案例 ……………………………………………… 088

　　　3.5.1　基于 GO 法的装甲车辆可靠性建模与分析应用实例 … 088

　　　3.5.2　基于 FTA 的装甲车辆可靠性建模与分析应用实例 … 093

　　　3.5.3　装甲车辆可靠性优化分配技术工程案例 ………… 100

第4章　可靠性试验、评估与工程实践 ……………………… 133

　　4.1　环境应力筛选 ………………………………………… 135

　　　4.1.1　环境应力筛选的作用 ……………………………… 135

　　　4.1.2　典型的环境应力 …………………………………… 137

　　　4.1.3　环境应力筛选的实施 ……………………………… 139

　　4.2　可靠性增长试验 ……………………………………… 140

　　　4.2.1　可靠性增长试验的要求 …………………………… 140

　　　4.2.2　故障分类及纠正方式 ……………………………… 141

　　　4.2.3　可靠性增长管理的内容 …………………………… 142

　　　4.2.4　常用的可靠性增长模型 …………………………… 143

4.2.5　可靠性增长试验的步骤 ……………………………………… 146

　4.3　加速试验 ……………………………………………………………… 147

　　　4.3.1　应力寿命试验 …………………………………………………… 148

　　　4.3.2　高加速寿命试验 ………………………………………………… 149

　　　4.3.3　加速寿命试验模型 ……………………………………………… 149

　4.4　可靠性强化试验 ……………………………………………………… 150

　　　4.4.1　电子产品 ………………………………………………………… 150

　　　4.4.2　机械液压类产品 ………………………………………………… 151

　4.5　可靠性摸底试验 ……………………………………………………… 153

　　　4.5.1　试验性质及目的 ………………………………………………… 153

　　　4.5.2　被试品数量及技术状态 ………………………………………… 153

　　　4.5.3　试验方法及时间 ………………………………………………… 153

　　　4.5.4　试验环境与条件要求 …………………………………………… 154

　　　4.5.5　试验剖面 ………………………………………………………… 154

　　　4.5.6　试验要求 ………………………………………………………… 159

　4.6　可靠性评估技术 ……………………………………………………… 159

　　　4.6.1　二项分布单元可靠性评估 ……………………………………… 160

　　　4.6.2　指数分布单元可靠性评估 ……………………………………… 161

　　　4.6.3　威布尔分布单元可靠性评估 …………………………………… 176

　　　4.6.4　正态分布单元可靠性评估 ……………………………………… 182

　4.7　工程案例 ……………………………………………………………… 186

　　　4.7.1　应力设计 ………………………………………………………… 186

　　　4.7.2　试验剖面设计 …………………………………………………… 187

　　　4.7.3　试验记录 ………………………………………………………… 190

第5章　维修性设计、评估技术与工程实践 ……………………………… 195

　5.1　维修性设计技术概述 ………………………………………………… 197

　　　5.1.1　维修性设计的内涵 ……………………………………………… 197

　　　5.1.2　装甲车辆维修性设计的国内外现状 …………………………… 199

　5.2　维修性主动设计技术 ………………………………………………… 200

　　　5.2.1　装甲车辆维修性设计与功能结构设计流程 …………………… 200

　　　5.2.2　维修性主动设计流程 …………………………………………… 200

　5.3　维修性－功能结构特征关联关系模型 ……………………………… 205

　　　5.3.1　维修性－功能结构特征关联关系模型的构建 ………………… 208

5.3.2 结构关联的表达 …………………………… 208

5.3.3 功能结构设计特征的表达 ………………… 209

5.3.4 维修性参数和环境要素的表达 …………… 210

5.3.5 维修性和功能结构特征关联关系的表达 … 211

5.4 基于虚拟现实的维修性评价 ………………… 215

5.4.1 虚拟现实下的维修性评估流程 …………… 216

5.4.2 维修过程仿真 ………………………………… 216

5.4.3 维修性评估 …………………………………… 216

5.4.4 虚拟现实环境下装甲车辆维修性评估过程总结 … 216

5.5 面向时空要素的装甲车辆维修性评估指标体系研究 ……… 219

5.5.1 维修性评估指标体系建立方法研究 ……… 219

5.5.2 装甲车辆维修性影响因素分析 …………… 221

5.5.3 装甲车辆维修性评估指标体系 …………… 225

5.5.4 维修性定性属性评估方法 ………………… 227

5.5.5 维修性定量属性评估方法 ………………… 243

5.5.6 维修性综合评估算法 ……………………… 244

5.6 虚拟维修训练技术 …………………………… 250

5.6.1 国内外虚拟维修训练技术研究现状 ……… 252

5.6.2 虚拟维修训练关键技术概况与趋势 ……… 259

5.7 工程案例 ……………………………………… 263

第6章 保障性设计分析技术与工程实践 ……………… 279

6.1 概 述 ………………………………………… 280

6.1.1 装甲装备保障问题分析 …………………… 280

6.1.2 装备系统的保障性 ………………………… 281

6.2 装备保障性分析 ……………………………… 282

6.2.1 装备保障性分析的基本概念 ……………… 282

6.2.2 装备保障性分析的特点 …………………… 283

6.2.3 装备寿命周期各阶段的保障性分析工作 … 284

6.2.4 装备保障性分析标准介绍 ………………… 286

6.2.5 装备保障性分析的流程与主要工作内容 … 293

6.2.6 装备保障性分析的主要技术 ……………… 298

6.3 装备保障性要求论证 ………………………… 307

6.3.1 装备保障性要求的分类 …………………… 307

6.3.2 确定装备保障性要求的过程 ⋯⋯⋯⋯⋯⋯⋯⋯⋯⋯⋯⋯⋯ 310

6.3.3 确定装备保障性要求的主要方法 ⋯⋯⋯⋯⋯⋯⋯⋯⋯⋯ 315

6.4 装备保障方案的确定与优化 ⋯⋯⋯⋯⋯⋯⋯⋯⋯⋯⋯⋯⋯⋯⋯ 317

6.4.1 保障方案概述 ⋯⋯⋯⋯⋯⋯⋯⋯⋯⋯⋯⋯⋯⋯⋯⋯⋯⋯ 318

6.4.2 使用保障方案的确定 ⋯⋯⋯⋯⋯⋯⋯⋯⋯⋯⋯⋯⋯⋯ 319

6.4.3 装备预防性维修保障方案的确定 ⋯⋯⋯⋯⋯⋯⋯⋯⋯ 323

6.4.4 装备修复性维修保障方案的确定 ⋯⋯⋯⋯⋯⋯⋯⋯⋯ 333

6.4.5 装备保障方案权衡优化 ⋯⋯⋯⋯⋯⋯⋯⋯⋯⋯⋯⋯⋯ 343

6.5 装备保障资源需求分析 ⋯⋯⋯⋯⋯⋯⋯⋯⋯⋯⋯⋯⋯⋯⋯⋯⋯ 347

6.5.1 装备保障资源概述 ⋯⋯⋯⋯⋯⋯⋯⋯⋯⋯⋯⋯⋯⋯⋯ 347

6.5.2 装备寿命各阶段保障资源需求确定的主要工作 ⋯⋯⋯ 348

6.5.3 装备保障人力人员需求的确定 ⋯⋯⋯⋯⋯⋯⋯⋯⋯⋯ 349

6.5.4 保障设备需求的确定 ⋯⋯⋯⋯⋯⋯⋯⋯⋯⋯⋯⋯⋯⋯ 353

6.5.5 备品备件需求的确定 ⋯⋯⋯⋯⋯⋯⋯⋯⋯⋯⋯⋯⋯⋯ 355

6.5.6 其他保障资源需求的确定 ⋯⋯⋯⋯⋯⋯⋯⋯⋯⋯⋯⋯ 358

6.6 保障性试验与评估 ⋯⋯⋯⋯⋯⋯⋯⋯⋯⋯⋯⋯⋯⋯⋯⋯⋯⋯⋯ 362

6.6.1 保障性试验与评估概述 ⋯⋯⋯⋯⋯⋯⋯⋯⋯⋯⋯⋯⋯ 363

6.6.2 保障性试验与评估的分类 ⋯⋯⋯⋯⋯⋯⋯⋯⋯⋯⋯⋯ 363

6.6.3 装备试验鉴定中的保障性试验与评估工作 ⋯⋯⋯⋯⋯ 364

6.6.4 保障性试验方法 ⋯⋯⋯⋯⋯⋯⋯⋯⋯⋯⋯⋯⋯⋯⋯⋯ 365

6.6.5 保障性定量要求评估方法 ⋯⋯⋯⋯⋯⋯⋯⋯⋯⋯⋯⋯ 367

6.6.6 保障性定性要求评估方法 ⋯⋯⋯⋯⋯⋯⋯⋯⋯⋯⋯⋯ 371

6.7 工程案例 ⋯⋯⋯⋯⋯⋯⋯⋯⋯⋯⋯⋯⋯⋯⋯⋯⋯⋯⋯⋯⋯⋯⋯ 375

6.7.1 装甲装备保障性要求论证工程案例 ⋯⋯⋯⋯⋯⋯⋯⋯ 375

6.7.2 装甲装备保障方案的确定与优化工程案例 ⋯⋯⋯⋯⋯ 383

6.7.3 装甲装备保障资源需求的确定工程案例 ⋯⋯⋯⋯⋯⋯ 388

6.7.4 装甲装备保障性试验与评估工程案例 ⋯⋯⋯⋯⋯⋯⋯ 391

第7章 测试性设计技术与工程实践 ⋯⋯⋯⋯⋯⋯⋯⋯⋯⋯⋯⋯⋯⋯ 393

7.1 概 述 ⋯⋯⋯⋯⋯⋯⋯⋯⋯⋯⋯⋯⋯⋯⋯⋯⋯⋯⋯⋯⋯⋯⋯⋯ 395

7.1.1 测试性参数体系 ⋯⋯⋯⋯⋯⋯⋯⋯⋯⋯⋯⋯⋯⋯⋯⋯ 395

7.1.2 常用测试性术语 ⋯⋯⋯⋯⋯⋯⋯⋯⋯⋯⋯⋯⋯⋯⋯⋯ 396

7.2 测试性设计方法 ⋯⋯⋯⋯⋯⋯⋯⋯⋯⋯⋯⋯⋯⋯⋯⋯⋯⋯⋯⋯ 397

7.2.1 功能和结构划分 ⋯⋯⋯⋯⋯⋯⋯⋯⋯⋯⋯⋯⋯⋯⋯⋯ 397

7.2.2　测试点的选择与设置 ·············· 398

　　　7.2.3　测试接口设计 ························ 403

　7.3　BIT 设计 ·································· 404

　　　7.3.1　系统级 BIT 设计 ··················· 404

　　　7.3.2　单元级 BIT 设计 ··················· 406

　　　7.3.3　BIT 技术 ·························· 409

　7.4　测试性预计与分析 ······················ 416

　　　7.4.1　系统测试性预计 ···················· 417

　　　7.4.2　LRU 测试性预计 ··················· 421

　　　7.4.3　SRU 测试性预计 ··················· 424

　7.5　工程案例 ································ 425

　　　7.5.1　功能规划 ·························· 425

　　　7.5.2　整体规划 ·························· 425

　　　7.5.3　主要系统测试性接口需求分析 ·········· 426

第 8 章　安全性工程 ····························· 429

　8.1　安全性的基础概念及度量 ·················· 430

　　　8.1.1　事故、危险、安全及安全性的内涵 ······· 430

　　　8.1.2　安全性的一般度量方式 ················ 432

　　　8.1.3　安全性常见的评估方法 ················ 432

　8.2　安全性工程原理 ························ 434

　　　8.2.1　概念与内容 ························ 434

　　　8.2.2　工作思路 ·························· 434

　8.3　安全性分析方法 ························ 435

　　　8.3.1　安全性分析工作、时机与关系 ·········· 435

　　　8.3.2　初步危险表 ························ 437

　　　8.3.3　初步危险分析 ······················ 439

　　　8.3.4　分系统危险分析/系统危险分析 ·········· 441

　　　8.3.5　使用与保障危险分析 ·················· 444

　　　8.3.6　健康危险分析 ······················ 446

　　　8.3.7　功能危险分析 ······················ 448

　8.4　安全性设计方法 ························ 450

　　　8.4.1　安全性设计的基本概念 ················ 450

　　　8.4.2　安全性设计需求与层级 ··············· 450

8.4.3　通用安全性设计方法 ·············· 451

8.4.4　专用安全性设计方法 ·············· 451

8.5　安全性工程管理 ···························· 455

8.6　工程案例 ······································ 456

参考文献 ··· 459

索引 ·· 464

第 1 章

概　论

通用质量特性涵盖了可靠性、维修性、测试性、保障性、安全性和环境适应性等"六性"，是一种由设计与生产赋予装备的固有属性，反映的是装备的可用性，由于环境适应性和其他几个特性的设计分析方法相对独立，本书中提到的通用质量特性不包含环境适应性，只围绕可靠性、维修性、测试性、保障性、安全性展开（简称"五性"）。通用质量特性直接影响着装备的作战效能和装备的市场竞争力，也是多年来影响装甲装备跨越式发展的重要因素之一。

要确保武器装备质量特性经得起部队的检验、战斗的检验和历史的检验，就必须提高面向实战化运用的武器装备质量特性水平。针对部队实战化作战训练强度和高频度的使用需求，装甲装备使用环境会十分严酷，使通用质量特性的设计难度随之加大。

在我国装甲装备的发展初期，对照国外先进的装备，以填补型谱的空白为主，主要强调追求功能、性能，解决了装甲装备的"从无到有"的问题。但也存在着可靠性基础数据缺乏，可操作的"五性"标准、规范缺失，缺乏实用的"五性"工程技术，"五性"工程技术应用水平低，可靠性试验和验证能力不足，生产工艺与装备的可靠性、稳定性差，装备使用与保障能力不足等一系列问题与短板，加之认识和管理不到位，难以支撑装甲装备"五性"技术发展。

综上，研究与发展装甲车辆的通用质量特性技术是形势所需，也是大势所趋。

|1.1　装甲装备通用质量特性概述|

通用质量特性技术是指可靠性、维修性、保障性、测试性、安全性等专门技术。近半个世纪以来，武器装备研制经历了重大的变化和发展，从单纯地关注产品性能的实现和购置费用，逐步转向以效能为目标并综合衡量武器装备全寿命周期费用。"五性"技术正是伴随着这一变化发展起来的，"五性"技术为武器装备综合效能的实现和全寿命周期费用的控制优化提供了工程技术手段和方法。同时，国内外武器装备的研制经验表明，"五性"工程与电器、机械、电子、液压、动力学等传统工程紧密融合，实现并行设计，进而影响装备的设计制造，是提高装备效能的有效途径。装备的"五性"水平是设计出来的，是装备的固有属性，要依靠研制生产来实现，需要把"五性"需求前伸到装备的设计阶段，即在设计装备时重视装备的"五性"指标。对于装甲装备来说，相关指标主要包括平均无故障时间、可达可用度、平均维修时间、虚警率等。

装甲装备快速发展，装甲装备主要战技指标都接近或局部赶超国际先进装备水平，但在"五性"指标的实现上，却与国际先进装备有明显差距。虽然我国装甲装备在研制过程中陆续开展了可靠性相关工作，为装备作战效能的发挥奠定了一定基础，但可靠性水平整体偏低，例如主战坦克或步兵战车的可靠性水平与国际同类先进装备有明显差距。维修性水平也不高，许多产品的设计没有系统地考虑战损抢修与修复性维修的难度，产品维修起来困难，可达性较差，维修时间长；另外，由于机电产品的增加，测试性问题突出，许多产品的故障检测、故障定位困难，故障检测时间长，严重影响装备的可用性。装甲装备保障性差，保障资源需求量大，备件消耗和备件存储对作战部队的使用造成较大影响。

从使用角度讲，不仅要求装甲装备具备"一流机动、火力、防护和观察指挥性能"，还要求必须具备较高的使用可靠性和战场持续作战能力。未来的军事对抗已不仅是装备的性能、功能、数量的对抗，更多地体现为装备体系能力的对抗及装备质量与可靠性等综合性能的对抗，因此打造高可靠性、长寿命、易维修、好保障、保安全的装备是必然的发展趋势。

|1.2 装甲装备通用质量特性发展需求分析|

1.2.1 提升装甲装备可靠性的需求，对提升产品可靠性基础能力提出了迫切要求

在任何国家，可靠性问题都会成为制约装甲装备作战效能发挥、部队战斗力提升的瓶颈，不断提高可靠性，是每一个装备制造商在积极推动的工作之一。

装甲装备可靠性问题成因错综复杂，缺乏行业质量与可靠性标准和规范、可靠性工程技术应用不足、可靠性试验和验证能力不足、质量与可靠性基础数据缺乏等都是造成产品可靠性问题频发的主要因素。我国当前执行的可靠性相关法律法规和国家标准有30多个，如《武器装备质量管理条例》、《装备通用质量特性管理规定》、GJB 450A－2005《装备可靠性工作通用要求》、GJB 899A－2009《可靠性鉴定和验收试验》等，基本覆盖了产品研制的各个阶段。但行业级的、具有装甲特色的可靠性标准、规范和要求却很少，主要体现在一些质量要求和规定中，没有专门的可靠性要求或规范，设计人员在研制过程中缺少有针对性的可靠性规范或指南的指导。

针对当前提高装甲装备可靠性指标和提升行业可靠性水平的现实需求，需以问题为导向，全员参与，进行全寿命周期管理，在管理模式、制度建设、技术研究和应用、基础能力建设等各方面进行科学规划，加大投入，通过采取综合措施，达到提高产品可靠水平的目标。

1.2.2　满足装备实战适用性要求，对提升装甲产品可靠性能力提出现实需求

在提高装备的实战适用性的大背景下，部队实战化作战的训练强度和频度空前加大，训练环境贴近实战的复杂电磁环境和气象地理环境，在极限条件下对抗作战，暴露出装甲装备可靠性不高、实战能力较差的不足，与"能打仗、打胜仗"的要求仍存在较大差距。很多车辆及重要系统的可靠性指标不到国外先进主战坦克的一半，可靠性水平低，严重制约了装备作战效能的发挥，降低了部队的战斗力。

我军现行的装备售后服务保障体制为小修、中修由承制单位保障，大修由部队修理厂保障，但是为最大限度地保障部队日常训练和维修，目前各承制单位对使用部队的需求是随叫随到、及时提供有效服务。有关资料显示，装备全寿命费用构成中，装备交付后的维修费用和备件采购费用，工业部门维持对部队的维修保障的负担很重。随着用户已经超过了装备采购价格，对维修保障资源需求的持续增长，对维修保障资源建设和维修保障技术工具开发提出了迫切需求。

综上所述，装备实战化以及部队对"好用、管用、耐用、实用"装备的迫切需求，对提升产品可靠性提出了更高的要求。

1.2.3　装备研发模式和发展机制转变，对提升行业可靠性能力提出了发展需求

当前装甲装备的研发模式正由跟踪逐步向自主研发转变。以前，产品的设计方案应该说是经过实际使用验证的，产品研制过程的一些可靠性工作是别人帮我们做了，因此即使可靠性分析和验证能力差一点也能保证产品的可靠性满足要求；而在自主研发模式下，对于新的产品或系统，设计方案不再有可供借鉴的地方，产品设计的每一个细节都需要充分的分析和验证，现有的可靠性设计分析手段和试验能力已不能保证产品的可靠性满足指标要求。此外，在装备向"高机动、轻量化、智能化、网络化"的发展的形势下，任务谱系、功能结构、系统集成更加复杂，新技术、新结构、新工艺的采用更加广泛，装备不确定性因素的增多也给可靠性工作带来新的难题。未来装甲车辆的研制将采用全数字化设计模式，研发模式的转变对可靠性工作提出了更高的要求，可靠性综合集成技术、可靠性虚拟试验技术等一批新技术将在装备研制中得到应用；装备的实战化验收要求将使对装备的考核更加严酷，如何在各种临界条件、极限环境下开展可靠性试验和鉴定是研制单位和试验单位面临的重要课题。因

此，必须改变当前的可靠性工作思路，创新可靠性工作模式，提高可靠性设计分析和试验的能力，加大对可靠性的投入，将可靠性工作深入到产品采购、研制、试验、生产、维修和使用的全过程。只有全面提升行业可靠性能力，才能保证新研发模式下产品可靠性指标的实现。

|1.3 国内外现状|

1.3.1 国外现状

可靠性技术自诞生以来，首先应用于军事装备。以可靠性技术比较领先的美军装备为例，美国一直非常重视可靠性技术在工程研制中的应用，从 20 世纪 80 年代美军强行推行美军标中有关可靠性技术标准开始，美军一直把可靠性、维修性、保障性（RMS）工作作为提高武器装备战斗力的"倍增器"和降低寿命周期费用的有效途径，并在国防部成立了专门的可靠性工作委员会。20 世纪 80 年代，美军在可靠性工作上的做法主要是对 RMS 工作实行制度化和标准化，制定了一系列军用标准和规范，以指导和规范研制单位的可靠性工作，并因此产生了良好的效果。21 世纪初，美军对规范化、标准化的可靠性工作进行了改革，从采办的角度，以合同采办条例约束产品研制单位的可靠性工作。在军事装备的可靠性技术应用与实践方面，美军制定了 RM2000 行动计划，旨在通过提高装备的 RMS 水平来实现提高部队的战斗力、降低装备保障设施的易损性、减少后勤保障运输要求、减少保障人力、降低全寿命周期费用等 5 项目标。

在可靠性技术发展方面，目前，随着计算机技术的迅猛发展，RMS 计算机辅助设计、分析和管理得到广泛应用，开始出现 RMS 设计分析综合化、智能化的趋势，尤其是一些商业化的可靠性设计分析手段的完善与应用，进一步推动了武器装备可靠性的提高。在可靠性技术应用方面，美军经过 20 多年的实践与探索，正逐步从注重统计与计算分析向注重可靠性技术的实用性方向转变。特别是 2000 年以后，美国国家实验室提出以失效物理为基础的可靠性工程方法后，失效分析技术，工艺可靠性技术，可靠性、维修性、保障性综合分析技术，耐久性分析技术，原材料、零部件和元器件选择与控制技术等众多实用技术在可靠性行业得到广泛应用。从近期国外可靠性发展趋势分析，可靠性工作模式正从基于统计基础的可靠性分析逐渐向基于失效物理的可靠性工程分析方向发展。纵观国外可靠性技术的发展，实用化、标准化、综合化是其最主要的发展方向。

国外装甲车辆中可靠性水平较高且有代表性的是 M1A2、豹Ⅱ及 T - 80 坦克。从资料分析，M1A2 坦克的整车无故障间隔里程达到 450 km 以上，战备完好率达到 98%，计划性维修工作时间缩短到原来的四分之一。通过对 M1A2 坦克研制过程的分析，其良好的战备完好性主要取决于方案设计初期开展了综合后勤保障分析，即在方案设计阶段开展了维修规划、保障和测试设备分析以及供应保障分析，并在产品的设计中将以上设计要求与功能、结构、产品选型相协调，从而实现较高的可用性。T - 80 坦克的可靠性水平没有准确的官方报道，但据有关文献，T - 80 坦克出口到印度的试验样车在印度严酷的自然环境中进行了 2 000 km 性能试验和可靠性试验，未发生任何故障，其可靠性水平可见一斑。从俄罗斯的装甲装备可靠性工作来分析，其可靠性工作没有美军的可靠性工作那样系统，其要求也没有美军对装备可靠性的要求那么严格，但俄罗斯依靠对机械产品可靠性的独特认识以及对装备工艺系统可靠性的分析，在装备可靠性水平与装备批生产质量稳定性以及产品生产效率等方面达到了非常好的平衡。

国外装备可靠性工程技术的发展主要体现在以下几个方面：

（1）在新研装备方面，主要表现为从单纯追求高性能向全面满足性能、可靠性、维修性、保障性和全寿命周期费用要求的方向发展；

（2）采用多种途径提高现役装备的可靠性；

（3）可靠性工程技术向数字化、仿真化、微观化方向发展；

（4）软件的缺陷所引发的可靠性问题日益引起关注；

（5）积极研究高效的可靠性试验技术。

1.3.2　国内现状

我国的可靠性工作始于 20 世纪 60 年代，在电子工业部和"两弹一星"的研制中，电子元器件的可靠性和大型工程项目的可靠性得到了必要的重视和发展。在这一阶段，我国可靠性技术的工作基本是结合型号急需、就事论事地解决具体的工程问题，没有在可靠性基础理论以及技术开发方面进行开发工作。20 世纪 80 年代，在消化国外技术与经验的基础上，我国出台了一系列有关可靠性的国军标，自此，可靠性工作进入标准化阶段。

在 20 世纪末和 21 世纪初，我国的可靠性技术方法和理论研究取得较大的进步，在"九五"到"十一五"期间，在行业组织推动下，很多科研单位和院校在可靠性、维修性、保障性技术研究方面开展了大量有益的探索，一批新方法和新技术得到突破，并且一些设计方法在工程中得到应用和推广。相对来说，国内航空装备在研制过程中，其可靠性、主要做法及能力均处于国内领先地位。人们在航空装备的研制过程中重视可靠性试验工作，尤其重视可靠性仿真试验、可靠性强化试验、寿命试验等工作。在型号研制过程中，航空装备可靠性试验投入的时间和经费较多。部件试验不充分不上系统，系统试验不充分不上整机，所有产品都必须经过地面可靠性鉴定试验。可靠性试验能充分地暴露潜在故障，从而促进设计的改进和固有可靠性水平的提高。

20 世纪末，可靠性工作开始在装甲车辆行业系统地开展，此阶段的可靠性工作主要集中在编制可靠性工作大纲、开展可靠性技术培训、进行装备可靠性水平评估以及协助车辆总体设计单位开展一些可靠性管理工作等方面，可靠性设计工作开展得较少。此阶段可靠性工作的不足是大量的可靠性、维修性、保障性分析与评价工作滞后于产品设计工作，一般可靠性、维修性、保障性评价均在设计定型后期开展，由此也造成可靠性工作成效不显著，可靠性工作中存在"两张皮"现象，工作特点是两头重，中间轻，可靠性设计分析没有完全与工程研制相互融合、相互促进。

|1.4　存在的问题和差距|

从我国现有装甲装备可靠性水平与国外发达国家同类装备的可靠性水平对比分析看，我国的装甲装备总体可靠性水平偏低，与国外差距明显，主要如下。

1.4.1　研制模式落后，基础数据缺乏

我国装甲装备的研制起源于 20 世纪 50 年代，以苏联模式为基础发展而来，以跟踪、引进消化发展为主。过去的几十年是我国坦克装甲车辆飞速发展的一段时间，为追求国际同代坦克的水平能力，我国一直将发展坦克装甲车辆技战术性能指标放在首要的位置，为了提高车辆的综合作战性能指标，上了不少的新产品、新技术。但是可靠性设计能力的欠缺，使新产品、新技术的性能指标仅能体现在单体部件台架试验性能上，一旦在车辆上集成后其性能和可靠性的优势就很难体现出来。21 世纪初，随着改革开放的深入和我国经济实力的提升，伴随着装备建设自主创新和实现装甲装备体系化建设的需要，通过引入可靠性先进理论和技术，对装甲装备可靠性的要求逐渐明晰，在装甲装备研

制立项时，通常兼顾军事需求和技术能力，提出基本能够满足任务完成的可靠性要求。但受制于研制周期、费用等因素，仍以填补装甲装备空白、应急发展为主，注重战技性能和可靠性基本指标的实现，没能很好地将可靠性系统工程纳入装备研制过程中，以实现产品设计与可靠性一体化协同设计；未能完全实现从"重性能"到"重效能"、从"符合性质量检验与管理"到"重视固有质量设计，关注质量形成过程"的研制方向转变。

目前，工业部门的可靠性设计手段还不均衡、存在短板，难以满足装甲车辆总体设计中可靠性、维修性、测试性、保障性的设计、分析、评估等工作。

另外，国外在可靠性基础数据方面积累了大量的数据，建立了装甲装备设计分析评估、使用剖面、环境剖面、载荷谱数据、路面谱数据、相关标准、试验方法规范等方面的数据库，形成了较全面的可靠性基础平台，为装甲装备的设计分析试验评估提供了强有力的支撑，而我国可靠性基础薄弱，数据分散，数据库不完善，相关标准、规范较少。

1.4.2　试验能力薄弱，缺少研制试验条件支撑

我国航空、航天领域借鉴西方工业先进国家较健全的装备研发体系，开展了包括现代设计流程、设计规范、评估准则、试验验证流程与规范的研究，并通过长期积累建立了经过验证的数据库和知识库，形成了与"预测设计"相适应的基础技术体系，在多个型号研发过程中实现了从结构设计、仿真分析、虚拟试验、数字化加工装配、台架试验直至实装试验验证的闭环研制过程，推动了由传统的"经验设计"向"预测设计"研发模式的转变。而且仿真分析与试验验证相互补充，成为非常有效的可靠性增长研发手段。我国的航空、航天领域取得的重大技术突破与其非常重视试验验证、仿真分析和虚拟试验技术有非常密切的关系。

近年来，我国装甲装备的研发条件得到了很大的改善，一些室内常规试验测试技术得到了很大发展，初步解决了我国装甲车辆研制过程中的许多试验验证技术问题。但目前试验设备和试验台、试验箱的主要功能基本上以完成单体部件的功能性能试验为主，或者以工艺流程中的环境试验为主，在试验条件上存在很大的技术瓶颈，比如自动装弹机系统缺乏动态摇摆环境下的系统试验条件、火控系统缺乏综合环境激励下的系统试验等，其路面激励、自然和电磁等环境模拟、整车系统参数间的相关性与实战化运用条件有一定的差距。

1.4.3 保障能力不足，影响装备使用

在装备研制阶段，由于缺乏必要的技术手段和适用的辅助设计软件，难以在研制阶段高效地形成综合维修保障方案，难以对装备的健康进行预测，致使一些新装备形成战斗力所需的时间较长。另外，维修人员技术水平差异较大，仅依靠研制单位的技术保障队伍进行装备的保障技术支援，难以满足未来高强度对抗作战中对装备的技术保障需求。

第 2 章

通用质量特性管理与工程实践

为保证装甲车辆研制过程的通用质量特性工作能够有序、有效地开展，需要在型号研制中开展通用质量特性管理活动和技术活动，通用质量特性的管理和技术缺一不可，尤其管理更重要一些，即所谓"三分技术，七分管理"。通用质量特性管理包括建立组织管理机构、明确职责和各阶段的任务及工作项目等。

|2.1 通用质量特性组织管理机构|

为有效地进行通用质量特性管理活动和技术活动，在型号总设计师系统设立通用质量特性专项组。通用质量特性专项组在总设计师的领导下开展通用质量特性工作。通用质量特性专项组，由总体单位和主要分系统单位组成（组长、副组长人选要征求使用方意见）。除特殊要求外，一般通用质量特性组织管理机构如图 2 - 1 所示。

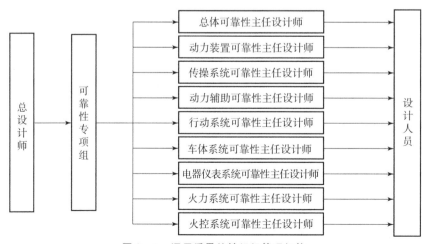

图 2 - 1　通用质量特性组织管理机构

|2.2　通用质量特性专项组的职责|

（1）负责通用质量特性技术管理工作；

（2）负责拟定通用质量特性有关管理和技术指导文件；

（3）负责指导、检查工程技术人员实施通用质量特性技术工作；

（4）负责研制各阶段通用质量特性评审材料的汇总、审查；

（5）制定各阶段通用质量特性培训计划，并实施培训；

（6）协助质量管理系统建立通用质量特性信息管理闭环系统；

（7）协调有关单位开展通用质量特性专题技术研究；

（8）协同质量管理系统组织故障审查。

|2.3　各分系统通用质量特性主任设计师的职责|

（1）拟定分系统或主要装置的阶段工作计划，提出总结报告；

（2）组织本系统对有关通用质量特性指标要求进行论证，提出修改建议，负责本系统通用质量特性的建模、预计、分配与落实，监督通用质量特性设计工作的实施与评审；

（3）负责本系统在研制阶段通用质量特性的信息收集，全面采集初样车和正样车阶段在设计、试制、试验中的信息，做好收集、传递、处理、贮存及使用方面的工作；

（4）提出通用质量特性控制措施，参与设计评审工作，完成通用质量特性专项组安排的其他工作；

（5）组织或参与对分管产品的故障进行分析，提出纠正措施，编写故障分析与纠正措施报告；

（6）参与通用质量特性培训教育工作。

|2.4　通用质量特性管理模式|

提高装甲车辆通用质量特性水平，一是采用有效的通用质量特性设计技术，把通用质量特性要求注入结构设计中，二是靠一套有效的通用质量特性管理模式使通用质量特性设计技术得以保证。因此，装甲车辆的通用质量特性设计是靠设计、试制（制造）和管理实现的，它即是一个技术过程，又是一个管理过程。

|2.5　通用质量特性管理思想|

通用质量特性管理思想是围绕通用质量特性指标要求以及把通用质量特性指标要求注入产品中所采用的通用质量特性设计工作项目，使通用质量特性水平不断增长。在研制过程中分阶段、分节点采用不同的通用质量特性管理模式。

|2.6　通用质量特性管理阶段及任务|

2.6.1　通用质量特性管理阶段

通用质量特性管理阶段按预设的四个研制阶段进行管理。研制阶段一般划分为论证阶段、方案设计阶段、工程设计阶段、设计定型阶段。

2.6.2　主要管理任务

（1）论证阶段的主要任务是通过论证和必要的试验，初步确定战术技术指标、总体技术方案以及初步的研制经费、研制周期和保障条件等，主要由使用方组织进行。研制单位根据使用方的要求，组织进行技术可行性研究，确定初步的通用质量特性总体设计方案。

（2）方案设计阶段主要由承制方组织实施，按照《武器装备研制设计师系统和行政指挥工作条例》的要求，在方案阶段早期建立装备研制总设计师系统、总指挥系统和总质量师系统，组织系统方案设计、关键技术攻关并确定新部件、分系统等是否进行模型样机或原理样机与试验工作等。在总设计师系统的领导下建立通用质量特性专项组（或通用质量特性组）。承制方按照 GJB 2116 对装备系统进行分解，形成工作分解结构，按照 GJB 450A、GJB 368A、GJB 3872 等有关标准开展通用质量特性指标转换、通用质量特性工作计划制定以及初步的通用质量特性设计与分析工作。

（3）工程设计阶段由承制方主要根据研制合同的要求对所选方案，进行全面通用质量特性设计与分析以及管理工作。其主要任务包括：针对早期制定的通用质量特性工作计划，细化分解通用质量特性要求，分解 WBS，建立通用质量特性模型，进行分配与预计以及故障模式影响分析，规划通用质量特性关键件等，采取降额设计、热设计、简化设计等专业性、针对性较强的技术方法。

（4）设计定型阶段的主要任务是对装甲装备通用质量特性要求进行全面考核，以确认其是否达到研制合同的通用质量特性要求。承制方配合用户指定的鉴定机构进行通用质量特性信息的收集、整理、分析与评估，并提供各种通用质量特性资料，如通用质量特性设计规范、评估报告、保障方案等技术文件。

|2.7　通用质量特性管理实施阶段及管理工作项目|

2.7.1　研制阶段通用质量特性管理实施流程

通用质量特性管理实施要融入整个装甲装备样车研制阶段。样车研制一般要经过两轮或三轮样车（原理样车、初样车、正样车）的研制周期，而每轮样车要经过方案设计阶段、工程设计阶段和试验验证阶段，装甲装备样车通用质量特性管理实施流程如图 2-2 所示。

论证阶段由使用方组织相关部门进行战术技术指标论证（通用质量特性指标也是其中一部分），并形成战术技术指标及论证报告。使用方与承制方围绕通用质量特性指标要求，通过原理样车对通用质量特性指标进行分析摸底、论证和确认后作为通用质量特性设计、分析、验证与评估的输入依据；在工程研制阶段（含方案设计阶段、工程设计阶段），其初样车、正样车通过一系

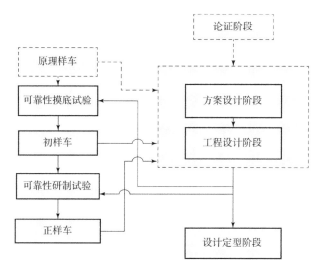

图 2-2 装甲装备样车通用质量特性管理实施流程

列通用质量特性设计、分析，通用质量特性关键件等关键项目的控制，不断地"试验—增长—改进验证"以提高通用质量特性水平。对产生的故障和暴露出的薄弱环节，通过故障报告、分析和纠正措施系统（FRACAS），找出影响通用质量特性的关键技术和薄弱环节，提出纠正措施进行改进，最终通过正样车设计定型，验证评估装甲装备的通用质量特性水平。

2.7.2 研制阶段通用质量特性管理工作项目

通用质量特性管理工作项目涉及各阶段和装备各层次，包括通用质量特性要求的确定、监督与控制、设计与分析、试验与评价等各项管理活动。装甲装备通用质量特性管理工作项目应用矩阵见表 2-1。

表 2-1 装甲装备通用质量特性管理工作项目应用矩阵

管理工作项目编号	管理工作项目名称	论证阶段	方案设计阶段	工程设计阶段	生产与使用阶段
202	确定制定通用质量特性工作计划	△	√	√	√
203	对承制方、转承制方和供应方进行监督和控制	△	√	√	√
204	通用质量特性评审	√	√	√	√
205	建立故障报告、分析和纠正措施系统	×	△	√	√

续表

管理工作 项目编号	管理工作项目名称	论证阶段	方案设计 阶段	工程设计 阶段	生产与 使用阶段
301	建立可靠性模型	△	√	√	○
302、303	可靠性分配与预计	△	√	√	○
304	故障模式、影响及危害度分析	△	√	√	△
305	故障树分析	×	△	√	△
308	制定可靠性设计准则	△	√	√	○
309	制定元器件与控制大纲	×	△	√	√
310	确定可靠性关键产品	×	△	√	○
312	有限元分析	×	△	√	√
313	耐久性分析	×	△	√	√
401	环境应力筛选	×	△	√	√
201	建立维修性模型	×	√	√	○
202、203	维修性分配与预计	×	√	√	○
204	故障模式及影响分析	×	√	√	△
205	维修性分析	△	√	√	△
206	制定维修性设计准则	△	√	√	○
206	保障性任务建模	×	√	√	○
522	规划维修	×	√	√	○
523	规划保障资源	×	√	√	○
524	制定保障性设计准则	△	√	√	○
301	建立测试性模型	×	√	√	○
301	测试性规划	×	√	√	○
301	确定诊断方案	×	√	√	○
305	制定测试性设计准则	△	√	√	○
305	安全性分解建模	△	√	√	○
201	初步危险表	×	√	√	○

续表

管理工作项目编号	管理工作项目名称	论证阶段	方案设计阶段	工程设计阶段	生产与使用阶段
203	分系统危险分析	×	√	√	○
	制定安全性设计准则	△	√	√	○
	环境适应性分解建模	×	√	√	○
	防沙尘设计	×	√	√	○
	温度防护设计	×	√	√	○
	防潮湿设计	×	√	√	○
	放盐雾和霉菌设计	×	√	√	○
	制定环境适应性设计准则	△	√	√	○
符号说明	√…………适应 △…………可选用 ○…………仅设计更改适用 ×…………不适用				

1. 确定通用质量特性工作计划

通用质量特性工作计划是承制方开展通用质量特性工作的主要管理文件，是在型号总设计师的领导下由通用质量特性专项组组织编制的通用质量特性工作计划。通用质量特性工作计划的主要内容包括：

（1）在通用质量特性工作计划中需要明确合同规定的通用质量特性要求及管理工作项目；

（2）各项通用质量特性管理工作项目的实施细则，如所需管理工作项目实施的程序、完成形式；

（3）通用质量特性工作的管理和实施机构及其职责；

（4）通用质量特性设计约束条件；

（5）通用质量特性设计评审及签署；

（6）通用质量特性工作计划评审要订购方参加及认可。

根据任务分工制定工作计划，装甲装备通用质量特性工作计划制定流程如图 2-3 所示。

2. 通用质量特性工作计划分解

通用质量特性工作计划分解主要根据通用质量特性指标要求，分别建立整车系统、分系统和组部件级的不同层次任务 WBS 模型。通用质量特性工作计

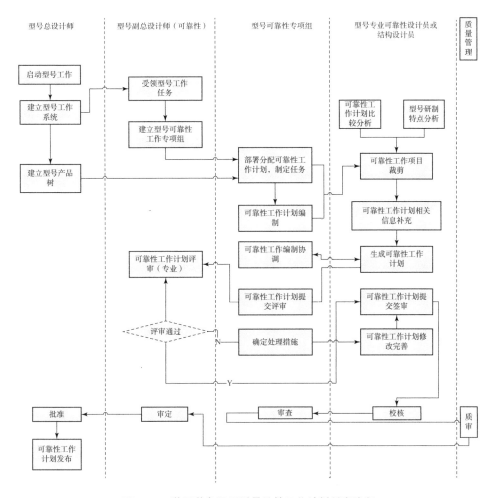

图 2-3　装甲装备通用质量特性工作计划制定流程

划分解是规划通用质量特性设计顶层的任务,是一项重要的管理活动。装甲装备通用质量特性工作计划分解流程如图 2-4 所示。

3. 通用质量特性评审

通用质量特性单独评审或与相关特性的要求评审结合进行,在每轮样车的每个阶段要设置转段节点和评审点。对于整车及其单独定型的部件,都要进行原理样机、初样机和正样机的研制,每轮样机要分别进行通用质量特性方案评审、工程设计评审和试验评审。在通用质量特性工作计划中,要明确规定各阶段评审点的设置、主要评审内容及任务分工,提交评审技术资料等。各阶段通用质量特性评审的主要内容及时机见表 2-2。

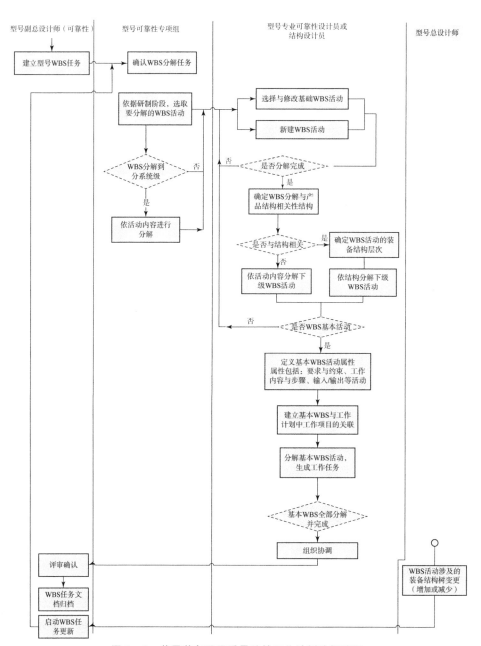

图 2-4 装甲装备通用质量特性工作计划分解流程

表 2-2　各阶段通用质量特性评审的主要内容及时机

研制阶段	研制节点	通用质量特性技术工作（设计人员）	通用质量特性任务分工及输出资料	
			通用质量特性管理工作（管理人员）	通用质量特性输出资料
方案论证及确认阶段	论证及确认	参与订购方提出通用质量特性计划	1. 参与组织进行通用质量特性计划论证和评审； 2. 建立通用质量特性管理组织机构并明确职责	1. 通用质量特性计划（包括通用质量特性指标要求、通用质量特性管理工作项目、参数验证方法、任务剖面、命名剖面、试验方案及约束条件、维修保障和维修保障约束条件、故障及耐久性判断准则）； 2. 通用质量特性管理组织机构及其职责
工程研制阶段	方案设计阶段 原理样机	1. 通用质量特性分配与预计（到 WBS 第四级）； 2. 通用质量特性分析、通用质量特性预计与分配、FMEA、关键件清单、通用质量特性设计控制措施、维修信息、通用质量特性设计准则与核对表以及待解决问题等； 3. 初步拟订维修和保障方案	1. 组织通用质量特性分配（到 WBS 第四级）； 2. 组织拟定通用质量特性设计准则和通用质量特性分析工作计划和通用质量特性分析工作项目具体的要求和实施方法； 3. 拟订维修方案和保障方案分析模板； 4. 组织进行通用质量特性技术培训，并指导设计人员建立通用质量特性模型，预计、分析，并审查	1. 通用质量特性工作计划； 2. 通用质量特性指标分配报告； 3. 通用质量特性设计准则； 4. 通用质量特性任务模型、FMEA 等； 5. 元器件通用质量特性管理规定、元器件选用大纲、优选目录以及筛选规范等； 6. 通用质量特性分析要求及分析报告； 7. 主要分系统初步维修保障方案
	原理样机	1. 通用质量特性预计与分配、FMEA（到不可拆分单元）按质量特性设计准则进行设计核对； 2. 电子分系统拟订电子元器件清单和应力筛选组件方案； 3. 拟定通用质量特性关键组件、重要件清单及控制项目与措施； 4. 拟定分系统初步维修和保障方案、诊断方案	1. 跟踪监控和指导设计人员进行质量特性技术工作，并审查、评审； 2. 建立 FRACAS 组织机构和拟订 FRACAS 要求文件； 3. 建立通用质量特性信息管理系统及信息管理要求文件	1. FRACAS 组织机构及管理办法； 2. 通用质量特性信息管理办法； 3. 通用质量特性分析报告（设计人员）； 4. 电子元器件清单和应力筛选试验方案报告（设计人员）； 5. 初步维修及保障方案、诊断方案报告

续表

研制阶段	研制节点		通用质量特性任务分工及输出资料		
			通用质量特性技术工作（设计人员）	通用质量特性管理工作（管理人员）	通用质量特性输出资料
方案论证及确认阶段	原理样机	试验阶段	1. 故障记录、统计处理，评估，并编写通用质量特性试验报告； 2. 进行通用质量特性验证，并编写通用质量特性验证与评估报告	1. 拟订通用质量特性试验大纲、维修性和保障性验证大纲； 2. 监控故障记录、统计处理和维修性和保障性验证； 3. 以FRACAS进行"故障归零"，并审查、评审、评估情况	1. 原理样机通用质量特性摸底试验大纲（试验方案）、验证大纲； 2. 故障记录表和通用质量特性验证信息表； 3. 重大故障报告，分析报告和纠正措施报告表； 4. 通用质量特性摸底试验报告（包括通用质量特性验证与评估报告及通用质量特性指标摸底评估及通用质量特性提高实施措施）
		方案设计阶段	1. 修改完善系统级通用质量特性任务分配，进行通用质量特性预计与分配（到WBS第四级）； 2. 进行通用质量特性系统级分析，并修改完善通用质量特性分析报告（包括产品定义、系统通用质量特性模型、FMEA、设计准则核对情况及原理样机暴露出的关键技术和薄弱环节的落实纠正情况）	1. 监控、指导系统及各分系统设计人员建立通用质量特性模型，进行系统级通用质量特性分析并审查； 2. 编制维修保障方案、诊断方案的纲要	1. 系统通用质量特性分析报告（到WBS第四级，包括系统通用质量特性任务模型，预计与分配，FMEA，设计准则核对及对原理样车暴露的薄弱环节在初样车修改设计中采用的纠正措施和解决情况等）； 2. 主要大部件的维修和保障方案，诊断方案
工程研制阶段	初样机	工程设计阶段	1. 通用质量特性预计（到不可拆分单元）； 2. 通用质量特性分配（到不可拆分单元）、通用质量特性分析报告（包括原理样车暴露的关键技术和薄弱环节的关键设计纠正情况）； 3. 完善初样车维修和保障方案； 4. 修改完善通用质量特性设计准则及执行情况； 5. 电子分系统拟订电子元器件优选清单及环境应力筛选产品清单	1. 监控、支撑和指导工程设计人员完成所有通用质量特性技术工作，监视通用质量特性关键技术解决情况，并审查和评审； 2. 监控电子元器件优选清单及环境应力筛选产品情况及筛选产品清单	1. 通用质量特性分析报告（包括任务模型，预计与分配，FMEA，质量特性关键件及控制清单，设计准则及核对情况等）； 2. 原理样车暴露出的薄弱环节的控制措施和设计改进情况等（到不可拆分单元）； 3. 初步维修保障及保障方案，诊断方案报告； 4. 电子元器件质量与通用质量特性控制报告（包括电子元器件优选清单、环境应力筛选应力筛选方案）

续表

研制阶段	研制节点	通用质量特性任务分工及输出资料		
		通用质量特性技术工作（设计人员）	通用质量特性管理工作（管理人员）	通用质量特性输出资料
工程研制阶段	初样机试验阶段	1. 质量特性信息记录，统计处理和评估； 2. 拟订通用质量特性增长验证报告和通用质量特性评估	1. 拟订通用质量特性试验大纲和通用质量特性验证大纲； 2. 监控、审查、评审通用质量特性信息记录； 3. 监控通用质量特性试验验证情况； 4. 以FRACAS进行"故障归零"（包括故障通知与有效性验证）和评估，评审	1. 通用质量特性增长试验大纲（包括试验方案）和通用质量特性验证大纲； 2. 故障记录表和通用质量特性验证信息记录表； 3. 通用质量特性定性要求摸底评估； 4. FMEA效果评估； 5. 环境应力筛选执行情况； 6. 重大故障报告，分析和纠正措施报告表； 7. 维修及保障方案，诊断方案评估报告
设计定型阶段	正样机方案设计阶段	1. 完善系统级质量特性任务模型，进行通用质量特性预计与分配（到WBS第四级）； 2. 进行系统级通用质量特性分析，并修改完善通用质量特性分析报告	1. 监控、指导系统及各分系统设计人员建立通用质量特性模型，系统级通用质量特性预计、通用质量特性分析，并审查通用质量特性工作 2. 审查和评审通用质量特性分析报告	1. 通用质量特性分析报告（到WBS第四级，包括系统通用质量特性模型、预计与分配、FMEA、设计准则核对及对材料样本和薄弱环节采用的关键技术的暴露和解决情况等）； 2. 修改维修及保障方案，诊断方案

续表

研制阶段	研制节点	通用质量特性任务分工及输出资料		
		通用质量特性技术工作（设计人员）	通用质量特性管理工作（管理人员）	通用质量特性输出资料
设计定型阶段	正样机 工程设计阶段	1. 进行通用质量特性建模、预计与分配（到不可拆分单元），按通用质量特性设计准则设计及校对，并完善通用质量特性分析报告； 2. 完善维修和保障方案、诊断方案； 3. 电子分系统拟订电子元器件优选清单及产品筛选应力清单及环境应力筛选试验方案	1. 监控、支撑和指导工程设计人员完成所有通用质量特性技术工作，监视通用质量特性关键技术解决情况，并审查和评审； 2. 监控元器件优选清单、环境应力筛选产品筛选清单方案，并审查和评审	1. 通用质量特性分析报告（包括产品定义、模型、预计与分配，FMEA，质量特性关键件及薄弱环节清单，设计准则及校对，初样车暴露出的关键环节在正样车的落实到正样车情况等，到不可拆分单元）； 2. 维修及保障方案、诊断方案； 3. 电子元器件质量通用质量特性控制报告（包括电子元器件优选清单、环境应力筛选及筛选试验方案）
	为设计定型做准备阶段	1. 参与编制正样机通用质量特性鉴定试验大纲； 2. 参与正样车通用质量特性信息收集； 3. 编写正样车维修及保障方案； 4. 编写通用质量特性设计与分析报告； 5. 参与故障判断细则	1. 参与编制正样机通用质量特性鉴定试验大纲； 2. 编制通用质量特性信息收集分析记录表； 3. 组织完善维修及保障方案和通用质量特性设计与分析报告，并审查、评审； 4. 协助完善故障判断细则，并审查、评审	1. 通用质量特性鉴定试验大纲［包括通用质量特性验证试验大纲（第三方）］； 2. 正样机通用质量特性信息记录表； 3. 形成的各种通用质量特性设计与分析文件（如模型，FMEA，设计准则）； 4. 维修及保障方案； 5. 故障判断细则
	设计定型	1. 编制通用质量特性指标试验验证建议报告； 2. 通用质量特性调整（根据设计定型试验的结果进行）并编写报告	组织完善通用质量特性指标试验验证建议报告，并审查、评审	1. 通用质量特性定量要求统计分析、评估报告； 2. 通用质量特性定性要求评价报告； 3. 通用质量特性工作计划实施情况报告； 4. 在试验中发生通用质量特性重大问题的分析报告和纠正措施报告及一些改进建议报告

4. 建立故障报告、分析和纠正措施系统

（1）承制方要建立故障报告、分析和纠正措施系统。负责收集设计定型之前各产品层次上出现的所有故障信息，并进行分析，采取有效的纠正措施，并及时检验和评价纠正措施的有效性，将信息传递给订购方。

（2）承制方可参与设计定型阶段故障信息的分析，并完成纠正措施有效性的考核和评估。

（3）对于故障报告、分析和纠正措施系统，在阶段评审时要提供阶段工作报告。

5. 对承制方、转承制方和供应方进行监督和控制

（1）为保证转承制方产品和供应品的通用质量特性符合装备或分系统的要求，承制方在与转承制方和供应方签订合同时应根据产品通用质量特性的定性、定量要求，产品的复杂程度等提出对承制方和供应方监控的措施。

（2）承制方在拟定对转承制方的监控要求时应考虑对转承制方研制过程的持续跟踪和监督，以便在需要时及时采取适当的控制措施。在合同中应有承制方参与转承制方的重要活动如设计评审、可靠性试验等的条款，为采取必要的监控措施提供决策依据。

2.8　生产质量与售后服务质量管理

装备生产是产品实现的物化过程，是产品实物质量的形成过程，生产质量管理直接关系到装备的实物质量，关系到生产过程的稳定，关系到用户和企业的利益，更关系到部队战斗力的生成和战争的胜负。

产品质量由设计奠定，由制造保证，由试验验证，在使用中体现，生产制造是形成产品质量的重要环节。良好的设计要靠制造过程来实现，靠制造过程的质量控制来保证。设计良好但生产不出来，或生产出来但达不到规定要求的不乏其例，设计定型产品在转入批量生产后达不到设计指标或质量特性不稳定的现象也屡见不鲜。所以，必须重视设计向生产的转移，加强生产过程的质量管理与控制。

生产质量管理的主要任务是：通过建立和运行质量管理体系，实现预期的生产能力，使生产过程和产品质量始终处于受控状态，以减少生产过程的质量

波动，保持生产过程稳定和产品质量的一致性；对生产过程实施有效控制，及时发现生产质量隐患和问题，采取纠正和预防措施，严格控制不合格现象，减少返工、返修和报废损失，降低生产成本，提高经济效益，为确认产品质量保证能力、产品检验验收等提供证据，确保向用户交付经检验合格的产品。

生产质量管理覆盖了产品从获取订单、采购、制造、试验、检验、运输、储存，一直到交付用户的全过程。为确保生产过程的稳定有效，必须在建立生产质量目标、策划生产质量要求、制定生产质量保证大纲/计划的基础上，对各类生产资源进行严格的系统策划和部署，对所需生产过程进行严格的规范和控制，对产品质量进行严格的检验、试验与考核，对生产过程的物料、物流、信息流进行有效的管控，以保证生产过程始终按照预期的状态运行。

|2.9 通用质量特性参数体系|

2.9.1 通用质量特性的主要参数

装甲装备通用质量特性主要由可靠性、维修性、保障性、测试性、安全性和环境适应性参数组成。用于描述这些通用质量特性的常用参数如图 2-5 所示。

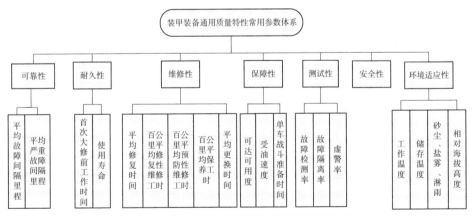

图 2-5 装甲装备通用质量特性常用参数体系

装甲装备通用质量特性参数定义与验证的方法如下。

1. 可达可用度

定义：与样车工作时间、修复性维修时间和预防性维修时间有关的一种可用性参数。其中预防性维修时间包括保养、小修和中修时间，不包括大修、车场日和换季保养时间。

验证方法：可靠性鉴定试验方案中进行指标验证，根据试验数据统计计算。可达可用度按下式计算：

$$A_a = \frac{\sum\limits_{i=1}^{n} t_{oi}}{\sum\limits_{i=1}^{n} t_{oi} + \sum\limits_{i=1}^{n} t_{ci} + \sum\limits_{i=1}^{n} t_{pi}} \qquad (2-1)$$

式中：A_a——可达可用度（%）；

n——参试样车数（台）；

t_{oi}——每台参试样车工作时间（摩托小时）；

t_{ci}——每台参试样车修复性维修时间（h）；

t_{pi}——每台参试样车预防性维修时间（h）。

2. 单车战斗准备时间

定义：单车战斗准备时间是指样车在规定的封存状态下，油料、弹药到位，从受领战斗任务开始至样车可以执行任务所需要的时间。主要包括：

（1）各种武器的启封时间（h）；

（2）各种弹药的补给时间（h）；

（3）安装并校正瞄准镜时间（h）；

（4）安装电瓶时间（h）；

（5）起动发动机时间（h）；

（6）加注油料、冷却液和特别液时间（h）；

（7）加温时间（h）。

验证方法：用提供的设计定型的正样车，分别在常温、湿热、高寒、高原沙漠地区进行2次验证试验，取平均值。

3. 受油速度

定义：在规定的条件（加油设备供油充足）下，油箱接收油料的最大能力。

度量方法：单个油箱的加油量与其加注时间之比（不包括打开油箱盖等辅

助时间）。

验证方法：用提供的设计定型的正样车演示 3 ～ 5 次，取平均值。

4. 平均故障间隔里程（基本可靠性）

定义：车辆或其某一组成部分可靠性的一种基本参数。

度量方法：在规定的试验剖面内，参试的样车或其某一部分使用寿命单位（km、h）总数与其发生的关联故障总数之比。

验证方法：按规定的试验方案进行。

5. 平均严重故障间隔里程（任务可靠性）

定义：车辆或其某一组成部分任务可靠性的一种基本参数。

度量方法：在规定的试验剖面内，参试的样车或其某一部分使用寿命单位（km、h）总数与其发生的关联故障总数之比。

验证方法：按规定的试验方案进行。

6. 平均修复时间

定义：车辆维修性的一种基本参数。

度量方法：在规定的试验剖面内，参试样车修复性维修总时间与发生的故障总数之比。

验证方法：在可靠性维修性鉴定试验中，根据试验数据统计计算。

7. 百公里平均修复性维修工时

定义：与样车维修人力有关的一种维修性参数。

度量方法：在规定的试验剖面内，参试的设计定型正样车修复性维修总工时数除以样车行驶里程总数，再乘以 100。

验证方法：在可靠性维修性鉴定试验中进行指标验证，根据试验数据统计计算。

8. 百公里平均预防性维修工时

定义：与样车维修人力有关的一种维修性参数。

度量方法：在规定的试验剖面内，参试的设计定型正样车小修和中修消耗的维修总工时数除以样车行驶里程总数，再乘以 100。

验证方法：在可靠性维修性鉴定试验中进行指标验证，根据试验数据统计计算。

9. 百公里平均保养工时

定义：与样车维修人力有关的一种维修性参数。

度量方法：在规定的试验剖面内，参试的设计定型正样车各种保养消耗的总工时数除以样车行驶里程总数，再乘以 100。

验证方法：在可靠性维修性鉴定试验中进行指标验证，根据试验数据统计计算。

10. 动力传动部分整体吊装时间

定义：车辆在完好状态时，将动力传动部分从动力舱吊出及吊入，并恢复车辆完好状态所需的时间。

验证方法：在规定条件下，打开动力舱盖板，将动力传动部分从动力舱吊出，再将动力传动部分吊入动力舱，并恢复车辆完好状态所需的时间，至少进行 3 次，取平均值。

11. 首次大修前工作时间

定义：与样车及其可修复的重要部件有关的一种耐久性参数。

度量方法：在规定的大修寿命期内，在规定的置信度下，及其可修复的重要部件不发生耐久性损坏的寿命单位。

验证方法：在可靠性维修性鉴定试验中，根据试验数据统计计算。

12. 使用寿命

定义：与样车主要不修复零部件有关的一种耐久性参数。

度量方法：在规定的正常使用和保障条件下，在规定的置信度下，零部件从制造完成到不发生耐久性损坏的寿命单位。

验证方法：在可靠性维修性鉴定试验中，根据试验数据统计计算。

13. 虚警率

定义：样车的一种测试性参数。

度量方法：在规定的条件下和规定的时间内，发生的虚警数与同一时间内故障指示总数之比，用百分数表示。

验证方法：在 RMSTS 鉴定试验中进行指标验证，根据试验数据统计计算。虚警率的计算公式如下：

$$r_{FA} = \frac{N_{FA}}{N_F + N_{FA}} \times 100\%$$

式中：r_{FA}——虚警率；

N_{FA}——虚警次数；

N_F——真实故障指示次数。

2.9.2 通用质量特性参数分类及适用阶段

首先要分析研究这些通用质量特性参数是可设计与可验证的参数，还是只具备一方面质量特性参数，所以要对这些参数的类型及适用阶段进行分类，以便于融入设计、试验工作。通用质量特性参数分类及适用阶段见表 2-3。

表 2-3 通用质量特性参数分类及适用阶段

指标类型	参数	设计参数	试验验证参数	适用阶段
基本可靠性要求	平均故障间隔里程	电子产品可进行预计	√	论证阶段、工程设计阶段、设计定型阶段
任务可靠性要求	平均严重故障间隔里程		√	论证阶段、工程设计阶段、设计定型阶段
耐久性要求	首次大修前工作时间	√	√	论证阶段、工程设计阶段、设计定型阶段
	使用寿命	√	√	论证阶段、工程设计阶段、设计定型阶段
维修性要求	平均修复时间	部分维修工序可设计	√	论证阶段、工程设计阶段、设计定型阶段
	百公里平均修复性维修工时	部分维修工序可设计	√	论证阶段、工程设计阶段、设计定型阶段
	百公里平均预防性维修工时	减少预防维修工作项目	√	论证阶段、工程设计阶段、设计定型阶段
	百公里平均保养工时	减少保养工作项目设计	√	论证阶段、工程设计阶段、设计定型阶段
	平均更换时间	√	√	论证阶段、工程设计阶段、设计定型阶段

续表

指标类型	参数	设计参数	试验验证参数	适用阶段
保障性要求	可达可用度		√	论证阶段、设计定型阶段
	单车战斗准备时间		√	论证阶段、设计定型阶段
	受油速度	√	√	论证阶段、工程设计阶段、设计定型阶段
测试性要求	故障检测率	√	√	论证阶段、工程设计阶段、设计定型阶段
	故障隔离率	√	√	论证阶段、工程设计阶段、设计定型阶段
	虚警率		√	论证阶段、设计定型阶段
安全性要求		√	√	论证阶段、工程设计阶段、设计定型阶段
环境适应性要求	工作温度：$-43℃ \sim +46℃$	√	√	论证阶段、工程设计阶段、设计定型阶段
	储存温度：$-43℃ \sim +70℃$；	√	√	论证阶段、工程设计阶段、设计定型阶段
	相对温度：$(95 \pm 3)\%$ $(30℃ \sim 35℃)$	√	√	论证阶段、工程设计阶段、设计定型阶段
	相对海拔高度：4 000 m	√	√	论证阶段、工程设计阶段、设计定型阶段
	砂尘、盐雾、淋雨	√	√	论证阶段、工程设计阶段、设计定型阶段

2.9.3 通用质量特性参数设计分解层次

根据装备的复杂程度和产品层次以及产品的特点，如机械产品在设计中要突出耐久性参数与零部件更换时间、电子产品要突出测试性参数等，装甲装备通用质量特性参数要根据不同产品层次及产品的特点分别建立不同的参数设计分解层次。装甲装备通用质量特性常用参数设计分解层次见表2－4。常用参数设计分解层次不是绝对的，部分参数如果有相应的基础数据库作支持，可以在最低层次设计（零部件级）。

表2－4　装甲装备通用质量特性常用参数设计分解层次

指标类型	参数	单位	参数设计分解层次
基本可靠性要求	平均故障间隔里程		整车级、分系统级、零部件级
任务可靠性要求	平均严重故障间隔里程		整车级、分系统级
耐久性要求	首次大修前工作时间		整车级、分系统级
	使用寿命		分系统、零部件级
维修性要求	平均修复时间		整车级、分系统级
	百公里平均修复性维修工时		整车级
	百公里平均预防性维修工时		整车级
	百公里平均保养工时		整车级
	平均更换时间		分系统级、零部件级
保障性要求	可达可用度		整车级
	单车战斗准备时间		整车级
	受油速度		分系统级
测试性要求	故障检测率		整车级、分系统级
	故障隔离率		整车级、分系统级
	虚警率		整车级、分系统级
安全性要求			整车级、分系统级、零部件级
环境适应性要求	工作温度：－43℃～＋46℃		整车级、分系统级、零部件级
	储存温度：－43℃～＋70℃；		整车级、分系统级、零部件级
	相对温度：（95±3）％（30℃～35℃）		整车级、分系统级、零部件级
	相对海拔高度：4 000 m		整车级、分系统级
	砂尘、盐雾、淋雨		整车级、分系统级

2.9.4　装甲装备通用质量特性定性要求

1. 可靠性定性要求

（1）有首次大修寿命和规定使用寿命要求的部件或总成，其内部的零件要严格控制质量，必须达到与部件或总成同寿命。

（2）燃油和润滑油供给系统各油箱、管路的设计，要保证供油系统任一零部件损坏时，均不应导致油料漏尽，其所剩油料应保证车辆继续行驶 30 分钟以上。

（3）各门窗开启要方便，关闭应牢靠，并有到位以及防自行打开措施，防止车辆高速行驶及武器射击时自动开启或解脱闭锁。

（4）对影响车辆任务完成及安全的系统功能，必要时进行余度设计，如车辆起动装置、车辆制动装置、火炮击发等重要功能的操纵要采用余度设计。

（5）自动装弹机应操作简便、工作可靠，发生故障时应确保实现半自动装弹和人工装弹。

（6）综合电子系统应具有冗余能力，可实现自动重构、降级使用。

（7）受空间和扳手限制且不便检查的紧固件，要有可靠的防松、防锈措施。

（8）各部件总成、拉杆及管接头、电子电气产品等尽可能采用快速拆装结构，且插接件要有防插错功能。

2. 维修性定性要求

（1）动力装置和综合传动装置应能整体吊装。对于安装在主机上需经常保养的设备和易损件，如机油滤清器、柴油滤清器、液压油滤清器、低压柴油泵、发动机喷嘴等，要能够在车上进行检查、保养和拆卸。

（2）需要乘员经常检查、调整和保养的零件或部位，要保证乘员能够看到和摸到，方便检查、调整和保养。

（3）受空间限制，只能单人拆装更换的部件，要考虑人体的承受能力。

（4）各部件的设计，特别是行动和传动装置的设计，要保证平时和在野战条件下都能方便拆装。

（5）传动、行动、操纵等装置需定期加注润滑油脂的部件，加注嘴要设在方便观察和易于加注的位置，并有防水、防泥沙和防堵塞的措施。

（6）车体内、外的导线、传感器、灯具等均应合理布置，并有保护装置，防止人员攀拉、踩踏造成意外损坏。同时对各种导线和传感器要做出相应的标识，以利检修。

（7）各柴油箱、润滑油箱、液压油箱等的加油口盖要统一规格，保证用同一工具能开启所有的加油口盖。

（8）在紧急情况下应有短接履带功能。

3．保障性定性要求

（1）牵引钩、牵引钢丝绳和刚性牵引装置应考虑与配套保障装备通用。

（2）尽量减少用油（或工作液）的品种规格，并优先选用军用油品正常供应渠道中的品种，工作性质相同部位的用油要采用同一牌号。底盘部分从"军队油料体系分类管理表"中所列油料品种中选取；上装部分从《装甲装备武器系统油料使用标准》中选取。如不能满足则应提出明确的油品研制需求。

（3）复合装甲及侧屏蔽装甲等的固定结构应有通用性，保证拆装时的可更换性。

（4）保障设备配套方案应尽量简化品种，减少专用工具和设备的品种及数量，满足平战结合的需要。应当尽量利用部队现有的保障设备和可在市场上购置到的通用设备。在维修工具设备中，标准化、通用化工具设备的件数占其工具设备总件数的比例不得少于70%（包括中修和小修）。

（5）保障设备要与型号研制同步进行，要具有兼容性，尽量减少品种和规格，尽量采用标准设备和现有设备以及综合测试设备。

（6）蓄电池应可实现不下车进行车外电源充电。

4．测试性定性要求

（1）系统、设备的车载和外部故障诊断与状态监测装置应配套齐全、检测方便、能快速准确隔离故障。外部检测系统的接口连接要能快速拆装。

（2）综合电子系统、火控系统、动力控制系统、传动控制系统以及其他电子系统，要设计机内故障诊断系统，具有故障检测和显示功能。非电子设备的机内测试设备（BIT）应能满足动力装置、传动装置、电气系统、液压系统的状态监测需求，并具有一定的故障检测能力。用于动力装置、传动装置、电气系统、液压系统的外部自动测试设备（ATE）应能满足功能检测的需求。

（3）全车各电子设备，其车载检测设备的故障检测隔离能力应能满足基层级维修的需求，车载检测设备加外部自动测试设备的故障检测隔离能力应能满足中继级维修的需求。

（4）非电子设备的车载检测设备应和驾驶员仪表板一体设计，其面板应分为报警、仪表、工况 3 部分，尽可能减少面板上仪表的数量，只保留最重要的仪表（仪表应优先选用数字型号），次要的参数可在显示屏上按需要显示，并留有仪表效验接口及数据读取接口。

（5）全车各电子设备，应按结构、功能、布局合理地把系统划分为若干基层级可更换单元（LRU），每个基层级可更换单元也应按结构、功能、布局合理地纳入若干中继级可更换单元（SRU），以便故障隔离。

（6）车载检测设备必须对影响安全和任务的性能参数进行状态监控，所有异常情况都应记录，对后果严重的应能及时报警，并按其严重程度分为两个报警级别，即灯光报警、灯光和声音同时报警。

（7）动力装置应监测的参数：发动机转速、机油压力、机油温度、机油箱液位、机油滤阻力、冷却液温度、冷却液液位、排气温度、空气滤阻力、各燃油箱液位、发动机摩托小时、冬季起动时的工作状态提示。

（8）车载检测设备的质量特性指标（MTBF）应比所检测对象的质量特性指标高一个数量级。

5. 安全性定性要求

（1）炮弹的布置要远离高散热部件，确保安全。

（2）对于经常接近的旋转、摆动、贮能设备和机件，如高压气瓶、弹簧、带高电压设备，需拆卸的，应设计带有释放能量的结构和安全措施。

（3）越水障碍时，应保证乘员和载员能迅速地利用自救设备（如救生衣等）。

｜2.10　工程案例｜

由于装甲装备的特殊性，工程案例中不再展开生产质量和售后服务质量管理、指标体系等内容，以某车型可靠性管理规范作为案例提供参考。

2.10.1　可靠性工作要求

为有效地进行型号项目的可靠性管理活动和技术活动，保证工程研制过程的可靠性能够有序、有效地开展，需设立可靠性工作组织机构，明确各级组织机构的职责和工作内容；需要逐项开展可靠性管理工作项目，包括制定可靠性工作计划、监督和控制各承研单位、进行可靠性评审、建立故障报告分析和纠正措施系统、制定可靠性信息管理要求等项目；各分系统、部件需要根据各自产品特点确定可靠性设计分析相关工作项目，开展可靠性试验与评价相关项目。

开展可靠性工作应遵循如下原则：

（1）可靠性是产品设计的重要属性，是影响装备作战效能和全寿命周期费用的重要因素，各参研单位管理部门、设计师系统务必高度重视，将可靠性工作统一纳入型号项目研制计划，并作为研制工作不可或缺的过程与其他工作协调进行。

（2）研制系统必须牢固树立"可靠性工作是己任"的思想观念，坚持"谁主管，谁负责；谁设计，谁负责；谁选型，谁负责"的工作原则，避免产品设计与可靠性分析"两张皮"的现象。

（3）可靠性工作应坚持规范化管理和规范化设计，各级参研人员要严格按照管理规范和设计规范开展设计、分析、试验工作，避免设计中的随意性和自由化。

（4）可靠性分析工作应强调"预防为主，未雨绸缪"。系统设计和产品设计重点开展 FMEA 分析和以可靠性为中心的维修保障分析，从实际使用出发寻找产品的薄弱环节，及早提出补救措施，避免局部薄弱造成产品过早失效。

（5）总师单位和总体技术组应加强设计中可靠性技术应用的监督与管理，通过强化可靠性评审和可靠性监督检查，防止可靠性设计分析工作"走过场"。

（6）研制单位应加强关键部件的可靠性研制试验与可靠性验证工作，严格控制关键部件的可靠性水平。

2.10.2　可靠性工作组织机构和运行管理要求

为了保证装甲装备可靠性工作的有效实施，在设计师系统建立可靠性工作体系。可靠性工作体系通常由可靠性专项组和各级承研单位的设计人员组成。型号项目可设立一名副总师（可靠性总师）直接领导可靠性专项组开展工作。可靠性技术专项组隶属于总体组，专门负责完成全系统的可靠性专项技术研究、管理和技术指导工作。

可靠性专项组与其他专项组互相配合，各有侧重。可靠性专项组应加强与总体组、各研制单位设计师、质量管理系统的沟通和协调，使可靠性工作融于各项研制工作之中。各研制单位应积极支持和配合可靠性专项组的工作，从技术力量、研制经费、时间安排、试验条件等方面支持可靠性工作的开展。

1. 可靠性总师的职责与义务

可靠性总师的职责与义务如下：建立、健全可靠性工作体系，组织研制单位贯彻有关可靠性工作条例、法规、标准、规范；组织开展全系统的可靠性工作，使全系统严格按照规范程序开展可靠性工作；组织可靠性专项组制定可靠性工作计划等研制过程必需的各项政策法规，并督促各分系统或承研单位贯彻落实，检查计划执行情况；协助总师处理研制工程中发生的重大故障或质量问题，并督促检查有关责任单位解决措施落实情况；负责监督检查系统可靠性工作计划等文件的贯彻落实情况，负责组织系统的可靠性评审；负责组织对主要承研单位开展各种有效的可靠性监督检查管理工作；定期向行政指挥、总师汇报可靠性工作情况。

2. 可靠性专项组的职责与义务

可靠性专项组的职责与义务如下：可靠性专项组是型号项目可靠性工作技术支持与管理常设机构，其主要职责是落实可靠性总师的要求和部署，负责全系统可靠性工作的技术推广、宣传、技术服务及技术监督管理工作；负责建立、健全可靠性工作体系，组织和推动各研制单位贯彻可靠性工作条例、法规、标准，负责开展对各级参研人员的可靠性技术培训；负责研制全过程可靠性工作策划及工作计划的制定，以及可靠性设计、分析规范、指南的研究与编制，负责总体可靠性设计与分析工作，开展总体要求的分解与综合权衡，并与总体结构设计、总体布置相互协调；负责组织对各研制单位可靠性工作、可靠性规范贯彻落实情况的检查监督工作；负责可靠性监督检查工作，负责各分系统方案的可靠性评审工作；全面收集整理研制过程中整车及各主要部件问题及故障信息，按照可靠性信息管理办法，做好可靠性信息的收集、整理、传递及汇总分析工作，定期向总师及可靠性总师汇报，并做好可靠性信息的积累工作；参与重大故障或质量问题的分析及故障归零工作；参与可靠性设计评审工作和故障归零分析工作，了解产品研制情况和存在的问题，监督检查各类评审中有关可靠性问题的落实情况；定期向可靠性总师汇报工作情况。

3. 可靠性工程师的职责与义务

可靠性工程师的职责与义务如下：可靠性工程师指各分系统兼职或专职的可靠性工作人员，其主要职责是协助可靠性专项组在本单位内进行可靠性技术推广、技术服务及技术监督工作；负责组织本单位贯彻可靠性工作条例、法规、标准，落实可靠性技术规范的实施；负责对可靠性工作计划等技术规范进行剪裁，制定详细的可靠性工作计划及指导文件；负责组织对本单位研制产品的可靠性信息的收集、整理、传递及汇总分析工作，定期向可靠性专项组传递，并做好可靠性数据积累工作；参与本单位研制产品重大故障或质量问题的分析及故障归零工作；参与本单位可靠性设计评审工作和故障归零分析工作，了解产品研制情况和存在的问题，监督检查各类评审中有关可靠性问题的落实情况；及时与总体组进行工作沟通。

4. 研制单位的可靠性职责

研制单位的可靠性职责如下：贯彻执行武器装备研制相关的可靠性工作规定、政策和法规，落实技术规范，贯彻实施可靠性专项组下发的可靠性管理文件以及可靠性设计、分析规范、指南等；配备与工作任务相适应的可靠性工程师，完善必要的可靠性设计、分析、试验手段；配合车型系统和专项技术系统制定可靠性工作计划、规范和标准；按照可靠性工作计划开展可靠性定性及定量要求相关的可靠性设计、分析、试验等工作。

5. 项目管理部门的职责

型号办及总师办等项目管理部门负责从计划、组织、协调和资源保障等方面保证可靠性工作顺利实施。

2.10.3 可靠性工作计划的制定

目的：具体、合理地安排各型号项目在不同研制阶段（方案设计阶段、工程设计阶段、产品加工制造阶段和试验阶段）的可靠性工作项目，以实现规定的可靠性指标要求。

工作项目要求：

（1）型号可靠性工作计划应明确在型号研制各阶段需要开展的可靠性工作项目、工作开展要求、时间节点要求以及工作组织机构等要求。

（2）实施可靠性工作的指导思想、目标和细则。

（3）明确各层次的可靠性工作项目，这些工作项目主要包括可靠性工作计划规定的工作项目及要求。

（4）明确可靠性工作计划的保证措施（如费用、人员、管理措施等）。

（5）明确可靠性工作组织的人员及其职责，以及进行每项工作的单位、人员及其职责。

（6）明确可靠性工作的时机、要点、程序、方法以及评审点设置。

（7）制定可靠性信息收集、传递、处理、储存、使用等的内容和程序说明（包括类似现役战车信息），并明确这些信息来源（设计、生产与制造、试验与使用、维修、保养等）和种类（故障模式等级、影响、文件和资料等）等。

（8）明确需提供的资料项目和采用的可靠性设计资料，如采用的可靠性设计指南和分析程序，可靠性结构设计、计算、分析资料，试制与装配资料，可靠性工作报告，试验资料，可靠性信息资料等。

该计划随不同阶段应能够不断修改、完善。

管理要点：可靠性工作研制阶段（里程碑）的划分应与型号整体工作一致，可靠性工作计划应统一纳入型号研制计划，并与其他各项研制工作密切协调、同步实施；可靠性工作计划的制定应体现产品特点；可靠性工作计划应全面涵盖的工作项目是否全面；可靠性工作计划应明确具体的工作内容、要求、时间节点和责任人等。

2.10.4　对承制方和转承制方的监督和控制

目的：对各承研单位及转承制方的可靠性工作进行监督和控制，必要时采取相应的措施，以确保交付的产品符合规定的可靠性要求。

工作项目要求：应对承制方的可靠性工作实施有效的监督与控制，督促承制方全面落实可靠性工作计划，以实现合同规定的各项要求；承制方应明确对转承制产品和供应品的可靠性要求，并与装备的可靠性要求协调一致；承制方应明确对转承制方和供应方的可靠性工作要求和监控方式；承制方对转承制方和供应方的要求应纳入有关合同，主要包括：

（1）可靠性定量与定性要求及验证方法；

（2）对转承制方可靠性工作实施监督和检查的安排；

（3）转承制方执行故障报告、分析和纠正措施系统（FRACAS）的要求；

（4）承制方参加转承制方产品设计评审、可靠性试验的规定；

（5）转承制方或供应方提供产品规范、图样、可靠性数据资料和其他技术文件等要求。

管理要点：通过技术协议、合同等方式明确承制方、转承制方和供应方的职责；转承制方的可靠性工作计划要与整个型号可靠性工作计划相协调；承制方应及时监控转承制方的可靠性工作进展情况和各项可靠性工作项目的实施效果，以便尽早发现问题并采取必要的措施；转承制方的 FRACAS 应与整个型号的 FRACAS 要求匹配。

2.10.5　可靠性评审

目的：按计划进行可靠性工作评审，以检查可靠性工作是否正确有效地进行，产品是否能实现规定的可靠性要求。

工作项目要求：可靠性评审工作应纳入可靠性工作计划，各研制单位应根据网络计划的要求，在不同阶段设置可靠性评审点。可靠性评审工作必须有计划、有组织、有准备地进行，评审过程应有完整的记录，评审结论应形成文件下发设计单位进行整改。可靠性评审应作为装备阶段评审的重要内容之一，各研制单位应在工程设计评审前 15～20 天，向总师办和可靠性专项组申请进行可靠性评审。可靠性评审主办单位应参照本规程的评审检查内容，对产品进行检查评议，以保证评审中对可靠性重大问题都能予以适当考虑。各型号项目评审前应提交评审申请报告，说明评审时机、参加人员（单位）、主要内容和技术资料等。

管理要点：不同研制阶段的可靠性评审重点应有所区分，针对上一阶段重点关注的问题，需要有针对性地进行审查。

2.10.6 故障报告、分析和纠正措施系统（FRACAS）的建立

目的：为了及时、有效地进行可靠性信息的收集、管理和分析，实现故障定位准确、机理清楚、措施有效，举一反三，应建立 FRACAS。

工作项目要求：建立 FRACAS 的目的是确立故障报告、分析和纠正程序。通过 FRACAS 的建立及有效运行，及时报告型号在研制、生产、试验、定型过程中产品所发生的所有故障、质量问题或质量缺陷（以下统称"故障"），分析影响因素及主要原因，制定和实施有效的纠正措施，验证纠正措施的有效性，并纳入设计、生产、试验等文件，防止故障重复发生和消除重大质量隐患，实现故障的归零管理，从而实现产品的质量持续改进和可靠性增长。

根据型号研制具有跨行业、跨单位合作等特点，要求参与同型号研制和生产的承研单位，应在可靠性专项组的要求下尽早建立 FRACAS，应制定相关规章制度（或程序文件）、实施办法等文件，作为开展型号 FRACAS 工作的依据；相关承制单位的产品发生的所有故障信息均应按规定报给型号可靠性信息系统日常工作机构，重大故障必须及时报给型号总体单位，由型号"两总"组织故障归零工作。

FRACAS 是一个闭环的故障报告系统，它涉及研制、采购、生产、检验、试验和使用等过程以及各有关职能单位及专业相关人员。因此，必须对其组织机构的组成及其职责、各过程的工作程序、工作内容、工作方法及必要的资源等进行全面规划。

在型号 FRACAS 运行中，应按照故障影响或严重程度，确定故障等级的分类原则，实施故障信息的分级处理及闭环管理工作，以保证所有的故障在管理层次上得到纠正。

各级 FRACAS 应明确故障信息传递和故障件处理的流程，型号研制生产单

位应根据本单位质量信息管理程序和方法，明确故障信息归口管理部门和内、外部信息接口，制定内部故障信息工作流程，以保证故障信息的交流和闭环反馈。

　　管理要点：应按照要求建立 FRACAS 系统；应按照 FRACAS 系统要求进行故障信息报送及归零；研制试验故障应收集全面，故障报告必须准确地描写故障发生情况和正确地确认发生故障的产品；对型号研制生产中发生的故障，应按"定位准确、机理清楚、问题复现、措施有效、举一反三"的要求，认真做好技术归零工作，消除产生问题的直接原因；属管理造成的重大故障和事故应按"过程清楚、责任明确、措施落实、严肃处理、完善规章"的要求做好管理归零工作，消除产生问题的根本原因；重大故障问题是否组织专家进行专题评审；对未达到归零要求，且没有充分证据证明不会影响后续任务完成的故障问题坚决不予放行。

2.10.7　可靠性信息管理要求

　　目的：通过在型号研制过程中全面收集、有效利用可靠性信息资源，为型号全系统全寿命可靠性管理提供决策依据和信息服务。支持型号论证阶段、研制阶段、生产阶段和试验阶段有效地开展各项可靠性活动，提高型号可靠性水平。

　　工作项目要求：建立与完善型号可靠性信息组织机构，开展型号可靠性信息需求分析，进行型号可靠性信息收集、处理和交换工作，配合 FRACAS 工作，建立型号可靠性信息管理系统实现信息共享，积累可靠性基础信息资源。

　　管理要点：应设置可靠性信息管理机构，全面负责组织与管理型号的 Q&R 信息工作；可靠性信息管理工作流程应闭环，包括信息的收集、处理、存储及信息上报和交换；型号研制各阶段信息需求分析应全面、充分；可靠性信息管理应涵盖全系统全寿命周期各个阶段。

2.10.8　可靠性设计分析工作管理要点

1. 可靠性建模、分配与预计

　　目的：建立产品的可靠性模型，对产品的可靠性进行预计和分配，评价所提出的设计方案是否满足规定的可靠性定量要求，并从中发现设计的薄弱环节，为改进设计提供依据。

　　管理要点：在进行检查或评审时，重点关注以下几个方面：

预计报告中应给出功能组成列表和功能框图，所建立的可靠性模型应包括产品的所有组成单元；可靠性框图、数学模型与产品组成单元应保持一致；可靠性分配方法应选用正确，分配结果应合理；可靠性预计方法与模型的数据来源应可信，预计结果应合理，满足任务书规定的指标要求，如不满足，应制定有效的设计以改进措施；根据可靠性预计结果，应针对薄弱环节进行分析，并提出改进意见。

责任：可靠性专项组负责制定可靠性建模、分配与预计指南或要求，各分系统或部件负责实施。

2. 故障模式、影响及危害性分析（FMECA）

目的：开展故障模式、影响及危害性分析，找出产品的潜在故障模式及其影响，并进行定性、定量的分析，进而采取相应措施；为确定Ⅰ、Ⅱ类故障模式清单提供定性、定量依据，作为维修性、测试性、安全性、保障性设计与分析的输入，为确定可靠性试验、寿命试验的产品项目清单提供依据，为确定可靠性关键件、重要件清单提供定性、定量信息。

管理要点：在进行故障模式、影响及危害分析检查或评审时，重点关注以下几个方面：

产品约定层次应划分合理；故障模式、故障原因及故障影响应分析充分，不同层次的分析应保持一致；产品的功能故障判据应明确、具体，便于判定；严酷度类别的定义应具体、便于判定；故障影响表述应具体、明确；各故障模式对应的严酷度类别应合理正确；故障检测方法应详细说明；设计改进措施、使用补偿措施应具体、可操作；通过故障模式、影响及危害分析发现的薄弱环节应有解决措施，解决措施应落实到方案或图纸等有关技术文件中。

责任：可靠性专项组负责制定故障模式、影响分析要求，各分系统或部件负责实施设计故障模式、影响及危害性分析，加工制造者实施试制过程的故障模式、影响及危害性分析，系统可靠性专项组给予技术指导，并实施监控。

3. 故障树分析

目的：运用演绎法逐级分析，寻找导致某种故障事件（顶事件）的各种可能原因，直到最基本的原因，并通过逻辑关系的分析确定潜在的软、硬件的设计缺陷，以便采取改进措施。

管理要点：在进行故障树分析检查或评审时，重点关注以下几个方面：

故障树分析中顶事件应选取合理，一般要求针对故障模式、影响及危害性分析的结果，对Ⅰ、Ⅱ类故障模式或者影响安全的故障模式开展故障树分析；

故障树逻辑关系因素应考虑全面，除了设计、加工等原因，还应考虑环境、人为因素对产品的影响；故障树定性分析或定量分析的结果应合理可信，一般定性分析必须开展，定量分析可根据各产品数据积累情况有选择性地开展；对发现的缺陷和隐患应采取纠正措施，并将措施落实到方案或图纸等技术文件中。

责任：可靠性专项组编写故障树分析指南或要求。各分系统或部件按要求用故障树分析开展逆向设计。

4. 制定可靠性设计准则

目的：制定并贯彻型号可靠性设计准则是设计人员开展型号可靠性设计的途径，通过制定并贯彻型号可靠性设计准则，有助于将保证、提高型号可靠性的一系列设计要求设计到产品中去。

管理要点：在进行可靠性设计准则检查或评审时，重点关注以下几个方面：

可靠性设计准则应具有产品针对性；可靠性设计准则的内容应全面，并具有可操作性；应进行可靠性设计准则的符合性检查；对不采纳条款应给出原因说明和处理措施建议。

责任：可靠性专项组根据产品特点和要求，制定系统的通用设计准则供设计人员参考使用，并制定可靠性设计准则核对表，以检查准则执行情况。各分系统或部件应按可靠性设计准则的要求开展可靠性分析，并填写可靠性设计准则符合表。各研制单位应根据本单位工程经验和实际情况，参照总体提供的可靠性设计准则编制能够有效指导本单位工程设计的可靠性设计细则，并在研制过程中逐步完善和细化，编制的可靠性设计细则要充分体现以往设计过程中的经验教训，是成功经验的积累和失败教训的总结，可靠性设计准则的制定要多方听取有经验的专家的意见，使可靠性设计准则具有权威性。

5. 选择与控制元器件、零部件和原材料

目的：通过元器件、零部件和原材料的选择与控制，尽可能减少元器件、零部件、原材料的品种和规格，保持和提高产品的固有可靠性，降低保障费用和寿命周期费用。

管理要点：元器件应优先选用《型号元器件优选目录》中的元器件，对于超出目录范围的元器件应有相应的控制措施；各元器件应明确质量等级，满足可靠性指标要求；各进口元器件应标明安全等级，不应含有禁用、禁运、停产的进口元器件；应对电子元器件开展元器件降额设计，各元器件降额应满足设计要求。

责任：可靠性专项组、元器件专项组等专项组制定相应指南、规范和要求。各分系统或部件按要求实施。

6. 确定可靠性关键产品

目的：确定和控制其故障对装甲装备型号的安全性、战备完好性、任务成功性和保障要求有重大影响的产品，以及复杂性高、新技术含量高或费用高的产品。

管理要点：对识别出的可靠性关键产品应列出清单，对其实施重点控制；针对关键故障应给出具体的控制措施或技术方案；控制措施应可实施且具有有效性。

责任：可靠性专项组制定相应指南和要求，由设计人员实施该项工作。

7. 有限元分析

目的：在设计过程中对产品的机械强度和热特性等进行分析和评价，尽早发现承载结构和材料的薄弱环节及产品的过热部分，以便及时采取设计改进措施。

管理要点：对可靠性关键部件和影响安全的部件应进行有限元分析；产品的使用环境、边界条件等设计输入应正确可信；有限元分析采用的仿真模型或试验方法应正确，分析结果应符合实际；应进行改进前、后方案的对比分析，对通过分析发现的薄弱环节应制定改进措施并落实到方案或图纸等有关技术文件中。

责任：机械产品要求开展。

8. 耐久性分析

目的：发现可能过早发生耗损故障的零部件，确定故障的根本原因和可能采取的纠正措施。耐久性分析传统上适用于机械产品，也可用于机电和电子产品。通过耐久性分析，可以估算产品的寿命，确定产品在超过规定寿命后继续使用的可能性，为制定维修策略和产品改进计划提供有效的依据。

管理要点：对有寿命要求的部件应进行耐久性分析；产品的使用环境、边界条件等设计输入应正确；耐久性分析所采用的仿真模型或试验方法应正确，分析结果应符合实际；应进行改进前、后方案的对比分析，对通过分析发现的薄弱环节应制定改进措施并落实到方案或图纸等有关技术文件中。

责任：关键零部件或有耐久性要求的产品要求开展。

2.10.9　可靠性试验工作管理要点

1. 环境应力筛选

目的：环境应力筛选（ESS）是通过向电子产品施加合理的环境应力和电应力，将其内部的潜在缺陷加速成为故障，并通过检验发现和排除的过程，是一种工艺手段。环境应力筛选的目的是发现和排除不良元器件、制造工艺和其他原因引入的缺陷造成的早期故障。环境应力筛选主要适用于电子产品，也可用于电气、机电、光电和电化学产品。在产品的研制阶段，通过环境应力筛选可以发现设计、工艺的薄弱环节并加以改进，从而提高产品的固有可靠性，在产品批生产阶段和大修过程中，环境应力筛选的主要目的是剔除制造过程中使用的不良元器件或部件及引入的工艺缺陷，以提高产品的使用可靠性。

管理要点：环境应力筛选所使用的环境条件和应力应正确；环境应力筛选的应力施加程序应正确。

2. 可靠性研制试验

目的：可靠性研制试验是研制阶段开展可靠性试验的统称。可靠性研制试验的目的是通过对产品施加适当的环境应力和工作载荷，暴露产品设计和工艺缺陷，从而改进设计，提高产品的固有可靠性水平。在研制阶段的前期，试验目的侧重于充分地暴露产品缺陷，通过采取纠正措施提高可靠性。

可靠性研制试验主要包括可靠性摸底试验、增长试验、可靠性强化试验和寿命试验。根据产品特点，开展研制阶段的试验设计和试验方法的选择，编写试验大纲和规范，通过评审后进行试验，并建立试验监控和评估组织，根据试验进程评估试验实施情况。

管理要点：制定的试验方案应合理可行；施加的环境应力、工作载荷应满足要求；可靠性研制试验故障应收集全面；对产品研制阶段可靠性水平进行评估，可靠性水平评估结论应合理；对可靠性研制试验暴露出的故障模式进行分析，并制定相应的改进措施，改进措施需验证有效。

2.10.10　各研制阶段可靠性工作项目选择

1. 可靠性工作项目选择原则

可靠性工作项目应根据具体产品的类型、可靠性要求、研制经费和周期等条件进行适当的裁剪后确定。可靠性工作项目选择一般应考虑以下情况：

（1）应根据产品特点（如电子、机电、机械类产品或新研、改进、货架产品）合理地选择工作项目；如果产品是经过定型的货架产品，一般不必规定具体的可靠性工作项目要求；如果对现有的重要而复杂的产品提出了新的要求，需要作较大的改进设计，或提出了新的可靠性要求，则应对改进产品规定具体的可靠性工作项目。

（2）应根据产品重要性（如关键、重要产品）和费用效益情况以及产品研制周期，制定有效的可靠性工作项目。

（3）应根据不同的研制阶段选择不同的可靠性工作项目。

（4）规定可靠性工作项目时，应考虑电子产品与机械产品在可靠性要求方面的差别，不论产品的可靠性要求是定性的还是定量的，可靠性管理工作项目是不可缺少的内容。

（5）如果规定了定量的可靠性要求，则可靠性的设计和分析项目，如建模，分配与预计，故障模式、影响及危害性分析，故障树分析，维修性分析，测试性分析，安全性分析和保障性分析等都是必要和适用的。对于电子类产品在条件具备时应实施"潜在通路分析"和"电路容差分析"等可靠性工作项目。

2. 各研制阶段可靠性工作项目适用分析

可靠性工作项目应根据装甲装备的特点，结合型号研制进度、经费等安排，确定可靠性工作项目，且在不同阶段开展不同的工作项目。装甲装备型号研制各阶段可靠性工作项目矩阵见表 2 – 5。

表 2 – 5　装甲装备型号研制各阶段可靠性工作项目矩阵

可靠性工作项目		初样车研制				正样车研制			
		方案设计	工程设计	样车试制	样车试验	方案设计	工程设计	样车试制	样车试验
可靠性管理	制定可靠性工作计划	√				√			
	开展对承制方和供应方的监督与控制	△	√	√	○	√	√	√	○
	开展可靠性评审	√	√	○	○	√	√	○	○
	建立 FRACAS 及可靠性信息管理	△	△	△	√	√	√	△	√
	元器件、标准件的选用与控制	△	√	√	○	√	√	△	○

续表

可靠性工作项目		初样车研制				正样车研制			
		方案设计	工程设计	样车试制	样车试验	方案设计	工程设计	样车试制	样车试验
可靠性设计与分析	可靠性建模	√	√	○	○	√	√	○	○
	可靠性分配	√	√	○	○	√	√	○	○
	可靠性预计	√	√	○	○	√	√	○	○
	贯彻可靠性设计准则	√	√	○	○	√	√	○	○
	贯彻元器件选用管理要求	√	√	○	○	√	√	○	○
	FMEA 分析	√	√	△	○	√	√	○	○
	可靠性关键零部件	○	√	△	○	○	√	△	○
	可靠性关键零部件耐久性分析	○	√	○	○	○	√	○	○
可靠性试验	环境应力筛选试验	○	○	√	△	○	○	√	√
	可靠性研制试验	○	○	△	√	○	○	△	√
	整车可靠性耐久性试验与评价	○	○	△	√	○	○	△	√

　　√：必须开展的可靠性工作项目；△：可以视情开展的可靠性工作项目；○：此阶段可以不开展的可靠性工作项目。

第 3 章

可靠性设计技术与工程实践

质量与可靠性是装备效能的倍增器，是装备建设的永恒主题，也是国家竞争力的核心要素。质量至上、质量强国、质量强装已成为我国工业化信息化和装备建设的基本方针。随着科学技术的发展，特别是近 20 年来，各种技术取得了突破性的进展，使现代的各种系统朝着综合化、电子化、集成化的方向迅猛发展，导致系统变得越来越复杂，这种复杂性主要体现如下几个方面：（1）系统复杂的结构和规模；（2）系统复杂的特性，随着科技的进步和生产的发展需要，复杂系统之间具有极强的关联性，因此系统通常具有比较复杂的相关性和特殊的动态特性；（3）系统复杂的工作条件；（4）系统功能层次的复杂性。

　　装甲车辆系统一般为具有多故障模式、复杂相关性、闭环反馈等特性的多功能机电液可修系统，系统复杂性的提高导致这类系统的可靠性问题日益突出，越复杂的系统承载的信息量越大，其重要性越高，功能性越强，应用范围越广，因此复杂系统的可靠性是系统性能实现和平稳运行的至关重要的因素。可靠性是设计出来的，制造出来的和管理出来的，可靠性设计与分析是重中之重，决定了产品固有可靠性，是可靠性研究的一项重要内容。在设计阶段，可靠性工程技术是一项系统工程技术，主要包括可靠性建模、可靠性分析、可靠性分配等一系列可靠性技术。可靠性建模和分析技术是可靠性研究的基础，合理的可靠性模型和分析方法能极大提高产品的可靠性，发现系统的薄弱环节，为设计改进提供指导。可靠性分配是可靠性设计中不可缺少的一部分，也是可靠性工程的决策性问题。开展可靠性分配可以使各级设计人员明确产品可靠性设计要求，将产品的可靠性定量要求分配到规定的层次中去，通过定量分配，使整体和部分的可靠性定量要求协调一致，并把设计指标落实给产品相应层次的设计人员，用这种定量分配的可靠性要求估计所需的人力和时间等资源，以保证可靠性指标的实现。在设计阶段采用上述可靠性关键技术来预防、发现和纠正设计、制造、部件及原材料等方面的缺陷、薄弱环节和故障隐患，把故障消灭在设计阶段，真正实现"预防为主、早期投入"，对提高和保证复杂系统的高可靠性是非常重要的，同时也可降低产品在整个寿命周期内的成本，实现成本低可靠度高的目标。

|3.1　基于 GO 法的装甲车辆可靠性建模与分析技术|

3.1.1　GO 法的基本理论

GO 法（GO methodology）是一种以成功为导向的系统可靠性分析技术，它适用于多状态、有信号反馈、有时序变化和相关性的系统可靠性分析，可用来解决传统的故障树分析方法难以解决的复杂系统的可靠性问题。该方法最初在 20 世纪 60 年代中期由美国 Kaman 科学公司提出并用于分析武器和导弹系统的安全性和可靠性，而且开发了相应的 GO 程序；20 世纪 70 年代，美国电力研究所（EPRI）和 Kaman 公司继续对 GO 法进行了完善和发展；近年来，我国清华大学的沈祖培教授等进一步发展了 GO 法的理论和算法，并出版了第一本介绍 GO 法基本理论的专著。GO 法在我国的交通运输、供水系统、制造系统、军工系统、核工业系统和电力系统等领域有了相应的应用并取得了显著的成果。

GO 图就是 GO 图模型，是通过系统的原理图、结构图和功能图基本一一对应而衍生出来的可靠性模型；GO 法定量分析和定性分析均基于 GO 运算，GO 运算是根据 GO 图模型进行的。操作符和信号流是 GO 图和 GO 运算的两大要素。因此，操作符、信号流、GO 图和 GO 运算是 GO 法的关键基本概念。

1. 操作符

系统中元件、部件或子系统统称为单元，GO 法中用操作符代表单元的功能和单元输入、输出间的逻辑关系。操作符的属性有类型、数据和运算规则。现在 GO 法已经定义了 17 种标准操作符，如图 3-1 所示。如果已有的标准操作符解决不了实际问题，工程人员可以根据实际情况对操作符进行拓展，创立新的操作符或改进原有操作符的运算规则。数据和运算规则是从属于类型的属性，一定类型的操作符代表一定的单元功能，相应的有规定的单元数据要求和规定的运算规则。

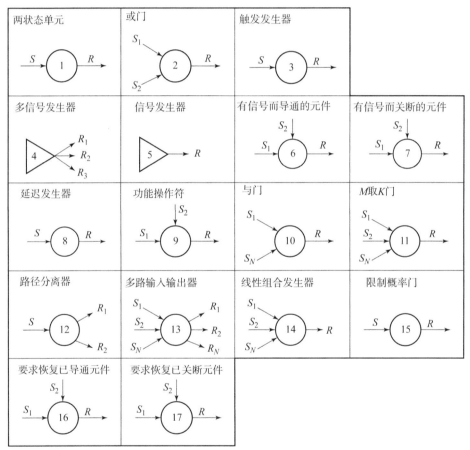

图 3-1　GO 法的标准操作符类型

2. 信号流

信号流表示系统单元的输入和输出以及单元之间的关联，信号流连接 GO

操作符生成 GO 图。信号流的属性是状态值和状态概率，在简单的两状态系统中，状态值 1 代表成功，状态值 2 代表故障。处于成功和故障状态的概率是 $P(1)$ 和 $P(2)$，有 $P(1) + P(2) = 1$。GO 法可用于多状态系统，用 $0, 1, \cdots, N$ 整数状态值代表（$N+1$）个状态。其中状态值 0 代表一种提前状态，如过早发出的信号来到前发生的动作等。状态值 $1, \cdots, N-1$ 表示多种成功状态，最大的状态值 N 表示故障状态，相应状态值的概率为 $P(0)$，$P(1)$，$\cdots$，$P(N)$，满足 $\sum\limits_{i=0}^{N} P(i) = 1$，$0 \sim N$ 整数状态值是系统状态的代表。对于有时序的系统，$0 \sim N$ 状态值可以称为时间点，用以代表一系列给定的具体的时间值。

3. GO 图

GO 法通过系统分析直接由系统原理图、流程图或工程图建立 GO 图。GO 图中的操作符代表系统中的单元，GO 图中的信号流代表单元的输入和输出以及它们之间的关联。GO 图由操作符和连接操作符的信号流组成，正确的 GO 图满足如下规则：

（1）GO 图中的操作符必须标明它的类型号和编号，编号是唯一的；

（2）GO 图中至少要有一个输入操作符（类型 4 或 5）；操作符编号通常从输入操作符开始（不是必需的）；

（3）GO 图中任一操作符的输入信号必须是另一操作符的输出信号，所有信号流标明编号，编号是唯一的；

（4）GO 图中的信号流从输入操作符开始应通到代表系统输出的信号流，形成流序列，不允许有循环，信号流编号通常从输入操作符的输出信号开始（不是必需的）。

4. GO 运算

GO 法建立 GO 图后，输入所有操作符的数据，然后从 GO 图的输入操作符的输出信号开始，根据下一个操作符的运算规则进行运算直到系统的一组输出信号。GO 运算有定性运算和定量运算。定性运算分析系统各状态的所有可能的单元状态的组合，求出路集和割集。定量运算计算所有输出信号的状态概率。GO 法的定性与定量分析方法有状态组合法和概率公式法。目前，利用编制 GO 程序可以方便快捷地进行定性分析和定量分析。GO 算法是决定 GO 运算的关键要素，目前主要的 GO 算法如下。

1）GO 法的概率公式算法

GO 法的概率公式算法是采用信号流状态累积概率和操作符的状态概率计

算公式进行 GO 法定量计算。

（1）输入操作符的状态概率就是其输出信号的状态概率，按状态累积概率定义就可以计算输出信号的状态累积概率。输入操作符的输出信号就是下一个操作符的输入信号。

（2）对于下一个操作符输入信号的状态累积概率和操作符的状态概率，按该操作符类型的状态概率计算公式，就可计算该操作符的输出信号的状态累积概率，同时也可计算其状态概率。这个输出信号即下一个操作符的输入信号。

（3）按信号流序列对每个操作符，按其类型相应的状态概率计算公式进行定量计算，直至代表系统的输出信号，完成 GO 法的定量计算。通过 GO 法的定量计算可得到系统和全部信号流的状态累积概率和状态概率。

（4）进行操作符的定量计算时，不必再列出状态组合，状态概率公式中已包含了状态组合的联合概率和输出信号相同状态值的状态概率合并计算。

（5）类型 2、10 和 11 的操作符定量计算时，概率计算公式展开式中会出现多个信号流的状态累积概率的乘积。如果这些信号流包含共有信号，要进行修正处理。两个信号流状态累积概率相乘时，要除以它们的共有信号状态累积概率。多个相乘时，将其中两个相乘处理成 1 个，其余的再继续处理。

2）有共有信号的状态概率算法

在 GO 图中，如果某个信号流同时连接到两个或多个操作符，那么该信号流是多个操作符共有的输入信号，称为共有信号。该共有信号同时作为多个操作符的输入信号，这些操作符的输出信号状态概率，由这些操作符的状态概率和该共有信号的状态概率按状态概率公式计算，因此这些操作符的输出信号状态概率的表达式中包含共有信号的状态概率。包含同一共有信号流的信号流不是完全独立的，在用概率公式算法进行计算时要进行修正计算。

（1）共有信号的修正算法。

共有信号的传递规则是确定某共有信号以后，沿信号流序列的所有后续信号流都是包含该共有信号的，它们的状态概率表达式中包含了该共有信号的状态概率，应按如下规则处理：

①共有信号沿信号流序列的所有后续信号流都包含该共有信号，它可区分为完全包含和部分包含。

②包含同一共有信号的多个信号流不是完全独立的，它们的联合状态概率不能直接用它们的状态概率乘积表示，要进行修正。

③包含同一共有信号的两个信号流，如果都是完全包含的简单情况，它们的联合状态概率可以用其状态概率乘积除以共有信号的状态概率进行修正，得

到正确的结果。

④对于包含同一共有信号的多个信号流的复杂情况，它们的联合概率的修正方法是首先将其状态概率乘积表达式按共有信号流的状态概率进行展开，然后将表达式中所有共有信号的高次项用一次项替换进行修正，修正后的表达式表示正确的联合概率。

（2）共有信号的精确处理方法。

假设某个系统有 M 个共有信号 S_j（$j = 1，2，\cdots，M$），有一个输出信号 R，操作符的状态概率计算公式中 $i = 0，1，\cdots，N-1$，表示状态值或时间点，对每一个 i 值计算公式是一样的，因此略去 i，系统输出信号状态概率的表达式可表示为

$$P_R = N(P_{S_1}，P_{S_2}，\cdots，P_{S_M}) \tag{3-1}$$

式中：P_R——系统输出信号的成功概率；

$P_{S_1}，P_{S_2}，\cdots，P_{S_M}$——$M$ 个共有信号的成功概率；

$N(\ )$——多项式函数，由其变量的加、减、乘运算组成。

如果系统有 L 个共有信号 S_L（$L = 1，2，\cdots，L$），它们的成功概率为 P_{S_L}（$L = 1，2，\cdots，L$），系统输出信号的成功概率为 P_R。有 L 个共有信号的精确算法输出信号概率计算公式为

$$P_R = \sum_{K_1=0}^{1} \sum_{K_2=0}^{1} \cdots \sum_{K_L=0}^{1} P_{RK_1K_2\cdots K_L} \prod_{L=1}^{L} [(1-P_{S_L})(1-K_L) + P_{S_L}K_L] \tag{3-2}$$

式中：$P_{RK_1K_2\cdots K_L}$——L 个共有信号的一种组合状态下系统输出信号状态累积概率值，$K_L = 0$、1 分别表示组合状态中第 L 个共有信号取故障状态、成功状态。

L 个共有信号有 2^L 个状态组合，对每一种状态组合下进行简单直接的 GO 运算，得到输出信号成功概率值，需要进行 2^L 次 GO 运算，然后代入式（3-2）计算，就得到输出信号成功概率的精确值。以上方法对系统中的每一个信号流都是适用的，因此进行 2^L 次 GO 运算后，可以同时计算出每一个信号流的成功概率精确值。

3.1.2　GO 法的分析流程

基于 GO 法的装甲车辆可靠性建模与分析的一般分析流程为：分析系统，建立 GO 图，进行 GO 运算和评价系统。首先要定义系统来确定系统的功能和系统所包含的部件并给出系统的结构图，之后确定系统边界，也就是确定系统的输入、输出以及与其他系统的接口，而后确定成功准则，确定系统正常运行状态的判据；其次根据系统的原理图、结构图、工程图或流程图直接建立 GO 图并输入系统所有单元的状态概率数据，然后选择合适的方法进行 GO 运算；

最后进行系统评价，提出改进设计，提高系统运行的可靠性。装甲车辆 GO 法的分析流程如图 3 – 2 所示。

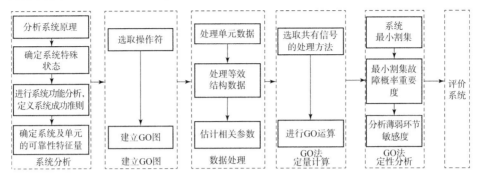

图 3 – 2　装甲车辆 GO 法的分析流程

1. 系统分析

1）系统分析

对装甲车辆系统进行结构、原理分析，由于系统涉及的设备或部件很多，若直接从部件→系统级建立 GO 图模型分析量很大，而且在分析过程中容易造成错误，因此合理地搭建 GO 图模型的方式是：部件→子系统→分系统→系统，系统分析的顺序为 GO 图模型建立顺序的逆顺序。

装甲车辆系统分析遵循如下规则：

（1）根据系统结构和原理，先将系统级逐层往下拆分至二级子系统级，然后从二级子系统级开始逐级分析至系统级。根据每个系统的液压图、结构图和功能图等进行具体原理分析。

（2）无论哪一级系统分析，都应定义该系统的输入、输出，与其他同一级系统的接口和与上一级系统的接口。

（3）无论哪一级系统分析，都应定义该系统的成功状态和故障状态、可靠性参量。

（4）定义部件级中可靠度高、可以忽略的部件。

2）定义系统的特殊状态

装甲车辆中存在反馈控制、多状态控制、有共有信号、时序顺序和相关性等特殊状态。因此，在利用 GO 法对系统进行可靠性分析时，要定义其存在的特殊状态，分析步骤如下：

（1）系统中泵、滤、阀等部件故障模式常为多种，若存在可以明显用数值界定的故障模式要定义部件级的故障模式。

（2）系统中泵、滤等多处并联结构存在共因失效，因此要定义系统中存在的共因失效组。

（3）系统中存在局部反馈和整体反馈，在分析系统时要根据分析人员的需求定义反馈环节。单向阀或外控减压阀等可能存在局部反馈环节；整体反馈环节可能存在于一个系统中，如电液控制系统、变速控制系统，或存在于不同子系统之间，上、下级系统之间用于接口的连接。

（4）根据结构相关性的定义，定义传动系统的结构相关性。

①停工相关性：电液控制系统中的某关键件故障造成系统必须停止工作进行维修，此关键件与其他件构成停工相关性，关键件和其他件的选取要根据分析人员对系统的分析而定。假设泵为关键件，泵和泵动力源可以构成停工相关性，当泵动力源故障维修时，泵要停止工作；而泵故障维修时，泵动力源也要停止工作，这样就不存在二者同时故障。若假设泵、泵动力源可以同时故障，那么二者不构成停工相关性。

②备用相关性：电液控制系统中如旁通阀与精滤并联，精滤在故障时旁通阀开启工作，精滤正常工作时旁通阀备用，类似这样的情况定义为备用相关性。

（5）定义系统的多状态，主要体现在：根据系统分析，系统存在多个输出状态；确定每个部件是否仅为正常和故障两状态，如电液控制系统中的保护环节可以将部分异常状态正常化，此时异常状态不能定义为故障状态，而需单独定义一个状态。

3）定义系统成功准则

系统成功准则的定义与系统 GO 图模型密切相关，不同的成功准则有不同的 GO 图模型与之对应，GO 法分析结果也随之不同。

2. 建立 GO 图

装甲车辆系统建立 GO 图的原则如下：

（1）建立 GO 图的顺序为：部件→二级子系统→一级子系统→分系统→系统。

（2）根据二级子系统的原理图、流程图或工程图建立每个二级子系统的 GO 图模型，用操作符代表系统中的可修单元，并按单元的功能确定操作符的类型；用信号流连接操作符，连接过程中有信号流合并时应增加逻辑操作符，表示逻辑关系。对高可靠度部件或设备进行省略，以简化 GO 图，同级系统或上、下级系统之间存在的接口用信号流连接，按（1）中顺序依次整合为系统级的 GO 图。

（3）若要实现多种互斥状态一次 GO 运算同时输出，相应的信号流用符号、数字或英文字母进行标记。

3. 数据处理

输入数据分为原始数据输入和数据处理。数据处理为部件多故障模式的处理和共因失效的处理，先进行部件多故障模式的处理，再进行共因失效的处理。

（1）部件多故障模式的处理：对定义的具有多种故障模式的部件进行处理。

（2）共因失效的处理：对定义的共因失效组选取合适的共因失效模型计算出共因失效组中部件的独立失效率和共因失效率。

4. GO 法定量计算

GO 运算是根据 GO 图和数据，从输入操作符开始，按操作符的运算规则，逐步运算至系统的输出信号，步骤如下：

（1）处理等效结构。对传动系统中定义过的结构相关性部件、局部反馈环节等进行等效处理。

（2）定义系统共有信号，选择共有信号的处理方法。传动系统中存在共有信号，在进行 GO 运算时要选择概率公式算法，对共有信号的处理方法有直接算法和精确算法。步骤如下：

①判断共有信号。共有信号的判断方法是从系统输出往回寻，遇到逻辑操作符时会有多条支路，每条支路往回寻，遇到一个信号流节点有分叉时该信号流即 1 个共有信号。按上述方法直至系统的输入操作符，这样会存在多级共有信号，即 1 个共有信号包含前级共有信号。

②选取共有信号处理方法。若系统 GO 图模型中无共有信号，则选用 GO 法的概率公式算法进行 GO 运算；若系统 GO 图模型中有共有信号，则选用有共有信号的状态概率算法进行 GO 运算。

5. GO 法定性分析

对装甲车辆系统进行定性分析，找到系统最小割集，由于装甲车辆系统元件数目多，因此分析到 4 阶最小割集为止。用 GO 法的概率公式算法直接定性分析的方法如下：

（1）假设系统 GO 图中除了逻辑操作符以外有 M 个操作符，分别代表系统的功能部件。

（2）求 1 阶割集时，假设 M 个操作符中某个操作符处于故障状态，其成功概率为零，其他操作符的状态概率不变，直接计算系统的成功概率。如果系统的成功概率为零，则该操作符的故障状态即系统的 1 个 1 阶割集。M 个操作符依次计算即可求得系统所有的 1 阶割集。

（3）M 个操作符中在 1 阶割集以外取两个操作符，假设处于故障状态，成功概率为零，其余 $M-2$ 个操作符的状态概率不变，直接计算系统的成功概率。如果系统的成功概率为零，则该两个操作符的故障状态组合即系统的 1 个 2 阶割集。在 1 阶割集的操作符以外的所有割集的两两组合中依次进行以上计算，即可求得所有 2 阶割集。

（4）依此类推，可以得到系统的各阶割集。求高阶割集时，高阶组合中如果已包含某低阶割集，则不必进行系统成功概率的计算，对其余不包括任何低阶的高阶组合进行计算，寻找高阶割集，因此求得的割集就是系统最小割集。

6. 评价系统

根据利用 GO 法对装甲车辆系统定量分析和定性分析的结果，通过定量分析可以获得系统动态的可靠性水平，通过定性分析计算重要度等找到系统的薄弱环节，为系统改进指出指导性方向。

|3.2　FMECA 分析技术|

FMECA 是一种定性的可靠性分析方法，是分析系统中每一产品所有可能产生的故障模式及其对系统造成的所有可能影响，并按每一个故障模式的严重程度及其发生概率予以分类的一种归纳分析方法。FMECA 是一种自下而上的归纳分析方法，包括 FMEA 和 CA。如今，FMECA 技术已很成熟，并公布了多个标准，利用 FMECA 技术对装甲车辆进行可靠性分析可以根据工程需求再结合技术标准制定相应的分析流程开展。

3.2.1　FMECA 技术标准

FMECA 技术是从工程实践中总结出来的科学方法，是一项十分有效且易于掌握的工程分析和风险控制技术。它广泛应用于产品可靠性工程、安全性工程、维修性工程等领域。

目前国际上广泛应用的 FMECA 标准见表 3 – 1，主要有国际级标准（如 IEC 发布的标准）、国家级标准（如 MIL – STD – 1629A 和 BS5760 – 5）、行业性标准（如 SAE 和 AIAG 发布的标准、美国国防部下属机构发布的技术手册）等。在对装甲车辆进行 FMECA 分析时，可参照下述标准进行可靠性分析。

表 3-1　目前主要的 FMECA 技术标准

FMECA 标准	发布者	范围
MIL-STD-1629A	美国国防部（DoD）	主要包含功能 FMECA、硬件 FMECA
SAE ARP 5580	机动车工程师学会（SAE）	非汽车工业，包括功能/接口/硬件 FMECA、软件（功能/接口/详细）FMECA、过程 FMECA
SAE J1739	机动车工程师学会（SAE）	设计 FMEA、工艺 FMEA 和设备 FMEA
AIAG FMEA-4	汽车工业行业小组（AIAG）	设计 FMEA 和工艺 FMEA
G4ISR 设备 FMECA	美国陆军部	设计 FMEA
航天器 FMECA 指南	美国空军太空司令部太空与导弹系统中心	功能 FMECA、硬件 FMECA 和接口 FMECA
BS 5760-5	英国国家质量管理与统计标准政策委员会	设计 FMECA 和过程 FMECA
IEC 60182	国际电工委员会（IEC）	设计 FMEA 和过程 FMEA
GJB/Z 1391-2006	中国人民解放军总装备部	功能 FMEA、硬件 FMECA、过程 FMEA、软件 FMEA

3.2.2　FMECA 技术标准的工作流程

FMECA 的技术工作一般是依据 FMECA 技术标准开展的，武器装备的研制行业尤其如此。但是，在一般情况下，各企业依据 FMECA 技术标准，根据企业及其产品的特点定制企业的 FMECA 工作方法，形成企业级的 FMECA 技术规范，在此基础上进行 FMECA 技术应用。

装甲车辆在产品研制阶段即可开展 FMECA 工作，每个阶段需要开展不同的 FMECA 工作，并且在各设计阶段中对其进行评审，其各阶段开展的 FMECA 工作流程如图 3-3 所示。

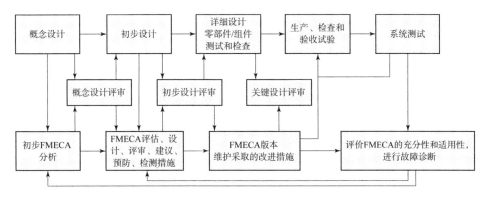

图 3 - 3　产品各研制阶段的 FMECA 工作流程

3.2.3　FMECA 技术分析步骤

装甲车辆的 FMECA 技术应用在产品设计中主要分为 5 个步骤：

（1）系统定义：确定所有部件的功能，建立产品的功能框图和可靠性框图，确定系统的使用环境和任务剖面；

（2）识别各产品的所有故障模式；

（3）确定故障的高一级别影响：确定故障的检测方式，确定是否存在共因故障；

（4）确定故障模式的危害性、风险等级、关键产品清单（CIL）；

（5）设计改进：对高风险故障进行跟踪并提出改进建议。

FMECA 技术分析步骤可简化为图 3 - 4 所示。

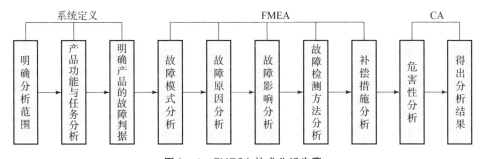

图 3 - 4　FMECA 技术分析步骤

1. 系统定义

（1）确定系统中进行 FMECA 的产品范围，主要工作如下：

①确定系统的层次，一般分为系统层、子系统层、部件层和零件层；

②约定层次，即规定要开展 FMECA 的产品层次；

③初始约定层次，即系统的最顶层；

④最低约定层次，即系统的最底层。

（2）描述系统的功能任务及系统在完成各种功能任务时所处的环境条件，主要工作如下：

①描述任务剖面、任务阶段及工作方式。任务剖面由多个任务阶段组成，工作方式分为可替换工作方式和有裕度工作方式。因此，在进行故障模式分析时，要说明产品的故障模式是在哪一个任务剖面的哪一个任务阶段的什么工作方式下发生的。

②进行功能描述。

（3）制定系统及产品的故障判据、选择 FMECA 方法等，主要工作如下：

①故障判据；

②分析方法。

2. 故障模式、影响分析（FMEA）

FMEA 可以表 3 - 2 所示的形式完成。

表 3 - 2　FMEA

代码	产品的功能标志	功能	故障模式	故障原因	任务阶段与工作方式	故障影响			严酷度类别	故障检测方法	补偿措施	备注
						局部影响	高一层次影响	最终影响				
1	2	3	4	5	6	7	8	9	10	11	12	13

表 3 - 2 中各项含义如下：

（1）代码：对每一个产品的每一故障模式采用一种编码体系进行标识。

（2）产品的功能标志：记录被分析产品或功能的名称与标志。

（3）功能：简要描述产品所具有的主要功能。

（4）故障模式：根据故障模式分析结果简要描述每一产品的所有故障模式。

（5）故障原因：根据故障原因分析结果简要描述每一故障模式的所有故障原因。

（6）任务阶段与工作方式：简要说明发生故障的任务阶段与产品的工作方式。

（7）故障影响：根据故障影响分析的结果，简要描述每一个故障模式的局部影响、高一层次影响和最终影响并分别填入对应表格。

（8）严酷度类别根据最终影响分析的结果按每个故障模式分配严酷度类别。

（9）故障检测方法：简要描述故障检测方法。

（10）补偿措施：简要描述补偿措施。

（11）备注：主要记录其他的注释和补充说明。

1）故障模式分析

（1）故障与故障模式

故障是产品或产品的一部分不能或将不能完成预定功能的事件或状态，对机械产品也称为失效。故障模式是故障的表现形式，如轴断裂、作动筒间隙不当等。

（2）产品功能与故障模式

一个产品可能具有多种功能，每一个功能有可能具有多种故障模式，GJB 1391《故障模式、影响及危害性分析》中列出了一些常见的故障模式，见表 3 – 3。

表 3 – 3　常见的故障模式

序号	故障模式	序号	故障模式	序号	故障模式
1	结构故障（破损）	12	超出允差（下限）	23	滞后运行
2	捆结或卡死	13	意外运行	24	错误输入（过大）
3	振动	14	间歇性工作	25	错误输入（过小）
4	不能保持正常位置	15	飘逸性工作	26	错误输出（过大）
5	打不开	16	错误指示	27	错误输出（过小）
6	关不上	17	流动不畅	28	无输入
7	误开	18	错误动作	29	无输出
8	误关	19	不能关机	30	电短路
9	内部泄漏	20	不能开机	31	电开路
10	外部泄漏	21	不能切换	32	电泄漏
11	超出允差（上限）	22	提前运行	33	其他

机械产品典型故障模式主要分为：

①损坏型：如断裂、变形过大、塑性变形、裂纹等。

②退化型：如老化、腐蚀、磨损等。

③松脱型：如松动、脱焊等。

④失调型：如间隙不当、行程不当、压力不当等。

⑤堵塞或渗漏型：如堵塞、漏油、漏气等。

⑥功能型：如性能不稳定、性能下降、功能不正常等。

⑦其他：如润滑不良等。

2）故障原因分析

故障原因主要分为直接原因和间接原因。直接原因为导致产品功能故障的产品自身的物理、化学或生物变化过程等，直接原因又称为故障机理。间接原因为其他产品的故障、环境因素和人为因素等外部原因。

3）故障影响分析

在每个约定层次下的故障影响分为：

（1）局部影响：某产品的故障模式对该产品自身和与该产品所在约定层次相同的其他产品的使用、功能或状态的影响。

（2）高一层次影响：某产品的故障模式对该产品所在约定层次的高一层次产品的使用、功能或状态的影响。

（3）最终影响：系统中某产品的故障模式对初始约定层次产品的使用、功能或状态的影响。

4）故障检测方法分析

故障检测方法一般包括目视检查、离机检测、原位测试等手段。故障检测一般分为事前检测与事后检测两类，对于潜在故障模式，应尽可能设计事前检测方法。

5）补偿措施分析

补偿措施一般分为设计补偿措施和操作人员补偿措施。

（1）设计补偿措施：产品发生故障时，能继续安全工作的冗余设备；安全或保险装置；可替换的工作方式（如备用或辅助设备）；可以消除或减轻故障影响的设计或工艺改进（如概率设计、计算机模拟仿真分析和工艺改进等）。

（2）操作人员补偿措施：特殊的使用和维护规程，尽量避免或预防故障的发生；一旦出现某故障后操作人员应采取最恰当的补救措施。

3. 危害性分析（CA）

CA 主要分为定性分析和定量分析，可以通过表 3 – 4 进行说明。

表 3 – 4　CA

代码	产品的功能标志	功能	故障模式	故障原因	任务阶段与工作方式	严酷度类别	故障概率等级和故障数据	故障率 λ_P	故障模式频数比 α	故障影响概率 β	工作时间 t	故障模式危害度 $C_m(j)$	产品危害度 $C_r(j)$	备注
1	2	3	4	5	6	7	8	9	10	11	12	13	14	15

1）严酷度

产品故障造成的最坏后果的严重程度称为严酷度。GJB 1391 中对严酷度类别定义如下：

（1）Ⅰ类（灾难的）：这是一种会引起人员死亡或系统毁坏的故障。

（2）Ⅱ类（致命的）：这种故障会引起人员的严重伤害、重大经济损失或导致任务失败的系统严重损坏。

（3）Ⅲ类（临界的）：这种故障会引起人员的轻度伤害、一定的经济损失或导致任务延误或降级的系统轻度损坏。

（4）Ⅳ类（轻度的）：这是一种不足以导致人员伤害、一定的经济损失或系统损坏的故障，但它会导致非计划性维护或修理。

2）故障概率等级和故障数据

故障概率等级一般分为：A 级（经常发生，大于 20%）；B 级（有时发生，10% ~ 20%）；C 级（偶然发生，1% ~ 10%）；D 级（很少发生，0.1% ~ 1%）；E 级（极少发生，小于 0.1%）。故障数据可以通过预计值、分配值或外场评估值等获得。

3）故障模式频数比

故障模式频数比 α 是产品的某一故障模式占其全部故障模式的百分比。如果考虑某产品所有可能的故障模式，则其故障模式频数比之和将为 1。模式故障率 λ_m 是指产品总故障率 λ_P 与某故障模式频数比 α 的乘积。

4）故障影响概率

故障影响概率 β 是指某故障模式已发生时，导致确定的严酷度类别的最终影响的条件概率。某一故障模式可能产生多种最终影响，分析人员不但要分析出这些最终影响，还应进一步指明该故障模式引起的每一种故障影响百分比，此百分比即 β。多种最终影响的 β 值之和应为 1。

5）故障模式危害度与产品危害度

（1）故障模式危害度：评价单一故障模式的危害性。

$$C_m(j) = \alpha \times \beta \times \lambda_P \times t, \quad j = \mathrm{I}, \ \mathrm{II}, \ \mathrm{III}, \ \mathrm{IV} \qquad (3-3)$$

（2）产品危害度：评价产品的危害性。

$$C_r(j) = \sum C_{mi}(j), \quad i = 1, \ 2, \ \cdots, \ n \qquad (3-4)$$

式中：n——该产品的故障模式总数；

$\sum C_{mi}(j)$——产品在第 j 类严酷度类别下的所有故障模式的危害度之和。

4. 输出清单

FMECA 输出清单主要如下：

（1）单点故障模式清单；

（2）Ⅰ类和Ⅱ类故障模式清单；

（3）不可检测故障模式清单；

（4）危害矩阵图（图 3-5）；

（5）FMEA/CA 表。

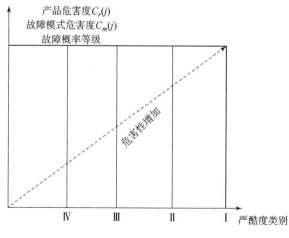

图 3-5　危害矩阵图

|3.3　动态故障树分析技术|

动态故障树分析技术综合了故障树分析和马尔可夫链方法两者的优点，它通过引入表征动态特性的新的逻辑门类型，并建立相应的动态故障树，进行动态故障树分析，是解决有动态随机性故障的容错系统、具有冗余（或冷、热备份）的可修系统、具有公用资源库的系统，以及具有顺序相关性系统的可靠性分析的有效途径。动态故障树方法可以在定性分析的基础上进行定量计算。

动态故障树分析的流程图如图 3 - 6 所示。

图 3 - 6　动态故障树分析的流程

3.3.1　结构及工作原理分析

1. 系统的结构分析

（1）确定系统的层次，一般分为系统层、子系统层、部件层和零件层；

（2）确定系统的结构示意图。

2. 系统的工作原理分析

（1）确定系统不同层次单元、同层次单元之间的逻辑关系；

（2）确定系统的特殊属性——备用相关性、时序性和共因失效等。

3. 系统的故障判据确定

（1）确定各层次失效事件；

（2）确定失效故障模式。

3.3.2　可靠性框图绘制

（1）根据结构及工作原理分析将结构示意图转化为可靠性框图；

（2）根据系统中存在的特殊属性，绘制相应的可反映系统特殊属性的框图以便于分析。

3.3.3 建立动态故障树

（1）根据可靠性框图和反映系统特殊属性的框图中的逻辑关系，选择不同层次单元之间的动态逻辑门或静态逻辑门；

（2）建立动态故障树。

3.3.4 模块分解

模块分解是将一复杂动态故障树转化为一系列较简单的故障树，以达到简化分析的目的。另外，若模块树仍然较复杂，则可对模块子树重复模块分解步骤。当遇到不能分解的故障树时，可采用分割顶点的方法。

（1）找出已给动态故障树的模块子树并得到模块动态故障树。

（2）将包含动态逻辑门的模块分解为动态子树；将包含静态逻辑门的模块分解为静态子树。

3.3.5 各模块定性分析和定量分析

（1）对于静态子树，选用 BDD 进行分析，求得各模块子树的故障模式和顶事件的故障概率。

（2）对于动态子树，选用马尔可夫链方法进行分析，求得各模块子树的故障模式和顶事件故障概率。步骤如下：

①画出系统的状态转移图；

②找出从 0 到 j（$j=0,1,\cdots,n$）的全部转移链；

③选用公式计算分量 $P_j^{\mathrm{T}}(t)$；

④由加性定理计算 $P_j(t)$ 和 $R(t)$。

（3）以模块子树的故障模式代入模块动态故障树的故障模式，即得原动态故障树的故障模式。同样，以各模块顶事件故障概率作为模块动态故障树中底事件的故障概率，根据模块动态故障树的类型采用相应的分析方法，求得模块动态故障树顶事件的故障概率，即得原动态故障树顶事件故障概率。

（4）当系统中存在共因失效时，利用上述故障树求出系统的所有最小割集，然后根据最小割集建立可靠性框图，再建立共因失效故障树，进而采用相应的算法进行求解。

|3.4 装甲车辆可靠性优化分配技术|

可靠性指标分配是指根据系统设计任务书中规定的可靠性指标，按照一定的分配原则和分配方法，保证产品可靠性指标设计到产品中，这属于可靠性工程的决策性问题。在系统设计的初期、中期和后期都有很多可靠性分配方法供选择，近些年考虑系统可靠性指标和资源之间权衡的系统可靠性优化分配已成为可靠性工程的一个重要主题，这个领域的大量研究主要涉及如下 6 个热点：（1）多状态系统最优化；（2）使用可靠性、寿命作为系统可靠性衡量指标；（3）多目标优化；（4）工作冗余和冷备用冗余；（5）容错机制；（6）最优化技术。然而，对于多功能复杂系统的可靠性优化分配研究甚少，目前主要面临的挑战为：（1）可靠性分配模型如何很好地反映系统真实结构、工作原理和功能组成（现有研究主要针对系统的单一功能）等；（2）可靠性优化分配方法都有自己的倾向性，如何关联系统的复杂特性，将系统可靠性指标直接分配给设计单元；（3）对于复杂可修系统，系统可用度指标常作为系统可靠性水平的衡量指标，如何以系统可用度为目标权衡分配系统可靠性指标和维修性指标；（4）根据工程实际，如何在可靠性分配时全面考虑可提供的各种设计单元类型；（5）对于系统中存在的复杂相关性，在分配时要采用裕度分配，如何提供一种合理的手段指导指标分配裕度。另外，系统可靠性分配和可靠性建模与分析两者是相辅相成的，在设计各阶段均要反复进行，其工作流程如图 3-7 所示，

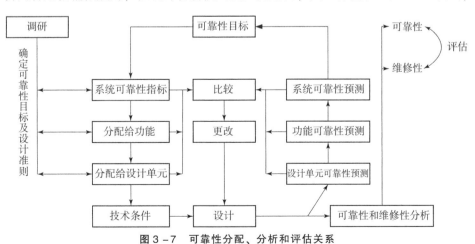

图 3-7 可靠性分配、分析和评估关系

因此，选择与系统关联度高的可靠性模型和分析方法，以及与适用系统不同设计需求的复合可靠性分配方法，既可以集成不同方法的倾向性，又可以降低流程的低循环次数，达到事半功倍的效果。

3.4.1 基于模糊层次分配和新、旧系统分配的故障率复合分配方法

在新系统可靠性指标分配时，既要充分反映专家对新系统指标的期望，又要尽可能让专家的主观因素客观化；既要考虑系统设计的各种影响因素（如复杂程度、技术发展水平、零部件对产品的重要度、工作时间比、工作环境等），又要继承旧系统或相似系统产品的信息。由于不同的可靠性分配方法具有不同的倾向性，因此根据实际需求将不同的可靠性分配方法所得结果进行复合分配可达上述要求。本节提出了基于模糊层次分配和新、旧系统分配的复合分配方法，作为系统级—功能级的复杂系统故障率的分配方法，该复合分配方法既体现了专家的知识和设计的意图，同时也继承了对旧系统可靠性统计数据的继承，体现了系统实际故障率水平。

3.4.2 标度与模糊数权重评估

模糊层次分配法是一种多目标、多层次和多因子的复杂系统决策分析方法，其更适合人类的思维。模糊层次分配法是通过模糊比较判断矩阵进行相应权重的评估，模糊比较判断矩阵更容易检验一致性，且对于不一致的判断矩阵也通过调整模糊比较判断矩阵的元素快速得到具有一致性的判断矩阵。在构建模糊比较判断矩阵进行相应权重评估时，常涉及专家采用标度或者模糊数评判的环节。

1. 标度

标度是将定性判断转化为定量分析的一种数量指标，决策分析的准确性取决于标度，目前常使用的标度分为"互反型"标度和"互补型"标度，常用的"互反型"标度的指数型标度性能最好。"互反型"标度和"互补型"标度可通过式（3-5）~式（3-7）进行转换，即互反型矩阵 $A = (a_{ij})_{n \times n}$ 和互补型矩阵 $P = (p_{ij})_{n \times n}$ 的转换。根据模糊运算，模糊互补型矩阵 $P = (p_{ij})_{n \times n}$ 具有加性完全一致性和乘性完全一致性。目前常使用的"互反型"标度和"指数互补型"标度分别见表 3-5 和表 3-6。

$$p_{ij} = \frac{a_{ij}}{1 + a_{ij}} \qquad (3-5)$$

$$p_{ij} = \frac{1 + \log_9 a_{ij}}{2} \qquad (3-6)$$

$$p_{ij} = \frac{1}{5}\log_3 a_{ij} + \frac{1}{2} \qquad (3-7)$$

表 3-5　几种常用的"互反型"标度

标度	重要程度					
	同等重要	稍微重要	明显重要	强烈重要	极端重要	通式
1~9 标度	1	3	5	7	9	K
9/9~9/1 标度	1	9/7	9/5	9/3	9/1	$9/(10-K)$
10/10~18/2 标度	1	12/8	14/6	16/4	18/2	$(9+K)/(11-K)$
a^n 标度，$a^8 = 9$	a^0	a^2	a^4	a^6	a^8	a^{K-1}
变形 $9^{n/8}$ 标度	$9^{0/8}$	$9^{1/8}$	$9^{4/8}$	$9^{6/8}$	$9^{8/8}$	$9^{8/8}$

表 3-6　几种常用的"指数互补型"标度

转换公式	标度	重要程度					标度性质
		同等重要	稍微重要	明显重要	强烈重要	极端重要	
式 (3-5)	a^n，$a^8 = 9$	0.5	0.634	0.75	0.839	0.9	乘性标度
	变形 $9^{n/8}$ 标度	0.5	0.568	0.75	0.839	0.9	
式 (3-6)	a^n，$a^8 = 9$	0.5	0.625	0.75	0.875	1	加性标度
	变形 $9^{n/8}$ 标度	0.5	0.562 5	0.75	0.875	1	
式 (3-7)	a^n，$a^8 = 9$	0.5	0.6	0.7	0.8	0.9	加性标度
	变形 $9^{n/8}$ 标度	0.5	0.55	0.7	0.8	0.9	

2. 模糊数权重评估

在决策信息匮乏时，专家常根据自身知识和判断作出评判，有时经验非常丰富的专家也没有充分的依据说明自己是客观的，因此，采用考虑可能性的模糊数可以尽可能让专家的主观因素客观化，从而使专家给出更合理的评价。常采用的考虑可能性的模糊数有三角模糊数和梯形模糊数。

1. 考虑可能性的三角模糊数

设 $f(x;\lambda)$ 是一个考虑可能性的三角形模糊数，则其隶属度函数为

$$f(x;\lambda)=f(a,m,b;\lambda)=(\begin{cases}0, & 0\leqslant x\leqslant a \text{ 或 } x\geqslant d \\ \dfrac{x-a}{m-a}, & a\leqslant x\leqslant m \\ \dfrac{b-x}{b-m}, & m\leqslant x\leqslant b\end{cases};\lambda) \quad (3-8)$$

式中：三角形模糊记为 $f(x)=(a,m,b)$，a 为可能取到的最小值，b 为可能取到的最大值，m 为中间值，当 $a=b=m$ 时，$f(x)$ 成为实数；可能性 $\lambda(0\leqslant\lambda\leqslant1)$ 作为其评价的权重因素。

2. 考虑可能性的梯形模糊数

设 $f(x;\lambda)$ 是一个考虑可能性的梯形模糊数，则其隶属函数为

$$f(x;\lambda)=f(a,b,c,d;\lambda)=(\begin{cases}0, & 0\leqslant x\leqslant a \text{ 或 } x\geqslant d \\ \dfrac{x-a}{b-a}, & a\leqslant x\leqslant b \\ 1, & b\leqslant x\leqslant c \\ \dfrac{d-x}{d-c}, & c\leqslant x\leqslant d\end{cases};\lambda) \quad (3-9)$$

式中：梯形模糊数记为 $f(x)=(a,b,c,d)$，当 $a=b$ 和 $c=d$ 时，$f(x)$ 成为普通的区间数，当 $b=c$ 时，$f(x)$ 成为三角模糊数，当 $a=b=c=d$ 时，$f(x)$ 成为实数；可能性 $\lambda(0\leqslant\lambda\leqslant1)$ 作为其评价的权重因素。

3. 模糊数权重评估

若 K 个专家参与赋权，第 j 个专家给因素 i 作出的评价为模糊数 $w_{ij}(x)=f(x,\lambda)$，则该专家的期望评价定义为常规的期望评价，即

$$\mathrm{EV}(w_{ij})=\dfrac{\displaystyle\int_{a}^{q}x\cdot f_{ij}(x)\,\mathrm{d}x}{\displaystyle\int_{a}^{q}f_{ij}(x)\,\mathrm{d}x} \quad (3-10)$$

式中：$a^{\lambda}=f_L^{-1}(\lambda)$，$b^{\lambda}=f_R^{-1}(\lambda)$。

专家们的平均期望（即第 i 个因素的赋权）定义为

$$\mathrm{EMV}(w_i)=\dfrac{1}{K}\sum_{j=1}^{K}\mathrm{EV}(w_{ij}) \quad (3-11)$$

若专家的期望评价和专家们的平均期望相对允许偏差为 ε，则满足下式要

求则赋权合格，不满足则重复上述步骤直至满足：

$$\left| \frac{\mathrm{EV}(w_{ij}) - \mathrm{EMV}(w_i)}{\mathrm{EMV}(w_i)} \right| \leqslant \xi \tag{3-12}$$

将 $\mathrm{EMV}(w_i)$ 向量归一化处理，得到权重向量。

3.4.3　基于模糊层次分配和新、旧系统分配的故障率复合分配问题的求解

针对多功能复杂系统系统级—功能级故障率的分配，本节基于模糊层次分配和新、旧系统分配提出了故障率复合分配方法，该分配方法的宗旨是既满足专家对新系统设计的期望，又继承旧系统的故障率的客观规律。

1. 基于模糊层次分配的故障率分配

根据模糊层次分配的故障率分配的步骤如下：

（1）建立系统级—功能级故障率分配的层次结构模型。在系统分析的基础上，该层次结构模型一般分为 3 个层次，其中第一层是目标层，表示待分配的系统故障率指标；第二层是准则层，可为多级结构，表示影响故障率分配的各个因素及各因素下的要素；第三层是对象层，表示系统的各功能。层与层之间的连线表示上、下层之间各元素的相互关系，如图 3 - 8 所示。

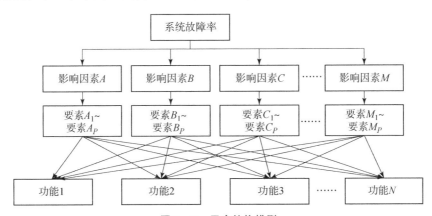

图 3 - 8　层次结构模型

（2）构建模糊判断矩阵。组织相关领域的专家进行评判打分，由上而下，通过各层次不同因素间的两两比较构造模糊判断矩阵，模糊矩阵的取值可根据表 3 - 5 或表 3 - 6。

（3）各层次局部权重估计。根据模糊判断矩阵的性质，分别评估准则层各因素相对于目标层的权重 $\boldsymbol{w} = (w_1, w_2, \cdots, w_M)$ 和对象层各功能对准则层

各元素的权重 $\boldsymbol{v}_i = (v_1^{(i)}, v_2^{(i)}, \cdots, v_N^{(i)})$。若利用模糊矩阵定义 1 ~ 定义 3，采用模糊一致矩阵求解权重向量，则无须进行一致性检验。

定义 1：如果对模糊互补矩阵 $\boldsymbol{A} = (a_{ij})_{n \times n}$ 按行求和，记为 $r_i = \sum_{k=1}^{n} a_{ik}$ ($i =$ 1，2，$\cdots$，n)，取 $r_{ij} = \dfrac{r_i - r_j}{a} + 0.5$，则矩阵 $\boldsymbol{R} = (r_{ij})_{n \times n}$ 是模糊一致性矩阵，一般 $a = 2(n - 1)$。

定义 2：设模糊互补矩阵 $\boldsymbol{A}_l = (a_{ij}^{(l)})_{n \times n}$，令 $\overline{a}_{ij} = \sum_{l=1}^{s} \lambda_l a_{ij}^{(l)}$，$\lambda_l > 0$，$\sum_{l=1}^{s} \lambda_l = 1$ ($l = 1$，2，$\cdots$，s)，则矩阵 $\overline{\boldsymbol{A}} = (\overline{a}_{ij})_{n \times n}$ 为 $\boldsymbol{A}_l$ 的合成矩阵，记为 $\boldsymbol{A} = \lambda_1 \boldsymbol{A}_1 \oplus \lambda_2 \boldsymbol{A}_2 \oplus \cdots \oplus \lambda_s \boldsymbol{A}_s$。

定义 3：由合成的模糊一致性矩阵 $\boldsymbol{R}$ 采用行和归一化求得排序向量 $\boldsymbol{\phi} = (\phi_1, \phi_2, \cdots, \phi_n)$。

（4）层次结构综合权重估计。在各层次局部权重的基础上，根据式（3 – 13）作归一化处理后，可得各功能对系统故障率的相对重要程度的权重向量，即层次结构综合权重。

$$\boldsymbol{W} = \boldsymbol{w} \times (v_1, v_2, \cdots, v_N)^{\mathrm{T}} = (W_1, W_2, \cdots, W_N) \qquad (3 - 13)$$

（5）根据层次结构综合权重，将系统的故障率分配给系统各功能。

2. 基于新、旧系统分配的故障率分配

新、旧系统分配方法主要有新、旧系统故障率变化量分配方法和比例组合故障率分配方法。

1）新、旧系统故障率变化量分配方法

新、旧系统故障率变化量分配方法是将相似产品的客观信息（λ_i 和 λ_s）和其他综合评价方法所提供的主观信息（k_i 和 λ_s^*）综合的分配方法。假定实现 N 个旧系统的故障率为 λ_s，通过对旧系统的相关可靠性数据统计可得第 i 个功能的故障率为 λ_i，根据新系统设计的目标是要求故障率比旧系统有所降低，即可靠性有所提高，因此，新系统第 i 个功能的故障率 λ_i^* 为

$$\lambda_i^* = \lambda_i - k_i \cdot \Delta\lambda \qquad (3 - 14)$$

式中：$\Delta\lambda$——故障率的变化，$\Delta\lambda = \lambda_s - \lambda_s^*$，$\lambda_s^*$ 为新系统的目标故障率；

k_i——通过各种评价方法得到的比例系数值，且满足 $\sum_{i=1}^{n} k_i = 1$。

在工程实际中，可能出现以下 4 种情况：

（1）若 $\lambda_i > \lambda_i^*$，则 $k_i > 0$；

（2）若 $\lambda_i < \lambda_i^*$，则 $k_i < 0$；

（3）若新系统比旧系统增了某功能 j，则该功能的故障率需要通过可靠性试验或者其他方式得到其对应的 λ_j^*，此时，待分配的新系统故障率为

$$\lambda_s^{*'} = \lambda_s^* - \lambda_j^* \qquad (3-15)$$

（4）若新系统因简化设计或成本的需要比旧系统去掉了某功能 j，则不再参考该功能的历史数据，此时，旧系统故障率为

$$\lambda_s' = \lambda_s - \lambda_j \qquad (3-16)$$

2）比例组合故障率分配方法

当新、旧系统的结构组成和功能非常相似，仅是根据新的工况或环境提出新的可靠性要求时，可根据比例组合故障率分配方法由旧系统各功能的故障率按照新系统的要求分配得到：

$$\lambda_i^* = \lambda_i \cdot \frac{\lambda_s^*}{\lambda_s} \qquad (3-17)$$

3. 基于模糊层次分配和新、旧系统分配的故障率复合分配

可靠性分配方法都有倾向性，模糊层次分配方法是根据有经验的专家评判情况进行的故障率分配，该方法的优点是与主观设计目标吻合，但分配结果与产品实际有可能相差较远，要实现设计目标，可能要通过结构参数的改进来实现。而新、旧系统分配方法因为有旧系统作参照，分配结果与产品的实际可能接近，并对旧系统的可靠性有所提高，但对整个系统而言，故障率分配的布局不一定是合理的和最优的，有可能又继承了旧系统中不合理分配方法。因此，基于二者的复合分配方法可继承两种分配方法的优点，根据式（3-18）所得的分配结果也更具合理性。

$$\lambda_i^* = p_1 \lambda_{i1}^* + p_2 \lambda_{i2}^* \qquad (3-18)$$

式中：λ_{i1}^*——基于模糊层次分配所得的功能故障率；

$\qquad \lambda_{i2}^*$——基于新、旧系统分配所得的功能故障率；

$\qquad p_1$ 和 p_2——模糊层次分配和新、旧系统分配所占的比重，$p_1 + p_2 = 1$。

4. 基于模糊层次分配和新、旧系统分配的故障率复合分配方法的流程

综上所述，在基于模糊层次分配和新、旧系统分配的故障率分配方法的基础上，给出了多功能复杂系统系统级—功能级故障率分配流程。

1）系统分析和数据收集

系统分析和数据收集是开展基于模糊层次分配和新、旧系统分配的故障率复合分配的关键，主要工作内容有：

（1）确定新系统的结构和功能、各功能的影响因素及其子要素；

（2）收集旧系统的可靠性数据，并比较新、旧系统结构、功能等方面的差异。

2）专家评判

专家评判是权重评估不可缺少的环节，主要工作内容有：

（1）根据权重估计，选择评判标度或模糊数；

（2）对模糊层次分配方法中相关的模糊判断矩阵元素进行评分，对复合分配方法中相关的 p_1 和 p_2 权重评估进行评分。

3）基于单一分配的系统故障率分配

基于单一分配的系统故障率分配即基于模糊层次分配的系统故障率分配和基于新、旧系统分配的系统故障率分配，主要工作内容有：

（1）基于模糊层次分配：根据系统分析，建立系统级—功能级故障率分配的层次结构模型；根据专家评判，构建相应的模糊判断矩阵；对各层次局部权重进行估计；结合各层次局部权重，进行层次结构综合权重估计；利用层次结构综合权重，将系统故障率分配给各系统功能。

（2）基于新、旧系统分配：根据系统分析和数据收集，选择新、旧系统分配方法；确定旧系统 λ_i 和 λ_s，若采用新、旧系统故障率变化量分配方法，还需对 k_i 进行评估；根据式（3－14）或式（3－17）将系统故障率分配给各系统功能。

4）系统故障率复合分配

采用基于模糊层次分配和新、旧系统分配的故障率复合分配方法，根据专家评判，获取 p_1 和 p_2 权重；将基于模糊层次分配的结果和基于新、旧系统分配的结果根据式（3－18）获得系统各功能故障率分配结果；验证是否满足约束条件：$\sum_{i=1}^{N} \lambda_i^* < \lambda_s^*$，满足则分配结束，不满足则进行局部调整，重新分配。

综上所述，基于模糊层次分配和新、旧系统分配的故障率复合分配方法的流程如图 3－9 所示。

3.4.4 基于 GO 法的装甲车辆可靠性、维修性指标权衡优化分配方法

如今，绝大部分可靠性优化分配工作集中于该领域的六大研究热点，这些研究大都仅考虑系统的一个最主要的功能，尽管提出了对有功能差异性的多功能系统可靠性指标分配方法，但上述研究仍无法综合考虑多功能可修系统的复杂特性而直接将系统可靠性指标权衡优化分配给设计单元。另外，在工程实际

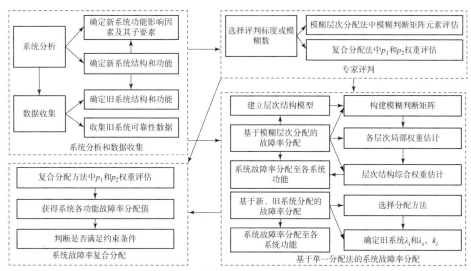

图 3 - 9 基于模糊层次分配和新、旧系统分配的故障率复合分配方法的流程

中，设计单元分为设计型单元和版本选择型单元，且二者在设计过程中常混合使用。因此，在考虑资源配置条件和设计单元类型的情况下，以可用度为目标对有复杂特性的多功能可修系统进行可靠性指标和维修性指标权衡优化分配，不但具有重要的工程意义，而且符合系统可靠性、维修性、指标权衡优化分配领域的研究热点。

基于 GO 法的装甲车辆可靠性、维修性指标权衡优化分配的描述如下：以多功能可修系统可用度为目标，考虑费用最小和系统复杂特性，利用系统级—功能级—设计单元级的层次结构基于 GO 法建立系统约束条件和功能约束条件，进行设计单元的故障率和维修率的权衡优化分配。上述优化分配问题的描述可以归结为：约束条件和目标函数。

1. 基于 GO 法的装甲车辆可靠性、维修性指标权衡优化分配问题的约束条件

根据基于 GO 法的装甲车辆可靠性、维修性指标权衡优化分配问题的描述，其约束条件如下：

1）设计单元故障率和维修率约束条件

$$\begin{cases} \lambda_{u,\min} \leqslant \lambda_u^* \leqslant \lambda_{u,\max} \\ \mu_{u,\min} \leqslant \mu_u^* \leqslant \mu_{u,\max} \end{cases} \quad (3-19)$$

式中：$\lambda_{u,\min}$、λ_u^*、$\lambda_{u,\max}$——设计单元 u 的故障率下限、分配故障率和故障率上限；

$\mu_{u,\min}$、μ_u^*、$\mu_{u,\max}$——设计单元 u 的维修率下限、分配维修率和维修率上限。

2）功能故障率约束条件

$$\lambda_{s0}^* \leqslant \lambda_i^* \tag{3-20}$$

式中：λ_i^*——基于模糊层次分配和新、旧系统分配的故障率复合分配方法所得各系统功能故障率分配值；

λ_{s0}^*——使用设计单元故障率和维修率的分配值，根据系统 GO 图模型进行定量 GO 运算所得系统功能故障率。

3）系统可用度约束条件

$$A_{S0}^* \geqslant A_S^* \tag{3-21}$$

式中：A_S^*——系统可用度目标值；

A_{S0}^*——使用设计单元各故障率和维修率分配值，根据系统 GO 图模型进行定量 GO 运算所得系统的可用度。

2. 基于 GO 法的装甲车辆可靠性、维修性指标权衡优化分配问题的目标函数

由基于 GO 法的装甲车辆系统可靠性、维修性指标权衡优化分配问题的描述可知，其目标为由设计单元构成的系统费用最小。在工程实际中，设计单元有重新设计和从不同版本的旧单元中选择两种情况，本书分别将其定义为设计型单元和版本型单元。维修的目的是减少损坏带来的影响和以最少的费用获得最大的可用性，因此，本书定义新系统的总费用由对应设计单元可靠性指标的费用和对应设计单元的维修性指标的费用组成。

1）费用函数

费用函数描述设计单元的费用和可靠性指标、维修性指标间的关系，它受各种人力、物力、财力的花费影响，常用的费用函数分为两类：离散费用函数和连续费用函数，包括拉格朗日型费用函数、对数型费用函数和广义成本函数等。本节构建了考虑可靠性指标和维修性指标的设计单元费用函数。

（1）版本型单元费用函数见表 3-7。

表 3-7　版本型单元费用函数

版本号	故障率	设计费用	维修率	维修费用	设计单元费用
1	λ_{u1}	C_{ud1}	μ_{u1}	C_{ur1}	C_{u1}
2	λ_{u2}	C_{ud2}	μ_{u2}	C_{ur2}	C_{u2}
i	λ_{ui}	C_{udi}	μ_{ui}	C_{uri}	C_{ui}

表 3 – 7 中，λ_{ui}、C_{udi}、μ_{ui}、C_{uri} 和 C_{ui} 为设计单元 u 第 i 个版本的故障率、设计费用、维修率、维修费用和设计单元费用，其中 $C_{ui} = C_{udi} + C_{uri}$。

（2）设计型单元费用函数，如式（3 – 22）所示。

$$C_u = f_\mu \cdot e^{-\frac{\mu_{u,\max} - \mu_u^*}{\mu_{u,\max} - \mu_{u,\min}}} + f_\lambda \cdot e^{\frac{\lambda_{u,\max} - \lambda_u^*}{\lambda_{u,\max} - \lambda_{u,\min}}} \tag{3 – 22}$$

式中：C_u——单元 u 的费用；

　　　f_μ——根据工程实际（如零件的维修级别、维修工熟练程度和数目等）评估出的维修费用影响因子；

　　　f_λ——根据工程实际（如设计单元的材料、表面处理和加工等）评估的设计费用影响因子。

（3）对费用函数中维修费用的说明

设计型单元的维修率受其维修规划的影响，单元体维修级别一般分为：最小修理、性能恢复、换件和大修。最小修理是将单元体进行部分分解，对特定的零件进行修理；性能恢复也是将单元体进行部分分解，执行性能恢复，并稳固相关组件；大修是将单元体进行完全分解，执行最细致的工作；换件是快速修复。对于设计型单元，可以根据单元体维修级别规定其维修率的上、下限，再根据费用函数选择符合条件的单元维修率；对于版本型单元，可以根据单元体维修级别给定不同版本的维修率和相应的维修费用，也可以根据单元体维修级别规定其维修率的上、下限，在式（3 – 22）中可在 $f_\mu = 0$ 的条件下根据费用函数选择符合条件的单元维修率。

2）目标函数

基于 GO 法的装甲车辆可靠性、维修性指标权衡优化分配问题的目标为由设计单元构成的系统费用最小，其目标函数为

$$\min C_S = \sum_{u=1}^{n} C_u \tag{3 – 23}$$

式中：$\min C_S$——系统最小总费用；

　　　C_u——设计单元 u 的费用（$u = 1, 2, \cdots, n$）。

3. 基于 GO 法的装甲车辆可靠性、维修性指标权衡优化分配问题描述的数学模型

根据基于 GO 法的装甲车辆可靠性、维修性指标权衡优化分配的约束条件和目标函数，相应优化分配问题的数学模型可描述为

$$\begin{cases} \min C_S = \sum_{u=1}^{n} C_u \\ \text{s. t.} \\ \lambda_{i0}^* \leqslant \lambda_i^* \\ A_{S0}^* \geqslant A_S^* \\ \lambda_{u,\min} \leqslant \lambda_u^* \leqslant \lambda_{u,\max} \\ \mu_{u,\min} \leqslant \mu_u^* \leqslant \mu_{u,\max} \end{cases} \quad (3-24)$$

3.4.5 基于 GO 法的装甲车辆可靠性、维修性指标权衡优化分配问题的求解

由于系统自身可靠性模型的复杂性、可靠性与约束条件间函数关系的复杂性，可靠性优化分配问题的求解较为复杂。系统可靠性优化分配已被证明是一个 NP 完全问题，即不存在精确的求解方法，常用的求解方法（如梯度法、动态规划法等）难以获得满意的结果，而将人工智能方法（神经网络、蚁群算法和遗传算法等）应用于可靠性优化分配问题的求解能取得很好的效果，但人工智能方法也有自身的缺点，如使用过程中可能出现早熟现象、在快要接近最优解时在最优解附近左右摆动、收敛较慢、易陷入局部极值、不易编程实现或优化结果不是很理想等，因此需根据具体的优化分配问题对基本算法进行改进，使优化分配问题的求解更加精确和高效。本节分别在基本遗传算法和蚁群算法的基础上进行改进，以求解基于 GO 法的装甲车辆可靠性、维修性指标权衡优化分配问题。

1. 改进遗传算法

用于求解基于 GO 法的装甲车辆可靠性、维修性指标权衡优化分配问题的改进遗传算法步骤如下：

1) 构建优化模型

根据式（3-24），构建相应的优化模型：

（1）确定决策变量个数，即设计单元的故障率和维修率；

（2）确定决策变量类型，即设计单元类型（设计型单元还是版本型单元）；

（3）构建系统费用目标函数；

（4）构建优化模型的约束条件。

2) 设定算法参数

（1）设定编码方式。使用实数编码的遗传算法较二进制编码在数值函数

优化方面有如下优点：在函数计算前，不需要从染色体到表现值的转换，提高了遗传算法的效率；计算机内部高效的浮点表示可直接使用，减少了内存需求；相对于离散的二进制或其他值，没有精度损失；使用不同的遗传算子非常自由。因此，本书改进遗传算法选用实数编码。

（2）设定种群数量，其选择依据为最佳实现最优化搜索。

（3）设定交叉率，其目的是对于选中用于繁殖的个体提供更大的进化空间。

（4）设定变异率，其目的为增加遗传算法找到接近最优解的能力。

（5）设定停止准则，其选择依据为最优解的收敛情况。

3）执行算法

（1）随机生成初始种群。计算结果和计算效率受初始种群特性影响，若要实现全局最优解，在解空间中初始种群应尽量分散。基本遗传算法按预定或随机方法产生初始种群，其会导致初始种群在解空间中分布不均，从而影响算法性能。为使初始种群在解空间中均匀分布，根据给出的问题构造均匀数组，然后产生初始种群：首先，将解空间划分为 S 个子空间；其次，量化每个子空间，运用均匀数组选择 M 个染色体；最后，从 $M \times S$ 个染色体中选择适应度函数最大的 N 个作为初始种群。

（2）计算个体的适应度。遗传算法在搜索进化过程中仅用适应度函数值来评估个体或解的优劣，并作为以后遗传操作的依据。不同的问题有相对应的适应度函数定义，用于表明个体对环境适应能力的强弱。本书将目标函数作为适应度函数，最合适的个性对应最小的目标函数值。在搜索过程中，随机产生的染色体可能由于违背约束或超过上界而不可行，为保证约束条件成立，本书将问题的约束以动态惩罚项的方式融入适应度函数，排除在搜索过程中不满足约束条件的个体，从而计算出合理的个体适应度。

（3）判断是否满足停止准则。算法若不满足此准则，则继续计算；若满足此准则，则输出最优解。

（4）选择操作。选择操作在达尔文的优胜劣汰、适者生存原则上实现对优秀的个体复制的目的。判断染色体优良与否的准则为其适应度值，个体适应度值越大，其被选择的机会就越多。本书采用基于排序的适应度分配，并采用轮盘赌选择方法，从种群中选择优良个体。

（5）交叉操作。交叉是遗传算法中最主要的遗传操作，本书采用离散重组，随机地以相同概率挑选父代个体用以确定子代个体的值。

（6）变异操作。变异是在选择和交叉基本完成遗传算法大部分搜索的基础上，增加找到最近最优解的能力。变异与选择和交叉算子结合可以避免由复制和交叉算子引起的某些信息的永久性丢失，从而保证了遗传算法的有效性，且变异能够增加种群的多样性。本书选用自适应变异，使适应度大的个体在较小范围内搜索，而使适应度小的个体在较大范围内搜索。

4）工程寻解

为了避免在选择操作中超常个体可能控制种群进化、在交叉操作中超常个体可能破坏优秀基因，在基本遗传算法中存在未成熟收敛等问题，本书采用多种群进化，多种群进化允许子种群沿着不同方向进化，获得解空间中不同区域内的优秀个体，在扩大搜索范围的同时避免未成熟收敛的发生；另外通过子种群间优秀个体的迁移，实现优秀个体在种群中的传播，提高收敛速度和解的精度。通过多种群优化可以得到不同的最优解，再根据工程实际，制定最优解的选择标准。

综上所述，本书改进遗传算法流程如图 3-10 所示。

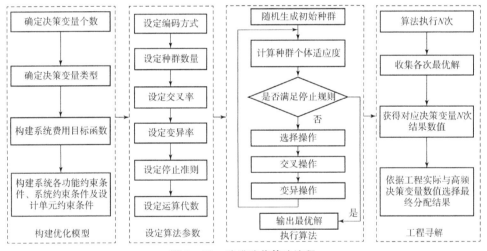

图 3-10　改进遗传算法流程

2. 改进蚁群算法

用于求解基于 GO 法的装甲车辆可靠性、维修性指标权衡优化分配问题的改进蚁群算法步骤如下：

1）构建优化模型

根据式（3-24），构建相应的优化模型：

（1）确定决策变量个数，即设计单元的故障率和维修率；

（2）确定决策变量类型，即设计单元类型（设计型单元还是版本型单元）；

（3）构建系统费用目标函数；

（4）构建优化模型的约束条件。

2）设定算法参数

（1）设置蚁群个体数。

（2）设置迭代次数，其为终止规则。

（3）设置收敛因子，其目的为增加蚁群算法找到接近最优解的能力。

（4）设定节点数，其用于生成蚁群路径地图。

3）构建蚁群路径地图

所有允许蚁群个体行走的有向路径构成蚁群路径地图，如图3－11所示。

图3－11中，每列代表一个分配单元，每列的节点数代表可选择的分配值，每个节点对应该设计单元的一个分配值。蚁群个体从图3－11中 L_1 列游走至 L_m 列，每列选择一个路径节点构成有向路径，该有向路径表示一个系统的优化分配结果。节点数可由式

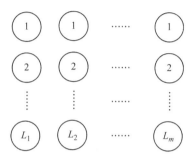

图3－11　蚁群路径地图

（3－25）计算得到：

$$N_i = \frac{R_{i,\max} - R_{i,\min}}{L} \qquad (3-25)$$

式中：N_i——第 i 个设计单元的节点数；

　　　L——离散步长。

本书选择元胞数组数据结构表示蚁群路径地图，如式（3－26）所示。

$$\boldsymbol{R} = \begin{Bmatrix} R_{1,1} & R_{1,2} & \cdots & R_{1,m} \\ R_{2,1} & R_{2,2} & \cdots & R_{2,m} \\ \vdots & \vdots & \cdots & \vdots \\ R_{L1,1} & R_{L2,2} & \cdots & R_{Lm,m} \end{Bmatrix} \qquad (3-26)$$

式中：$R_{j,i}$——第 i 个设计单元的第 j 个选择节点所对应的分配值（ $i=1$，2，$\cdots$，m，$j=1$，2，$\cdots$，L_i）。

4）初始化信息素地图

根据蚁群算法的要求，蚁群个体所走路径是信息素的载体，路径所具有的信息素浓度取决于路径对应目标函数值的优劣。在没有进行优化分配求解时，根据蚁群路径地图构建初始化信息素地图。信息素地图的初始化工作要求每个节点信息素为1，信息素地图会随迭代次数的增加而更新。本书选择元胞数组数据结构表示信息素地图，如式（3－27）所示。

$$\boldsymbol{\tau}(\text{Loop}) = \left\{ \begin{matrix} \tau_{1,1} & \tau_{1,2} & \cdots & \tau_{1,m} \\ \tau_{2,1} & \tau_{2,2} & \cdots & \tau_{2,m} \\ \vdots & \vdots & \cdots & \vdots \\ \tau_{L1,1} & \tau_{L2,2} & \cdots & \tau_{Lm,m} \end{matrix} \right\} \qquad (3-27)$$

式中：$\tau_{j,i}$——第 i 个设计单元的第 j 个选择节点所对应的信息素；

Loop——迭代次数，当 Loop = 1 时，信息素地图为初始化信息素地图（$\tau_{j,i} = 1$，$i = 1，2，\cdots，m$，$j = 1，2，\cdots，l_i$）。

5）蚁群游走

蚁群游走是每个蚁群个体构造出一个蚁群路径的过程。每个蚁群路径对应一个优化分配结果，该优化分配结果是由信息素地图和每个节点的费用共同决定的，其获取步骤如下：

（1）构建节点概率地图，其用于表示蚁群个体在每列所选节点的可能行，本书选择元胞数组数据结构表示节点概率地图，如式（3-28）所示。

$$\boldsymbol{P} = \left\{ \begin{matrix} P_{1,1} & P_{1,2} & \cdots & P_{1,m} \\ P_{2,1} & P_{2,2} & \cdots & P_{2,m} \\ \vdots & \vdots & \cdots & \vdots \\ P_{L1,1} & P_{L2,2} & \cdots & P_{Lm,m} \end{matrix} \right\} \qquad (3-28)$$

式中：$P_{i,j}$——第 i 个设计单元的第 j 个选择节点被选择的概率，$P_{i,j} = $

$\dfrac{\tau_{i,j} \cdot \dfrac{1}{C_{i,j}}}{\sum\limits_{j=1}^{l_i} \tau_{i,j} \cdot \dfrac{1}{C_{i,j}}}$，$C_{i,j}$ 为第 i 个设计单元的第 j 个选择节点所对应的费用。

（2）根据节点概率地图，本书选择轮盘赌方法选择蚁群路径地图中的每个节点构建一个蚁群路径，即相应的优化分配问题的解。

6）约束判断和目标函数求解

所有蚁群个体完成一次游走后，每个蚁群个体的解向量构建完成，本书基于 GO 法判断每个解向量是否满足约束条件。如果满足约束条件，设定约束值为 1，即 constrain = 1，否则设定 constrain = 0。在此基础上，在所有满足约束条件的蚁群个体中选择目标函数值最小的蚁群个体。

7）更新信息素地图

为了提高收敛效率和获取满意的优化分配结果，完成一次迭代后，信息素地图需要更新。信息素地图的更新方法如下：

（1）对于上一次迭代过程中目标函数值最小的蚁群个体，信息素更新公式为

$$\tau_{i,j}(\text{Loop}+1) = \text{constrain} \cdot \tau_{i,j}(\text{Loop}) + \text{constrain} \cdot \left(\frac{X}{C}\right) \qquad (3-29)$$

式中：X——收敛算子；

C——该蚁群个体所对应的费用。

（2）对于上一次迭代过程中的其他蚁群个体，信息素更新公式为

$$\tau_{i,j}(\text{Loop}+1) = \text{constrain} \cdot \tau_{i,j}(\text{Loop}) \qquad (3-30)$$

8）判断是否满足停止准则

本书将迭代次数作为停止准则。如果满足规定的迭代次数，则输出优化分配结果和系统费用；如果不满足规定的迭代次数，则返回步骤5）执行算法。

综上所述，本书改进蚁群算法流程如图 3-12 所示。

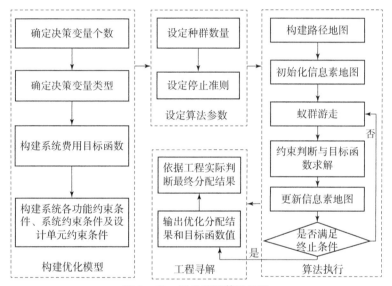

图 3-12   改进蚁群算法流程

3. 基于 GO 法的装甲车辆可靠性、维修性指标权衡优化分配方法的流程

综上所述，本节从系统分析、基于 GO 法的装甲车辆可靠性、维修性指标优化分配问题的描述、优化分配模型的建立、优化分配模型的求解、优化分配结果分析与评估 5 个方面制定了基于 GO 法的装甲车辆可靠性、维修性指标权衡优化分配方法的流程。

1）系统分析

系统分析是进行复杂系统优化分配的前提，其主要工作有：

（1）复杂系统 GO 法建模和分析所需系统分析；

（2）基于模糊层次分配和新、旧系统分配的故障率复合分配所需系统分析；

（3）确定系统可用度和故障率。

2）基于GO法的装甲车辆可靠性、维修性指标优化分配模型的建立

建立基于GO法的装甲车辆可靠性、维修性指标优化分配模型的主要工作内容有：

（1）用于系统级—功能级故障率复合分配的层次结构模型；

（2）用于基于GO法的系统级—设计单元复杂系统可靠性、维修性优化分配的GO图模型。

3）基于GO法的装甲车辆可靠性、维修性指标优化分配问题的描述

基于GO法的装甲车辆可靠性、维修性指标优化分配问题的描述是在系统级—功能级故障率分配、系统级—设计单元故障率和维修率分配的基础上建立数学模型，其优化分配问题的描述如下：

（1）系统级—功能级故障率复合分配问题的实质是利用专家评估使分配结果倾向于系统设计，利用旧系统数据继承系统的客观规律，如图3－13所示。

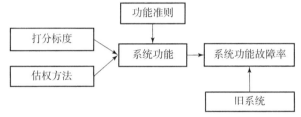

图3－13　系统级—功能级故障率复合分配问题

（2）系统级—设计单元故障率和维修率分配问题的实质是确定优化分配问题约束条件和目标函数。确定优化分配问题约束条件的主要工作有：根据设计单元的信息确定其故障率和维修率约束条件；确定功能故障率约束条件；确定系统可用度约束条件。确定优化分配问题目标函数的主要工作有：确定设计单元类型；确定设计单元费用函数；确定目标函数。

（3）本书优化分配问题的结构如图3－14所示，在此基础上，建立优化分配问题的数学模型。

4）基于GO法的装甲车辆可靠性、维修性指标权衡优化分配模型的求解

（1）进行系统级—功能级故障率复合分配问题的求解，获得系统功能故障率。

（2）进行系统级—设计单元故障率和维修率优化分配问题的求解，获得系统各设计单元的故障率、维修率及系统总费用。使用设计单元分配的故障率和

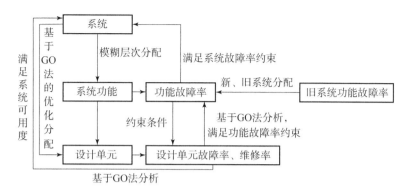

图 3－14　基于 GO 法的装甲车辆可靠性、维修性权衡优化分配问题的结构

维修率基于复杂系统 GO 图模型进行 GO 法分析，预计系统功能故障率和系统可用度是否满足约束条件，其中系统功能故障率目标和系统可用度目标分别为基于故障率复合分配方法所得的功能故障率和系统分析中所确定的系统可用度。

5）基于 GO 法的装甲车辆可靠性、维修性指标权衡优化分配结果分析与评估

根据工程实际对优化分配结果进行分析与评估，如果符合设计说明书要求和开发技术要求则通过优化分配方案，若不符合设计说明书要求和开发技术要求则进行再分配，再分配的原则是进行局部微调。

综上所述，基于 GO 法的装甲车辆可靠性、维修性指标权衡优化分配方法的流程如图 3－15 所示。

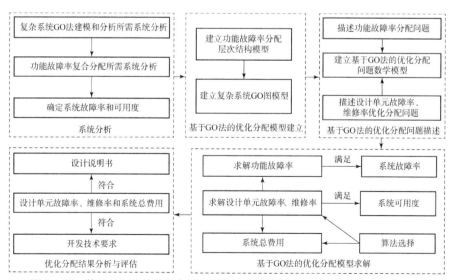

图 3－15　基于 GO 法的装甲车辆可靠性、维修性指标权衡优化分配方法的流程

|3.5 工程案例|

3.5.1 基于 GO 法的装甲车辆可靠性建模与分析应用实例

1. 液压供油系统分析

液压供油系统主要由压力油箱、P1 泵、LF1 回油粗滤、LF2 回油精滤、LF2B 旁通阀、P2 泵、CV2 单向阀、LF3 精滤、LF3B 旁通阀等组成，结构如图 3-16 所示。

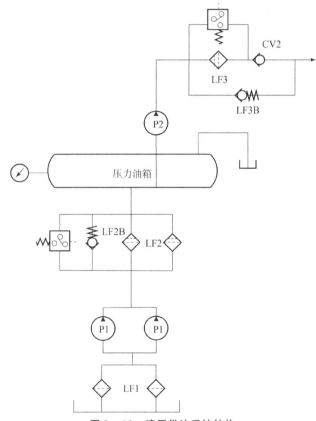

图 3-16 液压供油系统结构

液压供油系统的工作原理为：P1 泵将油底壳油经过 LF1 过滤后吸入，油液再经过箱体的内油道经过 LF2 过滤后进入压力油箱。LF2 并联有 LF2B，LF2B 在 LF2 堵塞使精滤进、出口压差达到 0.5 MPa 时打开，短时间内不通过油滤而直接进入压力油箱。P2 泵从压力油箱吸油，液压油经过 LF3 后进入 CV2，然后进入液压操作系统，为液压操作系统提供压力油。LF3 并联有 LF3B，LF3B 的功能和 LF2B 类似。

根据上述系统分析确定其成功准则为：系统可以正常完成供油且不考虑过载保护。

2. 建立 GO 图

为了便于分析系统的可靠性，作如下假设：

（1）液压供油系统导管、接口的可用度为 1；

（2）不考虑部件之间的停工相关性；

（3）假设设备仅进行基层级维修，修理工作主要是换件修理，修理时间一般不大于 2 小时。

根据液压供油系统分析结果确定各部件操作符类型，由各部件的工程统计数据可得对应操作符的可靠性参数，见表 3 - 8。液压供油系统 GO 图如图 3 - 17 所示。图中操作符内前一数字是类型号，后一数字是编号，信号流上的数字是信号流编号。信号流 19 为系统的输出。

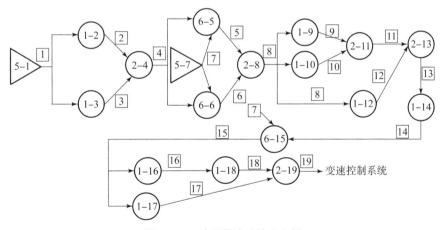

图 3 - 17　液压供油系统 GO 图

3. 输入数据

根据液压供油系统各部件原始可靠性参数，单故障模式、2 种故障模式、3 种故障模式和 4 种故障模式的部件分别为 $n = 1$、2、3、4，代入式（3 - 31）~

式(3 – 34)：

$$\begin{cases} A = P_0 = \dfrac{\mu_1}{\mu_1 + \lambda_1} \\[2mm] \bar{A} = \dfrac{\lambda_1}{\mu_1 + \lambda_1} \\[2mm] \lambda_C = \lambda_1 \\[1mm] \mu_C = \mu_1 \end{cases} \qquad (3-31)$$

$$\begin{cases} A = P_0 = \dfrac{\mu_1\mu_2}{\mu_1\mu_2 + \lambda_1\mu_2 + \lambda_2\mu_1} \\[2mm] Q = \dfrac{\lambda_1\mu_2 + \lambda_2\mu_1}{\mu_1\mu_2 + \lambda_1\mu_2 + \lambda_2\mu_1} \\[2mm] \lambda_C = \lambda_1 + \lambda_2 \\[2mm] \mu_C = \dfrac{\lambda_C\mu_1\mu_2}{\lambda_1\mu_2 + \lambda_2\mu_1} \end{cases} \qquad (3-32)$$

$$\begin{cases} A = P_0 = \dfrac{\mu_1\mu_2\mu_3}{\mu_1\mu_2\mu_3 + \lambda_1\mu_2\mu_3 + \lambda_2\mu_1\mu_3 + \lambda_3\mu_1\mu_2} \\[2mm] \bar{A} = \dfrac{\lambda_1\mu_2\mu_3 + \lambda_2\mu_1\mu_3 + \lambda_3\mu_1\mu_2}{\mu_1\mu_2\mu_3 + \lambda_1\mu_2\mu_3 + \lambda_2\mu_1\mu_3 + \lambda_3\mu_1\mu_2} \\[2mm] \lambda_C = \lambda_1 + \lambda_2 + \lambda_3 \\[2mm] \mu_C = \dfrac{\lambda_C\mu_1\mu_2\mu_3}{\lambda_1\mu_2\mu_3 + \lambda_2\mu_1\mu_3 + \lambda_3\mu_1\mu_2} \end{cases} \qquad (3-33)$$

$$\begin{cases} A = P_0 = \dfrac{\mu_1\mu_2\mu_3\mu_4}{\mu_1\mu_2\mu_3\mu_4 + \lambda_1\mu_2\mu_3\mu_4 + \lambda_2\mu_1\mu_3\mu_4 + \lambda_3\mu_1\mu_2\mu_4 + \lambda_4\mu_1\mu_2\mu_3} \\[2mm] Q = \dfrac{\lambda_1\mu_2\mu_3\mu_4 + \lambda_2\mu_1\mu_3\mu_4 + \lambda_3\mu_1\mu_2\mu_4 + \lambda_4\mu_1\mu_2\mu_3}{\mu_1\mu_2\mu_3\mu_4 + \lambda_1\mu_2\mu_3\mu_4 + \lambda_2\mu_1\mu_3\mu_4 + \lambda_3\mu_1\mu_2\mu_4 + \lambda_4\mu_1\mu_2\mu_3} \\[2mm] \lambda_C = \lambda_1 + \lambda_2 + \lambda_3 + \lambda_4 \\[2mm] \mu_C = \dfrac{\lambda_C\mu_1\mu_2\mu_3\mu_4}{\lambda_1\mu_2\mu_3\mu_4 + \lambda_2\mu_1\mu_3\mu_4 + \lambda_3\mu_1\mu_2\mu_4 + \lambda_4\mu_1\mu_2\mu_3} \end{cases} \qquad (3-34)$$

计算结果列于表 3 – 8。

表 3 – 8　液压供油系统各部件操作符的可靠性参数

编号	部件名称	操作符类型	故障模式	故障率 $/(10^{-3}\mathrm{h}^{-1})$	维修率 $/(\mathrm{h}^{-1})$	可用度
1	油底壳	5	漏油	0.75	3	0.999 750 062

编号	部件名称	操作符类型	故障模式	故障率/(10^{-3} h^{-1})	维修率/(h^{-1})	可用度
2，3	LF1 回油粗滤	1	油液被堵塞	6	0.998	0.993 999 202
			无滤油效果	0.05	2	
5，6	P1 泵	6	流量不足、压力不升高	0.25	1.48	0.999 497 999
			噪声严重	0.5	1.5	
7	泵组动力源	5	动力不足	21.8	1.625	0.986 781 433
9，10	LF2 回油精滤	1	油液被堵塞	0.1	1	0.999 875 015
			无滤油效果	0.05	2	
12	LF2B 旁通阀	1	压力到调整值不开	0.36	0.87	0.998 659 395
			压力波动	0.25	0.90	
			调节无效	0.42	0.96	
			泄漏	0.16	0.75	
14	压力油箱	1	漏油	0.05	0.5	0.999 900 010
15	P2 泵	6	流量不足、压力不升高	0.25	1.48	0.999 497 999
			噪声严重	0.5	1.5	
16	LF3 精滤	1	油液被堵塞	0.1	1	0.999 875 015
			无滤油效果	0.05	2	
17	LF3B 旁通阀	1	压力到调整值不开	0.36	0.87	0.998 659 395
			压力波动	0.25	0.90	
			调节无效	0.42	0.96	
			泄漏	0.16	0.75	
18	CV2 单向阀	1	单向阀不起作用	0.25	1.55	0.999 318 341
			泄漏	0.5	0.96	

4. 液压供油系统 GO 法定量运算

图 3 – 17 中的共有信号为信号流 1、4、7、8、15，共有 32 种组合，经过多

次 GO 运算之后对各次运算所得结果进行概率加权即可求得系统成功概率的精确值,从而避免了烦琐的公式推导,大大提高了计算效率,计算结果见表 3 - 9,其中 $P_{S_1} = 0.999\ 750\ 062$,$P_{S_4} = 0.999\ 963\ 99$,$P_{S_7} = 0.986\ 781\ 433$,$P_{S_8} = 0.999\ 999\ 748$,$P_{S_{15}} = 0.999\ 398\ 059$。

表 3 - 9   不同共有信号组合 GO 运算及系统成功概率计算结果

各共有信号状态					组合状态概率	系统成功概率
P_{S_1}	P_{S_4}	P_{S_7}	P_{S_8}	$P_{S_{15}}$		
0	0	0	0	0	1.804 7E - 20	0
0	0	0	0	1	2.996 3E - 17	0
0	0	0	1	0	7.161 3E - 14	0
…	…	…	…	…	…	0
1	1	1	1	1	0.985 905 211	0.999 998 919
系统成功概率精确值					0.985 904 145	

5. 液压供油系统定性分析

利用状态概率直接定性分析 1 阶割集时,只要假设除逻辑操作符以外的 M 个操作符中某个操作符处于故障状态,其成功概率为零,其他操作符状态概率不变,直接计算系统成功概率,如果系统成功概率为零,则该操作符的故障状态即系统的 1 个 1 阶最小割集;M 个操作符中在 1 阶割集以外任取 2 个操作符,依据同样的方法可得到所有 2 阶最小割集。依此类推,可得到系统的各阶最小割集。系统 GO 法定性分析结果见表 3 - 10。由于系统故障概率为所有最小割集的并集概率,而最小割集不是完全独立的,用布尔代数计算并集的概率是极其复杂的,再加之最小割集发生概率较小,可近似假设最小割集相互独立,因此工程上可用所有最小割集概率之和作为系统故障概率的上限。

表 3 - 10   液压供油系统 GO 法定性分析结果

阶数	操作符编号	故障部件名称	割集概率	概率重要度
1	1	油底壳	0.000 249 938 0	0.017 7
	7	泵组动力源	0.013 218 567 0	0.937 0
	14	压力油箱	0.000 099 990 0	0.007 1
	15	P2 泵	0.000 502 001 0	0.035 6

阶数	操作符编号	故障部件名称	割集概率	概率重要度
2	2，3	LF1 回油粗滤组	3.601 0E - 05	0.002 6
	5，6	P1 泵组	2.520 1E - 07	1.786 3E - 05
	16，17	LF3 精滤，LF3 B 旁通阀	1.675 6E - 07	1.187 7E - 05
	17，18	LF3 B 旁通阀，CV2 单向阀	9.138 4E - 07	6.039 3E - 06
3	9，10，12	LF2 回油精滤组，LF2B 旁通阀	2.094 2E - 11	1.484 4E - 09
液压供油系统成功概率			0.985 892 161 006 438	

3.5.2　基于 FTA 的装甲车辆可靠性建模与分析应用实例

以高转速工况下综合传动装置液压变速供油系统为例，利用 FTA 方法进行系统可靠性分析，另外对系统中存在共因失效和不存在共因失效两种情况进行了比较。

1．液压变速供油系统分析

1）系统的结构分析

综合传动装置液压变速供油系统由 P1 泵组，P2 泵，P4 泵，F1、F2、F3、F4 和 F5 滤，BV1 和 BV2 旁通阀等组成。

（1）液压变速供油系统中，F1 和 F2 组成一个滤组 1，F3 和 F4 组成一个滤组 2，BV1 和 F3、F4 组成一个冗余结构 1，P1 和 P2 组成一个泵组 1，P1、P2 和 P4 集成在一个泵组 2 中，F5 和 CV2 组成一个串联结构 1，F5、CV2 和 BV2 组成一个冗余结构 2。因此定义系统级为：液压变速供油系统；子系统级为：冗余结构 1 和 2、滤组 1、泵组 1；部件级为：滤组 2 和串联结构 1；零件级为：P1、P2、P4 泵，油箱，F1，F2，F3，F4，F5，BV1，BV2，CV2。

（2）其结构如图 3 - 18 所示。

2）系统的工作原理分析

如图 3 - 18 所示，P1、P2 泵从传动箱油底壳吸油，中间经过粗滤处理，再将油进行精滤处理，然后导入压力油箱。精滤并联旁通阀，当旁通阀在回油精滤堵塞使精滤进、出口压差达到 0.5 MPa 时，旁通阀打开，短时间内不通过油滤而直接进入压力油箱。当系统内压差继续增大至极限值时，为保护系统压力继电器工作，关闭 P1、P2 泵。P4 泵从压力油箱吸油供给，液压油经过 F5

精滤后，进入单向阀 CV2（CV2 的作用保持操纵压力），然后进入换挡操作阀块，为变速操纵油缸和变矩器闭锁离合器油缸提供压力油。F5 精滤并联有 BV2 旁通阀，BV2 的功能和 BV1 类似。输入转速较高时，操纵供油压力降低较小，操纵和转向供油泵 P4 的出油基本能够满足换挡等供油需求。

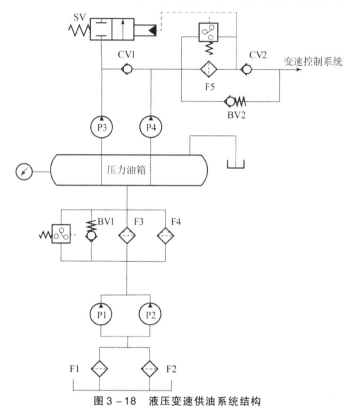

图 3-18　液压变速供油系统结构

（1）确定系统不同层次单元、同层次单元之间的逻辑关系。

F1 和 F2 滤是并联关系，P1 和 P2 泵是并联关系，F3 和 F4 滤是并联关系，BV1 旁通阀和滤组 1 是并联关系，F5 滤和 CV2 单向阀是串联关系，串联结构 1 和 BV2 旁通阀是并联关系。

（2）确定系统的特殊属性：泵组和滤组存在共因失效。

3）确定系统的故障判据

（1）确定各层次失效事件。

系统级：系统故障；子系统级：粗滤组故障、吸油泵组故障、输油入油箱故障、输油入油系统故障；部件级：精滤组故障、过滤故障；零件级：各单元故障。

（2）确定失效故障模式。

该系统单元均为单一故障模式。

2. 绘制可靠性框图

根据结构及工作原理分析将结构示意图转化为可靠性框图，如图 3 – 19 所示。

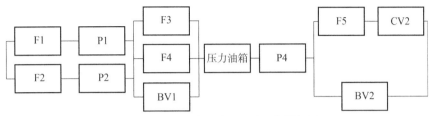

图 3 – 19 液压变速供油系统可靠性框图

3. 建立故障树

液压变速供油系统的故障树如图 3 – 20 所示。

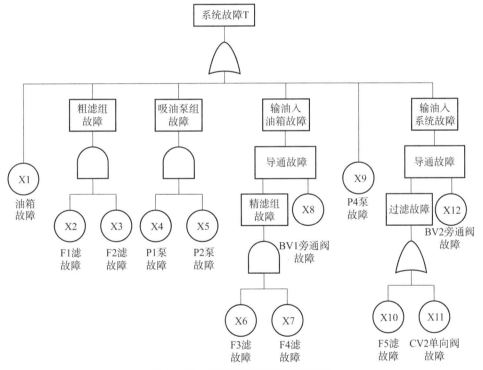

图 3 – 20 液压变速供油系统故障树

4. 定性分析和共因失效故障树的建立

（1）求得液压变速供油系统的所有最小割集，图 3 – 21 中每一列为系统的最小割集，即系统有 7 个最小割集。

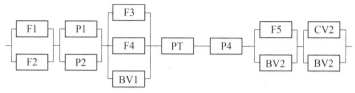

图 3 - 21　最小割集可靠性框图

（2）将最小割集作为故障树的"底事件"，可以建立液压变速供油系统的传统故障树和考虑共因失效的动态故障树，分别用图 3 - 22 和图 3 - 23 表示。

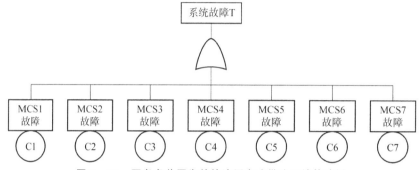

图 3 - 22　不考虑共因失效的液压变速供油系统故障树

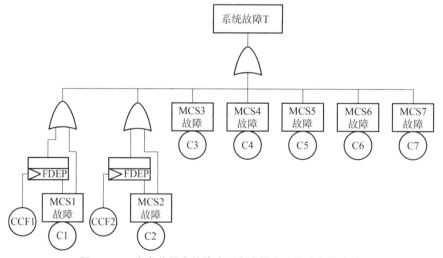

图 3 - 23　考虑共因失效的液压变速供油系统动态故障树

5. 定量计算

根据上述分析，可得到液压变速供油系统的最小割集矩阵为

$$M = \begin{bmatrix} 1 & 1 & 0 & 0 & 0 & 0 & 0 & 0 & 0 & 0 & 0 & 0 \\ 0 & 0 & 1 & 1 & 0 & 0 & 0 & 0 & 0 & 0 & 0 & 0 \\ 0 & 0 & 0 & 0 & 1 & 1 & 1 & 0 & 0 & 0 & 0 & 0 \\ 0 & 0 & 0 & 0 & 0 & 0 & 0 & 1 & 0 & 0 & 0 & 0 \\ 0 & 0 & 0 & 0 & 0 & 0 & 0 & 0 & 1 & 0 & 0 & 0 \\ 0 & 0 & 0 & 0 & 0 & 0 & 0 & 0 & 0 & 1 & 0 & 1 \\ 0 & 0 & 0 & 0 & 0 & 0 & 0 & 0 & 0 & 0 & 1 & 1 \end{bmatrix}$$

液压变速供油系统的共因最小割集矩阵为

$$R^{\mathrm{T}} = \begin{bmatrix} 1 & 1 & 0 & 0 & 0 & 0 & 0 & 0 & 0 & 0 & 0 & 0 \\ 0 & 0 & 1 & 1 & 0 & 0 & 0 & 0 & 0 & 0 & 0 & 0 \\ 0 & 0 & 0 & 0 & 1 & 1 & 0 & 0 & 0 & 0 & 0 & 0 \end{bmatrix}$$

液压变速供油系统的受共因原因影响的最小割集矩阵为

$$MR = \begin{bmatrix} 1 & 1 & 0 & 0 & 0 & 0 & 0 & 0 & 0 & 0 & 0 & 0 \\ 0 & 0 & 1 & 1 & 0 & 0 & 0 & 0 & 0 & 0 & 0 & 0 \\ 0 & 0 & 0 & 0 & 1 & 1 & 1 & 0 & 0 & 0 & 0 & 0 \\ 0 & 0 & 0 & 0 & 0 & 0 & 0 & 1 & 0 & 0 & 0 & 0 \\ 0 & 0 & 0 & 0 & 0 & 0 & 0 & 0 & 1 & 0 & 0 & 0 \\ 0 & 0 & 0 & 0 & 0 & 0 & 0 & 0 & 0 & 1 & 0 & 1 \\ 0 & 0 & 0 & 0 & 0 & 0 & 0 & 0 & 0 & 0 & 1 & 1 \end{bmatrix} \begin{bmatrix} 1 & 0 & 0 \\ 1 & 0 & 0 \\ 0 & 1 & 0 \\ 0 & 1 & 0 \\ 0 & 0 & 1 \\ 0 & 0 & 1 \\ 0 & 0 & 0 \\ 0 & 0 & 0 \\ 0 & 0 & 0 \\ 0 & 0 & 0 \\ 0 & 0 & 0 \\ 0 & 0 & 0 \end{bmatrix} = \begin{bmatrix} 2 & 0 & 0 \\ 0 & 2 & 0 \\ 0 & 0 & 2 \\ 0 & 0 & 0 \\ 0 & 0 & 0 \\ 0 & 0 & 0 \\ 0 & 0 & 0 \end{bmatrix}$$

液压变速供油系统的受共因原因影响最大的最小割集矩阵 R^{CR} 为

$$R^{CR} = \begin{bmatrix} 1 & 0 & 0 \\ 0 & 1 & 0 \\ 0 & 0 & 0 \\ 0 & 0 & 0 \\ 0 & 0 & 0 \\ 0 & 0 & 0 \\ 0 & 0 & 0 \end{bmatrix}$$

液压变速供油系统部件的单独失效率和共因失效率分别见表 3 – 11 和表 3 – 12。

表 3 – 11　液压变速供油系统部件的单独失效率

编号	部件名称	故障率/($10^{-3}\mathrm{h}^{-1}$)
F1、F2	粗滤	6.05
P1、P2、P4	泵	0.75
F3、F4、F5	精滤	0.15
BV1、BV2	旁通阀	1.19
PT	压力油箱	0.05
CV2	单向阀	0.75

表 3 – 12　液压变速供油系统部件的共因失效率

编号	部件名称	故障率/($10^{-4}\mathrm{h}^{-1}$)
F1、F2	粗滤	6.05
P1、P2	泵	0.75

从 $t=0$ 开始到 $t=200$ h 分析不考虑共因失效与考虑共因失效的系统失效概率。

（1）不考虑共因失效时，系统各个最小割集的发生概率计算如下：

$$\begin{cases} G_1 = 1 - (1 - \exp(-6.05 \times 10^{-3} \times t)^2 \\ G_2 = 1 - (1 - \exp(-0.75 \times 10^{-3} \times t))^2 \\ G_3 = 1 - (1 - \exp(-0.15 \times 10^{-3} \times t))^2 \times (1 - \exp(-1.19 \times 10^{-3} \times t)) \\ G_4 = \exp(-0.05 \times 10^{-3} \times t) \\ G_5 = \exp(-0.75 \times 10^{-3} \times t) \\ G_6 = 1 - (1 - \exp(-0.15 \times 10^{-3} \times t))(1 - \exp(-1.19 \times 10^{-3} \times t)) \\ G_7 = 1 - (1 - \exp(-0.75 \times 10^{-3} \times t))(1 - \exp(-1.19 \times 10^{-3} \times t)) \end{cases}$$

系统的失效概率为 $P = 1 - G_1 G_2 G_3 G_4 G_5 G_6 G_7$。

（2）考虑共因失效时，被共因原因影响最大的最小割集发生概率计算如下：

$$G_{1,1} = \prod_{k=1}^{12} \{ 1 - (1 - \exp(-f_k^{IN} \cdot m_{1k} \cdot t))(2 - \exp(-r_{k1}^{CC} \cdot r_{k1}^{IN} \cdot t)) \}$$

$$G_{2,1} = \prod_{k=1}^{12} \{ 1 - (1 - \exp(-f_k^{IN} \cdot m_{2k} \cdot t))(2 - \exp(-r_{k2}^{CC} \cdot r_{k2}^{IN} \cdot t)) \}$$

此时，系统的失效概率为 $P_{CCF} = 1 - G_{1,1} G_{2,1} G_3 G_4 G_5 G_6 G_7$。图 3 – 24 中分别显示了不考虑与考虑共因失效的系统失效概率变化曲线，图 3 – 25 所示为两者之间相对误差的变化曲线。

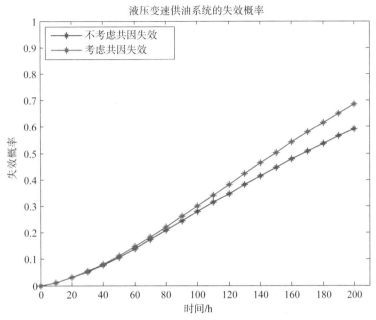

图 3 - 24　液压变速供油系统失效概率的变化曲线

从图 3 - 24 看出，考虑共因失效时系统的失效概率明显大于不考虑共因失效时的失效概率，对于实际复杂系统的可靠性分析，忽略共因失效分析可能导致可靠性估计值严重偏离实际值，造成系统存在严重的安全隐患。

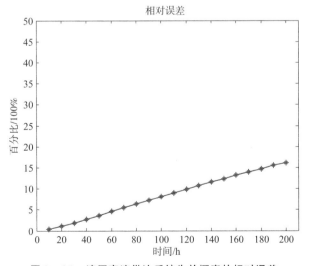

图 3 - 25　液压变速供油系统失效概率的相对误差

3.5.3 装甲车辆可靠性优化分配技术工程案例

1. 综合传动装置电液控制系统分析

综合传动装置电液控制系统包含液压供油系统（压力油箱补油和定压系统和液压变速、风扇控制供油系统）、液压变速控制系统、联体泵马达系统、风扇控制系统和电控系统，其功能框图和结构图分别如图 3 – 26 和图 3 – 27 所示。

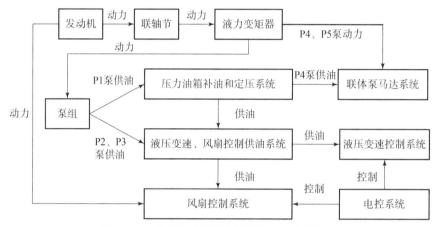

图 3 –26 综合传动装置电液控制系统功能框图

1）系统工作原理分析

综合传动装置电液控制系统主要实现电控换挡和手动应急换挡两种工况不同挡位的速度控制，左、右风扇控制和左、右转向控制，其关键子系统工作原理如下：

（1）液压供油系统工作原理分析。

①压力油箱补油和定压系统工作原理：P1 泵将传动箱油底壳油经过 LF1 过滤后吸入，油液再经过箱体的内油道经过 LF2 过滤后进入压力油箱；LF2 并联有 LF2B 旁通阀，当 LF2B 在 LF2 堵塞使精滤进、出口压差达到 0.5 MPa 时打开，短时间内不通过油滤而直接进入压力油箱。

②液压变速、风扇控制供油系统工作原理：P2 泵从压力油箱吸油，P3 泵作为 P2 泵的补油，液压油经过 LF3 后，进入 CV2 单向阀，然后进入换挡操作阀块，为液压变速控制系统提供压力油；LF3 并联有 LF3B，LF3B 的功能和 LF2B 类似。经 LF3 的液压油经 PV2 进入 LU 液压离合器油缸作为风扇控制系统工作油液，另外，液压风扇控制系统的润滑油液分别来自通过 TV1 和 TV2

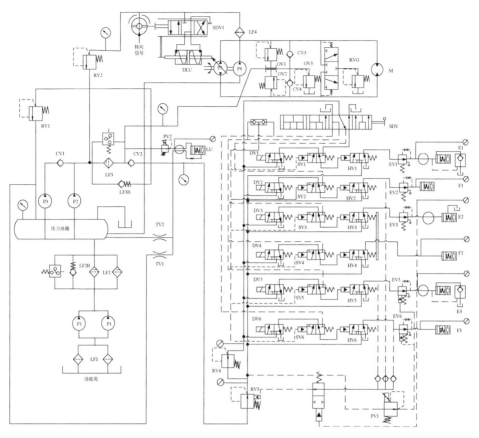

图 3－27　综合传动装置电液控制系统结构图

节流阀的 RV1 定压阀以及压力油箱的出油。

③联体泵马达系统补油工作原理：经 P4 泵和 LF3 的液压油分别作为联体泵马达开式工作回路液压油和闭式工作回路补油。

（2）风扇控制系统工作原理分析。

以发动机出水温度为输入量，温度传感器感受发动机的出水温度，送入电控盒，经过电控盒进行数据处理，按需要控制的温度节点控制并输出驱动电磁阀的电信号，该信号为电控系统产生，采用闭环控制，以发动机水温为输入量，以风扇转速为输出量和反馈量。再利用该电磁阀中的电磁开关 D1、D2，来改变电磁阀输给调速型液力偶合器的充油量，从而改变液力偶合器的输出转速，驱动风扇，实现系统调速。液力偶合器中泵轮与输入轴相连作同步运动，工作油在泵轮叶片的作用下由叶片内侧向外缘流动，该液流进入涡轮，冲击涡轮转动从而带动输出轴转动驱动风扇。

（3）联体泵马达系统工作原理分析。

联系泵马达系统分为开式工作回路和闭式工作回路。开式工作回路主要是转向信号通过方向盘输入，P4 泵供油通过 SDV1 手动机械伺服阀进入 DLU 斜盘伺服油缸，输出对 P5 双向变量泵的控制信号。液压缸和手动伺服阀是一个整体，构成了双输入闭环反馈控制。通过方向盘的转动控制联体泵马达内集成的伺服阀动作，从而使联体泵马达内的液压缸动作而带动变量泵的斜盘偏转，实现变量泵排量的控制。闭式工作回路是变量泵—定量马达容积调节回路，通过变量泵排量的控制，实现定量马达的输出控制。OV1 和 OV2C 溢流阀实现防止系统过载，OV3 溢流阀实现溢流保护作用，RVG 阀组使补油系统循环并带走变量泵和定量马达工作中因功率损失而产生的热量，控制油液的温度。

（4）液压变速控制系统工作原理分析。

液压变速控制系统的工作原理为：由液压变速控制、风扇控制供油系统供油，进入换挡操作阀块为变速操纵油缸提供压力油。在电控换挡工况下，电控系统电信号作为控制信号，操纵油通过 DV 电控电磁阀，再经过 HV 手动液控阀的原始位置，作为先导控制信号使 SV 液控阀进入工作位置，从而使压力油通过 SV 液控阀进入 EV 缓冲阀，充入工作油缸使其结合。手动应急换挡是利用 SDV 手动换挡阀控制手动液控阀让压力油通过，并使其作为先导控制信号使液控阀进入工作位置，从而使压力油通过液控阀进入缓冲阀，充入工作油缸使其结合。不同的工作油缸结合实现不同的速度挡位控制。电控换挡为主要方式，可以实现空挡 N，低速挡 1L、1、2、3、4 挡，倒 1 挡 R1 和倒 2 挡 R2；手动应急换挡是应急方式，可以实现 N、1、3 和 R1 挡位。各挡位油缸组合见表 3－13。

表 3－13　各挡位油缸组合

E：离合器，F：制动器	E3	E2	E1	F1	F2	F3
1L	×			×		×
1		×		×		×
2	×			×		
3		×	×			×
4	×	×	×			
R1	×			×	×	
R2	×		×		×	

2）系统接口关系与输入、输出边界条件分析

综合传动装置电液控制系统是液压供油系统、液压变速控制系统、联体泵马达系统、风扇控制系统和电控系统有机连接的集成化系统，其中，液压供油系统为液压变速控制系统、联体泵马达系统和风扇控制系统提供工作油液，电控系统为液压变速控制系统和风扇控制系统提供电控制信号。根据系统分析，综合传动装置电液控制系统的输入为泵动力、油底壳油液和操作动作，系统的输出为电控换挡和手动应急换挡两种工况不同挡位的速度控制，左、右风扇控制和左、右转向控制。

3）系统特性确定

根据系统分析和工程实际，综合传动装置电液控制系统是存在备用相关结构、双输入闭环反馈环节、多故障模式单元、多状态稳压单元和有维修相关性的并联冗余结构的多工况多功能可修系统，其特性如下：

（1）备用相关结构：LF2 和 LF2B、LF3 和 LF3B 为系统的非输入备用结构，LF2B 和 LF3B 为带有转换开关的备用单元。

（2）双输入闭环反馈结构：联体泵马达系统中液压缸和手动伺服阀构成一个双输入闭环反馈环节，其中输入路径 C 为手动伺服阀阀体和活塞阀块，反馈路径 F 为液压缸，转向盘控制信号为输入信号 S_1，工作油液为输入信号 S_2。由于 S_1、S_2、C 和 F 有 1 个单元故障该闭环反馈结构就停工维修，因此，S_1、S_2、C 和 F 存在停工数为 1 的停工相关性。

（3）多状态稳压单元：RV1 和 RV2 分别为液压变速控制系统和联体泵马达系统的定压阀，假定压力泵为造成液压油压力波动较大的主要原因。

（4）有维修相关性的并联冗余结构：LF1 滤组和 P1 泵组易受环境、油液杂质等共同的原因而同时故障，且维修工仅为 1 人时，LF1 滤组和 P1 泵组为有维修相关性的并联冗余结构。

（5）系统的工况和功能：综合传动装置电液控制系统主要实现电控换挡和手动应急换挡两种工况的速度控制、风扇控制和转向控制。液压变速控制系统在电控换挡工况下实现 5 个前进挡和 2 个后退挡的控制，在手动应急换挡工况下实现 2 个前进挡和 1 个后退挡的控制，其中手动液控阀为 B 类多工况多功能单元。风扇控制系统实现左、右风扇的调速控制，其中 PV2 阀为 B 类多工况多功能单元。联体泵马达系统实现左、右转向控制，其中，PVG 阀组和双向马达为 A 类多工况多功能单元。

4）系统成功准则确定

根据系统分析，综合传动装置电液控制系统成功准则定义为：系统能够同时保证电控换挡和手动应急换挡不同挡位的速度控制，左、右风扇控制和左、

右转向控制。

5）综合传动装置电液控制系统功能的影响因素确定

本书定义综合传动装置电液控制系统速度控制、风扇控制和转向控制功能受工作时间、功能属性和设计水平3个因素的影响。

6）新、旧型号综合传动装置电液控制系统可靠性指标确定

根据新型号综合传动装置电液控制系统的要求及专家的方案论证，分析其功能、性能及工作特点等因素，确定新型号综合传动装置电液控制系统的可靠性参数和指标如下：（1）可用度 A_s^* 为 0.95；（2）故障率 λ_s^* 为 0.052 6 h^{-1}。通过旧型号大量使用数据统计，确定旧型号故障率 λ_s 为 0.092 5 h^{-1}，变速控制功能故障率 λ_1 为 0.036 3 h^{-1}，风扇控制功能故障率 λ_2 为 0.026 5 h^{-1}，转向控制功能故障率 λ_3 为 0.029 7 h^{-1}。

2. 基于 GO 法的综合传动装置电液控制系统优化分配模型建立

（1）根据系统分析，综合传动装置电液控制系统功能故障率分配层次结构如图 3-28 所示。

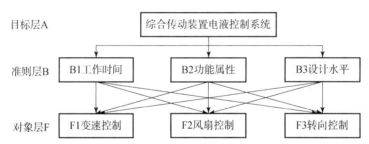

图 3-28　综合传动装置电液控制系统功能故障率分配层次结构

（2）综合传动装置电液控制系统 GO 图模型。

①系统 GO 操作符选取。

根据系统分析，综合传动装置电液控制系统单元和逻辑关系所对应的操作符见表 3-14。

表 3-14　综合传动装置电液控制系统单元和逻辑关系操作符

单元名称	操作符编号	操作符类型	功能描述
油底壳	1	5	输入单元
LF1 滤	2，3	1	两状态单元
或门	4	2	LF1 滤组逻辑关系
P1 滤	5，6	6	有信号而导通单元

续表

单元名称		操作符编号		操作符类型		功能描述
P1、P2、P3 泵动力		7		5		输入单元
或门		8		2		P1 泵组逻辑关系
LF2 滤		9，10		1		两状态单元
或门		11		2		LF2 滤组逻辑关系
条件信号流		12		20		LF2 滤组故障概率信号流
LF2B 旁通阀		13		1		两状态单元
备用门		14		18A		LF2 滤组和 LF2B 备用关系
压力油箱		15		1		两状态单元
P3 泵		16		6		有信号而导通单元
P2 泵		17		6		有信号而导通单元
CV1 单向阀		18		1		两状态单元
或门		19		2		LF3 滤供油
LF3 滤		20		1		两状态单元
CV2 单向阀		21		1		两状态单元
条件信号流		22		20		LF3 故障概率信号流
LF3B 旁通阀		23		1		两状态单元
备用门		24		18A		LF3 和 LF3B 备用关系
RV1 定压阀		25		19		多状态稳压单元
P4 和 P5 泵动力		26		5		输入单元
P4 泵		27		6		有信号而导通单元
LF4 滤		28		1		两状态单元
RV2 定压阀		29		19		多状态稳压单元
方向盘信号		31		5		输入单元
双输入闭环反馈环节	SDV1 阀体	30	32	24	6	有信号而导通单元
	活塞阀块		33		1	两状态单元
	DLU 液压缸		34		1	两状态单元

续表

单元名称	操作符编号	操作符类型	功能描述
P5 泵斜盘	35	1	两状态单元
P5 双向变量泵	36	6	有信号而导通单元
OV1 溢流阀	37	1	两状态单元
CV4 单向阀	38	1	两状态单元
与门	39	10	左转向闭式回路工作油
OV2 溢流阀	40	1	两状态单元
CV3 单向阀	41	1	两状态单元
与门	42	10	右转向闭式回路工作油
RVG 阀组	43	21	A 类多工况多功能操作符
M 双向马达	44	21	A 类多工况多功能操作符
多功能模式系统逻辑关系	45	23	转向控制系统输出
电控系统电源	46	5	输入单元
控制面板	47	6	有信号而导通单元
面板开关	48	5	输入单元
手柄信号	49	5	输入单元
状态信号传感器	50	5	输入单元
与门	51	10	控制面板控制信号
D1 开关	52	1	两状态单元
D2 开关	53	1	两状态单元
信号组合辅助操作符	54	15 B	左、右风扇传动电控信号
PV2 阀	55	22	B 类多工况多功能操作符
左风扇液黏离合器油缸	56	1	两状态单元
与门	57	10	左风扇被动摩擦片工作和润滑油
左风扇被动摩擦片	58	6	有信号而导通单元
左风扇主动摩擦片	59	1	两状态单元
液黏离合器动力	60	5	输入单元
右风扇液黏离合器油缸	61	1	两状态单元
与门	62	10	右风扇被动摩擦片工作和润滑油

续表

单元名称	操作符编号	操作符类型	功能描述
右风扇被动摩擦片	63	6	有信号而导通单元
右风扇主动摩擦片	64	1	两状态单元
与门	65	10	风扇控制系统输出
或门	66	2	液压变速控制系统输出
OV3 溢流阀	67	1	两状态单元
TV1 节流阀	68	1	两状态单元
TV2 节流阀	69	1	两状态单元
或门	70	2	润滑油
RV3 溢流阀	71	1	两状态单元
RV4 溢流阀	72	1	两状态单元
SDV 手动阀信号	73	5	输入单元
SDV 手动阀	74	6	有信号而导通单元
DV1 电控阀	75	6	有信号而导通单元
GO 运算辅助操作符	76，83，90，97，103，110	25A	标量信号流转矢量信号流
GO 运算辅助操作符	81，88，95，101，108，115	25B	矢量信号流转标量信号流
SV1 手动液控阀	77	6	有信号而导通单元
HV1 液控阀	78	1	两状态单元
EV1 节流定压阀	79	1	两状态单元
E1 油缸	80	1	两状态单元
DV2 电控阀	82	6	有信号而导通单元
SV2 手动液控阀	84	6	有信号而导通单元
HV2 液控阀	85	1	两状态单元
EV2 节流定压阀	86	1	两状态单元
F1 油缸	87	1	两状态单元
DV3 电控阀	89	6	有信号而导通单元

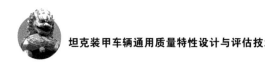

单元名称	操作符编号	操作符类型	功能描述
SV3 手动液控阀	91	6	有信号而导通单元
HV3 液控阀	92	1	两状态单元
EV3 节流定压阀	93	1	两状态单元
E2 油缸	94	1	两状态单元
DV4 电控阀	96	6	有信号而导通单元
SV4 手动液控阀	98	6	有信号而导通单元
HV4 液控阀	99	1	两状态单元
F2 油缸	100	1	两状态单元
DV5 电控阀	102	6	有信号而导通单元
SV5 手动液控阀	104	6	有信号而导通单元
HV5 液控阀	105	1	两状态单元
EV5 节流定压阀	106	6	有信号而导通单元
E3 油缸	107	1	两状态单元
DV6 电控阀	109	6	有信号而导通单元
SV6 手动液控阀	111	6	有信号而导通单元
HV6 液控阀	112	1	两状态单元
EV6 节流定压阀	113	6	有信号而导通单元
F3 油缸	114	1	两状态单元
PV1 先导阀	116	6	有信号而导通单元
与门	117	10	电控工况 L1 挡控制输出
与门	118	10	电控工况 1 挡控制输出
与门	119	10	电控工况 2 挡控制输出
与门	120	10	电控工况 3 挡控制输出
与门	121	10	电控工况 4 挡控制输出
与门	122	10	电控工况 R1 挡控制输出
与门	123	10	电控工况 R2 挡控制输出
与门	124	10	手动应急工况 3 挡控制输出
与门	125	10	手动应急工况 1 挡控制输出
与门	126	10	手动应急工况 R1 挡控制输出

单元名称	操作符编号	操作符类型	功能描述
多功能模式系统逻辑	127	23	电控工况液压变速控制系统输出
多功能模式系统逻辑	128	23	手动应急工况液压变速控制系统输出
与门	129	10	电控制系统输出
虚拟输入单元	130，131，132	virtual 5	输入单元成功概率为 1

②系统 GO 图模型建立。

根据系统分析和表 3 - 14，综合传动装置电液控制系统 GO 图如图 3 - 29 所示，操作符的第 1 个数字代表其编号，第 2 个数字代表其类型；信号流上的数字代表其编号；信号流 129 为综合传动装置电液控制系统的输出。

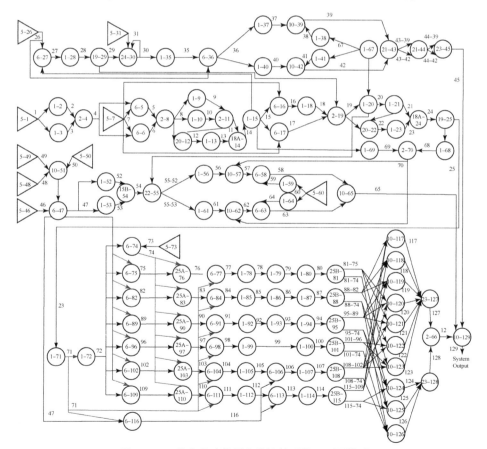

图 3 - 29　综合传动装置电液控制系统 GO 图模型

3. 基于 GO 法的综合传动装置电液控制系统优化分配问题的描述

1）综合传动装置电液控制系统功能故障率分配问题的描述

（1）组织 5 个来自相关领域的专家分别对图 3 - 28 进行评分，对模糊层次分配结果和新、旧系统分配结果的权重评估进行评分。

（2）分别基于模糊层次分配和新、旧系统分配进行综合传动装置电液控制系统功能故障率分配。

（3）根据模糊层次分配结果和新、旧系统分配结果的权重复合分配得到综合传动装置电液控制系统功能故障率。

2）综合传动装置电液控制系统设计单元故障率和维修率优化分配问题的描述

（1）确定约束条件。

①根据工程实际，确定设计单元故障率和维修率的上、下限，如附表 3 - 1 和附表 3 - 2 所示；

②利用设计单元所分配的可靠性参数基于 GO 法分析得到的新系统各功能故障率与新系统功能故障率复合分配结果构建功能约束条件；

③利用设计单元所分配的可靠性参数基于 GO 法分析得到的新系统可用度与新系统可用度复合分配结果构建系统约束条件。

（2）确定目标函数。

①确定设计单元类型。设计型单元和版本型单元分别见附表 3 - 1 和附表 3 - 2。

②确定设计单元费用函数。由于本案例假定所有设计单元费用函数相关系数均相同，因此附表 3 - 2 列出版本型单元对应故障率的设计费用。

③目标函数为所有满足约束条件的设计单元费用最小。

（3）确定基于 GO 法的综合传动装置电液控制系统优化分配问题的数学模型。

$$\begin{cases} \min C_S = \sum_{u=1}^{85} C_u \\ \text{s. t.} \\ \lambda_1^* = p_1 \lambda_{11}^* + p_2 \lambda_{12}^* \\ \lambda_2^* = p_1 \lambda_{21}^* + p_2 \lambda_{22}^* \\ \lambda_3^* = p_1 \lambda_{31}^* + p_2 \lambda_{32}^* \end{cases} \qquad (3-35)$$

$$\begin{cases} \lambda_1^* + \lambda_2^* + \lambda_3^* \leqslant \lambda_S^* \\ \lambda_{10}^* \leqslant \lambda_1^* \\ \lambda_{20}^* \leqslant \lambda_2^* \\ \lambda_{30}^* \leqslant \lambda_3^* \\ A_{S0}^* \geqslant A_S^* = 0.95 \\ \lambda_{u,\min}^* \leqslant \lambda_u^* \leqslant \lambda_{u,\max} \\ \mu_{u,\min}^* \leqslant \mu_u^* \leqslant \mu_{u,\max} \end{cases} \qquad u = 1,\ 2,\ \cdots,\ 85 \qquad （续 3-35）$$

式中：C_S 和 C_u——系统费用和设计单元费用；

λ_1^*、λ_2^* 和 λ_3^*——使用复合分配法所得的变速控制、风扇控制和转向控制的功能故障率；

λ_{10}^*、λ_{20}^* 和 λ_{30}^*——使用设计单元可靠性参数基于 GO 运算所得的变速控制、风扇控制和转向控制的功能故障率；

λ_{11}^* 和 λ_{12}——变速控制功能经模糊层次分配和新、旧系统分配所得的功能故障率；

λ_{21}^* 和 λ_{22}——风扇控制功能经模糊层次分配和新、旧系统分配所得的功能故障率；

λ_{31}^* 和 λ_{32}——转向控制功能经模糊层次分配和新、旧系统分配所得的功能故障率；

p_1 和 p_2——在复合分配结果中模糊层次分配和新、旧系统分配所占的比重；

A_{S0}^*——使用设计单元可靠性参数基于 GO 运算所得系统的可用度；

λ_u^*、$\lambda_{u,\min}$ 和 $\lambda_{u,\max}$——设计单元 u 的故障率、故障率下限和故障率上限；

μ_u^*、$\mu_{u,\min}$ 和 $\mu_{u,\max}$——设计单元 u 的维修率、维修率下限和维修率上限。

4. 基于 GO 法的综合传动装置电液控制系统优化分配模型的求解

1）综合传动装置电液控制系统功能故障率的求解

（1）专家评判。

对于综合传动装置电液控制系统功能故障率分配层次结构图，5 位专家采用 a^n 标度进行评分，假设专家权重分别为 0.2、0.2、0.3、0.1、0.2，则准则层 B 相对于目标层 A 的模糊判断矩阵见表 3-15，对象层 F 相对于准则层 B 的模糊判断矩阵分别见表 3-16 ~ 表 3-18。

表 3 - 15 准则层 B 相对于目标层 A 的模糊判断矩阵

A	专家权重	B1	B2	B3
B1	0.2（专家1）	0.5	0.3	0.2
	0.2（专家2）	0.5	0.3	0.2
	0.3（专家3）	0.5	0.2	0.2
	0.1（专家4）	0.5	0.3	0.3
	0.2（专家5）	0.5	0.3	0.3
B2	0.2（专家1）	0.7	0.5	0.5
	0.2（专家2）	0.7	0.5	0.5
	0.3（专家3）	0.8	0.5	0.5
	0.1（专家4）	0.7	0.5	0.4
	0.2（专家5）	0.7	0.5	0.4
B3	0.2（专家1）	0.8	0.5	0.5
	0.2（专家2）	0.8	0.5	0.5
	0.3（专家3）	0.8	0.5	0.5
	0.1（专家4）	0.7	0.6	0.5
	0.2（专家5）	0.7	0.6	0.5

表 3 - 16 对象层 F 相对于准则层 B1 的模糊判断矩阵

B1	专家	F1	F2	F3
F1	0.2（专家1）	0.5	0.3	0.8
	0.2（专家2）	0.5	0.3	0.8
	0.3（专家3）	0.5	0.3	0.8
	0.1（专家4）	0.5	0.2	0.8
	0.2（专家5）	0.5	0.4	0.7
F2	0.2（专家1）	0.7	0.5	0.7
	0.2（专家2）	0.7	0.5	0.7
	0.3（专家3）	0.7	0.5	0.7
	0.1（专家4）	0.8	0.5	0.8
	0.2（专家5）	0.6	0.5	0.8

B1	专家	F1	F2	F3
	0.2（专家1）	0.2	0.3	0.5
	0.2（专家2）	0.2	0.3	0.5
F3	0.3（专家3）	0.2	0.3	0.5
	0.1（专家4）	0.2	0.2	0.5
	0.2（专家5）	0.3	0.2	0.5

表 3 – 17　对象层 F 相对于准则层 B2 的模糊判断矩阵

B2	专家	F1	F2	F3
	0.2（专家1）	0.5	0.7	0.6
	0.2（专家2）	0.5	0.7	0.6
F1	0.3（专家3）	0.5	0.7	0.7
	0.1（专家4）	0.5	0.8	0.8
	0.2（专家5）	0.5	0.8	0.8
	0.2（专家1）	0.3	0.5	0.3
	0.2（专家2）	0.3	0.5	0.3
F2	0.3（专家3）	0.3	0.5	0.3
	0.1（专家4）	0.2	0.5	0.2
	0.2（专家5）	0.2	0.5	0.2
	0.2（专家1）	0.4	0.7	0.5
	0.2（专家2）	0.4	0.7	0.5
F3	0.3（专家3）	0.3	0.7	0.5
	0.1（专家4）	0.2	0.8	0.5
	0.2（专家5）	0.2	0.8	0.5

表 3 – 18　对象层 F 相对于准则层 B3 的模糊判断矩阵

B3	专家	F1	F2	F3
	0.2（专家1）	0.5	0.7	0.6
	0.2（专家2）	0.5	0.7	0.6
F1	0.3（专家3）	0.5	0.7	0.6
	0.1（专家4）	0.5	0.8	0.6
	0.2（专家5）	0.5	0.8	0.7

B3	专家	F1	F2	F3
F2	0.2（专家1）	0.3	0.5	0.2
	0.2（专家2）	0.3	0.5	0.2
	0.3（专家3）	0.3	0.5	0.4
	0.1（专家4）	0.2	0.5	0.4
	0.2（专家5）	0.2	0.5	0.3
F3	0.2（专家1）	0.4	0.8	0.5
	0.2（专家2）	0.4	0.8	0.5
	0.3（专家3）	0.4	0.6	0.5
	0.1（专家4）	0.4	0.6	0.5
	0.2（专家5）	0.3	0.7	0.5

对于综合传动装置电液控制系统功能故障率复合分配系数 p_1 和 p_2 的估计，5 位专家采用三角模糊数进行评分，见表 3 – 19。

表 3 – 19 功能故障率复合分配系数 p_1 和 p_2

	专家 1	专家 2	专家 3	专家 4	专家 5
p_1	(5.8, 7, 7.5)	(6.1, 7, 7.8)	(6.2, 7, 8.1)	(6.0, 7, 8.1)	(5.9, 7, 8.0)
p_2	(6.4, 8, 8.6)	(6.8, 8, 8.6)	(6.2, 8, 9.4)	(7.1, 8, 8.9)	(6.9, 8, 8.8)

（2） 基于模糊层次分配的系统功能故障率的求解

①构建模糊判断矩阵。

根据表 3 – 15 ～ 表 3 – 18，可得准则层 B 相对于目标层 A 的模糊判断矩阵、对象层 F 相对于准则层 B1 的模糊判断矩阵、对象层 F 相对于准则层 B2 的模糊判断矩阵、对象层 F 相对于准则层 B3 的模糊判断矩阵，分别如下：

$$A_{BA} = \begin{bmatrix} 0.5 & 0.27 & 0.23 \\ 0.73 & 0.5 & 0.47 \\ 0.77 & 0.53 & 0.5 \end{bmatrix}$$

$$A_{FB1} = \begin{bmatrix} 0.5 & 0.31 & 0.78 \\ 0.69 & 0.5 & 0.73 \\ 0.22 & 0.27 & 0.5 \end{bmatrix}$$

$$A_{FB2} = \begin{bmatrix} 0.5 & 0.73 & 0.69 \\ 0.27 & 0.5 & 0.27 \\ 0.31 & 0.73 & 0.5 \end{bmatrix}$$

$$A_{FB3} = \begin{bmatrix} 0.5 & 0.73 & 0.62 \\ 0.27 & 0.5 & 0.3 \\ 0.38 & 0.7 & 0.5 \end{bmatrix}$$

②计算局部权重。

准则层 B 相对于目标层 A 的权重：

$$\boldsymbol{w} = (0.250\ 0,\ 0.366\ 7,\ 0.383\ 3)$$

对象层 F 相对于准则层 B1 的权重：

$$\boldsymbol{v}_1 = (0.348\ 3,\ 0.403\ 3,\ 0.248\ 4)$$

对象层 F 相对于准则层 B2 的权重：

$$\boldsymbol{v}_2 = (0.403\ 3,\ 0.256\ 7,\ 0.340\ 0)$$

对象层 F 相对于准则层 B3 的权重：

$$\boldsymbol{v}_3 = (0.391\ 7,\ 0.261\ 6,\ 0.346\ 7)$$

③计算综合权重。

对象层 F 相对于目标层 A 的权重：

$$\boldsymbol{W} = \boldsymbol{w} \times (\boldsymbol{v}_1,\ \boldsymbol{v}_2,\ \boldsymbol{v}_3)^{\mathrm{T}} = (0.385\ 1,\ 0.295\ 3,\ 0.319\ 6)$$

④综合传动装置电液控制系统功能故障率分配。

$$(\lambda_{11}^{*},\ \lambda_{21}^{*},\ \lambda_{31}^{*}) = \lambda_{S}^{*} \boldsymbol{W}$$
$$= (0.020\ 3\ \mathrm{h}^{-1},\ 0.015\ 5\ \mathrm{h}^{-1},\ 0.017\ 1\ \mathrm{h}^{-1})$$

（3）基于新、旧系统分配的系统功能故障率的求解

由于新、旧型号综合传动装置电液控制系统结构相似、功能相同，因此选择比例组合故障率分配法所得系统各功能故障率为

$$\lambda_{12}^{*} = \lambda_1 \cdot \frac{\lambda_{S}^{*}}{\lambda_{S}} = 0.020\ 6\ \mathrm{h}^{-1}$$

$$\lambda_{22}^{*} = \lambda_2 \cdot \frac{\lambda_{S}^{*}}{\lambda_{S}} = 0.015\ 1\ \mathrm{h}^{-1}$$

$$\lambda_{32}^{*} = \lambda_3 \cdot \frac{\lambda_{S}^{*}}{\lambda_{S}} = 0.016\ 9\ \mathrm{h}^{-1}$$

（4）基于混合分配的系统功能故障率的求解

①计算 p_1 和 p_2

根据表 3-19，可得 p_1 和 p_2 权重，见表 3-20。

表 3-20　p_1 和 p_2 权重

	专家 1	专家 2	专家 3	专家 4	专家 5	平均值	权重
p_1	6.772 1	6.967 6	7.097 7	6.910 3	6.967 4	6.943 02	0.468 6
p_2	7.672 7	7.926 2	7.868 5	8.000 0	7.901 4	7.873 76	0.531 4

②计算综合传动装置电液控制系统功能复合故障率。

$$\lambda_1^* = p_1\lambda_{11}^* + p_2\lambda_{12}^* \approx 0.020 \ \mathrm{h}^{-1}$$

$$\lambda_2^* = p_1\lambda_{21}^* + p_2\lambda_{22}^* \approx 0.015 \ \mathrm{h}^{-1}$$

$$\lambda_3^* = p_1\lambda_{31}^* + p_2\lambda_{32}^* \approx 0.017 \ \mathrm{h}^{-1}$$

由于 $\lambda_1^* + \lambda_2^* + \lambda_3^* = 0.052 \ \mathrm{h}^{-1} < \lambda_S^* = 0.052 \ 6 \ \mathrm{h}^{-1}$，因此上述综合传动装置电液控制系统功能故障率分配结果合理。

2）综合传动装置电液控制系统设计单元故障率、维修率和系统费用的求解

优化模型为

$$
\begin{cases}
\min C_S = \sum_{u=1}^{85} C_u \\
\mathrm{s.\,t.} \\
\lambda_{10}^* \leqslant \lambda_1^* = 0.020 \ \mathrm{h}^{-1} \\
\lambda_{20}^* \leqslant \lambda_2^* = 0.015 \ \mathrm{h}^{-1} \\
\lambda_{30}^* \leqslant \lambda_3^* = 0.017 \ \mathrm{h}^{-1} \\
A_{S0}^* \geqslant A_S^* = 0.95 \\
\lambda_{u,\min} \leqslant \lambda_u^* \leqslant \lambda_{u,\max} \\
\mu_{u,\min} \leqslant \mu_u^* \leqslant \mu_{u,\max}
\end{cases}
$$

在优化模型中，设计单元数为 85，决策变量数为 170，设计单元类型见附表 3-1 和附表 3-2。

（1）采用本书的改进遗传算法求解。

①设定算法参数。

设定案例所用改进遗传算法编码方式为实数编码，算法相关参数见表 3-21。

表 3－21　改进遗传算法参数

种群数量	交叉率	变异率	迭代次数	算法执行次数
200	0.8	0.2	1 000	20

②执行算法。

根据最优化模型和算法相关参数执行 20 次运算，综合传动装置电液控制系统设计单元故障率、维修率和系统费用所对应算法执行 20 次的分配结果分别如图 3－30～图 3－32 所示。基于 GO 法分析所得系统可用度和各功能故障率结果见表 3－22。

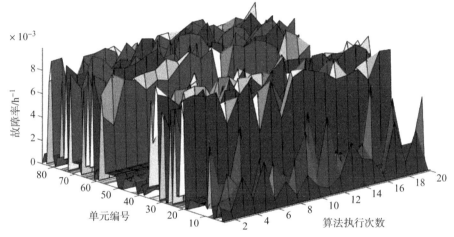

图 3－30　算法执行 20 次设计单元故障率分配结果

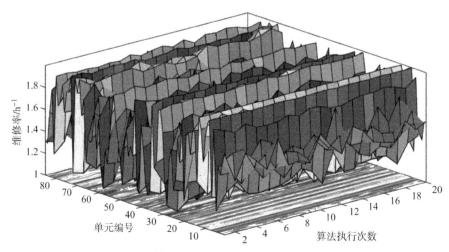

图 3－31　算法执行 20 次设计单元维修率分配结果

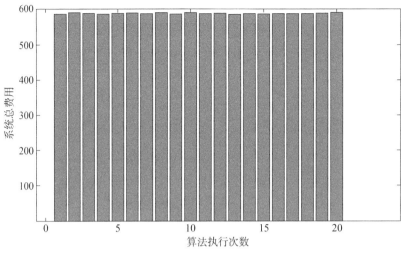

图 3 – 32 算法执行 20 次系统费用

表 3 – 22 基于 GO 法分析所得系统可用度和各功能故障率结果

执行次数编号	C_S	λ_{10}^*	λ_{20}^*	λ_{30}^*	A_{S0}^*
1	586	0. 012 201 682	0. 014 621 699	0. 016 999 73	0. 977 180 02
2	590	0. 014 552 037	0. 013 371 245	0. 016 340 173	0. 975 991 427
3	589	0. 020 261 155	0. 015 083 999	0. 016 969 876	0. 972 102 548
4	588	0. 020 076 056	0. 012 102 449	0. 016 405 96	0. 975 521 692
5	589	0. 019 276 690	0. 015 077 516	0. 016 945 578	0. 972 990 611
6	586	0. 014 943 080	0. 015 232 27	0. 016 738 962	0. 974 505 642
7	588	0. 020 470 159	0. 013 045 319	0. 014 145 819	0. 975 278 616
8	590	0. 020 095 866	0. 015 003 419	0. 015 829 493	0. 974 046 76
9	587	0. 017 805 444	0. 011 973 947	0. 016 901 728	0. 975 058 592
10	590	0. 018 905 750	0. 015 040 093	0. 016 912 974	0. 974 414 164
11	588	0. 019 498 335	0. 014 126 514	0. 016 233 489	0. 973 134 455
12	589	0. 014 476 018	0. 014 416 805	0. 016 679 141	0. 976 379 887
13	586	0. 020 104 318	0. 013 052 722	0. 016 920 00	0. 973 251 647
14	588	0. 013 499 409	0. 013 412 775	0. 016 349 93	0. 976 937 643
15	587	0. 018 818 18	0. 013 634 432	0. 015 230 877	0. 975 682 443

续表

执行次数编号	C_S	λ_{10}^*	λ_{20}^*	λ_{30}^*	A_{S0}^*
16	588	0.020 028 873	0.014 243 983	0.016 936 15	0.973 740 56
17	587	0.018 800 233	0.014 265 111	0.016 988 000	0.972 550 413
18	588	0.016 019 991	0.014 727 352	0.016 714 209	0.975 188 805
19	589	0.020 476 282	0.014 961 517	0.016 944 013	0.972 481 403
20	590	0.020 496 596	0.012 679 553	0.016 910 87	0.973 718 393

（2）采用本书的改进遗传算法求解。

①设定算法参数。

算法相关参数见表 3 – 23。

表 3 – 23　改进蚁群算法参数

节点数	迭代次数	蚁群个体	收敛算子
20	650	150	500

②执行算法

根据优化模型和算法相关参数执行运算，综合传动装置电液控制系统费用所对应算法如图 3 – 33 所示，算法收敛于第 344 次迭代，费用为 586。

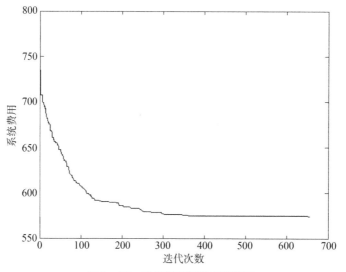

图 3 – 33　改进蚁群算法系统费用

5. 综合传动装置电液控制系统分配结果

1) 本书改进遗传算法的分配结果

根据图 3 – 30 和图 3 – 31 所对应的数据可知,对于 85 个设计单元的故障率和维修率,其对应 170 个决策参量,对每个决策参量 20 次的结果进行比较,偏离平均水平较大的次数定义为漂移次数,各算法执行次数所对应的设计单元故障率漂移次数和维修率偏移次数见表 3 – 24。

表 3 –24　各算法执行次数所对应设计单元故障率和维修率的漂移次数

算法执行次数编号	1	2	3	4	5	6	7	8	9	10
故障率漂移次数	2	3	2	4	2	2	2	3	1	1
维修率漂移次数	1	9	2	0	2	1	0	1	1	0
总漂移次数	3	12	4	4	4	3	2	4	2	1
算法执行次数编号	11	12	13	14	15	16	17	18	19	20
故障率漂移次数	1	1	1	0	1	2	1	2	0	4
维修率漂移次数	0	2	0	2	1	0	0	2	4	8
总漂移次数	1	3	1	2	2	2	1	4	4	12

由于对优化模型求解 20 次的分配结果均满足条件,所以要根据分配结果的漂移次数和工程实际选择最优解。首先,根据表 3 – 24,不考虑总漂移次数较多的第 2 次和第 20 次,优先选择总漂移次数最少的第 10 次、第 11 次、第 13 次和第 17 次。然后,根据工程实际进行选择。本书选择第 10 次的分配结果作为最终解,见表 3 – 25。

表 3 – 25　改进遗传算法执行第 10 次的分配结果

单元编号	故障率	维修率	单元编号	故障率	维修率	单元编号	故障率	维修率
1	9.77E – 05	1.691 3	30	6.55E – 03	1.714 3	59	9.90E – 05	1.255 6
2	9.20E – 06	1.650 4	31	9.05E – 05	1.965 4	60	9.63E – 04	1.898 1
3	8.75E – 04	1.613 2	32	3.34E – 03	1.947 2	61	9.46E – 05	1.461 2
4	1.29E – 03	1.665 7	33	8.11E – 03	1.462 9	62	9.49E – 03	1.692 2
5	3.62E – 04	1.323 2	34	8.56E – 03	1.151 4	63	9.56E – 04	1.395 8

续表

单元编号	故障率	维修率	单元编号	故障率	维修率	单元编号	故障率	维修率
6	9.71E − 06	1.895 3	35	7.21E − 03	1.987 9	64	7.02E − 03	1.625 2
7	9.81E − 04	1.436 6	36	9.20E − 04	1.183 0	65	9.01E − 04	1.580 3
8	6.90E − 03	1.992 1	37	1.32E − 04	1.380 7	66	4.56E − 04	1.452 5
9	1.76E − 04	1.877 7	38	1.37E − 05	1.289 2	67	9.91E − 05	1.787 3
10	9.59E − 04	1.938 3	39	9.95E − 04	1.488 4	68	9.89E − 04	1.806 9
11	9.60E − 04	1.630 4	40	2.12E − 04	1.790 2	69	9.67E − 04	1.887 6
12	9.20E − 04	1.934 3	41	1.74E − 04	1.333 4	70	9.36E − 04	1.850 3
13	8.60E − 04	1.999 0	42	9.27E − 04	1.229 3	71	9.59E − 04	1.927 7
14	9.36E − 04	1.177 6	43	3.86E − 03	1.980 2	72	5.83E − 03	1.278 6
15	9.71E − 04	1.792 0	44	9.48E − 04	1.567 7	73	9.19E − 05	1.963 4
16	9.70E − 04	1.888 1	45	9.62E − 04	1.502 7	74	7.50E − 03	1.898 6
17	9.78E − 04	1.421 1	46	9.98E − 04	1.680 9	75	9.22E − 04	1.775 3
18	9.37E − 05	1.865 7	47	9.47E − 04	1.726 4	76	8.48E − 03	1.602 7
19	9.67E − 05	1.929 3	48	9.80E − 06	1.399 7	77	9.89E − 04	1.836 2
20	5.67E − 03	1.217 7	49	9.27E − 06	1.334 2	78	9.62E − 04	1.740 7
21	6.02E − 03	1.962 7	50	9.21E − 06	1.544 9	79	9.58E − 05	1.714 8
22	9.43E − 04	1.658 2	51	9.01E − 04	1.485 2	80	9.84E − 04	1.942 2
23	9.18E − 04	1.709 3	52	9.78E − 04	1.756 1	81	3.66E − 03	1.327 4
24	8.35E − 04	1.369 2	53	9.93E − 04	1.952 5	82	7.20E − 04	1.923 2
25	9.32E − 05	1.590 9	54	9.14E − 04	1.758 5	83	9.66E − 05	1.805 5
26	5.34E − 03	1.713 5	55	9.35E − 04	1.411 1	84	9.27E − 04	1.218 8
27	9.29E − 05	1.736 7	56	9.06E − 04	1.253 5	85	9.15E − 05	1.461 1
28	9.41E − 05	1.143 5	57	8.60E − 04	1.577 8			
29	7.76E − 03	1.273 7	58	5.31E − 03	1.342 7			

2）本书改进蚁群算法的分配结果

根据图 3 − 33 所示数据可知，系统费用收敛于 586；对于 85 个设计单元的故障率和维修率分配结果见表3-26。

表3-26 改进蚁群算法的分配结果

单元编号	故障率	维修率	单元编号	故障率	维修率	单元编号	故障率	维修率
1	9.82E-05	1.532 4	30	9.55E-03	1.669 9	59	9.11E-05	1.095 4
2	9.20E-06	1.558 8	31	9.28E-05	1.944 1	60	9.55E-04	1.578 3
3	9.87E-04	1.603 2	32	8.34E-03	1.900 4	61	9.85E-05	1.364 0
4	8.29E-03	1.513 3	33	9.11E-03	1.435 2	62	9.89E-03	1.567 3
5	1.22E-04	1.146 0	34	9.56E-03	1.297 9	63	9.56E-04	1.371 6
6	9.81E-06	1.827 2	35	9.81E-03	1.981 2	64	8.22E-03	1.407 4
7	9.84E-04	1.208 7	36	9.28E-04	1.065 1	65	9.44E-04	1.429 1
8	8.90E-04	1.997 3	37	8.32E-04	1.050 3	66	1.56E-04	1.373 4
9	9.87E-03	1.863 4	38	1.06E-05	1.189 8	67	9.91E-05	1.681 7
10	9.59E-03	1.805 3	39	9.02E-03	1.291 6	68	9.36E-05	1.886 6
11	9.60E-04	1.533 4	40	1.21E-04	1.685 6	69	9.67E-04	1.874 9
12	9.30E-04	1.851 3	41	1.09E-04	1.032 9	70	9.12E-04	1.820 1
13	9.23E-04	1.989 3	42	9.83E-04	1.106 8	71	9.59E-04	1.962 5
14	9.36E-04	1.101 2	43	4.89E-03	1.844 9	72	8.83E-03	1.065 1
15	9.71E-04	1.788 3	44	9.48E-04	1.355 4	73	9.19E-05	1.999 8
16	9.81E-04	1.824 1	45	9.62E-04	1.310 1	74	9.89E-03	1.812 6
17	9.78E-04	1.325 2	46	9.61E-04	1.363 2	75	9.73E-04	1.727 0
18	9.15E-05	1.999 9	47	9.98E-04	1.677 4	76	9.90E-03	1.510 1
19	9.05E-05	1.781 3	48	9.80E-06	1.281 2	77	9.76E-04	1.671 6
20	9.89E-03	1.160 3	49	9.73E-06	1.090 4	78	9.62E-04	1.671 7
21	9.87E-03	1.842 0	50	9.47E-06	1.295 4	79	9.58E-05	1.647 4
22	9.00E-04	1.682 0	51	9.01E-04	1.307 7	80	9.44E-04	1.909 3
23	9.18E-04	1.705 6	52	9.45E-04	1.670 5	81	9.66E-03	1.184 1
24	9.98E-03	1.239 7	53	9.93E-04	1.915 0	82	9.20E-03	1.666 2
25	9.62E-05	1.552 4	54	9.14E-04	1.687 1	83	9.66E-05	1.760 5
26	9.89E-03	1.690 3	55	9.06E-04	1.320 5	84	9.27E-04	1.114 7

单元编号	故障率	维修率	单元编号	故障率	维修率	单元编号	故障率	维修率
27	9.02E-05	1.462 5	56	9.61E-04	1.173 1	85	9.74E-05	1.238 5
28	9.22E-05	1.008 7	57	1.60E-04	1.356 5			
29	9.76E-03	1.056 4	58	1.31E-04	1.310 6			

6. 结果分析

综上所述：

（1）本书改进遗传算法对优化模型求解20次的分配结果均满足约束条件，且系统最小费用均为586～590；另外，本书改进蚁群算法对优化模型求解的分配结果满足约束条件，且系统费用收敛于586。两种算法所得系统费用结果基本一致，说明本书改进遗传算法和改进蚁群算法有效收敛。

（2）本书改进遗传算法和改进蚁群算法所得设计单元的故障率和维修率一致性高，且设计型单元所分配的故障率数量级为10^{-3}～10^{-4}。由于设计型单元故障率的上、下限数量级为10^{-3}～10^{-6}，在同等费用的前提下，本书方法的分配结果没有出现集中于故障率数量级两个端点的现象；根据工程实际，设计故障率数量级为10^{-6}的单元对技术工艺、技术条件等要求更为苛刻，甚至难以实现，而本书的分配结果中故障率数量级为10^{-6}的单元均为版本型。另外，由表3-24可知，第2次和第20次漂移次数大于12，其余次数均小于4，然而相对于决策变量数170而言，本书改进遗传算法每次算法执行所得分配结果的总漂移次数是很小的。可见，本书优化分配方法具有工程适用性和合理性，本书改进遗传算法和改进蚁群算法具有合理性和较好的性能。

（3）对比本书改进遗传算法和改进蚁群算法的求解过程可知，为了防止陷入局部最优和得到有效收敛解，本书改进遗传需算法执行多次并选择最优解，但其不受收敛算子的影响；而本书改进蚁群算法一次算法执行即可得到有效收敛解，但其受收敛算子直接影响。因此，本书改进算法各有利弊。

（4）由于本书方法所用的GO图模型直接关联产品的结构、功能和工作原理等，当产品设计更改时，可快速进行模型修改进行指标分配，且可以考虑系统中存在的复杂特性，不仅为产品设计单元可靠性指标分配裕度提供一种有效的手段，而且为复杂多功能可修系统的权衡优化分配提供了一个有效途径。同时，本书方法的分配过程表明其具有较强的工程适用性和操作性。

附表 3 – 1　设计型单元相关参数

单元编号	操作符编号	$\lambda_{u,\min}$	$\lambda_{u,\max}$	$\mu_{u,\min}$	$\mu_{u,\max}$
3	29	9.320 86 E – 06	0.009 9	1.303	2
4	28	9.775 72 E – 06	0.009 9	1.513	2
5	31	9.292 85 E – 06	0.009 9	1.146	2
8	34	9.135 58 E – 06	0.009 9	1.990	2
9	35	9.777 73 E – 06	0.009 9	1.863	2
20	3	9.843 78 E – 06	0.009 9	1.060	2
21	7	9.420 58 E – 06	0.009 9	1.841	2
24	9	9.857 12 E – 06	0.009 9	1.240	2
26	13	9.869 7 E – 06	0.009 9	1.490	2
29	17	9.126 01 E – 06	0.009 9	1.056	2
30	18	9.202 28 E – 06	0.009 9	1.670	2
32	21	9.724 51 E – 06	0.009 9	1.898	2
33	23	9.514 18 E – 06	0.009 9	1.435	2
34	25	9.184 02 E – 06	0.009 9	1.087	2
35	68	9.837 63 E – 06	0.009 9	1.958	2
37	49	9.511 41 E – 06	0.009 9	1.050	2
38	48	9.332 86 E – 06	0.009 9	1.190	2
40	46	9.563 47 E – 06	0.009 9	1.686	2
41	47	9.083 51 E – 06	0.009 9	1.033	2
43	53	9.539 08 E – 06	0.009 9	1.845	2
57	89	9.730 9 E – 06	0.009 9	1.344	2
58	96	9.869 35 E – 06	0.009 9	1.010	2
62	73	9.376 9 E – 06	0.009 9	1.567	2
64	84	9.776 27 E – 06	0.009 9	1.407	2
66	98	9.471 66 E – 06	0.009 9	1.073	2
72	99	9.095 36 E – 06	0.009 9	1.065	2
74	112	9.744 05 E – 06	0.009 9	1.812	2
76	86	9.652 1 E – 06	0.009 9	1.510	2

附表 3 － 2 版本型单元相关参数

单元编号	操作符编号	版本号	λ_{ui}	C_{udi}	$\mu_{u,min}$	$\mu_{u,max}$
1	26	1	9.80E − 05	0.480 2	1.424	2
		2	9.77E − 05	0.415 0		
		3	9.82E − 05	0.535 7		
2	27	1	9.78E − 06	0.434 7	1.459	2
		2	9.83E − 06	0.568 4		
		3	9.20E − 06	0.105 8		
		4	9.84E − 06	0.605 1		
6	32	1	9.81E − 06	0.506 5	1.827	2
		2	9.71E − 06	0.325 1		
		3	9.83E − 06	0.568 4		
		4	9.82E − 06	0.535 7		
		5	9.77E − 06	0.415 0		
7	33	1	0.000 984	0.605 1	1.209	2
		2	0.000 983	0.568 4		
		3	0.000 987	0.749 3		
		4	0.000 981	0.506 5		
10	36	1	0.000 959	0.224 3	1.805	2
		2	0.000 960	0.230 4		
		3	0.000 970	0.313 6		
		4	0.000 960	0.230 4		
11	37	1	0.000 989	0.889 2	1.533	2
		2	0.000 979	0.456 4		
		3	0.000 980	0.480 2		
		4	0.000 960	0.230 4		
12	40	1	0.000 930	0.1235	1.851	2
		2	0.000 920	0.105 8		
		3	0.000 917	0.101 3		

坦克装甲车辆通用质量特性设计与评估技术

续表

单元编号	操作符编号	版本号	λ_{ui}	C_{udi}	$\mu_{u,\min}$	$\mu_{u,\max}$
13	38	1	0.000 923	0.110 6	1.989	2
		2	0.000 860	0.052 8		
		3	0.000 920	0.105 8		
14	41	1	0.000 991	1.091 2	1.101	2
		2	0.000 983	0.568 4		
		3	0.000 995	1.980 0		
		4	0.000 936	0.136 8		
15	67	1	0.000 971	0.325 1	1.788	2
		2	0.000 993	1.408 6		
		3	0.000 981	0.506 5		
		4	0.000 993	1.408 6		
		5	0.000 990	0.980 1		
16	43	1	0.000 981	0.506 5	1.824	2
		2	0.000 970	0.313 6		
		3	0.000 990	0.980 1		
17	44	1	0.000 975	0.480 2	1.325	2
		2	0.000 978	0.415 0		
18	1	1	9.16E−05	0.535 7	1.799	2
		2	9.63E−05	0.536 7		
		3	9.37E−05	0.434 7		
19	2	1	9.76E−05	0.568 4	1.781	2
		2	9.67E−05	0.105 8		
		3	9.06E−05	0.605 1		
22	5	1	0.000 900	4.980 0	1.482	2
		2	0.000 963	0.325 1		
		3	0.000 927	0.350 6		
		4	0.000 943	0.3251		
23	6	1	0.000 918	0.396 9	1.705	2
		2	0.000 975	0.396 5		

续表

单元编号	操作符编号	版本号	λ_{ui}	C_{udi}	$\mu_{u,\min}$	$\mu_{u,\max}$
25	10	1	9.92E－05	0.434 7	1.152	2
		2	9.32E－05	0.568 4		
		3	9.89E－05	0.568 4		
		4	9.63E－05	0.506 5		
27	15	1	9.02E－05	0.415 0	1.462	2
		2	9.29E－05	0.415 0		
		3	9.43E－05	0.425 3		
28	16	1	9.22E－05	0.605 1	1.008	2
		2	9.41E－05	0.568 4		
		3	9.20E－05	0.749 3		
31	20	1	9.29E－05	0.230 4	1.944	2
		2	9.50E－05	0.283 3		
		3	9.05E－05	0.097 1		
36	69	1	0.000 927 8	0.480 2	1.065	2
		2	0.000 933 1	0.480 2		
		3	0.000 996 2	0.480 2		
		4	0.000 920 3	0.123 5		
39	50	1	0.000 912 7	0.568 4	1.292	2
		2	0.000 984 5	1.980 0		
		3	0.000 995 3	0.136 8		
		4	0.000 902 3	0.136 8		
42	52	1	0.000 936 3	0.980 1	1.107	2
		2	0.000 982 1	0.506 5		
		3	0.000 926 8	0.313 6		
		4	0.000 931 8	0.480 2		
		5	0.000 983 3	0.415 0		

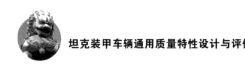

续表

单元编号	操作符编号	版本号	λ_{ui}	C_{udi}	$\mu_{u,min}$	$\mu_{u,max}$
44	55	1	0.000 949 8	0.434 7	1.355	2
		2	0.000 967 9	0.568 4		
		3	0.000 948	0.105 8		
		4	0.000 914 9	0.605 1		
		5	0.000 975 2	0.605 1		
45	56	1	0.000 961 9	1.980 0	1.310	2
		2	0.000 959	2.480 0		
		3	0.000 926 1	3.313 3		
		4	0.000 944 4	3.313 3		
46	61	1	0.000 912 7	4.980 0	1.363	2
		2	0.000 997 8	4.970 0		
		3	0.000 960 8	4.960 0		
47	58	1	0.000 998 9	0.325 1	1.577	2
		2	0.000 967 9	0.350 6		
		3	0.000 947 3	0.325 1		
		4	0.000 938 6	0.396 9		
48	63	1	9.43E−06	0.396 9	1.281	2
		2	9.96E−06	0.415 0		
		3	9.80E−06	0.434 7		
49	59	1	9.27E−06	0.434 7	1.090	2
		2	9.83E−06	0.568 4		
		3	9.73E−06	0.568 4		
50	64	1	9.47E−06	0.506 5	1.295	2
		2	9.21E−06	0.325 1		
51	60	1	0.000 918 3	0.568 4	1.308	2
		2	0.000 994 5	0.535 7		
		3	0.000 983 6	0.415 0		
		4	0.000 922 9	0.415 0		
		5	0.000 903 8	0.415 0		
		6	0.000 916 3	0.605 1		

续表

单元编号	操作符编号	版本号	λ_{ui}	C_{udi}	$\mu_{u,min}$	$\mu_{u,max}$
52	71	1	0.000 945 1	0.568 4	1.671	2
		2	0.000 908 1	0.749 3		
		3	0.000 977 7	0.506 5		
53	72	1	0.000 968 7	0.506 5	1.915	2
		2	0.000 934 5	0.313 6		
		3	0.000 918	0.258 1		
		4	0.000 902 8	0.480 2		
		5	0.000 993 8	0.302 8		
54	74	1	0.000 914 4	0.230 4	1.687	2
		2	0.000 951 9	0.230 4		
		3	0.000 989 2	0.283 3		
55	75	1	0.000 934 6	0.097 1	1.321	2
		2	0.000 914 7	0.230 4		
		3	0.000 953 4	0.193 2		
		4	0.000 906 3	0.193 2		
56	82	1	0.000 961 7	0.224 3	1.173	2
		2	0.000 968 5	0.313 6		
		3	0.000 905 6	0.224 3		
		4	0.000 901 1	0.230 4		
59	102	1	9.11E − 05	0.480 2	1.095	2
		2	9.19E − 05	0.480 2		
		3	9.48E − 05	0.480 2		
		4	9.90E − 05	0.123 5		
60	109	1	0.000 970 7	0.105 8	1.578	2
		2	0.000 963 1	0.101 3		
		3	0.000 955 1	0.110 6		
61	116	1	9.35E − 05	0.052 8	1.364	2
		2	9.46E − 05	0.105 8		
		3	9.85E − 05	0.103 8		

单元编号	操作符编号	版本号	λ_{ui}	C_{udi}	$\mu_{u,\min}$	$\mu_{u,\max}$
63	77	1	0.000 956 2	0.136 89	1.372	2
		2	0.000 949	0.325 1		
		3	0.000 928 6	1.408 6		
65	91	1	0.000 944 5	0.980 1	1.429	2
		2	0.000 995 3	0.506 5		
		3	0.000 907 8	0.313 6		
67	104	1	9.91E−05	6.313 6	1.682	2
		2	9.57E−05	7.313 6		
		3	9.22E−05	8.313 6		
		4	9.16E−05	9.313 6		
68	111	1	0.000 988 7	10.313 6	1.587	2
		2	0.000 925 5	11.313 6		
		3	0.000 935 8	12.313 6		
69	78	1	0.000 967	14.313 6	1.875	2
		2	0.000 996 9	15.313 6		
		3	0.000 910 6	16.313 6		
70	85	1	0.000 936	17.313 6	1.820	2
		2	0.000 908 2	18.313 6		
		3	0.000 912 2	19.313 6		
71	92	1	0.000 958 5	20.313 6	1.860	2
		2	0.000 923 6	21.313 6		
		3	0.000 981 6	22.313 6		
		4	0.000 957 2	23.313 6		
		5	0.000 917	24.313 6		
73	105	1	9.19E−05	29.313 6	1.940	2
		2	9.79E−05	30.313 6		
		3	9.88E−05	31.313 6		
		4	9.92E−05	32.313 6		

单元编号	操作符编号	版本号	λ_{ui}	C_{udi}	$\mu_{u,\min}$	$\mu_{u,\max}$
75	79	1	0.000 921 6	36.313 6	1.727	2
		2	0.000 955 0	37.313 6		
		3	0.000 973 6	38.313 6		
77	93	1	0.000 988 8	43.313 6	1.672	2
		2	0.000 975 8	44.313 6		
		3	0.000 957 3	45.313 6		
		4	0.000 976 9	46.313 6		
78	106	1	0.000 961 5	47.313 6	1.672	2
		2	0.000 928 2	48.313 6		
		3	0.000 980 6	49.313 6		
		4	0.000 924 8	50.313 6		
79	113	1	9.58E − 05	51.313 6	1.638	2
		2	9.49E − 05	52.313 6		
		3	9.20E − 05	53.313 6		
80	80	1	0.000 984 2	54.313 6	1.905	2
		2	0.000 998 6	55.313 6		
		3	0.000 920 3	56.313 6		
		4	0.000 944	57.313 6		
83	100	1	9.66E − 05	63.313 6	1.361	2
		2	9.01E − 05	64.313 6		
		3	9.28E − 05	65.313 6		
84	107	1	0.000 926 9	58.313 6	1.115	2
		2	0.000 906	59.313 6		
		3	0.000 956 5	60.313 6		
85	114	1	9.15E − 05	61.313 6	1.238	2
		2	9.74E − 05	62.313 6		

第 4 章

可靠性试验、评估与工程实践

可靠性试验可以是试验室内的试验，也可以是现场试验。可靠性试验按试验目的可分为工程试验和统计试验两类，如图 4-1 所示。工程试验的目的是暴露产品的可靠性薄弱环节并采取纠正措施加以排除（或使其故障率低于允许水平），这种试验由承制方进行，以研制样机为受试产品。统计试验的目的是在一定的置信度要求下，验证产品的可靠性是否达到规定的定量要求。统计试验一般由订购方或经认可的第三方试验室负责完成，受试单位事先必须经订购方批准。可靠性试验应尽可能结合产品的性能试验、环境适应性试验等来进行。目前推广应用的高加速寿命试验和可靠性强化试验也属于可靠性试验范畴。

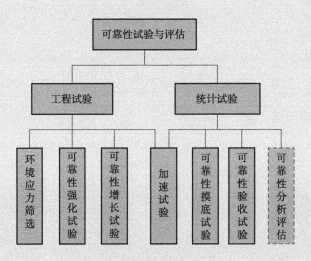

图 4-1　可靠性试验分类

　　产品的可靠性是设计和制造出来的，也是试验出来的。通过可靠性试验，可以在研制阶段暴露产品各方面的缺陷，暴露和分析产品在不同环境和应力条件下的失效规律及有关的失效模式和失效机理，经分析和改进设计，使产品可靠性逐步增长，最终达到预定的可靠性水平。在鉴定阶段通过可靠性试验还可以验证产品可靠性指标是否达到规定的要求。

|4.1　环境应力筛选|

4.1.1　环境应力筛选的作用

环境应力筛选是对受试硬件施加应力，以暴露其固有的以及工艺过程引入的缺陷，从而发现产品需要改正的薄弱环节，并将其剔除的过程。其目的是排除不良零件、元器件、工艺缺陷和其他原因造成的早期失效，以提高产品的使用可靠性。它可用于产品研制、生产、使用、维修各阶段。

环境应力筛选本质上是一种剔除在生产制造过程中对设计良好的产品所引入的缺陷的工艺措施。可靠性设计良好的产品，在制造过程中，可能由于采用了不合格的元器件，或者工艺处理不当而产生缺陷，从而降低了设计赋予的固有可靠性。这些缺陷有时通过常规的目视检查或检测难以发现，但在施加一定的环境应力时就可能被发现。例如，电路板上某些虚焊问题就可以通过振动筛选发现。环境应力筛选一般不应抽样进行，而应 100% 地对生产的产品进行。

据统计，电子类产品经环境应力筛选后，在正常情况下，故障率可以降低 0.5 ~ 1 个数量级，个别的可达 2 个数量级。据文献报道：我国某电子仪器在进行筛选前，一次交验合格率为 40% 左右，合格产品交付后还常有性能波动问题，但是经过温度循环和振动筛选后，一次交验合格率达到 90% 以上；另一型号上的某部件在未进行环境应力筛选前，早期故障的返修率为30%，进行了环境应力筛选后，交付用户18台产品返修率为0。

装备在使用中出现的问题，大多是产品的潜在缺陷所导致的。因此，型号总体单位应当在型号的可靠性大纲中明确提出对环境应力筛选的要求。

环境应力筛选通过对产品施加一种或多种强迫作用，使产品的潜在缺陷加速发展成故障。对于环境应力筛选中发现的问题，应进行原因分析，并采取相应的纠正措施，而不应仅进行简单的修复。

环境应力筛选使用的应力主要用于激发故障，而不是模拟使用环境。进行环境应力筛选时施加的应力大小不能超过产品的耐环境极限，施加应力的持续时间不能在产品中累积不允许的疲劳损伤。不同类型的产品，在使用中经历的环境不同，而且对环境应力的响应特性也不向，因此，需要根据不同的产品制定具体的环境应力筛选方法，以取得最佳的筛选效果。环境应力筛选的效果主要取决于施加的应力和对缺陷的检测能力。施加的应力决定了能否将潜在的缺陷转化为故障，检测能力则决定了能否及时发现已出现的故障。

环境应力筛选一般应在每一个组装等级或产品层次上进行。例如，对于电子产品，应在元器件、组件和设备等级别进行。每一级别都应进行环境应力筛选，以避免在下一级产品试验或使用中出现早期故障。

由于进行可靠性增长试验及可靠性测定试验的费用较高，用它们来暴露产品的早期故障是不经济的。因此，在进行可靠性增长试验及可靠性测定试验之前，必须先进行环境应力筛选以剔除工艺缺陷或劣质元器件，使受试产品的可靠性能反映设计赋予的固有可靠性水平。

环境应力筛选分为常规环境应力筛选和定量环境应力筛选两种。

常规环境应力筛选的目的是尽可能多地筛选出早期故障。常规环境应力筛选不要求在筛选结果与产品的可靠性目标之间建立定量的关系，对于筛选结果的好坏及经济合理性也不进行分析。因此，经过常规环境应力筛选后的产品并不一定能达到产品可靠性"浴盆曲线"上的故障率恒定点。

定量环境应力筛选是指在筛选效果、筛选成本和产品可靠性目标之间建立定量关系，并进行综合权衡的筛选。通常，要求产品的可靠性水平达到"浴盆曲线"上的故障率恒定点，当通过筛选排除故障的费用低于现场排除故障的费用时，就应对该故障进行筛选。

筛选度是指在产品中存在对于某种筛选应力敏感的潜在缺陷时，使用某种筛选使该缺陷以故障形式显现的概率。

4.1.2　典型的环境应力

环境应力筛选可选用的应力包括：热冲击、温度循环、机械冲击、随机振动、离心加速等。

对一般情况下的环境应力筛选，主要使用随机振动和快速温度循环两种应力。实践经验表明，大多数缺陷都可以通过这两种应力暴露出来。通常振动应力对于激发工艺原因造成的固定不紧、碎屑、松弛之类的缺陷较为有效。而温度循环则对于发现元器件参数漂移、污染等缺陷较为有效。据美国对 42 家企业进行的调查统计，将热循环与随机振动相结合，可以达到 90% 的筛选率。如果不具备上述条件，可以采用温度冲击和正弦扫频振动。

通过温度循环可以诱发的故障模式包括：

（1）参数漂移与电路的不稳定性；

（2）电路板开路、短路、分层等缺陷；

（3）电路板腐蚀；

（4）电路板裂纹、过孔缺陷；

（5）元器件松动、装配不当；

（6）开焊、冷焊、焊料不足；

（7）密封失效；

（8）接触不良；

（9）脆性断裂；

（10）黏结不牢。

通过随机振动可以诱发的故障模式包括：

（1）电路断开、短路；

（2）元器件装配不当；

（3）相邻元器件短路；

（4）元器件管脚或导线断裂；

（5）虚焊、开焊、冷焊等焊接缺陷；

（6）黏结不牢；

（7）连线松动或连接不好；

（8）晶体缺陷；

（9）紧固件或护垫松动；

（10）外来物。

1. 恒定高温

恒定高温试验也称为高温老化试验，该试验使产品在规定的高温下连续工作。恒定高温主要用于对元器件的筛选。恒定高温试验的主要参数包括：温度和恒温时间。

典型的恒定高温试验，温度为 50℃ ~ 70℃，时间为 40 ~ 50 h。恒定高温试验通常在高温试验箱内进行。

2. 温度循环

温度循环是使产品经受多次在预定温度水平之间的温度循环变化。温度循环可以加速材料之间热不匹配效应所造成的失效。通常将产品的高、低温储存温度设为进行温度循环的上、下限温度。温度循环试验的主要参数包括：

（1）温度范围一般为 - 55℃ ~ 85℃；

（2）温度循环次数为 20 ~ 40 次；

（3）温度变化率（指试验箱内空气温度变化的平均速率）为 5 ~ 20℃/min。

高、低温的温度稳定时间应取使产品的温度达到稳定的时间。

在进行温度循环试验时，在降温阶段不宜进行通电检测，因为这时通电会使产品发热，从而影响产品的温度变化率。对于产品性能的监测应当在升温阶段进行。温度循环试验一般在试验箱中进行。试验箱中的气流速度十分重要，因为气流速度直接影响产品的温度变化速率。

与恒定高温相比，温度循环是工程中最为常见的一种筛选方法。

3. 温度冲击

温度冲击与温度循环的实施过程类似。但是，与温度循环相比，温度冲击的温度变化范围和变化率都较大，产生的热应力较大。温度冲击试验的主要参数包括：

（1）温度上限；

（2）温度下限；

（3）温度上限停留时间；

（4）温度下限停留时间；

（5）温度冲击循环次数；

（6）转换时间。

温度冲击的温度变化率一般不小于 30℃/min。

4. 扫频正弦振动

进行扫频正弦振动时，振动频率在给定的频段内慢速变化，因此可以在每个频率上都持续一段时间。扫频正弦振动试验的主要参数包括：

（1）最低频率；

（2）最高频率；

（3）加速度峰值；

（4）扫频速率；

（5）扫描时间；

（6）振动轴向数。

5. 随机振动

随机振动是在较宽的频率范围内对产品施加振动，产品在不同的频率上同时受到应力，这样可以使产品中具有不同共振频率的元器件或部件都能出现共振。

由于随机振动具有同时激励各种频率的特性，激发故障所用的时间比扫频正弦振动要短得多。

随机振动试验的主要参数包括：

（1）振动频率范围；

（2）功率谱密度；

（3）振动时间；

（4）振动轴向数。

典型的随机振动功率谱密度为 0.04 g^2/Hz（g 为加速度）。振动时间一般为 5 ~ 20 min。振动频率范围为 20 ~ 2 000 Hz。振动轴向通常为 3 个轴向同时或依次进行，也可优先选取产品最敏感的方向进行。在振动过程中，应通电检测产品的性能。

4.1.3　环境应力筛选的实施

环境应力筛选在电子产品上的应用已较为完善。我国已制定了有关环境应力筛选的国军标和指南，如 GJB 1032 – 90《电子产品环境应力筛选方法》、GJB/Z 34 – 93《电子产品定量环境应力筛选指南》。美国制定了军用标准 MIL – STD – 2164《电子设备环境应力筛选方法》和军用手册 DoD – HDBK – 344A《电子设备的环境应力筛选》等。

进行环境应力筛选主要应明确：（1）施加的环境应力类型、水平、状况及承受应力的时间；（2）筛选期间应监控的性能和参数；（3）筛选时间。

在环境应力筛选过程中，可以根据实际筛选的效果及时调整施加的环境应力。进行环境应力筛选时，应考虑各种环境应力施加的顺序，以取得较好的筛选效果。GJB 1032 – 90《电子产品环境应力筛选方法》建议采用的筛选程序为"振动—温度—振动",如图4－2所示。

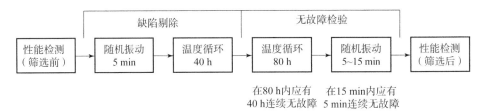

图4－2　GJB 1032－90 建议的筛选程序

在进行环境应力筛选前,应首先对产品进行外观及初始性能检测,凡是检测不合格的产品不能参加环境应力筛选。缺陷剔除阶段的主要作用是通过施加规定的振动和温度应力,尽可能多地激发故障,记录故障并进行适当处理。无故障检验阶段的目的是验证环境应力筛选的有效性。最后,在标准大气条件下通电检测产品的性能。

|4.2　可靠性增长试验|

4.2.1　可靠性增长试验的要求

可靠性增长试验(Reliability Growth Testing,RGT)是可靠性研制试验(Reliability Development Testing,RDT)的特例。可靠性研制试验是装备在实际的、模拟的或加速的试验环境中进行的试验,是一个不断迭代的试验、分析、纠正、再试验(Test,Analyze,Fix and Test)过程。可靠性增长试验是一种有计划、有目标的试验。通过可靠性增长试验,不仅应发现产品中存在的设计缺陷,而且应达到预期的可靠性增长目标。

通过可靠性增长试验,不仅要使产品的可靠性按计划增长,而且要对产品的可靠性水平进行定量评估。进行可靠性增长试验的产品应已通过了环境应力筛选,以消除因制造产生的缺陷。

可靠性增长试验是提高产品可靠性的一种有效途径。进行可靠性增长试验时,将产品置于受控的模拟任务剖面的环境中,发现设计缺陷,找出失效模式和失效机理,采取相应的纠正措施,改进产品设计,并验证措施的有效性,使产品的可靠性切实得到增长。

相比而言,用可靠性研制试验和其他试验实现可靠性增长是指事先没有明确的可靠性增长目标，对于产品运行或试验中出现的故障，根据情况进行适时或集中纠正。

可靠性增长试验一般安排在工程研制基本完成后和可靠性鉴定试验之前。对于新研制的复杂产品，通常应当安排进行可靠性增长试验，以提高其可靠性。当可靠性增长试验完成后，经产品的研制单位和军方同意，可以用可靠性增长试验代替可靠性鉴定试验。

GJB 1407 – 92《可靠性增长试验》规定了军工产品进行可靠性增长试验的要求和方法。GJB/Z 77 – 95《可靠性增长管理手册》给出了军工产品进行可靠性增长管理的方法。

4.2.2　故障分类及纠正方式

对在可靠性增长试验中出现的故障应认真分析，区别对待。根据故障机理的不同，可靠性增长试验中出现的故障可分为系统性故障和偶然性故障。系统性故障是指产品中某一固有原因造成的故障。这类故障只有通过更改设计或制造工艺才能予以消除。偶然性故障是指由于一些偶然因素而随机出现的故障。

根据是否需要纠正，可靠性增长试验中出现的系统性故障还可分为 A 类故障和 B 类故障。A 类故障是指由于技术、经费、时间或其他原因不予纠正的故障。B 类故障是指能经济地降低其故障率的系统性故障，在可靠性增长试验中，对 B 类故障需要进行纠正。

故障是否需要予以纠正取决于故障纠正的技术难度和成本、产品的故障率水平及危害度、故障是否属于早期故障、对达到产品可靠性目标的影响、纠正时间和费用等因素。

对于可靠性增长试验期间发生的故障，常见的有以下 3 种不同的纠正方式。

1. 即时纠正

这种方式是对试验中出现的故障都立即开展故障分析，找出故障原因，立即实施纠正并继续试验。因此，产品可靠性水平的变化是近似连续的。

2. 延缓纠正

这种方式是对试验中出现的产品故障不立即予以纠正，而是在本阶段试验结束后和下一阶段试验开始前进行纠正。因此，产品可靠性水平的变化是跳跃式的。

3. 含延缓纠正

这种方式可以视为上述两种方式的结合。对于试验中出现的故障，一部分采用即时纠正方式，一部分采用延缓纠正方式。

4.2.3　可靠性增长管理的内容

可靠性增长管理是指为达到预定的可靠性目标，对试验时间及其他系统资源进行系统的安排与计划，并在对估计值与计划值进行比较的基础上依靠重新分配资源实现对增长率的控制。可靠性增长管理的目的是尽可能利用各种资源和信息，综合各种试验，经济高效地使产品实现可靠性增长，最终达到预定的可靠性目标。

可靠性增长管理包括制定产品的可靠性增长目标、增长计划，进行可靠性增长评定和控制等活动。

1. 制定可靠性增长目标

装备的可靠性增长目标应根据装备的作战使用需求与工程研制实现的现实可能性等经过全面权衡来确定。一般情况下，可用合同（或研制任务书）中规定的可靠性值作为装备的可靠性增长目标。

制定可靠性增长目标时，还需考虑同类装备或产品的国内外水平、装备的固有可靠性、可靠性增长潜力以及可靠性预计值等各种因素。

为了能高概率地通过可靠性鉴定试验，可靠性增长的目标值应当略高于研制要求的规定值。

2. 制定可靠性增长计划

可靠性增长计划是对可靠性增长过程实施管理的重要根据。可靠性增长计划给出了计划的可靠性增长曲线，确定了产品在各个阶段的可靠性增长目标。制定可靠性增长计划时，通常要根据装备的特点，选择合适的增长模型。

制定可靠性增长计划，主要包括如下几项内容：

（1）分析同类装备或者产品的可靠性现状及可靠性增长情况，掌握其可靠性水平、主要故障及产生原因和发生频度、增长规律、增长起点及增长率信息等。

（2）分析本装备的研制大纲和可靠性大纲，了解系统、子系统的研制试验的数量与类型，掌握各项试验的环境条件、工作条件及预计的试验时间等信息。

可靠性增长试验的总时间一般为可靠性增长目标值（MTBF）的 5 ~ 25 倍。实施可靠性增长试验开始时产品的可靠性水平称为可靠性增长的初始水平。可靠性增长初始水平的确定直接影响可靠性增长试验所需的总时间。美国许多系统的可靠性增长表明，成功的可靠性增长计划在开始时的可靠性水平通常应为可靠性增长目标值的 1/4 ~ 1/3。

（3）选择切合实际的可靠性增长模型，制定可靠性增长计划并绘制可靠性增长的理想曲线及计划曲线。可靠性增长曲线可以是 3 种不同故障纠正方式的组合。

理想可靠性增长曲线是制定可靠性增长计划的主要依据。通常，理想可靠性增长曲线是根据某种可靠性增长模型（如 Duane 模型）确定的。

（4）可靠性增长计划还应给出进行可靠性增长所需的各种资源、增长阶段的划分、重要的评审点等。

3. 对可靠性增长过程进行跟踪与控制

有了可靠性增长目标和可靠性增长计划后，还需要对实际的可靠性增长过程进行控制，以保证可靠性增长过程大致按可靠性增长计划进行。若实际增长过程中出现较大的偏差，则要在分析这些偏差产生的原因和影响因素的基础上制定相应的对策，使装备的可靠性能在预定的时间期限内增长到预定的目标。为了对可靠性增长过程实施有效的控制，在增长过程中应及时地掌握装备的故障信息，及时地进行可靠性评估并绘制出可靠性增长的跟踪曲线，跟踪曲线与计划曲线的对比将为可靠性增长控制提供依据。

为了对可靠性增长试验中出现的故障进行跟踪分析，应当使用 FRACAS 收集可靠性增长试验中出现的所有故障信息，及时记录这些故障的分析结果和所采取的纠正措施。FRACAS 的相关要求及记录格式参见 GJB 841 - 90《故障报告、分析和纠正措施系统》。

在可靠性增长试验过程中，应使用 FRACAS 及时跟踪从各种信息源得到的信息，与计划的可靠性增长曲线进行对比分析，评估产品可靠性增长达到的水平和进展，分析为达到可靠性目标值是否还需要采取进一步的措施（如增加可靠性试验强度、加强检测手段或采取更有效的纠正措施），最终使产品的可靠性在预期的时间内达到目标值。

4.2.4　常用的可靠性增长模型

常用的可靠性增长模型有 Duane 模型和 AMSAA 模型。Duane 模型是一种经验模型，形式简单，但缺少统计分析基础。AMSAA 模型是一种基于随机过程理论的模型，便于利用统计方法对产品的可靠性增长水平进行评估。各模型的具体应用及参数估计方法参见 GJB 1047 - 92 和 GJB/Z 77 - 95。

1. Duane 模型

（1）美国的杜安经过大量试验研究发现产品的平均故障间隔时间的变化与试验时间具有如下规律：

$$\theta_R = \theta_I \left(T_t / T_I \right)^m \tag{4-1}$$

式中：θ_R——产品应达到的 MTBF，h；

θ_I——产品试制后初步具有的 MTBF，h；

T_I——可靠性增长试验前预处理时间，h；

T_t——产品的 MTBF 由 θ_I 增长到 θ_R 所需的时间，h；

m——增长率，$0 < m < 1$。

对式（4-1）取对数，得到

$$\lg\theta_R = \lg\theta_I + m\left(\lg T_t / \lg T_I\right) \tag{4-2}$$

采用双对数坐标纸作图，以 MTBF 为纵坐标，以累积试验时间为横坐标，则式（4-2）在图上是一条直线，其斜率即增长率，如图 4-3 所示。图中当前的 MTBF（用 θ_i 表示）与累积的 MTBF（用 θ_c 表示）的关系为

$$\theta_i = \theta_c / (1 - m) \tag{4-3}$$

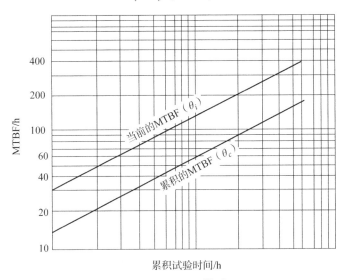

图 4-3　Duane 模型

（2）Duane 模型中参数的确定

在进行可靠性增长试验之前，必须制定一个计划的可靠性增长曲线作为监控试验数据的依据。按 Duane 模型［即式（4-1）］制定计划的可靠性增长曲线，首先必须选择 θ_I、T_I、m 等参数，而后即可根据规定的可靠性要求 θ_R 确定

可靠性增长试验时间 T_t。

①产品初始 MTBF(θ_I) 可根据类似产品研制经验或已做过的一些试验（如功能、环境试验）的信息确定。一般为产品可靠性预计值（θ_p）的 10% ~ 30%；

②可靠性增长试验前预处理时间 T_1 是根据受试产品已有的累积试验时间确定的。一般情况下，当 $\theta_p \leqslant 200$ h 时，T_1 取 100 h；当 $\theta_p > 200$ h 时，T_1 取 50% θ_p。

③增长率 m 是根据是否采取有力的改进措施以及消除故障的速度和效果确定的，一般取 0.3 ~ 0.7。当 $m = 0.1$ 时，说明增长过程中基本没有采取改进措施。当 $m = 0.6 \sim 0.7$ 时，说明在增长过程中采取了强有力的故障分析和改进措施，得到预期的最大增长效果。

2. AMSAA 模型。

AMSAA 模型是 Duane 模型的改进模型，它仅能用于一个试验阶段，而不能跨阶段对可靠性进行跟踪；它能用于评估在试验过程中引入改进措施所得到的可靠性增长，而不能用于评估在一个试验阶段结束时引入改进措施所得到的可靠性增长。其数学表达式为

$$E[N(t)] = at^b \tag{4-4}$$

式中：$N(t)$——到累积试验时间 t 时所观察到的累积故障数；

　　　a——尺度参数；

　　　b——增长形状参数；

　　　$E[N(t)]$——$N(t)$ 的数学期望。

3. Duane 模型与 AMSAA 模型的比较

见表 4 – 1。

表 4 – 1　两种模型的比较

模型	Duane 模型	AMSAA 模型
优点	（1）数学表达式简单； （2）增长率 m 与产品研制单位可靠性工作水平有直接关系； （3）模型曲线在双对数坐标纸上为一直线，因此，可靠性增长曲线的图解说明非常直观、简单； （4）应用广泛，可用于电子、机电等产品	具有随机特性，可对数据进行统计处理，因此，它经常被用于评估产品可靠性增长试验的结果，为可靠性增长试验提供带有置信度的统计数值，即为可靠性增长试验替代鉴定试验提供有力的依据

续表

模型	Duane 模型	AMSAA 模型
需解决的问题	（1）可靠性增长计划需要在试验之前制定，此时起始点及增长率均凭经验确定，故存在一定误差，对计划的精确性有很大的影响； （2）跟踪是由累积的故障数和故障时间作图来完成的，其准确性取决于对画出的各点是否接近一条直线的主观判断，要找到最优的拟合曲线，有时就成为问题，因为 MTBF 的趋势往往呈束状； （3）用 Duane 模型估计的结果只是简单的点估计值，对是否符合要求说服力不强	由于 AMSAA 模型的前提假设是在产品的改进过程中，故障服从非齐次泊松过程，因此限制了 AMSAA 模型的应用范围，即它只能用于寿命具有指数分布的产品，且一旦发生故障就应及时改进。虽然在 AM - SAA 模型中也介绍了分组数据和强度函数不连续的情况，但在实际应用中仍是很困难的

4.2.5　可靠性增长试验的步骤

（1）制定可靠性增长试验大纲。主要包括受试产品说明，试验设备及检测仪器的要求，试验方案（含增长模型、增长率及增长目标等），试验条件（环境、工作、使用维护条件），性能检测要求，故障判据、分类和统计原则，试验进度安排，受试产品的最后处理，用于分析故障改进设计等所需时间及经费估算等。

（2）制定试验程序。具体体现可靠性增长试验大纲的实施。

（3）进行可靠性预计。用以估计产品可靠性增长的潜力。

（4）进行 FMECA，以利于对试验中可能发生故障的判断及纠正措施的准备。

（5）进行环境试验和环境应力筛选。

（6）建立健全 FRACAS。

（7）受试产品的安装和性能测量。

（8）试验、跟踪与控制。试验过程中进行跟踪，绘制累积的可靠性增长曲线，确定实际的增长率，并与计划的增长率进行比较，以便适时调整和控制。

（9）试验结束和可靠性最后评估，以确认可靠性增长试验是否成功地达到了预期的目标。

| 4.3　加速试验 |

加速试验是一种可靠性改进技术，它通过增加产品的正常应力来迅速确定产品缺陷。加速试验的基本条件包括以下内容：

（1）在正常应力和加速应力条件下产生的主要失效模式必须相同。

（2）在加速应力条件下，与失效机理相关的材料工程特性在试验前、后应该相同。

（3）在额定应力和更高应力水平下，失效机理的失效概率密度函数的曲线形状应该相同。

要确定何时满足这些条件，必须确定失效机理（模式）。失效机理是导致失效的各种应力共同作用的过程，可能包括物理、电子、机械和化学等应力。失效模型中使用的这些应力则可以用来预测产品的可靠性。当上述 3 个基本条件得到满足后，就可以使用加速寿命试验来缩短试验的时间和降低试验成本。加速试验在产品的一般工作条件或者额定载荷下增加温度循环、振动、湿度和功率循环等应力。Pecht 于 1991 年在文献中提出了基于温度、湿度、电压和机械应力的加速试验技术。可以根据在加速试验条件下得到的试验结果，推算出产品在正常运行条件下的等效失效时间。

如图 4 - 4 所示，只有在应力超过强度时失效才会发生。产品的强度一般呈广泛分布，并会随时间的推移而减小，如图 4 - 5 所示。应力试验模拟产品的老化过程，并在这个过程中放大产品的不可靠度。图 4 - 6 显示了加速寿命试验背后的一般物理原理，我们将讨论应力寿命试验（Stressed Life Test，STRIFE）

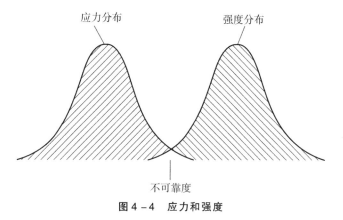

图 4 - 4　应力和强度

和高加速寿命试验（Highly Accelerated Life Test，HALT）的加速试验技术以及加速寿命试验模型［如逆幂律模型（Inverse Power Law Model）和 Miner 准则］。

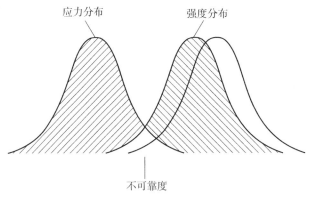

图 4 - 5　时间对强度的影响

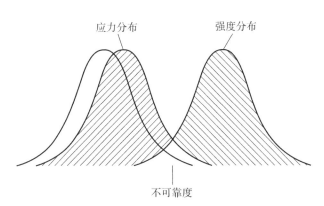

图 4 - 6　应力试验准则

4.3.1　应力寿命试验

惠普公司采用的应力寿命试验使用温度循环、功率循环和（或）频率变换来加速产品的失效。从本质上讲，它与"正常"的可靠性改进方案相同，在测试过程中使用与产品实际运行相同的环境。通过增加温度变化范围、温度变化率和随机振动，惠普改进了应力寿命试验，并将其应用到印制电路板上［电路板应力寿命试验（B. E. S. T.）］。进行 B. E. S. T. 的一些必要条件包括：

（1）电路板上的元器件必须按照温度曲线维持在某一状态或者进行快速温度变化，温度变化范围是超出极端冷热温度 15℃ 的 90%。该温度曲线还需要根据产品和试验室进行调整，超温的持续时间应该以元器件至少达到 900 A

的冷热极端温度为准。

（2）产品必须进行开关机循环，以产生内部的温度循环，从而加快电子元器件的失效。当产品处于开机状态时，组件的温度会根据产品的功耗、发热量和热传导率升高。开关机循环也将诱发由电压和电流瞬时故障引起的电应力。

（3）把随机振动应用到两个轴向上，从而产生最大的机械应力，这样能确定是否发生了过大位移。

4.3.2　高加速寿命试验

高加速寿命试验由 Hobbs 工程公司提出，它为产品施加高于产品正常运行或非运行时应力水平的应力。常用的应力包括温度应力、振动应力和电压应力。高加速寿命试验使用步进应力方法，即逐步增加应力水平，直至达到产品的运行或者破坏极限。一旦发生失效，就要通过分析研究，对在这种应力下的产品进行设计补偿。

首先为每一个应力重复这个过程，然后再在组合应力（如温度和振动的组合）下进行试验。只有达到了产品正常工作条件以上的设计安全余量限时（即产品的破坏限）才能结束高加速寿命试验。因此，高加速寿命试验的试验周期往往难以预测。最符合成本效益的做法是尽可能早地在产品的设计初期进行高加速寿命试验。Hobbs 工程公司对高加速寿命试验有以下总结：

（1）是一个通过激发失效来提高产品成熟度的信息收集工具和设计方法。

（2）能快速找到失效机理。

（3）有助于在技术限制下提高产品可靠性。

（4）对于大多数公司，可能需要进行一些变化。高加速寿命试验可以应用于不同级别的生产过程，从组件到最终产品。如果正确进行，高加速寿命试验可以提高产品可靠性，降低产品寿命周期总成本，进而提高客户满意度。

4.3.3　加速寿命试验模型

逆幂律模型（Inverse Power Law Model）和 Miner 法则可以用来计算加速寿命试验结果。逆幂律模型可以将加速试验条件下的结果反推到正常的运行条件。该模型认为产品寿命与应力的 Na 幂成反比。其中，Na 是加速因子，它是 $S - N$ 曲线的斜率：

$$斜率 = - 1/N \qquad (4 - 5)$$

逆幂律模型可以表达为

$$\left[\frac{\text{正常应力下的寿命值}}{\text{加速应力下的寿命值}}\right] = \left[\frac{\text{加速应力值}}{\text{正常应力值}}\right]^{\text{Na}} \tag{4-6}$$

一旦加速试验完成，通过求解"正常应力下的寿命值"，将得到正常工作条件下的等效测试时间。例如加速应力是正常应力的两倍，产品的加速应力下的寿命值是 4 h，Na = 2，则在正常应力条件下的等效寿命值就是 16 h。要确定由此测试引发的累积损伤（Cumulative Damage），就需要应用到 Miner 法则。

Miner 法则将累积损伤表示为

$$CD = \sum_{i=1}^{k} \frac{C_{Si}}{N_i} = 1 \tag{4-7}$$

式中：C_{Si}——某给定平均应力 S 作用下的循环次数；

N_i——在应力 S 作用下导致产品失效的循环次数；

k——应力个数。

Miner 法则假设每个零件都有一个使用疲劳寿命，每个应力循环都会消耗一定比例的产品寿命。当 CD = 1 时，累积损伤将引发一次失效。

|4.4 可靠性强化试验|

可靠性强化试验是通过系统地施加逐步增大的环境应力和工作应力，激发和暴露产品设计中的薄弱环节，以便改进设计和工艺，提高产品可靠性的试验。可靠性强化试验不以考核产品可靠性水平为目的，把故障和失效作为主要研究对象，通过施加高于平台环境应力、工作载荷的试验应力来快速激发产品缺陷和暴露产品设计的薄弱环节，并找到和提高产品的工作极限和破坏极限。同时，通过对试验过程中出现的故障和失效进行机理分析，采取改进措施，从而尽早发现缺陷，改进缺陷，提高产品可靠性。

4.4.1 电子产品

目前装甲车辆电子产品可靠性强化试验的主要试验项目（图 4 - 7）如下：

①温度步进试验，包括低温步进试验和高温步进试验；

②快速温度变化试验；

③振动步进试验；

④综合环境应力试验；

⑤产品发现问题并改进后应开展的回归验证工作。

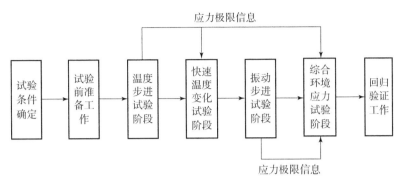

图 4 - 7　电子产品可靠性强化试验

（1）低温步进：从 -20℃ 开始，步长为 5℃，达到 -40℃ 后步长变为 3℃，至低温 -55℃，保温时间根据单元自身情况确定，以增长单元冷透为原则。

（2）高温步进： +50℃ 开始，步长为 10℃，达到 80℃ 后步长改为 5℃，布置在动力舱的增长单元极限温度推荐为 115℃，其余产品极限温度为 85℃，保温时间根据单元自身情况确定，以增长单元热透为原则。

（3）快速温度变化：（破坏极限 80%，工作极限回 5℃）温变率推荐不低于 15℃/min，各单位根据自身试验条件施加，循环次数应该与温变率建立对应关系，具体见表 4 - 2。

表 4 - 2　循环次数与温变率的对应关系

温度变化率/（℃·min^{-1}）	大约需要循环的次数
10	16 次
15	11 次
20	9 次
25	7 次
30	6 次

（4）电应力：按照各增长单元的技术规范执行，量值强化。

（5）振动：波形参照 GJB 150.16A，量值加大。

4.4.2　机械液压类产品

通过敏感应力分析得到可靠性强化试验的试验应力，是开展可靠性强化试验的前提，也是编制可靠性强化试验大纲的依据之一。可靠性强化试验的应力需要根据产品自身特点和工作环境确定。机械液压类产品的试验应力以工作应力（载荷）为主。

1. 敏感应力分析

机械液压类产品的故障机理不仅与环境应力有关，还与工作载荷有关，试验条件应结合 FMEA 结果进行设计，借助设计人员的专业经验，初步分析确定产品在寿命期内潜在缺陷的故障模式与故障机理，确定这些潜在缺陷的故障模式与故障机理对应的工作应力和环境应力。若导致产品故障的原因为温度、振动或其综合环境应力时，试验条件参考电子类产品的可靠性强化试验方法来设计；若导致产品故障的原因不是温度、振动或其综合环境应力，应对失效敏感的应力进行分析，根据分析结果设计试验条件和试验检测方法。例如：针对柴油机/变速箱等漏油失效模式进行分析，可考虑调高工作压力，结合温度进行试验，或结合油温及油液污染敏感度设计强化试验条件；针对疲劳裂纹失效机理，可考虑振动加工作载荷进行强化试验。敏感应力分析结果汇总（示例）见表 4-3。

表 4-3　敏感应力分析结果汇总（示例）

编号	机理	敏感载荷		监测参数		薄弱环节	强化应力类型
		工作载荷	环境载荷	直接监测	间接监测		
01	轴承磨损	压力	振动	漏油量	油液污染敏感度	摩擦副	转速
		行程	环境温度	串油量	振动响应		温度
		油温		…	…		
02	密封组件磨损	压力	振动	漏油量	油液污染敏感度	密封圈组件	压力
		行程	环境温度	串油量	振动响应		行程
		油温		…	…		
03	…			…		…	

2. 试验剖面制定

（1）根据确定的失效机理和敏感载荷，结合给定的载荷谱和任务剖面，确定试验中应施加的载荷类型，包括环境载荷和工作载荷；

（2）确定环境载荷试验项目和剖面，包括环境载荷的种类、量级和持续时间。一般按照步进方式逐步施加，直至发现产品的工作极限应力或破坏极限应力。

（3）确定工作载荷试验项目和剖面，包括工作载荷的种类、量级和持续时间。一般按照步进方式逐步施加，直至发现产品的工作极限应力或破坏极限应力。

（4）建议强化试验中施加的最大工作载荷至少高于技术指南极限10%或更高（如适用），并考虑工作载荷的施加能充分考核设计裕量，暴露设计缺陷。如有必要且条件允许，建议做到工作极限或破坏极限。

|4.5　可靠性摸底试验|

4.5.1　试验性质及目的

本试验为产品研制阶段的试验，其目的是在模拟实际使用的综合应力条件下，用较短的时间、较少的费用，暴露被试品的潜在缺陷，并及时采取纠正措施，使产品的可靠性水平得到增长，保证产品具有一定的可靠性和安全性水平，同时为后续的可靠性工作提供信息。

4.5.2　被试品数量及技术状态

被试品应具备以下技术状态：

（1）被试品应为研制阶段产品，并已完成了相应的改进工作。

（2）被试品应经过功能、性能测试达到相关产品规范的要求，并完成环境应力筛选和必要的环境试验（例如：高温、低温和功能振动试验）。

（3）可靠性摸底试验前，被试品应完成FMEA工作，特别是外场FMEA。

试验的被试品样本量根据台架的数量和产品的试验时间决定，通常两个样本量较为合适。

4.5.3　试验方法及时间

试验按照GJB 899A-2009规定的试验方法实施。通常按照GJB 899A-2009试验剖面持续时间应为24 h或24 h的可约数，依据产品可靠性分析结果和产品可靠性鉴定试验的经验。一般来说，对于电子产品摸底的试验时间至少为200 h，根据积累的经验，在200 h以内可以暴露出产品80%以上的故障模式，因此，对于电子产品，选择可靠性摸底试验时间为200 h，无论从时间上还是经费上，这都是较为经济的做法。

4.5.4　试验环境与条件要求

根据 GJB 150.1A – 2009《军用装备实验室环境试验方法第 1 部分：通用要求》中第 3.1 条的有关规定，试验的标准大气条件为：

（1）温度：15℃ ~ 35℃；

（2）相对湿度（RH）：20% ~ 80%；

（3）大气压力：试验场所的气压。

4.5.5　试验剖面

针对产品的类型、安装位置和使用特点，根据 GJB 899A – 2009 中地面移动设备的试验剖面要求采用可靠性试验剖面，详细应力施加情况分别说明如下。

1. 电应力设计

依据产品设计标称电压，按 GJB 899A – 2009 的规定，电应力变化范围是标称电压的 ±10%，根据产品的实际应用环境，通常采用下限电压再适当下调，上限电压再适当上调。

在试验实施的时候，确定产品在第一循环的输入电压为标称电压，在第二循环的输入电压为下限电压，在第三循环的输入电压为上限电压。3 个循环的输入电压变化构成一个完整的电应力循环，整个试验期间重复这一电应力循环，且考虑实际条件的应力综合影响，在每次施加振动应力时，应模拟高低电压波动试验，试验产品的高低电压水平。

2. 振动应力设计

依据产品工作振动条件，一般来说，大部分都是车辆运输及使用所产生的振动应力。结合 GJB 899A – 2009 中履带式车辆设备的振动应力施加要求，参照 GJB 150.16A 中图 C.4 中 5 ~ 500 Hz 履带式车辆典型随机谱型，振动数据选择表 D.1 履带车辆固紧货物的窄带随机振动数据（表 4 – 4），在每个工作循环的剖面取 6 个振动时段，按表 D.1 中 V01 ~ V05 为一次振动，T01 ~ T05 为一次振动，L01 ~ L05 为一次振动，每次均振动为 1 h，满足振动环境应力在 25% 工作循环时间施加要求。结合每个工作循环的应力设计，振动应力施加时间见表 4 – 5。

履带车辆谱型如图 4 – 8 所示。

表 4 - 4　履带车辆固紧货物的履带随机振动数据

试验段	5~500 Hz 底谱量值/(g²·Hz⁻¹)	扫描次数	窄带 1 带宽/Hz	窄带 1 幅值/(g²·Hz⁻¹)	窄带 1 扫描带宽/Hz	窄带 2 带宽/Hz	窄带 2 幅值/(g²·Hz⁻¹)	窄带 2 扫描带宽/Hz	窄带 3 带宽/Hz	窄带 3 幅值/(g²·Hz⁻¹)	窄带 3 扫描带宽/Hz	窄带 4 带宽/Hz	窄带 4 幅值/(g²·Hz⁻¹)	窄带 4 扫描带宽/Hz	窄带 5 带宽/Hz	窄带 5 幅值/(g²·Hz⁻¹)	窄带 5 扫描带宽/Hz
垂直轴向（每个试验段 12 min）																	
V01	0.004 1	2	30~35	0.087 6	3	60~70	0.040 5	6	90~105	0.031 9	9	120~140	0.013 1	12	150~175	1.017 4	15
V02	0.002 4	2	41~47	0.068 6	3	82~94	0.075 9	6	123~141	0.007 3	9	164~188	0.009 0	12	205~235	1.017 3	15
V03	0.005 9	1	53~65	0.148 0	5	106~130	0.009 0	12	159~195	0.071 7	18	212~260	0.0363	24	265~325	1.065 5	30
V04	0.004 3	1	71~88	0.138 9	9	142~176	0.094 2	18	213~264	0.087 3	27	284~352	0.037 8	36	355~440	0.007 8	45
V05	0.006 8	1	94~112	1.628 8	9	188~224	0.768 2	18	282~336	0.078 7	27	376~448	0.022 8	36	—	—	—
横轴向（每个试验段 12 min）																	
T01	0.002 0	2	30~35	0.022 0	3	60~70	0.030 0	6	90~105	0.015 1	9	120~140	0.007 3	12	150~175	0.005 0	15
T02	0.001 6	2	41~47	0.022 3	3	82~94	0.021 2	6	123~141	0.010 5	9	164~188	0.008 9	12	205~235	0.017 4	15
T03	0.005 4	1	53~65	0.071 6	6	106~130	0.032 5	12	159~195	0.023 8	18	212~260	0.012 3	24	265~325	0.015 3	30
T04	0.003 9	1	71~88	0.072 2	9	142~176	0.148 0	18	213~264	0.048 3	27	284~352	0.007 7	36	—	—	—
T05	0.003 2	1	94~112	0.282 6	9	188~224	0.175 0	18	282~336	0.036 0	27	376~448	0.012 7	36	—	—	—
纵轴向（每个试验段 12 min）																	
L01	0.003 1	2	30~35	0.0257	3	60~70	0.018 2	6	90~105	0.007 4	9	120~140	0.011 6	12	150~175	0.008 4	15
L02	0.001 6	3	41~47	0.010 0	3	82~94	0.015 5	6	—	—	—	—	—	—	—	—	—
L03	0.005 1	1	53~65	0.055 9	6	106~130	0.030 6	12	150~195	0.017 7	18	212~260	0.022 3	24	265~325	0.020 4	30
L04	0.003 8	1	71~82	1.072 2	9	142~176	0.012 8	18	213~264	0.040 0	27	284~352	0.028 4	36	355~440	0.013 2	45
L05	0.004 7	1	94~112	1.282 6	9	188.224	0.150 1	18	282~336	0.058 2	27	376~448	0.020 8	36	—	—	—

每个轴向试验持续时间：每 25 km 为 1 h。

表4-5 振动时机选择

序号	开始时间/h	结束时间/h	序号	开始时间/h	结束时间/h
1	2.5	3.5	4	13.5	14.5
2	5.5	6.5	5	17.5	18.5
3	9.5	10.5	6	20.5	21.5

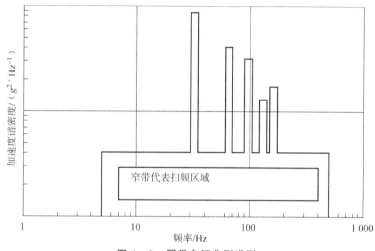

图4-8 履带车辆典型谱型

3. 温度应力设计

对于装甲车辆，产品工作温度范围为-43℃ ~ +55℃，贮存温度范围为-43℃ ~ +70℃。

可靠性摸底试验的冷浸温度为-43℃，最低工作温度为-43℃，热浸温度为70℃，最高工作温度为55℃；依据产品工作环境中较少出现温度变化速率大于5℃/min，选择温度变化速率为5℃/min。

4. 湿度应力设计

考虑到产品可能应用到南方高温高湿的环境中，在试验进行到高温阶段时增加湿度到相对湿度95%后，停止加湿不再控制湿度。

5. 试验剖面设计

依据以上产品可靠性摸底试验时间设计和应力设计，考虑产品在哪个循环进行冷浸试验、在哪个循环进行热浸试验，确定以几个小工作循环为1个大试验循环。试验剖面按GJB 899A-2009中的要求如图4-9~图4-12所示。

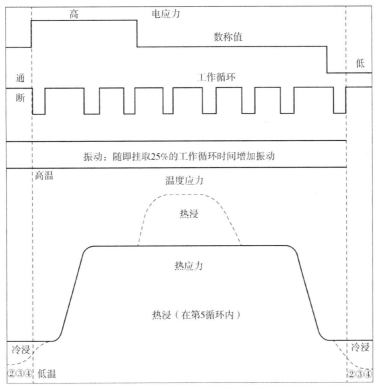

图 4 - 9　GJB 899A - 2009 地面移动设备的合成试验剖面

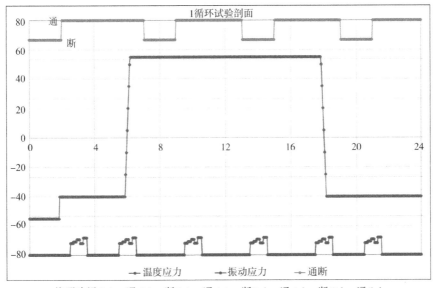

按照冷浸 2 h，通 5 h—断 2 h—通 4 h—断 2 h—通 4 h—断 2 h—通 3 h

图 4 - 10　应力施加示意（1）

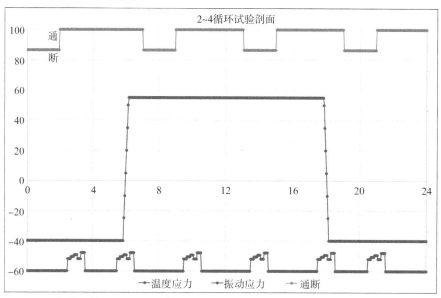

按照：断 2 h—通 5 h—断 2 h—通 4 h—断 2 h—通 4 h—断 2 h—通 3 h

图 4-11　应力施加示意（2）

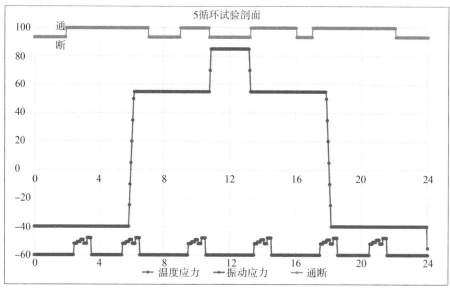

按照：断 2 h—通 5 h—断 2 h—通约 2 h—断约 2 h（热浸）—通 3 h—断 1 h—通 5 h—断 2 h

图 4-12　应力施加示意（3）

其中电应力施加如图 4 - 13 所示。

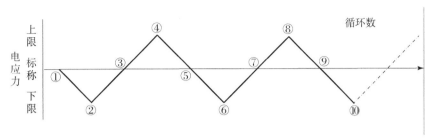

图 4 - 13　电应力施加

6. 冲击应力设计

根据装甲车辆产品特点，采用 GJB 150.18A 冲击试验条件，后峰锯齿波 $40g$，11 ms 按实际安装方向冲击 6 次；后峰锯齿波 $75g$，6 ms 按炮击方向冲击 6 次。

4.5.6　试验要求

振动试验夹具除了满足被试品的安装要求外，还应保证在试验频率范围内具有良好的动态特性。试验使用的试验设备应能产生和保证试验所施加的环境试验应力，容差应满足 GJB 150A—2009 中的规定，并经计量检定合格且在有效期内。被试品在试验夹具上的安装方式应模拟实际安装状态。

|4.6　可靠性评估技术|

单元可靠性评估是系统可靠性评估的基础。可靠性评估就是根据试件（样品）的观测数据，通过一定的统计计算，对其可靠性真值进行估计。可靠性评估方法分为点估计和区间估计两类。它们有各自的特点和用途。

点估计是根据试件的观测数据，评估出一个接近产品可靠性真值的近似值的估计方法。点估计不能回答估计的精确性和把握性问题，因此在实际中用得比较多的是区间估计。

区间估计是根据试件的观测数据，给出产品可靠性真值以某一把握存在于某一区间的估计方法。通常将区间称为置信区间，该把握性称为置信度。显然，置信区间越窄，估计的精确性越高，置信度越高，估计的把握性越大。如果要提高估计的精确性和把握性，就必须增加试验的子样数。在子样数不变的情况下，提高置信度，置信区间就会变宽；反之，降低置信度，置信区间就会变窄。区间估计又分为单侧区间估计和双侧区间估计。单侧区间可以是大于单侧置信下限的区间，也可以是小于单侧置信上限的区间。双侧置信区间由双侧置信下限和双侧置信上限组成。在武器装备的可靠性评估中一般采用单侧置信区间，例如可靠度的单侧置信下限。置信度的大小应根据可靠性要求、产品成熟程度、试验费用等因素，由使用方和研制方协商确定。

4.6.1 二项分布单元可靠性评估

1. 点估计

产品可靠度的点估计 $\hat{R}$ 为

$$\hat{R} = \frac{s}{n} \qquad (4-8)$$

2. 区间估计

产品可靠度 R 的置信上限 R_u 和置信下限 R_l 可根据以下两个方程确定：

$$\sum_{i=0}^{s} \binom{n}{i} R_u^i (1-R_u)^{n-i} = \frac{1}{2}(1-\gamma) \qquad (4-9)$$

$$\sum_{i=s}^{n} \binom{n}{i} R_l^i (1-R_l)^{n-i} = \frac{1}{2}(1-\gamma) \qquad (4-10)$$

式中：γ——置信度，而 $\alpha = 1 - \gamma$ 称为显著性水平。

上述给出的置信区间 (R_l, R_u) 称为双侧置信区间。在武器装备的可靠度评定中，不常用可靠度 R 的置信上限 R_u，而常用置信下限。这样，就可采用单侧置信下限。此时，单侧置信下限 R_l 应以下式解得：

$$\sum_{i=s}^{n} \binom{n}{i} R_l^i (1-R_l)^{n-i} = \alpha \qquad (4-11)$$

对于式 （4-11），可以这样理解，在 n 次试验中至少成功 s 次的概率为

$$\sum_{i=s}^{n} \binom{n}{i} R_l^i (1-R_l)^{n-i}$$

产品的可靠度低于 R_l 的概率为小概率 α，即试验结果一般不会发生。

通常已知试验数 n 和成功数 s，给定置信度求置信下限。可由二项分布可靠度单侧置信下限表（GB 4087.3）查得，或利用 Matlab 软件包的 fzero 和 fsolve 直接求解式（4-11）。当没有上述工具时，可用二项分布函数表计算。

此时可用式（4 – 12）求得不可靠度 P 的置信上限 P_u。

$$\sum_{i=0}^{F} \binom{n}{i} P_u^i (1 - P_u)^{n-i} = \alpha \qquad (4 - 12)$$

式中：$F = n - s$；$P_u = 1 - R_l$。

4.6.2　指数分布单元可靠性评估

指数分布是一种很重要的寿命分布类型，在武器装备的可靠性分析中，有许多装备以指数分布为假定的寿命分布，并以此为根据作统计推断。指数分布可分为单参数指数分布和两参数指数分布两种类型。

1. 单参数指数分布

1）点估计

前面已经提到由不同的寿命数据类型将会得到不同的推断方法。下面介绍几种与实际工作比较接近的数据类型。

（1）非替换（右侧）定数截尾寿命试验的情况。

假定：

①t_1，$\cdots$，t_n 为相互独立同分布的单参数指数分布；

②以其大小次序排列为 $t_{(1)} \leqslant t_{(2)} \leqslant \cdots \leqslant t_{(n)}$；

③试验进行到 $t_{(r)}$ 时停止，也就是进行到第 r 个失效时为止，$t_{(1)} \leqslant t_{(2)} \leqslant \cdots \leqslant t_{(r)}$（$0 < r \leqslant n$）。

a. 平均寿命 θ 的估计量。

$$\hat{\theta}_{r,n} = \frac{T_{r,n}}{r} \qquad (4 - 13)$$

式中：

$$T_{r,n} = \sum_{i=1}^{r} t_{(i)} + (n - r) t(r) \qquad (4 - 14)$$

b. 失效率 λ 的估计量。

$$\hat{\lambda}_{r,n} = \frac{1}{\hat{\theta}_{r,n}} = \frac{r}{T_{r,n}} \qquad (4 - 15)$$

c. 可靠度 $R(t_0)$ 的估计量。

$$\hat{R}(t_0) = e^{-\hat{\lambda}_{r,n} t_0} \qquad (4 - 16)$$

式中：t_0——预先给定的任务时间。

（2）非替换（右侧）定时截尾寿命试验的情况。

假定：

①$t_1, \cdots, t_n$ 为相互独立同分布的单参数指数分布；

②以其大小次序排列为 $t_{(1)} \leqslant t_{(2)} \leqslant \cdots \leqslant t_{(n)}$；

③寿命试验进行到预先规定的时间 τ 停止，若在 τ 以前有 r 个失效，即 $t_{(1)} \leqslant t_{(2)} \leqslant \cdots \leqslant t_{(r)} \leqslant \tau$。

a. 平均寿命 θ 的估计量。

$$\hat{\theta}_{r,n} = \frac{T_{r,n}}{r} \tag{4-17}$$

式中：

$$T_{r,n} = \sum_{i=1}^{r} t_{(i)} + (n-r)\tau \tag{4-18}$$

b. 失效率 λ 的估计量。

$$\hat{\lambda}_{r,n} = \frac{1}{\hat{\theta}_{r,n}} = \frac{r}{T_{r,n}} \tag{4-19}$$

c. 可靠度 $R(t_0)$ 的估计量。

$$\hat{R}(t_0) = e^{-\hat{\lambda}_{r,n} t_0} \tag{4-20}$$

式中：t_0——预先给定的任务时间。

（3）非替换混合截尾寿命试验的情况。

假定：

①$t_1, \cdots, t_n$ 为相互独立同分布的单参数指数分布；

②以其大小次序排列为 $t_{(1)} \leqslant t_{(2)} \leqslant \cdots \leqslant t_{(n)}$；

③寿命试验进行到预先规定的时间 τ 停止，r 为预先规定的停试失效个数，若在 τ 时刻已失效的个数为 r'，记为

$$r^* = \begin{cases} r' & (t_{(r)} \geqslant \tau) \\ r & (t_{(r)} < \tau) \end{cases} \tag{4-21}$$

式中：

$$\tau^* = \min\{\tau, t_{(r)}\}$$

a. 平均寿命 θ 的估计量。

$$\hat{\theta}_{r,n}^* = \frac{T_{r,n}^*}{r^*} = \begin{cases} \dfrac{\sum_{i=1}^{r'} t_{(i)} + (n-r')\tau}{r'} & (t_{(r)} \geqslant \tau) \\[4mm] \dfrac{\sum_{i=1}^{r} t_{(i)} + (n-r)t_{(r)}}{r} & (t_{(r)} < \tau) \end{cases} \tag{4-22}$$

b. 失效率 λ 的估计量。

$$\hat{\lambda}_{r,n}^{*} = \frac{1}{\hat{\theta}_{r,n}^{*}} = \begin{cases} \dfrac{r'}{\displaystyle\sum_{i=1}^{r'} t_{(i)} + (n - r')\tau} & (t_{(r)} \geqslant \tau) \\[4mm] \dfrac{r}{\displaystyle\sum_{i=1}^{r} t_{(i)} + (n - r)t_{(r)}} & (t_{(r)} < \tau) \end{cases} \qquad (4-23)$$

c. 可靠度 $R(t_0)$ 的估计量。

$$\hat{R}(t_0) = \begin{cases} \exp \dfrac{-t_0 r'}{\displaystyle\sum_{i=1}^{r'} t_{(i)} + (n - r')\tau} & (t_{(r)} \geqslant \tau) \\[4mm] \exp \dfrac{-t_0 r}{\displaystyle\sum_{i=1}^{r} t_{(i)} + (n - r)t_{(r)}} & (t_{(r)} < \tau) \end{cases} \qquad (4-24)$$

式中：t_0——预先给定的任务时间。

（4）非替换定时间隔测试的寿命试验的情况。

假定：

① t_1，$\cdots$，t_n 为相互独立同分布的单参数指数分布；

② 测试时间为 $0 = \tau_0 < \tau_1 < \tau_2 < \cdots < \tau_l < \infty = \tau_{l+1}$；

③ t_1，$\cdots$，t_n 满足 (τ_{i-1}, τ_i) 时间间隔的个数为 r_i 个 $(i = 1, 2, \cdots, l)$，因此有 $n - \displaystyle\sum_{i=1}^{l} r_i$ 个落入 (τ_l, ∞) 内。$r_i(i = 1, 2, \cdots, l)$ 是随机的，令 $r_{l+1} = n - \displaystyle\sum_{i=1}^{l} r_i$。

在上述假定中，如果各测试间隔的中点和长度各为

$$g_i = \frac{\tau_i + \tau_{i-1}}{2} \qquad (4-25)$$

$$h_i = \tau_i - \tau_{i-1} \qquad (i = 1, 2, \cdots, l)$$

若是等时间隔的，即 $h_1 = h_2 = \cdots = h_l = h$，则 θ 的估计量为

$$\hat{\theta} = \frac{h}{\ln\left[1 + \dfrac{\displaystyle\sum_{i=1}^{l} r_i}{\displaystyle\sum_{i=1}^{l+1} (i-1)r_i}\right]} \qquad (4-26)$$

如果只测试一次，即 $l = 1$，则 θ 的估计量为

$$\hat{\theta} = \frac{\tau_1}{\ln \dfrac{n}{n - r_1}} \qquad (4-27)$$

当 h_1，h_2，$\cdots$，h_l 并不相等，但 $\max\{h_1$，h_2，$\cdots$，$h_l\}$ 相对于

$$\hat{\theta}_0 = \frac{\sum_{i=1}^{l} r_i g_i + \left(n - \sum_{i=1}^{l} r_i\right)\tau_l}{\sum_{i=1}^{l} r_i} \qquad (4-28)$$

很小时，则 $\hat{\theta}_0$ 为近似估计量。$g_i(i=1$，2，$\cdots$，$l)$ 由式（4-28）给出。

如果

$$\hat{\theta}_0 \geqslant \frac{\sum_{i=1}^{l} r_i h_i^2}{3\sum_{i=1}^{l} r_i} \qquad (4-29)$$

或

$$\max\{h_1，h_2，\cdots，h_l\} \leqslant \sqrt{3}\hat{\theta}_0 \qquad (4-30)$$

则其近似估计量

$$\hat{\theta}_1 = \frac{1}{2}\hat{\theta}_0\left[1 + \left(1 - \frac{\sum_{i=1}^{l} r_i h_i^2}{3\sum_{i=1}^{l} r_i \hat{\theta}_0^2}\right)^{\frac{1}{2}}\right] \qquad (4-31)$$

如果式（4-30）中 $\max\{h_1$，h_2，$\cdots$，$h_l\}$ 相对于 $\hat{\theta}_0$ 很小，可以得到 $\hat{\theta}_1 = \hat{\theta}_0$，这就是式（4-31）。

对于平均寿命很长的产品来说，若测试间隔较短，可以利用式（4-28）作为平均寿命 θ 的估计量，进一步也可以用非替换定时截尾子样作近似，式（4-28）也就是式（4-13）的估计。失效率 λ、可靠度 $R(t_0)$ 的估计量可分成不同情况依据上述平均寿命 θ 的估计量分别给出。

（5）非替换定时逐次截尾寿命试验的情况。

假定：

①n 件随机抽取的试件同属一个母体，即每个试件的寿命服从同一个单参数指数分布；

②在寿命试验中有 r（随机的）个失效试验，其失效时间为 $t_{(1)}$，$t_{(2)}$，$\cdots$，$t_{(r)}$；

③在寿命试验中，预先确定 k 个时刻 $\tau_1 < \tau_2 < \cdots < \tau_k$。在 τ_1 时刻，在未失效的试件中随机的停试 b_1 个试件；在 τ_2 时刻，在未失效的试件中随机停试 b_2 个试件……在 τ_k 时刻，停试 b_k 个未失效的试件，使得

$$n = r + \sum_{i=1}^{k} b_i \qquad (4-32)$$

在上述假设下，平均寿命 θ 的极大似然估计量为

$$\hat{\theta}_{r,n} = \frac{T_{r,n}}{r} \qquad (4-33)$$

式中：

$$T_{r,n} = \sum_{i=1}^{r} t_{(i)} + \sum_{j=1}^{k} b_j \tau_j \qquad (4-34)$$

（6）非替换定数逐次截尾寿命试验的情况。

假定：

① n 件随机抽取的试件同属一个母体，即每个试件的寿命服从同一个单参数指数分布；

② 在寿命试验中有 r 个（预先给定的）失效试验，其失效时间为 $t_{(1)}$，$t_{(2)}$，$\cdots$，$t_{(r)}$；

③ 在 $t_{(1)}$ 时，从未失效的试件中随机停试 b_1 个试件；在 $t_{(2)}$ 时刻，在未失效的试件中随机停试 b_2 个试件……在 $t_{(r)}$ 时刻，将所有未失效的试件都停试，并有

$$n = r + \sum_{i=1}^{r} b_i \qquad (4-35)$$

在上述假设下，平均寿命 θ 的极大似然估计量为

$$\hat{\theta}_{r,n} = \frac{T_{r,n}}{r} \qquad (4-36)$$

式中：

$$T_{r,n} = \sum_{i=1}^{r} (b_i + 1) t_{(i)} \qquad (4-37)$$

若 $b_1 = b_2 = b_{r-l} = 0$，则式（4-37）即定数截尾式（4-14）的情况。

2）区间估计

单参数指数分布的区间估计与点估计一样，下面分别对不同的数据类型进行讨论，在给出双侧置信区间的同时，对平均寿命 θ 和可靠度 $R(t_0)$ 给出其单侧置信下限（左单侧置信区间），对失效率 λ 给出其单侧置信上限（右单侧置信区间）。

（1）非替换（右侧）定数截尾寿命试验的情况。

① 平均寿命 θ 的估计量。

双侧置信区间（置信度为 $1-\alpha$）为

$$\frac{2r\hat{\theta}_{r,n}}{\chi^2_{1-\frac{\alpha}{2}}(2r)} \leqslant \theta \leqslant \frac{2r\hat{\theta}_{r,n}}{\chi^2_{\frac{\alpha}{2}}(2r)} \qquad (4-38)$$

或

$$\frac{2T_{r,n}}{\chi^2_{1-\alpha}(2r)} \leq \theta \leq \frac{2T_{r,n}}{\chi^2_{\frac{\alpha}{2}}(2r)} \qquad (4-39)$$

式中：$T_{r,n}$——由式（4-14）给出；

$\chi^2_{1-\alpha}(2r)$，$\chi^2_{1-\frac{\alpha}{2}}(2r)$，$\chi^2_{\frac{\alpha}{2}}(2r)$ ——χ^2分布的下侧分位数，可查χ^2分布分位数表（GB 4086.2）。

以$1-\alpha$为置信度的单侧置信下限为

$$\frac{2r\hat{\theta}_{r,n}}{\chi^2_{1-\alpha}(2r)} \leq \theta \qquad (4-40)$$

或

$$\frac{2T_{r,n}}{\chi^2_{1-\alpha}(2r)} \leq \theta \qquad (4-41)$$

②失效率λ的估计量。

以$1-\alpha$为置信度的双侧置信区间为

$$\frac{\chi^2_{\frac{\alpha}{2}}(2r)}{2r\hat{\theta}_{r,n}} \leq \lambda \leq \frac{\chi^2_{1-\frac{\alpha}{2}}(2r)}{2r\hat{\theta}_{r,n}} \quad (r=1, 2, \cdots, n) \qquad (4-42)$$

或

$$\frac{\chi^2_{\frac{\alpha}{2}}(2r)}{2T_{r,n}} \leq \lambda \leq \frac{\chi^2_{1-\frac{\alpha}{2}}(2r)}{2T_{r,n}} \quad (r=1, 2, \cdots, n) \qquad (4-43)$$

以$1-\alpha$为置信度的单侧置信下限为

$$\lambda \leq \frac{\chi^2_{1-\alpha}(2r)}{2r\hat{\theta}_{r,n}} \qquad (4-44)$$

或

$$\lambda \leq \frac{\chi^2_{1-\alpha}(2r)}{2T_{r,n}} \qquad (4-45)$$

③可靠度$R(t_0)$的估计量。

以$1-\alpha$为置信度的双侧置信区间为

$$\exp\frac{-t_0\chi^2_{1-\frac{\alpha}{2}}(2r)}{2T_{r,n}} \leq R(t_0) \leq \exp\frac{-t_0\chi^2_{\frac{\alpha}{2}}(2r)}{2T_{r,n}} \qquad (4-46)$$

$$r=1, 2, \cdots, n$$

式中：t_0——预先给定的任务时间。

以$1-\alpha$为置信度的单侧置信区间为

$$\exp\frac{-t_0\chi^2_{1-\alpha}(2r)}{2T_{r,n}} \leq R(t_0) \leq 1 \qquad (4-47)$$

$$r=1, 2, \cdots, n$$

式中：t_0——预先给定的任务时间。

（2）非替换（右侧）定时截尾寿命试验的情况（失效时间能确切测得的情况）。

对于非替换（右侧）定时截尾寿命试验的情况，欲求得严格的置信区间，在计算上相对困难。但是，可以给定简单近似的置信区间。

①平均寿命 θ 的估计量。

以 $1 - \alpha$ 为置信度的双侧置信区间为：

a. 当 $r = 0$ 时：

$$\left[\frac{2nr}{\chi^2_{1-\alpha}(2)}, \ \infty\right] \tag{4-48}$$

b. 当 $r = 1, 2, \cdots, n-1$ 时：

$$\left[\frac{2T_{r,n}}{\chi^2_{1-\frac{\alpha}{2}}(2r+2)}, \frac{2T_{r,n}}{\chi^2_{\frac{\alpha}{2}}(2r)}\right] \tag{4-49}$$

或

$$\left[\frac{2r\hat{\theta}_{r,n}}{\chi^2_{1-\frac{\alpha}{2}}(2r+2)}, \frac{2r\hat{\theta}_{r,n}}{\chi^2_{\frac{\alpha}{2}}(2r)}\right] \tag{4-50}$$

c. 当 $r = n$ 时：

$$\left[\frac{2\sum\limits_{i=1}^{n} t_{(i)}}{\chi^2_{1-\frac{\alpha}{2}}(2n)}, \frac{2\sum\limits_{i=1}^{n} t_{(i)}}{\chi^2_{\frac{\alpha}{2}}(2n)}\right] \tag{4-51}$$

式中：$\chi^2_{1-\frac{\alpha}{2}}(2n)$，$\chi^2_{\frac{\alpha}{2}}(2n)$ ——χ^2 分布的下侧分位数，可查 χ^2 分布分位数表。

以 $1 - \alpha$ 为置信度的 θ 单侧置信区间为：

a. 当 $r = 0, 1, 2, \cdots, n-1$ 时：

$$\left[\frac{2T_{r,n}}{\chi^2_{1-\alpha}(2r+2)}, \ \infty\right] \tag{4-52}$$

或

$$\left[\frac{2r\hat{\theta}_{r,n}}{\chi^2_{1-\alpha}(2r+2)}, \ \infty\right] \tag{4-53}$$

式中：当 $r = 0$ 时，$T_{r,n} = n\tau$，这是没有失效试件的情况。

b. $r = n$ 时：

$$\left[\frac{2\sum\limits_{i=1}^{n} t_{(i)}}{\chi^2_{1-\alpha}(2n)}, \ \infty\right] \tag{4-54}$$

②失效率 λ 的估计量。

以 $1-\alpha$ 为置信度的 λ 的近似双侧置信区间为：

a. 当 $r=0$ 时，由式（4-48）的界限取倒数推得

$$\left[0, \frac{\chi^2_{1-\alpha}(2)}{2n\tau}\right] \tag{4-55}$$

式中：τ——预先规定的停试时间。

b. 当 $r=0, 1, 2, \cdots, n-1$ 时，由式（4-49）和式（4-50）的界限取倒数推得

$$\left[\frac{\chi^2_{\frac{\alpha}{2}}(2r)}{2T_{r,n}}, \frac{\chi^2_{1-\frac{\alpha}{2}}(2r+2)}{2T_{r,n}}\right] \tag{4-56}$$

或

$$\left[\frac{\chi^2_{\frac{\alpha}{2}}(2r)}{2r\hat{\theta}_{r,n}}, \frac{\chi^2_{1-\frac{\alpha}{2}}(2r+2)}{2r\hat{\theta}_{r,n}}\right] \tag{4-57}$$

以 $1-\alpha$ 为置信度的 λ 的近似单侧置信区间为：

a. 当 $r=0, 1, 2, \cdots, n-1$ 时：

$$\left[0, \frac{\chi^2_{1-\alpha}(2r+2)}{2T_{r,n}}\right] \tag{4-58}$$

或

$$\left[0, \frac{\chi^2_{1-\alpha}(2r+2)}{2r\hat{\theta}_{r,n}}\right] \tag{4-59}$$

b. 当 $r=n$ 时：

$$\left[0, \frac{\chi^2_{1-\alpha}(2n)}{2\sum_{i=1}^{n}t_{(i)}}\right] \tag{4-60}$$

③可靠度 $R(t_0)$ 的估计量。

因为 $R(t_0)=e^{\frac{-t_0}{\theta}}$，可以利用 θ 的单双侧近似置信区间，分别得到 $R(t_0)$ 的单双侧近似置信区间。

以 $1-\alpha$ 为置信度的 $R(t_0)$ 的近似双侧置信区间可由式（4-48）、式（4-50）和式（4-51）分别得到。

a. 当 $r=0$ 时：

$$\left[\exp\frac{-t_0\chi^2_{1-\alpha}(2)}{2n\tau}, 1\right] \tag{4-61}$$

b. 当 $r=1, 2, \cdots, n-1$ 时：

$$\left[\exp\frac{-t_0\chi^2_{1-\frac{\alpha}{2}}(2r+2)}{2T_{r,n}}, \exp\frac{-t_0\chi^2_{\frac{\alpha}{2}}(2r)}{2T_{r,n}}\right] \tag{4-62}$$

或

$$\left[\exp \frac{-t_0 \chi_{1-\frac{\alpha}{2}}^2(2r+2)}{2r\hat{\theta}_{r,n}}, \quad \exp \frac{-t_0 \chi_{\frac{\alpha}{2}}^2(2r)}{2r\hat{\theta}_{r,n}} \right] \qquad (4-63)$$

c. 当 $r = n$ 时：

$$\left[\exp \frac{-t_0 \chi_{1-\frac{\alpha}{2}}^2(2n)}{2\sum\limits_{i=1}^{n} t_{(i)}}, \quad \exp \frac{-t_0 \chi_{\frac{\alpha}{2}}^2(2n)}{2\sum\limits_{i=1}^{n} t_{(i)}} \right] \qquad (4-64)$$

由式（4-54）和式（4-55），可分别得到 $R(t_0)$ 的以 $1-\alpha$ 为置信度的近似单侧置信区间。

a. 当 $r = 0, 1, 2, \cdots, n-1$ 时：

$$\left[\exp \frac{-t_0 \chi_{1-\alpha}^2(2r+2)}{2T_{r,n}}, \quad 1 \right] \qquad (4-65)$$

或

$$\left[\exp \frac{-t_0 \chi_{1-\alpha}^2(2r+2)}{2r\hat{\theta}_{r,n}}, \quad 1 \right] \qquad (4-66)$$

b. 当 $r = n$ 时：

$$\left[\exp \frac{-t_0 \chi_{1-\alpha}^2(2n)}{2\sum\limits_{i=1}^{n} t_{(i)}}, 1 \right] \qquad (4-67)$$

（3）非替换定时截尾寿命试验的情况（失效时间不能确切测得的情况）。

在有的情况下，只知道在一段时间内失效的个数，不知道确切的失效时间。在现场试验中所得到的数据，很多属于这种情况。

有 n 件随机抽取的试件，进行非替换的寿命试验，试验到预先规定的时间 τ 停止，在此前失效个数为 r。在此假定下，则可得到以下结果：

① 平均寿命 θ 的估计量。

以 $1-\alpha$ 为置信度的 θ 的单侧置信区间为

$$\frac{\tau}{\ln\left(1 + \frac{r+1}{n-r} F_{1-\alpha}(2r+2, \ 2n-2r)\right)} \leqslant \theta < \infty \qquad (4-68)$$

以 $1-\alpha$ 为置信度的 θ 的双侧置信区间为

$$\frac{\tau}{\ln\left(1 + \frac{r+1}{n-r} F_{1-\frac{\alpha}{2}}(2r+2, \ 2n-2r)\right)} \leqslant \theta < \frac{\tau}{\ln\left(1 + \frac{r}{n-r+1} F_{\frac{\alpha}{2}}(2r, \ 2n-2r+2)\right)}$$

$$(4-69)$$

式中：$F_{1-\alpha}(2r+2, \ 2n-2r)$、$F_{1-\frac{\alpha}{2}}(2r+2, \ 2n-2r)$ 和 $F_{\frac{\alpha}{2}}(2r, \ 2n-2r+2)$ ——F 分布的下侧分位数，可查 F 分布分位数表（GB 4086.4）。

②可靠度 $R(t_0)$ 的估计量。

以 $1 - \alpha$ 为置信度的 $R(t_0)$ 的单侧置信区间为

$$\left(1 + \frac{r+1}{n-r} F_{1-\alpha}(2r+2,\ 2n-2r)\right)^{\frac{-t_0}{\tau}} \leqslant R_{(t_0)} \leqslant 1 \qquad (4-70)$$

以 $1 - \alpha$ 为置信度的 $R(t_0)$ 的双侧置信区间为

$$\left(1 + \frac{r+1}{n-r} F_{1-\frac{\alpha}{2}}(2r+2,\ 2n-2r)\right)^{\frac{-t_0}{\tau}} \leqslant R_{(t_0)} \leqslant \left(1 + \frac{r}{n-r+1} F_{\frac{\alpha}{2}}(2r,\ 2n-2r+2)\right)^{\frac{-t_0}{\tau}}$$

$$(4-71)$$

式中： t_0 ——预先给定的任务时间。

（4）非替换混合截尾寿命试验的情况。

对于混合截尾寿命试验的停试规则，有两个预先给定的停试指标，即可容许的失效个数 r 和最长的试验时间 τ。在试验过程中，只要达到一个停试指标，则寿命试验停止。也就是说，当 $t(r) \geqslant \tau$ 时，则属于非替换的定时（右侧）截尾寿命试验，在 τ 以前失效个数记为 r'；当 $t(r) < \tau$ 时，则属于非替换的定数（右侧）截尾寿命试验。

①平均寿命 θ 的估计量。

以 $1 - \alpha$ 为置信度的 θ 的单侧置信区间为：

a. 当 $t_{(r)} \geqslant \tau$ 时：

$$\frac{2T_{r',n}}{\chi_{1-\alpha}^2(2r'+2)} \leqslant \theta < \infty \qquad (4-72)$$

$$r' = 0,\ 1,\ 2,\ \cdots,\ r-1$$

式中：

$$T_{r',n} = \sum_{i=1}^{r'} t_{(i)} + (n-r')\tau \qquad (4-73)$$

b. 当 $t_{(r)} < \tau$ 时：

$$\frac{2T_{r,n}}{\chi_{1-\alpha}^2(2r)} \leqslant \theta < \infty \qquad (4-74)$$

式中：

$$T_{r,n} = \sum_{i=1}^{r} t_{(i)} + (n-r)t_{(r)} \qquad (4-75)$$

以 $1 - \alpha$ 为置信度的 θ 的双侧置信区间为：

a. $t_{(r)} \geqslant \tau$ 时：

$$\frac{2T_{r',n}}{\chi_{1-\frac{\alpha}{2}}^2(2r'+2)} \leqslant \theta \leqslant \frac{2T_{r',n}}{\chi_{\frac{\alpha}{2}}^2(2r')} \qquad (4-76)$$

$$r' = 0, 1, 2, \cdots, r-1$$

式中：$T_{r',n}$——由式（4–73）给出。

式（4–76）也就是式（4–50）的形式

b. 当 $t_{(r)} < \tau$ 时：

$$\frac{2T_{r,n}}{\chi^2_{1-\frac{\alpha}{2}}(2r)} \leqslant \theta \leqslant \frac{2T_{r,n}}{\chi^2_{\frac{\alpha}{2}}(2r)} \tag{4–77}$$

式中：$T_{r,n}$——由式（4–75）给出。

② 可靠度 $R(t_0)$ 的估计量。

以 $1-\alpha$ 为置信度的 $R(t_0)$ 单侧置信区间为：

a. 当 $t_{(r)} \geqslant \tau$ 时：

$$\exp\frac{-t_0\chi^2_{1-\alpha}(2r'+2)}{2T_{r',n}} \leqslant R(t_0) \leqslant 1 \tag{4–78}$$

$$r' = 0, 1, 2, \cdots, r-1$$

式中：$T_{r',n}$——由式（4–73）给出；

$\quad\quad$ t_0——预先给定的任务时间。

b. 当 $t_{(r)} \leqslant \tau$ 时：

$$\exp\frac{-t_0\chi^2_{1-\alpha}(2r)}{2T_{r,n}} \leqslant R(t_0) \leqslant 1 \tag{4–79}$$

$$r = 1, 2, \cdots, n$$

式中：$T_{r,n}$——由式（4–75）给出；

$\quad\quad$ t_0——预先给定的任务时间。

以 $1-\alpha$ 为置信度的 $R(t_0)$ 双侧置信区间为：

a. 当 $t_{(r)} \geqslant \tau$ 时：

$$\exp\frac{-t_0\chi^2_{1-\frac{\alpha}{2}}(2r'+2)}{2T_{r',n}} \leqslant R(t_0) \leqslant \exp\frac{-t_0\chi^2_{\frac{\alpha}{2}}(2r')}{2T_{r',n}} \tag{4–80}$$

$$r' = 0, 1, 2, \cdots, r-1$$

式中：$T_{r',n}$——由式（4–73）给出。

$\quad\quad$ t_0——预先给定的任务时间。

b. 当 $t_{(r)} \leqslant \tau$ 时：

$$\exp\frac{-t_0\chi^2_{1-\frac{\alpha}{2}}(2r)}{2T_{r,n}} \leqslant R(t_0) \leqslant \exp\frac{-t_0\chi^2_{\frac{\alpha}{2}}(2r)}{2T_{r,n}} \tag{4–81}$$

$$r = 1, 2, \cdots, n$$

式中：$T_{r,n}$——由式（4–73）给出。

$\quad\quad$ t_0——预先给定的任务时间。

（5）非替换定数逐次截尾寿命试验的情况。

由式（4 – 39）和式（4 – 40）可知

$$\hat{\theta}_{r,n} = \frac{1}{r} \sum_{i=1}^{r} (b_i + 1) t_{(i)} \qquad (4-82)$$

2. 两参数指数分布

两参数指数分布比前述单参数指数分布多一个参数 γ，称为起始参数，而 θ 称为尺度参数，它不再代表平均寿命。

1）点估计

（1）非替换（右侧）定数截尾寿命试验的情况。

通常希望选择最小均方误差的估计量，即 $\tilde{\theta}_{r,n}$ 和 $\tilde{\gamma}$。

$$\tilde{\theta}_{r,n} = \frac{\sum_{i=1}^{r} (t_{(i)} - t_{(1)}) + (n-r)(t_{(r)} - t_{(1)})}{r} \qquad (4-83)$$

$$\tilde{\gamma} = t_{(i)} - \frac{\tilde{\theta}_{r,n}}{n} \qquad (4-84)$$

根据上述估计量可得到可靠度

$$R(t_0) = \exp\left(-\frac{t_0 - \tilde{\gamma}}{\theta}\right) \qquad (4-85)$$

为了得到区间估计，可以选择 $\tilde{\theta}_{r,n}$ 和 $\tilde{\gamma}'$。

$$\tilde{\theta}_{r,n} = \frac{\sum_{i=1}^{r} (t_{(i)} - t_{(1)}) + (n-r)(t_{(r)} - t_{(1)})}{r} \qquad (4-86)$$

$$\tilde{\gamma}' = t_{(1)} \qquad (4-87)$$

（2）非替换（右侧）定时截尾寿命试验的情况。

①尺度参数 θ 的估计量。

$$\tilde{\theta}_{r,n} = \frac{\sum_{i=1}^{r} (t_{(i)} - t_{(1)}) + (n-r)(\tau - t_{(1)})}{r} \qquad (4-88)$$

②起始参数 γ 的估计量。

$$\hat{\gamma} = t_{(1)} \qquad (4-89)$$

根据上述估计量，可以得到可靠度 $R(t_0) = \exp\frac{-(t_0 - \gamma)}{\theta}$。如果产品为间歇式工作，则在计算每次执行任务完成的可靠度时应考虑该产品已累计工作的时间。

（3）失效率。

$$\lambda = \frac{1}{\theta} \tag{4-90}$$

2）区间估计

（1）非替换（右侧）定数截尾寿命试验的情况。

①θ 的置信区间估计。

以 $1 - \alpha$ 为置信度的双侧置信区间为

$$\frac{(2r-2)\hat{\theta}_{r,n}}{\chi_{1-\frac{\alpha}{2}}^2(2r-2)} \leqslant \theta \leqslant \frac{(2r-2)\hat{\theta}_{r,n}}{\chi_{\frac{\alpha}{2}}^2(2r-2)} \tag{4-91}$$

式中：$\hat{\theta}_{r,n}$——由式（4-86）给出。

以 $1 - \alpha$ 为置信度的单侧置信区间为

$$\frac{(2r-2)\hat{\theta}_{r,n}}{\chi_{1-\alpha}^2(2r-2)} \leqslant \theta < \infty \tag{4-92}$$

②γ 的置信区间估计。

以 $1 - \alpha$ 为置信度的双侧置信区间为

$$t_{(1)} - \frac{\hat{\theta}_{r,n}}{n}F_{1-\frac{\alpha}{2}}(2,2r-2) \leqslant \gamma \leqslant t_{(1)} - \frac{\hat{\theta}_{r,n}}{n}F_{\frac{\alpha}{2}}(2,2r-2) \tag{4-93}$$

式中：$\hat{\theta}_{r,n}$——由式（4-86）给出；

$F_{1-\frac{\alpha}{2}}(2,2r-2)$，$F_{\frac{\alpha}{2}}(2,2r-2)$——$F$ 分布的下侧分位数，可查 F 分布分位数表。

以 $1 - \alpha$ 为置信度的单侧置信区间为

$$t_{(1)} - \frac{\hat{\theta}_{r,n}}{n}F_{1-\alpha}(2,2r-2) \leqslant \gamma < \infty \tag{4-94}$$

③失效率 λ 的置信区间估计。

因为 $\lambda = \frac{1}{\theta}$，利用式（4-91）和式（4-92）就可得到 λ 的单、双侧置信区间。

以 $1 - \alpha$ 为置信度的双侧置信区间为

$$\frac{\chi_{\frac{\alpha}{2}}^2(2r-2)}{(2r-2)\hat{\theta}_{r,n}} \leqslant \lambda \leqslant \frac{\chi_{1-\frac{\alpha}{2}}^2(2r-2)}{(2r-2)\hat{\theta}_{r,n}} \tag{4-95}$$

式中：$\hat{\theta}_{r,n}$——由式（4-86）给出。

以 $1 - \alpha$ 为置信度的单侧置信区间为

$$0 \leqslant \lambda \leqslant \frac{\chi_{1-\alpha}^2(2r-2)}{(2r-2)\hat{\theta}_{r,n}} \qquad (4-96)$$

④可靠度 $R(t_0)$ 的近似置信区间。

第一近似区间为：

以 $1-\alpha$ 为置信度的双侧置信区间为

$$\exp\left(-\frac{v}{2m}\chi_{1-\frac{\alpha}{2}}^2\left(\frac{2m^2}{v}\right)\right) \leqslant R(t_0)$$

$$\equiv \exp\frac{-(t_0-\gamma)}{\theta}$$

$$\leqslant \exp\left(-\frac{v}{2m}\chi_{\frac{\alpha}{2}}^2\left(\frac{2m^2}{v}\right)\right) \qquad (4-97)$$

$$m = \frac{1}{n} + \frac{t_0-t_{(1)}}{\hat{\theta}_{r,n}} \qquad (4-98)$$

$$v = \frac{1}{n^2} + \frac{(t_0-t_{(1)})^2}{(r-1)\hat{\theta}_{r,n}^2} \qquad (4-99)$$

式中： t_0 ——预先给定的任务时间；

$\hat{\theta}_{r,n}$ ——由式（4-86）给出。

以 $1-\alpha$ 为置信度的单侧置信区间为

$$\exp\left(-\frac{v}{2m}\chi_{1-\alpha}^2\left(\frac{2m^2}{v}\right)\right) \leqslant R(t_0)$$

$$\equiv \exp\frac{-(t_0-\gamma)}{\theta}$$

$$\leqslant 1 \qquad (4-100)$$

第二近似置信区间为：

利用标准正态分布可得到以 $1-\alpha$ 为置信度的双侧置信区间为

$$\exp\left(-m\left(1-\frac{v}{9m^2}+u_{1-\frac{\alpha}{2}}\frac{\sqrt{v}}{3m}\right)^3\right) \leqslant R(t_0)$$

$$\equiv \exp\frac{-(t_0-\gamma)}{\theta}$$

$$\leqslant \exp\left(-m\left(1-\frac{v}{9m^2}-u_{\frac{\alpha}{2}}\frac{\sqrt{v}}{3m}\right)^3\right) \qquad (4-101)$$

式中： t_0 ——预先给定的任务时间；

m ——由式（4-98）给出。

v ——由式（4-99）给出。

$u_{\frac{\alpha}{2}}$，$u_{1-\frac{\alpha}{2}}$——标准正态分布的下侧分位数，可查正态分布分位数表（GB 4086.1）。

利用标准正态分布可得到以 $1-\alpha$ 为置信度的单侧置信区间为

$$\exp\left(-m\left(1-\frac{v}{9m^2}+u_{1-\alpha}\frac{\sqrt{v}}{3m}\right)^3\right)\leqslant R(t_0)$$

$$\equiv\exp\frac{-(t_0-\gamma)}{\theta}$$

$$\leqslant 1 \qquad\qquad (4-102)$$

第三近似置信区间为：

利用 θ 和 γ 置信区间得到可靠度 $R(t_0)$ 的置信区间。

以 $1-\alpha$ 为置信度的双侧置信区间为

$$\exp\frac{-(t_0-\gamma_l)}{\theta_l}\leqslant R(t_0)$$

$$\equiv\exp\frac{-(t_0-\gamma)}{\theta}$$

$$\leqslant\exp\frac{-(t_0-\gamma_u)}{\theta_u} \qquad\qquad (4-103)$$

式中：θ_u——由式（4-91）得到的 θ 的置信上限；

θ_l——由式（4-91）得到的 θ 的置信下限；

γ_u——由式（4-91）得到的 γ 的置信上限；

γ_l——由式（4-91）得到的 γ 的置信下限。

以 $1-\alpha$ 为置信度的单侧置信区间为

$$\exp\frac{-(t_0-\gamma_l)}{\theta_l}\leqslant R(t_0)$$

$$\equiv\exp\frac{-(t_0-\gamma)}{\theta}$$

$$< 1 \qquad\qquad (4-104)$$

式中：θ_l——由式（4-92）得到的 θ 的置信下限；

γ_l——由式（4-94）得到的 γ 的置信下限。

（2）有替换（右侧）定数截尾寿命试验的情况。

有关 θ、γ、λ 和 $R(t_0)$ 的置信区间公式［式（4-91）~式（4-100）］也适用于有替换定数截尾寿命试验。所不同的是，所有非替换定数截尾寿命试验公式中的 $\hat{\theta}_{r,n}$ 应由式（4-105）计算，即

$$\hat{\theta}_{r,n}=\frac{r(t_{(r)}-t_{(1)})}{r-1} \qquad\qquad (4-105)$$

4.6.3 威布尔分布单元可靠性评估

随着可靠性评估工作的深入，威布尔分布型产品可靠性评估越来越引起人们的关注。由于威布尔含分布有两个或三个参数，因此比指数分布适应能力强，在各个领域中有许多现象近似地符合威布尔分布。

1. 两参数威布尔分布

两参数威布尔分布的分布函数为

$$F_T(t) = \begin{cases} 1 - e^{-\left(\frac{t}{\eta}\right)^m} & (t \geq 0) \\ 0 & (t < 0) \end{cases} \tag{4-106}$$

式中：m——威布尔分布的形状参数，$m > 0$；

η——威布尔分布的尺度参数，$\eta > 0$。

如果令 $x = \ln t$，则 x 服从极值分布，分布函数为

$$F(x) = 1 - e^{-e^{\frac{x-\mu}{\sigma}}} \tag{4-107}$$

式中：$\sigma = \dfrac{1}{m}$；$\mu = \ln\eta$。

这样，极值分布的成果就可以应用到威布尔分布上来。

1）非替换（右侧）定数截尾寿命试验的情况

在一批产品中随机抽取 n 个产品进行寿命试验。试验到有 r 个样品失效时截止，r 个样品的失效时间按从小到大的次序排列为

$$t_{(1)} \leq t_{(2)} \leq \cdots \leq t_{(r)}$$

于是有

$$\ln t_{(1)} \leq \ln t_{(2)} \leq \cdots \leq \ln t_{(r)}$$

即

$$X_{(1)} \leq X_{(2)} \leq \cdots \leq X_{(r)}$$

（1）点估计。

极值分布参数 μ 和 σ 的最好线性不变估计为

$$\left. \begin{array}{l} \tilde{\mu} = \sum_{i=1}^{r} \tilde{D}(\mu, r, i) X_{(i)} = \sum_{i=1}^{r} \tilde{D}(\mu, r, i) \ln t_{(i)} \\ \tilde{\sigma} = \sum_{i=1}^{r} \tilde{C}(\mu, r, i) X_{(i)} = \sum_{i=1}^{r} \tilde{C}(\mu, r, i) \ln t_{(i)} \end{array} \right\} \tag{4-108}$$

威布尔分布参数 m 和 η 的点估计为

$$\tilde{m} = \frac{1}{\tilde{\sigma}} \tag{4-109}$$

$$m^* = \frac{1 - l_{r,n}}{1 + l_{r,n}} \widetilde{m} \qquad (4-110)$$

$$\widetilde{\eta} = \mathrm{e}^{\mu} \qquad (4-111)$$

可靠寿命 t_R 的点估计为

$$t_R = \widetilde{\eta} \left(\ln \frac{1}{R} \right)^{\frac{1}{m^*}} \qquad (4-112)$$

式中：R——可靠度预定值。

可靠度 R 的点估计为

$$R(t_0) = \exp\left[-\left(\frac{t_0}{\widetilde{\eta}} \right)^{m^*} \right] \qquad (4-113)$$

式中：t_0——工作时间。

如果该产品间进行歇式工作，每次任务时间为 t_z，产品累计工作时间为 t_s，则该产品完成下一次任务的可靠度 R 的点估计为

$$\hat{R} = R(T > t_z + t_s | T > t_s) = \exp\left[-\left(\frac{t_z + t_s}{\eta} \right)^{m^*} + \left(\frac{t_s}{\eta} \right)^{m^*} \right] \qquad (4-114)$$

（2）区间估计。

①m 的置信区间估计。

以 $1 - \alpha$ 为置信度的双侧置信区间为

$$\frac{\omega_{\frac{\alpha}{2}}}{\widetilde{\sigma}} \leqslant m \leqslant \frac{\omega_{1-\frac{\alpha}{2}}}{\widetilde{\sigma}} \qquad (4-115)$$

以 $1 - \alpha$ 为置信度的单侧置信下限为

$$m_l = \frac{\omega_{\alpha}}{\widetilde{\sigma}} \qquad (4-116)$$

②可靠度为 R 时可靠寿命 $t(R)$ 的以 $1 - \alpha$ 为置信度的双侧置信区间和单侧置信下限如下：

$t(R)$ 的以 $1 - \alpha$ 为置信度的双侧置信区间上、下限分别为

$$\begin{cases} (t(R))_u = \exp(\widetilde{\mu} - \widetilde{\sigma} V_{1-(1-R),\frac{\alpha}{2}}) \\ (t(R))_l = \exp(\widetilde{\mu} - \widetilde{\sigma} V_{1-(1-R),1-\frac{\alpha}{2}}) \end{cases} \qquad (4-117)$$

$t(R)$ 的以 $1 - \alpha$ 为置信度的单侧置信下限为

$$(t(R))_l = \exp(\widetilde{\mu} - \widetilde{\sigma} V_{1-(1-R),1-\alpha}) \qquad (4-118)$$

③η 的以 $1 - \alpha$ 为置信度的双侧置信区间和单侧置信下限如下：

η 的以 $1 - \alpha$ 为置信度的双侧置信区间上、下限分别为

$$\begin{cases} \eta_u = \exp(\,\tilde{\mu} \,-\, \tilde{\sigma}\,V_{0.368,\frac{\alpha}{2}}) \\ \eta_l = \exp(\,\tilde{\mu} \,-\, \tilde{\sigma}\,V_{0.368,1-\frac{\alpha}{2}}) \end{cases} \tag{4-119}$$

η 的以 $1-\alpha$ 为置信度的单侧置信下限为

$$\eta_l = \exp(\,\tilde{\mu} \,-\, \tilde{\sigma}\,V_{0.368,1-\alpha}) \tag{4-120}$$

④可靠度 R 的单侧置信下限如下：

对于任意给定的工作时间 t_0 的可靠度 $R(t_0)$ 的置信下限，可由 V_{1-p} 的分位数求得。令 $x_0 = \ln t_0$，计算

$$V_{R(t_0)} = \frac{\tilde{\mu} \,-\, x_0}{\tilde{\sigma}} \tag{4-121}$$

当置信度为 γ 时，可得与 $V_{R(t_0)}$ 相近的两个 $V_{1-p,\gamma}$ 值，然后用线性插值法求得与 $V_{R(t_0)}$ 相应的 $R_l(t_0)$。

⑤任务可靠度 R 的单侧置信下限如下：

如果该产品进行间歇式工作，每次任务时间为 t_z，该产品累计工作时间为 t_s，应采用式（1-188）计算产品完成下一次任务的以 $1-\alpha$ 为置信度的置信下限，即

$$R(\,T > t_z + t_s \,|\, T > t_s) = -\frac{R(\,t_z + t_s)}{R(\,t_s)} \tag{4-122}$$

式中：$R(\,t_z + t_s)$ ——工作时间为 $t_z + t_s$ 的可靠度单侧置信下限，可通过式（4-121）用线性插值法求得；

$R(\,t_s)$ ——工作时间为 t_s 的可靠度单侧置信下限，可通过式（4-121）用线性插值法求得。

以上介绍的两参数威布尔分布非替换（右侧）定数截尾寿命试验的线性不变估计，在子样容量较小时，具有较高的精度。

2）非替换（右侧）定时截尾寿命试验的情况

关于两参数威布尔分布各种估计量的推导都是在基于定数截尾的情况下求得的，对于定数截尾尚没有精确的区间估计方法。为了应用方便，在总试验时间基本相等的条件下，将定时截尾试验转换为定数截尾试验，其试验产品的数目为：

$$n' = r + (n-r)\frac{T_0}{t_r} \tag{4-123}$$

式中：T_0——定时截尾所规定的试验时间。

这样，就可以按照定数截尾来处理。

2. 三参数威布尔分布

三参数威布尔分布的密度函数为

$$f(t;\ m,\ \eta,\ \gamma) = \frac{m}{\eta}\left(\frac{t-\gamma}{\eta}\right)^{m-1} e^{-\left(\frac{t-\gamma}{\eta}\right)^{m}} \qquad (4-124)$$

其分布函数为

$$F(t;\ m,\ \eta,\ \gamma) = 1 - e^{-\left(\frac{t-\gamma}{\eta}\right)^{m}} \qquad (4-125)$$

$$(\gamma \leqslant t;\ 0 < m,\ \eta)$$

与两参数威布尔分布相比，多了一个位置参数 γ。

有许多情况适宜用三参数威布尔分布参数模型来描述产品的寿命分布，但假如把 γ 正式当作未知参数处理，问题就困难得多。通常，较好的办法是假设 γ 已知，于是可把观察值处理成 $t-\gamma$，然后当作来自两参数威布尔分布的样本处理。因此，三参数威布尔分布参数的问题就变成如何估计位置参数 γ 的问题。

在统计推断中，大致有两类分析法：一类是图分析法，另一类是数值分析法。图分析法是使用各种图纸和坐标纸进行分析的方法，容易掌握，既简便易行，又直观易懂。在使用数值分析法估计三参数威布尔分布的位置参数 γ 有困难时，可采用图分析法。图分析法也有缺点，即所得到的结果受主观影响较大，精确性也较低，但对于精确性要求不高的威布尔分布位置参数来说不失为一种好方法。当然，在实际的分析中最好将图分析法与数值分析法结合使用。

1）威布尔概率坐标纸

威布尔概率坐标纸是按照威布尔分布原理制作出的，其结构如图 4－14 所示。

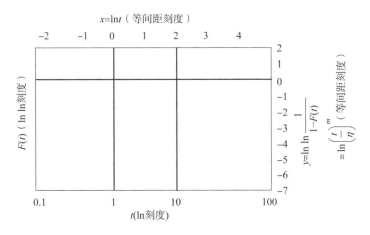

图 4 – 14　威布尔概率坐标纸的结构

考虑式（4－125），令 $\gamma = 0$，有

$$F(t) = 1 - e^{-\left(\frac{t}{\eta}\right)^m}\qquad(4-126)$$

进行移项，有

$$1 - F(t) = e^{-\left(\frac{t}{\eta}\right)^m}$$

取自然对数，有

$$\ln\ln\frac{1}{1-F(t)} = m\ln t - m\ln\eta\qquad(4-127)$$

如今

$$\ln\ln\frac{1}{1-F(t)} = y\qquad(4-128)$$

$$\ln t = x$$

$$-m\ln\eta = B$$

代入式（4－127）可得一直线方程

$$y = mx + B\qquad(4-129)$$

如果 x 和 y 的刻度是等距离的，则 $y = mx + B$ 便是一条直线。

例如图 4－14 中的横坐标，上方 $x = \ln t$ 是等间距刻度，下方 t 是自然对数刻度；纵坐标右侧 $y = \ln\ln\dfrac{1}{1-F(t)}$ 是等间距刻度，左侧 $F(t)$ 为 $\ln\ln$ 刻度。

由于直线方程式（4－129）是当 $\gamma = 0$ 时推导出来的，因此当 $\gamma = 0$ 时，各试验点位于一条直线上，这种情况下的尺度参数 η 和形状参数 m 的估计如下。

2）尺度参数 η 的估计

在式（4－129）中，令 $y = 0$，则得 $t = \eta$，应用这一原理，图 4－15 中的回归直线 AB 与 x 轴相交的点 E，满足 $y = 0$ 的条件。因此，由 E 点作垂线读出 t 坐标轴上的刻度值，满足 $t = \eta$ 的条件，即读数就是 η。

3）形状参数 m 的估计

由式（4－129）可以看出，在横坐标为 $x = \ln t$、纵坐标为 $y = \ln\ln\dfrac{1}{1-F(t)}$ 的坐标系中，m 为由试验数据得到的回归直线的斜率。因此，在图 4－16 中将回归直线 AB 平行移动至直线 $A'B'$ 的位置，即使它通过 C 点（$x = 1$，$y = 0$），则该直线与纵坐标轴（$x = 0$）相交的 D 点的纵坐标值即 m 的数值。

4）位置参数 γ 的估计

前面已经说明，尺度参数 η 和形状参数 m 的估计都是在位置参数 $\gamma = 0$ 时得到的，但实际情况是，有时 $\gamma \neq 0$。这时就需要首先对位置参数 γ 进行估计，然后根据估计所得的 γ 值进行数据变换，转化为位置参数为零的问题。现以常

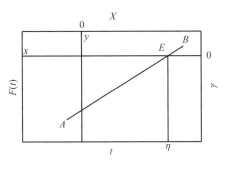

图 4 – 15　η 的估计

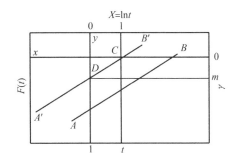

图 4 – 16　m 的估计

遇到的 $\gamma > 0$ 的情况为例进行说明。当 $\gamma > 0$ 时威布尔分布函数为

$$F(t) = 1 - e^{-\left(\frac{t-\gamma}{\eta}\right)^m} \qquad (\gamma < t < \infty) \tag{4 – 130}$$

进行数据变换，令 $t' = t - \gamma$，代入式（4 – 130），有

$$F(t') = F(t) = 1 - e^{-\left(\frac{t'}{\eta}\right)^m} \qquad (0 < t' < \infty) \tag{4 – 131}$$

这样，在威布尔概率坐标纸上描点，$F(t)$ 的图形是一条曲线，$F(t')$ 的图形是一条直线（图 4 – 17）。根据变换，$t' = t - \gamma$ 和 $F(t') = F(t)$。这条直线是把曲线上的各点移动到 γ 后得到的。

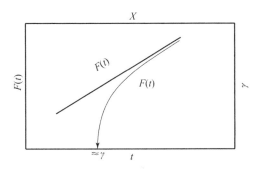

图 4 – 17　$\gamma > 0$ 时威布尔分布函数的直线化

由此，可以得到估计 γ 的步骤为：

（1）由实际得到的数据，在威布尔概率坐标纸上描点 $(t, F(t))$。根据这些点拟合一条平滑曲线。

（2）沿这条平滑曲线顺势延长到和 t 轴相交，交点的刻度就是 γ 的估计值 $\hat{\gamma}$。此时 $F(t) < 0.001$，接近零，这样的估计是可以的。如果在 $F(t)$ 数值较小时，所描的各点比较分散，不能像前面所讲的那样，可以顺势沿曲线延长和 t 轴相交。遇到这种情况时，可以先定出一个 γ 的均值，在已描的各点中，按 $F(t)$ 值的大小次序，选 3 ~ 5 点，左移 γ，看移动后所得的各点是否大致在一

条直线上；如果仍不在一条直线上，修改 γ 后再试。

（3）确定 γ 的估计值，把所描的各点全都左移 γ，将移动后所得的各点作回归直线。

（4）按前述方法对尺度参数 η 和形状参数 m 进行估计，看其与用图形估计的结果是否一致。如果差别较大，则回到步骤（2）重新调整 γ；如果一致，则三参数威布尔分布的问题就转化为两参数的问题了。

4.6.4 正态分布单元可靠性评估

正态分布在可靠性研究中是一个应用较广的重要分布，许多试验数据都可以用正态分布来拟合。例如，钢的抗拉极限、屈服极限和耐劳极限的概率分布就是正态分布，在固定循环寿命下的疲劳强度分布近似为正态分布；有些应力，如火箭发动机的推力、活塞式发动机气缸头的气体压力也服从正态分布；而当正态分布的均值 μ 与标准差 σ 相比足够大时，如 $\mu > 3\sigma$，则可以将正态分布作为许多机械及机电产品耗损失效期的失效时间模型。

1. 性能可靠性

产品的性能参数 x 服从均值为 μ、标准差为 σ 的正态分布 $N(\mu, \sigma^2)$，其单侧性能下限为 l，单侧性能上限为 u。

1）可靠度点估计

若允许下限为 l，则

$$\hat{R} = \Phi\left(\frac{\hat{\mu} - l}{\hat{\sigma}}\right) \tag{4-132}$$

式中：$\Phi(\cdot)$——标准正态分布函数。

若允许上限为 u，则

$$\hat{R} = \Phi\left(\frac{u - \hat{\mu}}{\hat{\sigma}}\right) \tag{4-133}$$

若允许下限为 l，允许上限为 u，则

$$\hat{R} = \Phi\left(\frac{u - \hat{\mu}}{\hat{\sigma}}\right) - \Phi\left(\frac{l - \hat{\mu}}{\hat{\sigma}}\right) \tag{4-134}$$

2）可靠度区间估计

若允许下限为 l，则

$$k = \frac{\hat{\mu} - l}{\hat{\sigma}} \tag{4-135}$$

式中：k——正态单侧容许限系数。

根据试验数 n、k 和置信度 γ，反查正态分布完全样本可靠度单侧置信下限表（GB 4885），并利用线性插值法可求出 R_l。

2. 寿命可靠性

产品的寿命服从均值为 μ、标准差为 σ 的正态分布 $N(\mu,\ \sigma^2)$。

1）完全样本

（1）可靠寿命置信下限。

可靠寿命置信下限 $t_{R,l}$ 由式（4-136）确定，即

$$t_{R,l} = \hat{\mu} - k\hat{\sigma} \qquad (4-136)$$

式中：$\hat{\mu}$——均值的点估计；

　　　$\hat{\sigma}$——标准差的点估计；

　　　k——正态分布的单侧容许限系数，对于给定的 n，γ 和 R，可查正态分布完全样本可靠度单侧置信下限表（GB 4885）得到 k 值。

（2）可靠度置信下限。

为了求出某时刻 t_0 的可靠度置信下限，首先要求在时刻 t_0 的正态单侧容许限系数 $\hat{k}$，再根据 n，γ 和 $\hat{k}$，反查正态分布完全样本可靠度单侧置信下限表（GB 4885），最后利用线性插值法求出 $R_l(t_0)$。

$\hat{k}$ 由式（4-137）确定，即

$$\hat{k} = \frac{\hat{\mu} - t_0}{\hat{\sigma}} \qquad (4-137)$$

2）定数截尾

投试 n 个产品，其前 r 个观察值为 $x_1 \leqslant x_2 \leqslant \cdots \leqslant x_r$，则 μ 和 σ 的点估计为

$$\mu^* = \sum_{j=1}^{r} D'(n,r,j) x_j \qquad (4-138)$$

$$\sigma^* = \sum_{j=1}^{r} C'(n,r,j) x_j \qquad (4-139)$$

（1）可靠寿命置信下限。

可靠寿命置信下限 $t_{R,l}$ 由式（4-140）确定，即

$$t_{R,l} = \mu^* + \sigma^* t_{1-\gamma}^*(R) \qquad (4-140)$$

式中：γ——置信度；

　　　R——给定的可靠度；

　　　$t_{1-\gamma}^*(R)$——可靠度为 R 时 $\dfrac{t_R - \mu^*}{\sigma^*}$ 的 $1-\gamma$ 的分位数，根据 n、γ、$1-\gamma$ 和 R，可得到 $t_{1-\gamma}^*(R)$。

（2）可靠度置信下限。

为了求得在时刻 t_0 的可靠度置信下限 $R_l(t_0)$，首先求出 $t_{1-\gamma}^*(R_l(t_0)) = \dfrac{t_0 - \mu^*}{\sigma^*}$；求得包含 $t_{1-\gamma}^*(R_l(t_0))$ 的区间 $[t_{1-\gamma}^*(R_l), t_{1-\gamma}^*(R_u)]$；最后利用线性插值法求出 $R_l(t_0)$。

已知正态分布的失效率是单调递增的，它与指数分布具有常数失效率不同，而与威布尔分布一样具有变动的失效率。

3）定时截尾

设投试 n 个产品，当试验到规定时间 T_0 时有 r 个产品故障，其观察值为

$$x_1 \leqslant x_2 \leqslant \cdots \leqslant x_r$$

则总试验时间为

$$T = \sum_{i=1}^{r} x_i + (n - r) T_0 \tag{4-141}$$

为了应用方便，把定时截尾转换成定数截尾来处理。假定投试 n' 个产品，当有 r 个产品故障时截止试验，观察值仍为

$$x_1 \leqslant x_2 \leqslant \cdots \leqslant x_r$$

要求在总试验时间相等的前提下进行转换，则

$$n' = r + (n - r) \frac{T_0}{T_r} \tag{4-142}$$

式中：$T_r = x_r$。

此时就把定时截尾试验近似为定数截尾试验来处理，只是用 n' 代替 n。

3. 结构可靠性

结构可靠性是指所研究部件在受应力超过其强度时发生故障的概率。由于应力和强度都可能具有多种不同的分布类型，因此结构可靠性涉及范围很广。这里仅讨论应力和强度均为正态分布的这类模型。

1）应力和强度的均值和标准差均未知的情况

（1）原始数据。

强度 x 的 n 个观察值为 x_1，x_2，$\cdots$，x_n；应力 y 的 m 个观察值为 y_1，y_2，$\cdots$，y_m；置信度为 γ。

（2）评定公式。

可靠度 R 的置信下限 R_l 为

$$R_l = \Phi\left(v - k_\gamma \hat{\sigma}_v - \frac{3v}{4} \frac{1}{(s_x^2 + s_y^2)^2}\left(\frac{s_x^4}{n-1} + \frac{s_y^4}{m-1}\right)\right) \tag{4-143}$$

式中：

$$v = \frac{\overline{x} - \overline{y}}{\sqrt{s_x^2 + s_y^2}} \qquad (4-144)$$

$$\hat{\sigma}_v^2 = \frac{1}{s_x^2 + s_y^2}\left(\frac{s_x^2}{n} + \frac{s_y^2}{m}\right) + \frac{1}{2(s_x^2 + s_y^2)^3}\left[(\overline{x} - \overline{y})^2 + \frac{s_x^2}{n} + \frac{s_y^2}{m}\right] \times$$

$$\left(\frac{s_x^4}{n-1} + \frac{s_y^4}{m-1}\right) - \frac{3v^2}{(s_x^2 + s_y^2)^3}\left(\frac{s_x^6}{(n-1)^2} + \frac{s_y^6}{(m-1)^2}\right) +$$

$$\frac{9v^2}{8(s_x^2 + s_y^2)^4}\left[\frac{(n+5)s_x^8}{(n-1)^3} + \frac{(m+5)s_y^8}{(m-1)^3} + \frac{2s_x^4 s_y^4}{(n-1)(m-1)}\right] \qquad (4-145)$$

$$\overline{x} = \frac{1}{n}\sum_{i=1}^{n} x_i \qquad (4-146)$$

$$\overline{y} = \frac{1}{m}\sum_{i=1}^{m} y_i \qquad (4-147)$$

$$s_x^2 = \frac{1}{n-1}\sum_{i=1}^{n}(x_i - \overline{x})^2 \qquad (4-148)$$

$$s_y^2 = \frac{1}{m-1}\sum_{i=1}^{m}(y_i - \overline{y})^2 \qquad (4-149)$$

式中：k_γ——下侧概率为 γ 的标准正态分布分位数。

2）应力的均值和标准差已知而强度的均值和标准差未知的情况

（1）原始数据。

强度 x 的 n 个观察值为 x_1，x_2，$\cdots$，x_n；应力的均值为 μ_y，标准差为 σ_y；置信度为 γ。

（2）评定公式。

可靠度 R 的置信下限 R_l 为

$$R_l = \Phi\left(v - k_\gamma \hat{\sigma}_v - \frac{3vs_x^4}{4(n-1)(s_x^2 + \sigma_y^2)^2}\right) \qquad (4-150)$$

式中：

$$v = \frac{\overline{x} - \mu_y}{\sqrt{s_x^2 + \sigma_y^2}} \qquad (4-151)$$

$$\hat{\sigma}_v^2 = \frac{s_x^2}{n(s_x^2 + \sigma_y^2)} + \frac{\left[(\overline{x} - \mu_y)^2 + \frac{s_x^2}{n}\right]s_x^4}{2(n-1)(s_x^2 + \sigma_y^2)^3} - \frac{3v^2 s_x^6}{(n-1)^2(s_x^2 + \sigma_y^2)^3} + \frac{9(n+5)v^2 s_x^8}{8(n-1)^3(s_x^2 + \sigma_y^2)^4}$$

$$\qquad (4-152)$$

$$\overline{x} = \frac{1}{n}\sum_{i=1}^{n} x_i \qquad (4-153)$$

$$s_x^2 = \frac{1}{n-1} \sum_{i=1}^{n} (x_i - \bar{x})^2 \qquad (4-154)$$

式中：k_γ——下侧概率为 γ 的标准正态分布分位数。

4.7　工程案例

可靠性摸底试验是基于电子产品的可靠性试验理论，按照产品的设计要求开展的。通过在模拟实际使用的综合应力条件下，用较短的时间、较少的费用，暴露被试品的潜在缺陷，并及时采取纠正措施，使可靠性水平得到增长，保证产品具有一定的可靠性和安全性水平，同时为后续的可靠性工作提供信息。本案例以某控制器为对象，概述控制器的试验剖面制定及试验过程，并针对试验过程中出现的问题给出解决措施，对类似产品开展可靠性摸底试验具有一定的指导意义。

产品起始技术状态如下：

被试产品根据产品制造与验收规范进行了各项环境试验，产品具备了质量评审条件；进行了试验前技术/准备状态检查，确认了试验设备、测试设备在计量周期内，试验测试环境安全措施到位，对试验夹具及测试工装进行了标定，测试工装与试验设备具备试验及测试条件。

该试验在环境试验室的高低温箱、振动试验台、三综合试验箱实施。

4.7.1　应力设计

该项试验时间持续约 960 h（3 个样本量累计），具体试验剖面如下：

控制器安装在电池仓，根据国军标 899A 中地面移动设备的试验剖面要求，每个工作循环为 24 h；具体采用的可靠性试验剖面、详细应力施加情况如下进行分别说明。

1. 电应力设计

依据产品设计，标称电压为直流 28 V，按 GJB 899A－2009，电应力变化范围是标称电压的 ±10%，则上限为 30.8 V，下限为 25.2 V，根据产品的实际应用环境，试验采用下限电压为直流 20 V，上限电压为直流 33 V。

确定产品在第 1 循环的输入电压为标称电压直流 28 V，在第 2 循环的输入电压为下限电压直流 20 V，在第 3 循环的输入电压为标称电压直流 28 V，在第 4 循环的输入电压为上限电压直流 33 V，在第 5 循环的输入电压为标称电压直流 28 V，在第 6 循环的输入电压为下限电压直流 20 V……。依此类推，构成一个完整的电应力循环，整个试验期间重复这一电应力循环。

2. 振动应力设计

依据产品工作振动条件，结合 GJB 899A – 2009 中履带式车辆设备的振动应力施加要求，参照 GJB 150. 16A 中图 C. 4 中 5 ~ 500 Hz 履带式车辆典型随机谱型，振动数据选择表 D. 1 履带车固紧货物的窄带随机振动数据（表 4 – 4），在每个工作循环（24 h）的剖面取 6 个振动时段，按可靠性增长单元实车安装方向，振动时段选取振动曲线的顺序：第 1 个振动时段 V01 连续扫描 5 次，第 2 个振动时段 V02 连续扫描 5 次，第 3 个振动时段 V03 连续扫描 5 次，第 4 个振动时段 V04 连续扫描 5 次，第 5 个振动时段 V05 连续扫描 5 次，第 6 个振动时段 V01 连续扫描 5 次，第二个工作循环第 1 个振动时段 V02 连续扫描 5 次，第二个工作循环第 2 个振动时段 V03 连续扫描 5 次……，依此类推。每次均振动 1 h，满足振动环境应力在 25% 工作循环时间施加要求。随机谱型如图 4 – 8 所示。

3. 温度应力设计

依据产品工作温度范围 – 43℃ ~ + 70℃ 以及贮存温度范围 – 43℃ ~ + 70℃，选择本次可靠性摸底试验的最低工作温度为 – 43℃，最高工作温度为 70℃，并依据产品工作环境中较少出现温度变化速率大于 5℃/min，选择温度变化速率为 5℃/min。

4. 湿度应力设计

考虑到产品可能应用到南方高温高湿的环境中，在每个工作循环进行到高温阶段时增加湿度到稳定在相对湿度 95% 后，停止加湿不再控制湿度。

4.7.2 试验剖面设计

依据以上产品可靠性摸底试验时间设计和应力设计，产品的工作温度与贮存温度一致，因此不用再单独考虑产品的冷浸和热浸，确定以 24 h 为 1 个工作循环。试验剖面按 GJB 899A – 2009 中的要求如图 4 – 18 所示。

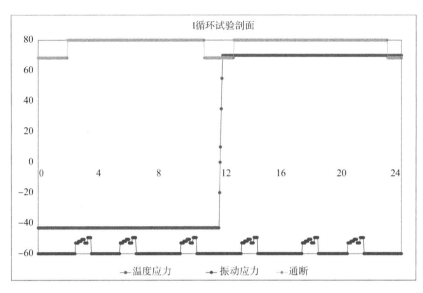

按照：断电2h—通电8h—断电4h—通电8h—断电2h

图4-18 应力施加示意

可靠性摸底试验详细实施步骤见表4-6。

表4-6 可靠性摸底试验详细实施步骤

工作循环序号	温度/℃	停留时间/h	振动曲线1	振动开始时间（相对于本工作循环起点后小时数）/h	振动曲线2	振动开始时间（相对于本工作循环起点后小时数）/h	振动曲线3	振动开始时间（相对于本工作循环零点后小时数）/h	测试电压/V
第1个	-43	12	V01×5次	2.5	V02×5次	5.5	V03×5次	8.5	28
	70	12	V04×5次	14	V05×5次	17	V01×5次	20	28
第2个	-43	12	V02×5次	2.5	V03×5次	5.5	V04×5次	8.5	20
	70	12	V05×5次	14	V01×5次	17	V02×5次	20	20
第3个	-43	12	V03×5次	2.5	V04×5次	5.5	V05×5次	8.5	28
	70	12	V01×5次	14	V02×5次	17	V03×5次	20	28

续表

工作循环序号	温度/℃	停留时间/h	振动曲线1	振动开始时间（相对于本工作循环起点后小时数）/h	振动曲线2	振动开始时间（相对于本工作循环起点后小时数）/h	振动曲线3	振动开始时间（相对于本工作循环零点后小时数）/h	测试电压/V
第4个	-43	12	V04×5次	2.5	V05×5次	5.5	V01×5次	8.5	33
	70	12	V02×5次	14	V03×5次	17	V04×5次	20	33
第5个	-43	12	V05×5次	2.5	V01×5次	5.5	V02×5次	8.5	28
	70	12	V03×5次	14	V04×5次	17	V05×5次	20	28
第6个	-43	12	V01×5次	2.5	V02×5次	5.5	V03×5次	8.5	20
	70	12	V04×5次	14	V05×5次	17	V01×5次	20	20
第7个	-43	12	V02×5次	2.5	V03×5次	5.5	V04×5次	8.5	28
	70	12	V05×5次	14	V01×5次	17	V02×5次	20	28
第8个	-43	12	V03×5次	2.5	V04×5次	5.5	V05×5次	8.5	33
	70	12	V01×5次	14	V02×5次	17	V03×5次	20	33
第9个	-43	12	V04×5次	2.5	V05×5次	5.5	V01×5次	8.5	28
	70	12	V02×5次	14	V03×5次	17	V04×5次	20	28
第10个	-43	12	V05×5次	2.5	V01×5次	5.5	V02×5次	8.5	20
	70	12	V03×5次	14	V04×5次	17	V05×5次	20	20

续表

工作循环序号	温度/℃	停留时间/h	振动曲线1	振动开始时间（相对于本工作循环起点后小时数）/h	振动曲线2	振动开始时间（相对于本工作循环起点后小时数）/h	振动曲线3	振动开始时间（相对于本工作循环零点后小时数）/h	测试电压/V
第11个	-43	12	V01×5次	2.5	V02×5次	5.5	V03×5次	8.5	28
	70	12	V04×5次	14	V05×5次	17	V01×5次	20	28
第12个	-43	12	V02×5次	2.5	V03×5次	5.5	V04×5次	8.5	20
	70	12	V05×5次	14	V01×5次	17	V02×5次	20	20
第13个	-43	12	V03×5次	2.5	V04×5次	5.5	V05×5次	8.5	28
	70	12	V01×5次	14	V02×5次	17	V03×5次	20	28
第14个	-43	12	V04×5次	2.5	V05×5次	5.5	V01×5次	8.5	33
	70	12	V02×5次	14	V03×5次	17	V04×5次	20	33

1. 按照产品实车安装方向进行安装，每次振动约持续 1 h，应在振动应力持续时进行电性能的检测。

2. 在每个工作循环达到高温 70℃ 稳定后，施加 95% 的相对湿度，湿度稳定后关闭湿度控制。

3. 在每个工作循环内按照"断电 2 h—通电 8 h—断电 4 h—通电 8 h—断电 2 h"的要求，以及表中对应的测试电压进行电性能检测，通电时循环检测。

4.7.3 试验记录

在可靠性摸底试验过程中，每个循环通电时间内，控制器检测工装每小时自动检测，并自动记录数据。每天控制器连接发电系统试验台、电抽尘系统试验台进行加载测试。详细数据见表 4-7。

表 4 − 7　实验数据记录表

序号	日期	时间	温度条件/℃	设备状态	产品性能	产品状态	备注
1	10. 02	6：30 ~ 18：30	− 43	完好	√	合格	
2	10. 03	6：30 ~ 18：30	+ 70	完好	√	合格	
3	10. 04	6：30 ~ 18：30	− 43	完好	√	合格	
4	10. 05	6：30 ~ 18：30	+ 70	完好	√	合格	
5	10. 06	6：30 ~ 18：30	− 43	完好	√	合格	
6	10. 07	6：30 ~ 18：30	+ 70	完好	√	合格	
7	10. 08	6：30 ~ 18：30	− 43	完好	√	合格	
8	10. 09	6：30 ~ 18：30	+ 70	完好	√	合格	
9	10. 10	6：30 ~ 18：30	− 43	完好	√	合格	关键点性能测试详细记录见纸质检验记录表； 全部记录过程见工装自动记录表； 环境试验条件详见设备温、湿度记录台账及设备振动记录台账
10	10. 11	6：30 ~ 18：30	+ 70	完好	√	合格	
11	10. 12	6：30 ~ 18：30	− 43	完好	√	合格	
12	10. 13	6：30 ~ 18：30	+ 70	完好	√	合格	
13	10. 14	6：30 ~ 18：30	− 43	完好	√	合格	
14	10. 15	6：30 ~ 18：30	+ 70	完好	×	故障	
15	10. 16	6：30 ~ 18：30	− 43	完好	√	合格	
16	10. 17	6：30 ~ 18：30	+ 70	完好	×	故障	
17	10. 18	6：30 ~ 18：30	− 43	完好	√	合格	
18	10. 19	6：30 ~ 18：30	+ 70	完好	√	合格	
19	10. 20	6：30 ~ 18：30	− 43	完好	√	合格	
20	10. 21	6：30 ~ 18：30	+ 70	完好	√	合格	
21	10. 22	6：30 ~ 18：30	− 43	完好	√	合格	
22	10. 23	6：30 ~ 18：30	+ 70	完好	√	合格	
23	10. 24	6：30 ~ 18：30	− 43	完好	√	合格	
24	10. 25	6：30 ~ 18：30	+ 70	完好	√	合格	
25	10. 26	6：30 ~ 18：30	− 43	完好	√	合格	
26	10. 27	6：30 ~ 18：30	+ 70	完好	√	合格	
27	10. 28	6：30 ~ 18：30	− 43	完好	√	合格	

试验照片如图 4 − 19 所示。

图 4 - 19　试验照片

1. 场效应管管脚断裂

暴露的故障：当试验进行到 475 h，在检测控制器发电功能时，001#控制器在额定转速下无法正常发电，开盖检查发现，控制器侧壁安装的场效应管管脚断裂，如图 4 - 20 所示。

解决措施：现场更改安装工艺，导线固定方式由悬臂梁改为贴壁绑扎固定，如图 4 - 21 所示。随后进行可靠性摸底试验，并在试验后增加了 4 个周期的强化试验予以验证，经验证之后未发生此类问题。

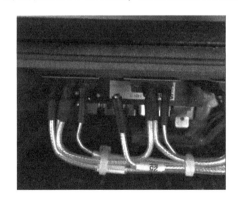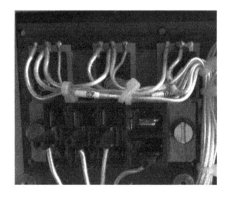

图 4 - 20　场效应管管脚断裂　　　　　图 4 - 21　更改安装工艺

2. 滤波组件管脚对壳体短路

暴露的故障：当可靠性摸底试验（试验时间共计 960 h）进行了 557 h，在检测控制器发电功能时，002#、004#控制器均出现上电后直接过压保护情况。

故障原因：滤波组件发电插座 13 管脚滤波电容焊点与壳体距离过近，在高温湿热条件下，湿气进入产品内部，导致焊点与壳体导通形成失效，如图 4 - 22 所示。

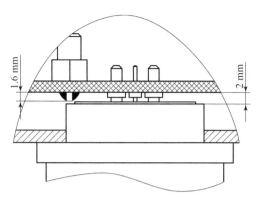

图 4 – 22　滤波组件管脚对壳体短路

解决措施：调整 13 管脚滤波电容焊点与壳体的距离；将电容移出圆形连接器外壳所在区域，防止焊点与连接器外壳接触短路；在连接器上、下外壳间涂密封胶，防止潮气进入产品内部，并在产品工艺文件中增加此工序，如图 4 – 23 所示。

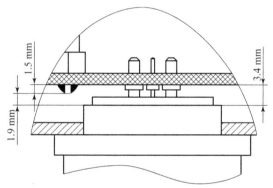

图 4 – 23　对滤波组件进行改进

滤波组件生产厂家已对该产品其余点位及其他项目使用的所有产品点位进行了复查，未发现类似现象。对于改进后的滤波组件，厂家已完成组件产品的补充验证试验。

在试验过程中，控制器出现的滤波组件问题，现场进行修复后继续试验，同时对故障进行了深入的归零和纠正改进分析，将改进后的滤波组件装配到控制器后继续试验，并在 960 h 结束后补做了 84 h 的可靠性摸底强化试验，该故障未再发生。回归试验表明该改进方案得当、措施有效。

第 5 章

维修性设计、评估技术与工程实践

维修性是装甲车辆性能的重要组成部分，也是装甲车辆的重要设计特性，并且维修性工作应贯穿于装甲车辆的全寿命过程。

20世纪60年代初，我国通过仿研仿制生产出中国第一代装甲车辆，在交付部队使用的同时，建立了与装备相适应的使用与维修制度。20世纪60—70年代，我国自行研制了第一批第一代装甲车辆，然而在装备研制中并没有提出维修性指标要求。20世纪70年代末—80年代初，我国开始自行研制一批更新换代型装甲车辆。这批装备在技术性能和结构上都有较大的变化，然而在论证研制期间均没有提出维修性指标要求，致使一批装备在部署使用中出现了难维修、维修时间长、维修费用高等一系列维修性差的问题，导致形成战斗力迟缓，给部队的作战与训练带来较大困难。

我国从20世纪70年代末—80年代初逐渐重视以可靠性为中心的维修理论，并开始开展装甲车辆质量与可靠性工作，最先从解决现役装备减少维修工作量的维修制度改革开始。从1988年开始，我国先后进行了多种车型的维修制度改革试验，取得了大量珍贵的维修性数据。维修制度改革的成功，缩短了现役装甲车辆的维修停机时间，降低了器材消耗，提高了装备的战备完好性。从20世纪80年代末开始，我国的武器装备质量与维修性工作得到迅速发展，颁布了一系列国家军用标准，如《装备研制与生产的可靠性通用大纲》《装备维修性通用规范》，出版了较系统的维修性理论专著，发布了《武器装备可靠性、维修性管理规定》等多项贯彻质量与维修性工作的法规性文件。

|5.1　维修性设计技术概述|

5.1.1　维修性设计的内涵

在维修性设计过程中，如何将维修性的要求和指标转换成功能结构设计的约束是一个重要的问题。在传统的产品维修性设计过程中，将维修性约束分为定量要求和定性要求。定量要求一般具有明确的指标，包括平均修复时间、维修工时率、每日小修时间等，维修性定量指标的选取根据具体产品的不同而有所差别。为了令定量指标对产品设计产生约束，要将上一层次产品的时间指标分配到下一层，一层一层重复，直到基层级可更换单元。定性要求一般根据国军标分为 8 个方面：可达性、人机工程、简化设计、标准化与互换性、防差错、维修安全性、诊断检测和可修复性。为了令定性要求对产品设计产生约束，需要将定性要求转换为细致的维修性设计准则，以指导设计人员进行产品功能结构设计。

工程实践证明，维修性定性、定量要求的约束在一定程度上提高了产品的维修性，但是由于维修性设计过程滞后、维修性要求难以转换成设计人员容易理解的设计约束等原因，产品维修性设计过程依然比较薄弱，获得的维修性成果还不够令人满意。

装甲车辆系统结构紧凑、复杂，工作环境多变，且基层Ⅰ级和基层Ⅱ级承担了很多故障的修理任务，在基层Ⅰ级和基层Ⅱ级有限的维修条件下，要排除大部分故障需要装甲车辆具有相当的维修性。面向维修性综合优化设计需求，从研制工作流程综合、数据综合与技术综合的角度，建立功能结构设计与可靠性、维修性、测试性、保障性及安全性相融合的维修性一体化设计架构，研究基于设计关联模型的维修性设计综合评估与方案改进权衡方法，重在建立装甲车辆功能结构设计特征与维修性要求之间的强弱关系，实现维修性与功能结构特征设计直接联系，提出装甲辆维修性一体化设计方法与优化技术，从而提高装甲车辆的维修性。

设计质量对产品而言至关重要，而以最低的成本获得高质量的产品已经成为当今产品设计的主要追求。产品设计质量的形成不仅与制造阶段有关，还与设计阶段和售后服务阶段有关，尤其是设计阶段起了决定性的作用。维修性是产品本身的一种质量特征，必须在产品设计时注入。把维修性要求纳入产品设计过程中，通过设计与验证来实现维修性要求，称为维修性设计。维修性设计是产品设计阶段的一个非常重要的内容，不仅是提高产品质量水平的客观需要，也是用户的迫切需求。

维修性作为一个正式概念提出来，源于武器装备使用中越来越突出的维修难的问题。通过维修影响要素分析和产品的维修实践表明，维修方便、快捷和经济与否直接同产品本身的某些固有设计特性关联。随着装备复杂性的增加，可靠性的提高并不总能如意，而维修方便、快捷和经济可以弥补装备可靠性方面的不足，对提高装备的完好性起到重要作用。武器装备的维修性已经被置于与作战性能、费用、研制周期等同等重要的地位。

维修性作为产品的一项重要的质量特征，应当纳入产品型号研制过程，与传统设计工作进行系统综合和同步设计。实践证明，设计完成后的改进工作不能从根本上改善产品的维修性。要想从根本上解决产品维修难度大、维修费用高等维修性相关问题，源头在于设计。产品维修性主要取决于系统的总体结构、各单元的配置与连接、标准化和模块化程度等，并与检测隔离及维修方案有关，故维修性设计要从早期抓起，强调早期投入，在设计备选方案时不仅要考虑传统的性能指标，还要考虑维修性要求，使整个产品的维修性有一个好的起点，具有维修性"优生"的特征。

维修性设计的相关研究已经从经验的、分期的、定性的、手工的阶段向科学的、系统的、定量的、自动化的阶段发展，可视化技术、虚拟技术、并行设计技术、一体化设计技术相继被引入维修性工程领域。现有维修性设计工作的主要内容有维修性模型的建立（主要有维修职能流程图、维修时间的统计分布模型和维修性参数的回归模型等）、维修性分配（将产品的维修性定量要求按给定准则分配给各组成部分）、维修性预计（估计产品在给定条件下的维修性而进行的工作）、维修性设计准则的制定（制定一系列的设计准则，以指导产品设计人员进行维修性设计和评审）、维修性设计的试验评定（验证设计的产品是否通过要求）等。

但是，通过分析现有维修性设计工作的主要内容可以看出，现有维修性设计理论体系及方法，其解决维修性问题的思路主要是从已知的装备结构、装配、可靠性数据、维修资源等信息出发，由维修性设计人员估算和评价出装备维修性的一系列特征量。反之，在提出待研装备维修性的一系列特征量的前提下，设计人员则难以应用现有的理论和方法提出一个或多个设计方案来满足这样的指标。现今的维修性设计领域面临着一个问题：依照现有维修性设计理论和方法，维修性要求难以对产品设计方案产生足够的约束作用。该问题导致已有的维修性设计理论与技术不能完全满足装备设计人员的需要，维修性设计工作模式被动、开展时机滞后，与先进的设计制造技术发展不协调，难以应用于现行的装备设计开发过程中等问题。因此，亟须提出解决上述问题的方法，提前在设计阶段就充分暴露维修性设计的缺陷与不足并加以解决，最终达到改善产品维修性、降低维修难度、提高维修效率等目的。

5.1.2　装甲车辆维修性设计的国内外现状

国外对装甲车辆维修性的认识开始于 20 世纪 50 年代。据资料显示，当时美军装甲车辆合格率低，仅为 50%，故障率高，备件需求量大，维修工作频繁，有 1/3 的人和 1/3 的军费用于维修。因此，1955 年美国军方制定并发表了《军用电子设备可靠性》研究报告。从这个报告开始，装甲车辆开始有了维修性试验数据。从 20 世纪 60 年代开始，美军发布了《维修性大纲要求》等一系列维修性标准。

我国从 20 世纪 70 年代末—80 年代初逐渐重视以可靠性为中心的维修理论，并开始开展装甲车辆质量与可靠性工作，最先从解决现役装备减少维修工作量的维修制度改革开始。从 1983 年开始，我国先后进行了多种车型的维修制度改革试验，取得了大量珍贵的维修性数据。

然而，通过对国内外装甲车辆的维修性工作分析，不难发现目前装甲车辆的维修性设计工作存在的一些问题。

（1）装甲车辆的维修性设计工作开展滞后。装甲车辆的维修性设计往往要等到装甲车辆样车形成之后，才通过维修性评估的技术手段对装甲车辆的维修性进行分析与验证，使装甲车辆的维修性设计工作被动地融入产品设计当中，导致一些维修性问题无法得到解决。

（2）装甲车辆的维修性设计与功能结构设计脱离。如果装甲车辆设计没有很好地把维修性设计与其功能结构设计融合在一起，两者相互独立，导致装备研制周期长，并且依然存在严重的维修性问题。

|5.2　维修性主动设计技术|

5.2.1　装甲车辆维修性设计与功能结构设计流程

通过分析当前装甲车辆设计流程，得到装甲车辆维修性设计与功能结构设计流程，如图 5 - 1 和图 5 - 2 所示。

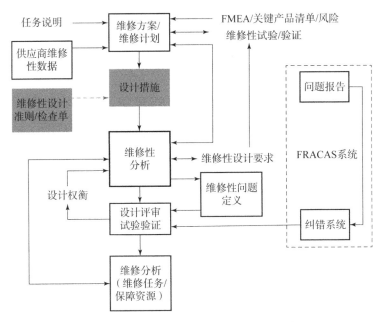

图 5 - 1　装甲车辆维修性设计分析与验证过程

5.2.2　维修性主动设计流程

维修性主动设计是在产品维修性设计中，分层次确定维修性要求和关联影响，把维修性要素融入功能结构设计中，实现功能结构设计要素选型与产品维修性系统权衡优化相结合的一体化设计过程。其旨在构建维修性与功能结构设

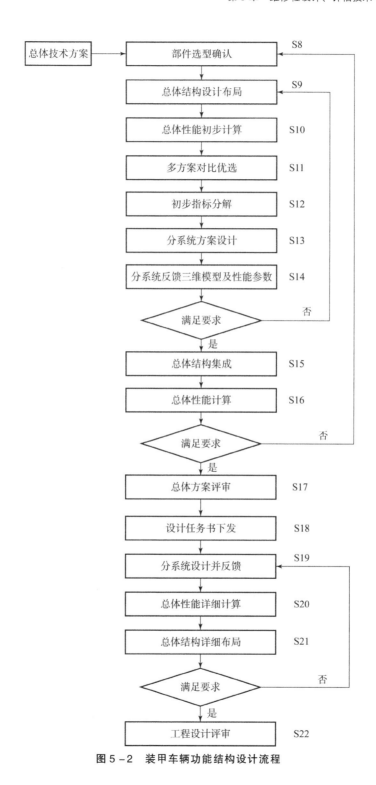

图 5-2　装甲车辆功能结构设计流程

计之间的桥梁，弥补两者在设计流程中相对独立所导致的难以综合设计的缺陷。

图 5 – 3 所示为维修性主动设计流程，主动设计流程由传统的维修性设计、功能结构设计以及维修性主动设计组成，通过维修性主动设计将传统维修性设计与功能结构设计关联。

维修性主动设计流程从任务需求开始，分别从维修性设计与功能结构设计开展设计工作。在功能结构设计流程中，根据初样车与正样车的设计流程，维修性主动设计分为两轮迭代开展工作。针对功能结构设计的方案与工程设计阶段，维修性主动设计由方案设计阶段的系统级向工程设计阶段的单元级递进。在维修性设计流程中，维修性主动设计与传统维修性设计紧密联系，将功能结构设计特征引入传统维修性设计的每个阶段，诸如维修性及其工作项目要求的确定，维修性定性、定量要求分解，维修性分析以及维修性评估。

维修性主动设计区别于传统的维修性设计过程，形成了以功能结构设计要素选型优化和产品维修性系统权衡优化为主的两个闭环设计过程。

1. 功能结构设计要素选型优化过程

这个优化过程始于维修性主动设计，分析维修性与功能结构设计要素与特点，利用系统级与单元级维修性主动设计方法，给方案的优化与部件的选型提出参考与约束，从而达到设计优化的目的。这个过程中主要由方案优化与部件选型过程组成。

1）方案优化

这个过程由系统级维修性主动设计、方案设计和维修性设计组成。首先，通过初始维修方案以及维修性定性、定量要求，开展系统级维修性主动设计，检索并获取关联模型；其次，通过总体结构形式设计与分系统结构、类型性能计算分析，得到方案与系统数据，通过维修性指标分配分解得到维修性数据，将两类数据输入系统级关联模型；再次，通过系统级关联模型与维修性 – 功能特征系统级要素评估，对系统多方案进行评价，得到系统级设计特征与单元级设计要求；最后，将方案评价结果反馈给方案设计的方案评估和确定，而系统级设计特征反馈给维修性要求分解和维修性分析，从而对方案进行优化设计。

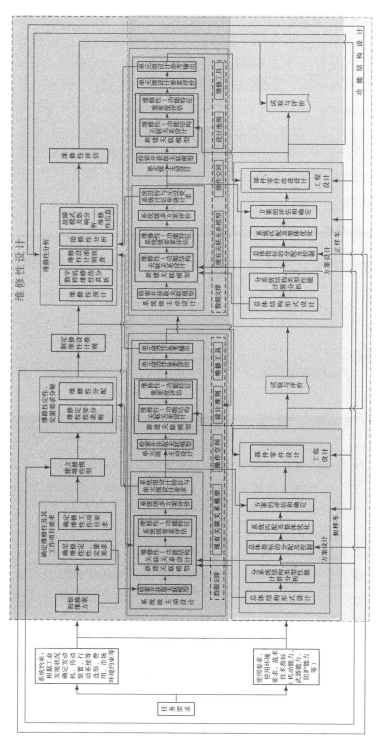

图 5 - 3 维修性主动设计流程

2）部件选型

这个过程由单元级维修性主动设计、工程设计和维修性设计组成。首先，由系统级维修性主动设计得到单元级设计要求，从而确定关联模型；其次，从工程设计的部件、零件设计得到零部件的单元数据，从维修性设计准则得到维修性要求；再次，开展单元级维修性关联模型构建与维修性–功能特征重要度评估，评价单元级设计要素，得到单元级设计参考输出；最后，单元级设计参考输出反馈给维修性分析，辅助维修性分析过程，与此同时，参考输出还需反馈给部件、零件设计，参与零部件的选型设计过程。

2. 产品维修性系统权衡优化过程

相对于功能结构设计要素选型优化过程侧重对装甲车辆方案与部件优化的影响，产品维修性系统权衡优化过程更为关注整个产品设计过程的系统与综合优化。这个优化过程主要由集成了维修性主动设计的维修性设计与功能结构设计组成。

1）维修性设计

首先，从任务要求得到系统要求与使用要求等顶层设计要求，确定初始维修方案与维修性设计要求；其次，从方案设计的系统结构、类型、性能计算分析得到产品功能结构数据，开展维修性建模工作；再次，通过系统级维修性主动设计的闭环反馈，开展维修性定性、定量分解工作，制定维修性设计准则；最后，通过系统级与单元级维修性主动设计的闭环反馈，获取功能结构设计的试验预评价结果，进行维修性分析与评估，最终结果反馈给产品功能结构的方案与工程设计，达到从维修性角度辅助产品设计的目的。

2）功能结构设计

功能结构设计分为初样车与正样车两个阶段。在初样车阶段，首先，同样从任务要求得到系统要求与使用要求等顶层设计要求，开展总体与系统的结构功能设计与分析；其次，通过维修性分配分解，对总体指标进行分配和控制；再次，经过系统级维修性主动设计的反馈，对系统及方案进行优化设计，然后通过单元级维修性主动设计反馈，确定零部件的选型；最后，在维修性分析与评估结果的基础上，开展试验与评价。在正样车阶段，将初样车阶段的数据输入，并迭代完成以上功能结构设计过程，完成维修性主动设计。

|5.3　维修性－功能结构特征关联关系模型|

基于维修性要求与功能结构设计特征关联性分析，针对关联关系的分析结果进行研究，通过分析不同系统的产品实际的维修过程，得到影响维修性的功能结构设计特征，为了避免在以后的研究中产生误解，同时也是维修性－功能结构特征关联关系模型研究的需要，应明确关联关系的因素。

1. 维修性设计要素

根据产品单元级和系统级维修性设计关注的不同内容，将维修性设计要素划分为单元级和系统级两类。

1）单元级维修性设计要素

单元级维修性设计要素依然按照传统的维修性要求分为定量和定性两类要素。

（1）维修性定量要素确定为：

①准备工作时间：待修复产品或维修工具达到能够维修的状态所需要的时间，不包括后勤延误时间。

②检测隔离时间：故障识别、故障定位和确定故障原因以及隔离故障所花费的时间总和。

③维修拆卸时间：产品维修拆卸过程所花费的时间总和。

④修理替换时间：为恢复故障产品执行规定功能的能力所花费的时间总和。

⑤安装调校时间：产品安装和调校所花费的时间总和。

⑥检验复原时间：产品故障修理完成后，检验能否执行规定功能所花费的时间总和。

（2）维修性定性要素确定为：

①可达性：维修时接近产品不同组成单元的难易程度，也就是接近维修部位的难易程度。

②简化设计：指功能结构的简化和维修程序的简化。

③可修复性：针对贵重件的修复和战场抢修的难易程度。

④人机工程：研究人体的各种能力和人体尺寸等因素与装备维修的关系，以及如何提高维修工作效率、质量和减轻人员疲劳等方面的问题。

⑤维修安全性：指避免维修活动时人员伤亡或设备损坏的一种装备的设计特性。

⑥防差错：从设计上入手，采取适当措施避免或防止维修作业发生差错。

⑦诊断检测：指为确定产品或系统的性能、特性、适用性或能否有效正常地工作，以及查找故障原因及部位所采用的措施及操作过程或活动。

⑧标准化与互换性：标准化是在满足要求的条件下，限制产品可行的变化到最小范围的设计特性。互换性是指产品间在实体上、功能上能够相互替换的设计特性。

2）系统级维修性设计要素

对于装甲装备设计来说，系统级维修性设计与系统的组成、单元布局、管路管线以及维修通道布置等综合因素相关，采取单元级的关联分析处理方式不能充分体现综合作用，并且操作性不好。根据系统级产品设计的主要目的，构建 6 个综合指标来体现系统级维修性设计的要求，解决系统级维修性评价问题。

6 个综合指标体现了产品维修性定性和定量的影响，具体如下：

（1）一次可达率：指不需经过拆卸其他系统或单元（不包括正常设置的口盖或者柜门等）就可以接近并进行维修操作的单元数占系统总单元数的比值。

（2）一次可达度：指系统中满足一次可达条件的单元故障率占系统总故障率的比值与一次可达率的乘积的 1/2 次幂。

（3）一次可检测率：指系统中不需要经过拆卸其他系统或单元（不包括正常设置的口盖或者柜门等）就可以进行诊断检测操作的单元数占系统总单元数的比值。

（4）重量舒适率：指系统中重量不超过 16 kg 的单元数占系统总单元数的比值。

（5）系统免调率：指系统中维修后不需要调试工作的单元数占系统总单元数的比值。

（6）系统平均管路折度：指系统中管路弯折程度（大于 90° 的不算折度，小于 90° 的算作两个折度）的平均值。

2. 功能结构设计要素

通过对不同系统的各个部件的维修过程进行分析总结出影响维修性的各种功能结构特征。通常将功能结构特征按照大类分为接口类、属性类、系统特征类、约束特征类。接口类包括紧固接口、操作接口、警示接口、抓握接口、输入接口、输出接口等；属性类包括尺寸、重量、危险源等；系统特征类包括布局、管路管线走向、单元构成、维修通道等；约束特征类包括维修工具、空间约束、外部危险特征、空间物理环境等。其具体定义见表 5-1。

表 5 – 1　功能结构特征定义

功能结构特征类属	具体功能结构特征	具体定义	例子
接口类	紧固接口	将两个或两个以上零件（或构件）紧固连接成为一件整体时需要的固定方式	螺栓、紧固销
	操作接口	方便用户使用和检测电子设备、机械设备等所建立的用户和设备之间的操作端口	旋钮、开关、启动器
	警示接口	对环境、安全、操作及技术状态等方面给予的警示、提示、标识、告诫等的显示装置	标牌、警告
	抓握接口	维护维修中用于设备移动搬运、人员攀爬等的把手、吊具、脚蹬等部件	发动机吊装接头
	输入接口	将外界的物质能量信息引入系统或单元内部的端口	进水口
	输出接口	将内部的物质能量信息传给外部系统或单元的端口	出水口
属性类	尺寸	表示单元或系统的形状数据	主动轮直径
	重量	表示单元或系统的物理质量	履带重量
	危险源	单元内部对人员、设备有潜在危害的特征	履带毛刺
系统特征类	布局	表示产品在系统内部的空间几何关系	发动机位置
	管路管线走向	表示传输物质能量信息流动介质的线路走向方式	油管、水管、线路
	单元构成	组成系统的单元种类	主动轮构件
	维修通道	维修过程中所需要通过的路径集合	机油滤维修通道
约束特征类	维修工具	维修过程所需要工具的集合	扳手
	空间约束	维修过程中空间对维修操作产生约束的集合	机油滤拆装空间
	外部危险特征	单元或系统对人员、设备有潜在危害的特征	高温、高压
	空间物理环境	研究对象周围的设施带来的物质或非实体环境	强信号缆线带来的磁场

5.3.1　维修性 – 功能结构特征关联关系模型的构建

作为一种非定量知识表示方法，图模型包括几个部分：节点、框图、拓扑结构、有向线段、参数、约束、关联关系等。从拓扑结构上看，图模型是一种图，其中节点代表产品或系统的属性和设计特征以及接口等；框图代表产品的单元层次；拓扑结构代表产品或系统之间的内部关联，这种关联通常有实际的管路或管道进行连接；有向线段定性地描述了节点间的关联关系，这种关联是指节点的属性在某一参数或约束作用下引起关联，而且这种关联关系通常分为强关联关系和弱关联关系；参数是针对某一活动或目的提出的定性定量要素；约束是指对参数起限制作用的因素。由于关联关系可以用模型清楚表达，因此可以将参数问题求解和迭代推理纳入统一的理论框架，为问题域中参数和节点之间依赖关系的描述提供定性和定量手段。通过多层迭代和对整体研究的深入，形成一个层次分明，系统相嵌的复杂网状图模型。每当需要研究某一个参数时，可以顺势找出所有的关联关系，然后运用重要度评估方法和灵敏度分析来排列影响因素的大小以及敏感度最高的因素。

为了解决维修性和产品功能结构特征之间的关联关系复杂，影响因素众多的问题，采用网状图模型建模，使影响关系清楚显示而且不遗漏。为了使维修性 – 功能结构特征关联关系模型有层次感和模块化，分别通过以下 4 个步骤进行：结构关联的表达、功能结构设计特征的表达、维修性要求和环境要素的表达、维修性和功能结构特征关联关系的表达。

5.3.2　结构关联的表达

将产品抽象成某一形状的框图，将产品与产品之间的物质、信息、能量的传递用加粗有向线段表示出来。拓扑结构是引用拓扑学中研究与大小、形状无关的点、线关系的方法。这种表示同时代表传递的方向。由于装备内部系统组成基本比较稳定，而且系统之间的相互配合比较固定，存在比较强的知识性，所以可以用拓扑结构把它们之间的内在关系表示出来。尽量将整个系统分为不同的分系统，使整体呈现良好的模块化，以使拓扑结构之间关系清楚。

为了简单起见，先研究系统内部的结构关联，对系统之间的关联暂且不研究。通过分析系统内部物质与能量信息等的循环或交换，绘制系统内部的结构关联图。结构关联图尽量使产品的结构丰富而不遗漏，使每一个产品都是可更换单元，产品内部零件与产品的整体维修级别不同的，要将该零件视为另一个产品，而不应该笼统地作为一个产品。

如图 5 - 4 所示，系统内包含 4 个产品。产品之间存在物质的循环。由于彼此间隔很远，所以能量和信息交换比较少，在图中不显示。系统内部的管路出现故障时，只需要将对应的管路拆卸更换就可以，而不必将整个产品拆卸下来，所以将管路单独作为一个产品。结构关联的表达依赖于对整体系统功能结构的认识和层次的划分。

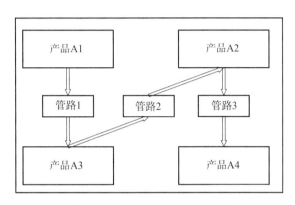

图 5 - 4　某系统内部结构关联

5.3.3　功能结构设计特征的表达

在模型中，节点用附属圆来表示。节点的概念被应用于许多领域。节点通常来说是指局部的膨胀或一个交汇点。在机械工程学中，节点是在一对相啮合的齿轮上，其两节圆的切点。在网络拓扑学中，节点是网络中任何支路的终端或网络中两个或更多支路的互连公共点节点，代表产品或系统的属性和设计特征以及接口等，通常附着在产品或系统的边上，同时表示集合附属关系。节点依照研究的需要可以适当添加，并没有数量上的要求，但是节点需要提前定义。节点代表产品或系统的属性和设计特征，这些特征关联到目标参数。例如侧重研究维修性，则节点大多为位置、紧固接口、操作接口等。如果侧重研究疲劳，则节点为疲劳载荷、循环次数、材料等。

针对实际的维修过程进行分析，确定影响产品维修性的几类功能结构设计特征。有时从单一产品的维修过程中不能很好地总结出来，需要分别以不同系统下各个部件的维修过程为例总结出影响维修性的各种因素。通常将影响维修性的因素按照大类分为接口类、属性类、系统特征类、约束特征类。通常对于每个产品，根据需要将其功能结构设计特征以圆圈表示，并附着在对应的产品上，以示附属关系。

如图 5 - 5 所示，将产品之间的接口、位置、尺寸等功能结构特征以圆圈的方式表示，将系统的管路也作为一个产品，管路也有一些紧固接口和尺寸等因素，作为整体系统也有功能结构设计特征，这是由于产品设计在开始时就要对系统进行规划布局，此时需要对系统层面调整功能结构设计特征。所以在系统层面进行功能结构设计特征的表达。

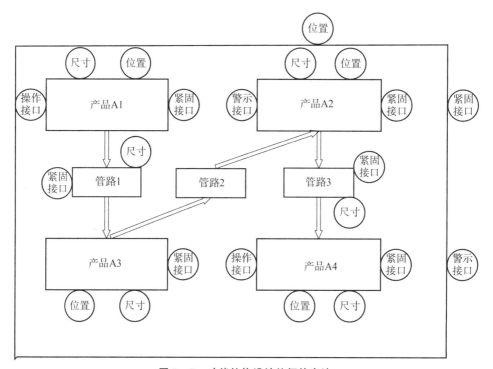

图 5-5　功能结构设计特征的表达

5.3.4　维修性参数和环境要素的表达

模型的约束采用正三角形表示，模型的参数以正六边形表示。参数是很多机械设置或维修上都能用到的一个选项，字面上理解是可供参考的数据，但有时又不全是数据。在统计学中，参数是描述总体特征的概括性数字度量，它是研究者想要了解的总体的某种特征值。在数学中，参数是表示变量代数式中的字母。约束的定义也非常广泛，在物理学中，约束是对非自由体的某些位移起限制作用的周围的物体。在模型中，参数是针对某一活动或目的提出的定性、定量要素，而约束是指对参数起限制作用的因素。

系统内产品之间的关联关系已经用拓扑结构表达。需要根据自己的属性添加对目标参数有外在约束的影响因素。这里的指标既可以是定性指标，也可以是定量指标。

维修性要求在维修性 – 功能结构特征关联关系模型中处于比较重要的地位，它们是经过对产品的系统全面分析得到的约束产品维修性好坏的度量。对于维修性定量指标采用菱形表示，对维修性定性指标采用正六角形表示。在实际的维修操作过程中，有许多外在的和内在的约束，它们对维修操作过程起到了阻碍作用，在维修性 – 功能结构特征关联关系模型中以三角形显示。

　　如图 5 – 6 所示，将产品的维修性定性指标用指标 1、指标 2、指标 3、指标 4 来表示，对于空间约束、外部危险源、空间物理环境等环境要素，按照实际影响的产品位置来布局，为构建维修性 – 功能结构特征关联关系模型奠定了基础。

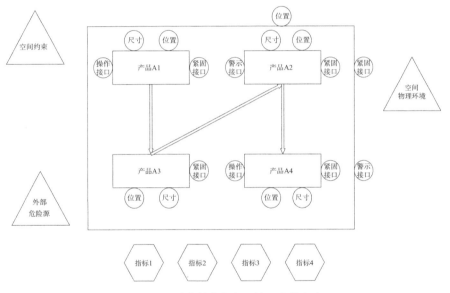

图 5 – 6　维修性参数和环境要素的表达

5.3.5　维修性和功能结构特征关联关系的表达

　　系统内部产品之间的物质传递用宽箭头表示，产品的设计特征对目标参数的影响用带箭头的细实线表示。关联关系是指多元素之间的相互作用，包括一对一的关联关系、一对多的关联关系、多对多的关联关系。模型内的关联关系通常比较复杂，有内部物质传递的关系、位置的强相关关系、对目标参数影响的关系。许多关联关系如果用同一种线型表示会导致整个模型图交错混乱。为了避免这种情况，对每一种关系都要进行定义，可以分别采用不同的线型来区分，如图 5 – 7 所示。

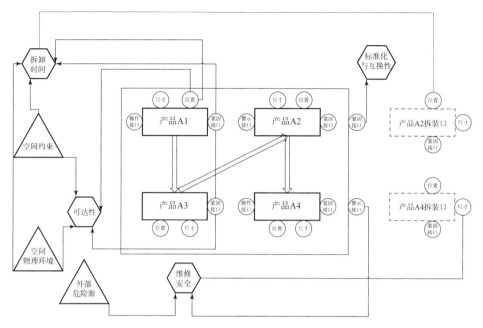

图 5-7　维修性和功能结构特征关联关系的表达

这样使整个模型层次分明。维修性和功能结构特征关联关系的表达是模型构建中最重要的一步，关联关系的确定依赖于对产品维修过程和产品的维修性要求的深入理解，通过对产品的可达性、标准化与互换性的分析，将影响功能结构的关联关系以细实线表示，用箭头表示影响的方向，这样就将系统与系统、部件与部件、系统与部件之间的关联关系用模型表示出来。具体的表示见表 5-2。

表 5-2　模型元素的表示方法

名称	模型结构的具体含义	模型元素的表示方法	图例
产品单元	组成系统的单元	细实线矩形	
虚拟单元	系统与外界关联的物理端口	细虚线矩形	
系统层次	相互联系组成的具有某种功能的整体		

续表

名称	模型结构的具体含义	模型元素的表示方法	图例
物理关系	产品间的物质能量流动	双箭线	
属性关系	因素间的关联影响	带箭头细实线	
单元级维修性设计要素	维修性定性和定量设计要素	细实线六边形	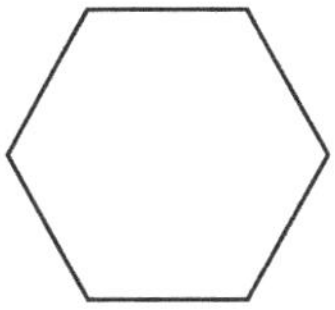
系统级维修性设计要素	维修性系统设计要素		
产品特征	产品功能结构设计特征	附着在矩形上的细实线圆形	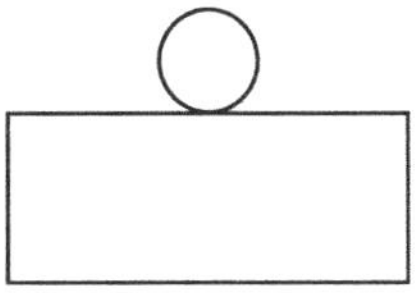
约束特征	产品的环境、危害、工具等影响因素	细实线三角形	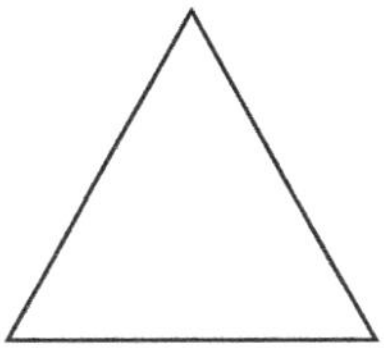

维修性和功能结构特征关联关系分单元级和系统级处理，各功能结构设计要素和维修性设计要素的关系矩阵见表5－3～表5－5。

表5－3 单元级功能结构特征与维修性定量要素关系矩阵

功能结构分解设计特征 \ 维修性评估指标		准备工作时间	检测隔离时间	维修拆卸时间	修理替换时间	安装调校时间	检验复原时间
产品A1	属性	危险源					
		重量					
		维修频率					
		尺寸					

续表

维修性评估指标 功能结构 分解设计特征			准备工作时间	检测隔离时间	维修拆卸时间	修理替换时间	安装调校时间	检验复原时间
产品 A1	接口	警示接口						
		紧固接口						
		抓握接口						
		操作接口						
		输入接口						
	环境约束	输入接口						
		维修工具						
		空间约束						
		外部危险特征						
		空间物理环境						

备注：数值从 1 到 9 表示两者相关性越来越强。

表 5 – 4　单元级功能结构特征与维修性定性参数关系矩阵

维修性评估指标 功能结构 分解设计特征			可达性	人机工程	简化设计	标准化与互换性	防差错	维修安全性	诊断检测	可修复性
产品 A1	属性	危险源								
		重量								
		维修频率								
		尺寸								
	接口	警示接口								
		紧固接口								
		抓握接口								
		操作接口								
		输入接口								
		输入接口								
	环境约束	维修工具								
		空间约束								
		外部危险特征								
		空间物理环境								

备注：数值从 1 到 9 表示两者相关性越来越强。

表 5 −5　系统级功能结构特征与维修性要素关系矩阵

维修性评估指标　　功能结构　设计特征		维修性定性、定量设计要素					
		一次可达率	一次可达度	一次可检测率	重量舒适率	系统免调率	系统平均管路折度
系统	设备布局						
	管路管线走向						
	单元构成						
	维修通道						

|5.4　基于虚拟现实的维修性评价|

　　虚拟维修是目前世界上进行维修性与性能协同设计的先进技术和手段。利用虚拟维修进行维修性设计和评估，需先构建一套虚拟维修系统，即进行虚拟维修仿真的软、硬件平台的构建。虚拟维修系统的主要技术依据是基于数字化技术和软件人机模块的虚拟维修环境，在虚拟维修环境中进行维修性设计和评估，实现虚拟环境中产品维修性的现实化，如图 5 −8 所示。

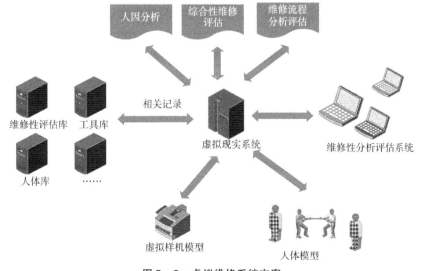

图 5 −8　虚拟维修系统方案

5.4.1 虚拟现实下的维修性评估流程

首先需要研究装甲车辆维修过程仿真及维修性分析的流程和方法，对维修过程仿真和维修性评估的最优流程和方法进行分析和归总，形成对虚拟维修仿真具有指导性的技术报告，为进一步开展虚拟维修性工作奠定基础。

基于虚拟维修的维修性分析必须以数字样机为依托，虚拟维修流程反映了从建立数字样机到维修性仿真分析的基本过程。基于虚拟现实的虚拟维修仿真及维修性评估流程如图 5 – 9 所示。

5.4.2 维修过程仿真

虚拟维修需通过计算机虚拟现实技术模拟维修的全过程，以全面逼真地反映现实的维修操作过程和环境。仿真人员通过与装甲车辆设计人员和外场维护人员的交流，以及对电子样机和技术手册的研究，对维修任务进行分解，建立维修工作的基本流程图，导入上述建立的维修数据（数字样机、人体模型、人体姿态库、人体动作库）建立维修环境，最后结合仿真平台最终的各种功能模块对具体设备的维修任务进行虚拟仿真。

5.4.3 维修性评估

进行维修性评估时，评价人员会先进行一次维修过程的仿真运行，从定性和定量两个方面给出设备的维修性及维修工作方案的总体评估结果。

首先对维修性进行定性分析，根据装甲车辆维修性设计准则对设备的可达性、标准化和互换性、模块化、检测性、防差错性、防差错标志、人体疲劳特性等维修性进行定性分析。

其次对维修性进行定量分析：维修性定量分析包括对维修任务平均修复时间和维修工时进行预计，其预计方法参考 GJB/Z 57《维修性分配预计手册》。

5.4.4 虚拟现实环境下装甲车辆维修性评估过程总结

基于上述对虚拟环境下维修性评估流程及相关基本技术的研究，可以梳理出基于虚拟现实的装甲车辆维修性评估总体思路，如图 5 – 10 所示。

从图中可以看出，装甲车辆维修性评估体系涵盖定性和定量两大方面（在后文会具体介绍），评价的角度不同，其过程和方法也有所不同。

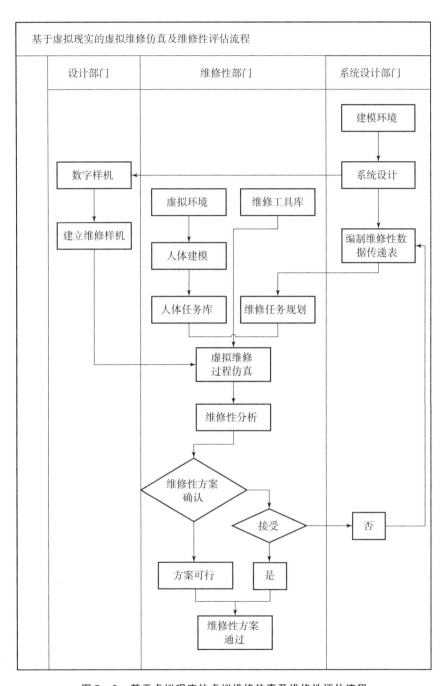

图 5−9 基于虚拟现实的虚拟维修仿真及维修性评估流程

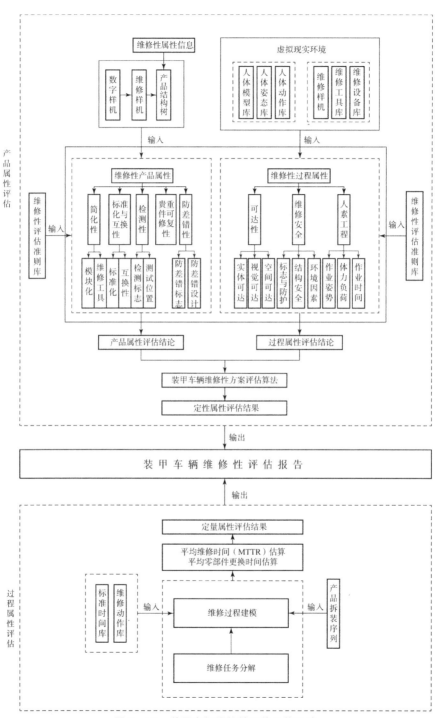

图 5－10　装甲车辆维修性评估总体思路

对于定性的属性，维修样机技术，人体模型库技术，人体姿态库技术，人体动作库技术以及维修工具库、维修设备库技术等，是支撑整个虚拟环境构建的必要技术和内容，也是评估工作开展必不可少的输入信息。其中产品属性的评估主要依据产品结构树，其相关属性的信息直接来自维修样机的产品结构；而在进行与维修过程相关的属性评估时，如可达性、安全性等，必须依托虚拟现实下的维修任务建模，维修任务建模工作的开展，要依托对维修工具库、维修设备库等的研究。

对于定量的属性，目前主要考虑的是平均维修时间（MTTR）和平均零部件更换时间。对平均维修时间的估算及评价，也同样依赖于维修过程建模技术，这时，维修动作库、标准时间库以及设计给出的产品拆装序列，是获得准确维修时间的关键。

5.5 面向时空要素的装甲车辆维修性评估指标体系研究

评估工作开展之前，应该对评估对象进行全面的分析，将影响评估对象性能的因素提取出来，梳理主要因素，剔除次要因素。从主要因素的角度出发，展开评估工作，从而使得到的评估结论更有效、更有针对性。

对于装甲车辆来说，影响其维修性能的因素有很多。从设计的角度看，设计时的产品结构、材料选择、装配路径等对后续产品的维修性有着先天的影响；从实际的维修过程看，在不同的维修环境、维修方案下，同一产品的维修难易程度也会有所不同。本节详细讨论了维修性评估指标体系的建立方法，从影响装甲车辆维修性的因素出发，建立了装甲车辆维修性评估指标体系，用于指导装甲车辆维修性评估工作的开展。

5.5.1 维修性评估指标体系建立方法研究

1. 评估指标体系建立原则

一般来说，构成综合评估问题的要素主要包括：评估目的、被评估对象、评估者、评估指标、权重系数、综合评估模型以及评估结果。其中评估指标是指根据研究对象和目的，能够确定地反映研究对象某一方面情况的特征依据。每个评估指标都是从不同侧面刻画对象所具有的某种特征。所谓评估指标体系是指由多个相互联系、相互作用的评估指标，按照一定的层次结构组成的有机整体。评估指标体系是评估工作开展的基础。

评估指标的选择和评估指标体系的建立应按照一定的原则，通常来说，评估指标体系应具有如下特征：

（1）系统性（完整性）。评估指标体系能够覆盖综合评估要求的所有重要方面。评估指标体系作为一个完整的有机整体，根据评估对象的特点，使选择的评估指标形成一个具有层次性和内在联系的评估指标系统。选择的评估指标体系覆盖面要广，能够从不同的角度描述和刻画评估对象在各个方面的主要特征和状况，能根据评估指标的不同特征进行不同的分类，并在此基础上进行综合性归纳，综合地反映出构成评估对象综合绩效水平、现况水平和持续改进能力的各种要素，从整体上对评估对象进行完整的综合评估。

（2）相互独立性。评估指标之间应尽可能相互独立，这样才不会重复考虑问题的某一方面。在实际问题中，评估指标间的完全独立是很难做到的，因此只要求评估指标之间不要有明显的重复，从而产生属性上的冗余。

（3）简约性。不可能用其他元素更少的属性集合来描述同一综合评估的问题。评估指标体系必须充分考虑可操作性条件，评估指标体系并非越大越好，评估指标也并非越多越好，选择的因素和评估指标过多会淹没主要因素和评估指标，致使评估无法进行或无意义。因此要充分了解每个评估指标的特点、数据取得的可靠性和代表性，尽量利用现行条件下的相关资料和较准确的预测资料，经过科学分析选择具有代表性的主要因素。综合评估指标和基础数据必须简单、明确、具有可比性和可测性。

（4）可运算性。评估指标应该是可测度、可比较的，即各评估指标必须可进行定量或定性测量（或测评）、可进行同类比较。只有如此才能应用到随后的综合评估分子中去。

（5）同向性。同向性是指各个评估指标在反映研究对象的特征和程度时，其数值的大小与其特征和程度上的优劣的评估方法是相同的。一般地说，在具体选择中要求以正指标、逆指标，或者中性指标形成，避免不同方向的评估指标应用在同一问题，因方向的不同而相互抵消，混淆了事物本质特征的反映。即使在实践中，出现了正、逆、中性指标同时出在同一评估指标体系中，也应该将其转换为同向的评估指标进行评估。

评估指标体系的合理与否对综合评估影响极大，如果有条件，应尽量选用公认的较为权威的评估指标体系。由于不同评估指标体系之间没有一个很好的评估优劣的方式，所以一般在评估方法研究中不涉及评估指标体系的建设问题，只是针对具体问题进行具体分析。

2. 评估指标体系的建立过程

在评估指标体系的建立过程中，首先应该明确评估目的，并对评估对象本身的特点有一定的了解，在此基础上进行评估指标的初选。对于初选出来的评估指标，在遵循上述原则的前提下，根据对研究对象特点的了解和分析，并结合因素指标选择常用的方法，如专家评价法、德尔菲选择法、经验判断法、惯例标准选择法等对与评估对象相关的属性进行进一步选择和分类，最终将其按照一定的逻辑组合，形成综合的评估指标体系。

评估指标体系的建立过程如图 5－11 所示。

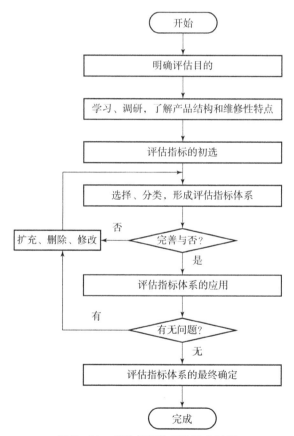

图 5－11　评估指标体系的建立过程

5.5.2　装甲车辆维修性影响因素分析

维修性作为设计赋予产品的一项固有的质量属性，其好坏最终在维修的任务过程中体现出来。产品维修是一个复杂的作业过程，维修效果的好坏受到多种属性因素的影响。因此研究虚拟现实下装甲车辆维修性的评估技术，也必须从多维度出发，研究不同的维修性因素对维修作业过程的影响效果。

通过对大量装甲装备维修性评估案例的研究以及对装甲车辆产品结构的分析，本书将与维修性相关的因素分为定性与定量两种不同的属性。

1. 维修性定性属性

按照分析对象的不同，将维修性定性属性分为两类：

第一类属性的分析对象是产品本身，包括简化性、贵重物件可修复性、标准化与互换性、防差错性、可测试性，这一类属性的分析与评估需要依赖以往的设计经验。

第二类属性的分析对象是组成产品的各部件的维修作业过程，包括可达性、舒适性、安全性，可通过在物理样机或虚拟样机上进行维修作业过程演示来对属性值的优劣进行评估。

1）维修性产品属性

（1）标准化和互换性。

标准化：标准化是维修性设计要考虑的重点之一，产品的标准化不仅对设计与生产有极大的好处，而且对维修的简便性、迅速性、经济性和部队机动性有着全面的影响。在维修性评估中考虑标准化的作用，可以使维修时间缩短，并降低对维修人员技能的要求，是非常重要的。

互换性：互换性是产品系列化、通用化、模块化的标准，在维修性评估中考虑产品的互换性，可以减少装备中零部组件的品种、规格数，将降低维修保障资源要求，减少维修难度，是必须考虑的。

（2）防差错性。

维修过程中的人为失误不可避免，其根本原因是缺乏防差错性设计，采取防差错性设计可以大大减少关键性的维修作业中的人为失误，所以在维修性评估中很有必要对产品设计阶段的防差错性设计进行评估。

通常可以考虑以合理的防差错标志提醒维修作业人员，避免出现错误的作业形式，或者使用防差错性设计（如结构防呆、结构自锁等）。

（3）可测试性。

故障检测和隔离的难易程度直接影响产品的修复时间，产品越复杂，这种影响越明显。所以基于这点，为缩短故障检测和隔离时间从而缩短产品的修复时间，提高产品的可用性，需要对产品的可测试性进行评估。

（4）简化性。

装甲装备由于构造复杂，会带来使用和维修方面的复杂，从而导致人力、时间及其他各种保障资源消耗的代价，并降低装甲装备的可用性，所以，简化设计与维修是最重要的维修性要求，也是设计阶段的主要目标。

简化设计包含对产品结构模块化的设计、维修工具简化的设计。

模块化：所谓模块化就是在产品设计过程中尽量采用模块构成系统。模块化是提高产品维修性的有效途径。模块化使产品构造简化，能迅速、准确地进行故障检测、隔离和修复。特别在基层级可实现广泛的换件修理。

维修工具：在维修时，对工具及设备的要求应该尽量低，而且应尽量减少专用工具、专用设备的使用，减少维修操作步骤和修理工艺。维修工具通常要考虑的因素有工具标准化、专有度、效果性、便利性。

（5）贵重件可修复性。

贵重件应具有便于其磨损、变形或有其他形式故障后修复原件的性能。例如设计成可调整的、可局部更换的组合形式，设计专门的修复基准等。

2）维修性过程属性

（1）可达性。

在维修过程中，能不能轻松"看得见，够得着"是一个非常重要的问题，它直接决定了维修工作的可行性，并且可达性的好坏还会产生不同的心理效应，维修人员会倾向于容易接近和操作方便的工作，因此，良好的可达性是维修性设计的重要目标，需要重点评估。

可达性按照分析对象的不同，又分为实体可达性、视觉可达性、空间可达性。

①实体可达性：工具或手能够沿一定路径或方式接近维修部位。零部件应在不拆卸其他零部件的情况下能直接接触到；对于大的、重的零部件等，在布局时应考虑尽可能放置在开口部分的近旁；故障出现频数多的零部件、更换时间长的零部件，也应放在实体可达性好的部位。

②视觉可达性：在维修作业时，操作者能否容易地、清晰地观察到操作部位，极大地决定了维修作业过程的难易程度。视觉可达性不好会加重人的疲劳，在特殊情况下甚至会影响维修任务的完成。

③空间可达性：空间可达性是指产品结构设计本身留有空间和余地，使工具或手有足够的空间完成相应的维修动作，如扳手应至少有 60° 的转动空间才可以完成扳手的维修任务，使用改锥时应保证螺钉头上方的空间不小于工具本身长度等。

（2）维修安全性。

产品在维修过程中不可避免地会遇到安全性的问题，为保证维修人员在维修时的安全，需要对装备进行特殊的保障性设计或者对某些具有安全隐患的零部件加以合适的标识。对于维修性评估,安全性是其中非常重要的一环。

在维修过程中,通常考虑的安全性因素有:危险防护、机械结构、环境因素。

①危险防护:在产品设计时,对于一些可能发生危险的部位,应提供醒目的标记、警示等辅助预防手段,或者提供自动预防措施。

②机械结构:由于机械产品自身的属性特征,在维修作业时,操作者很可能受到来自维修对象的机械伤害。例如,设计结构本身带有较为尖锐的棱角、锋刃,或操作零部件本身质量较重等,都有可能伤害到操作者的安全。

③环境因素:维修过程中的温度、静电以及放射性物质可能对维修作业者造成损伤。

(3)人素工程。

人因工效是评价维修作业过程的重要指标因素。没有考虑人因工效因素的维修性设计往往会造成作业者的极度疲劳,影响维修作业的准确性和效率,也不符合以人为本的设计理念。影响人体作业疲劳度的主要因素包括:作业姿势、体力负荷、操作时间3项内容。

①作业姿势:很显然,不同的作业姿势对人体疲劳的影响是不同的。在人因工效学领域,很多专家和学者致力于研究不同的作业姿势对疲劳特性的影响,并尝试将不同的作业姿势予以分类。对疲劳特性的分析,需要考虑操作者的作业姿势因素。

②体力负荷:作业过程就是体力付出的过程,体力负荷与作业过程中操作者使用的工具、操作方式、作业空间以及施力方向和维修对象的质量直接相关。

③操作时间:短暂的大负荷作业或者处于某一疲劳姿势工作,给作业者造成的身体疲劳是很小的,但长时间的重复性工作却往往能造成身体的劳损,因此维修作业过程中的操作时间也是影响疲劳特性的重要因素。

2. 维修性定量属性

随着维修性越来越受到重视,维修性定量指标成为评估系统维修性的一个重要因素。装甲车辆由于与普通车辆在功能和结构上有差别,其更需要关注维修时间等定量属性对维修过程的影响。

处于不同方面的考虑,针对具体的装备特点,可以提出各种维修性参数,典型的维修性参数有以下几种。

1)与维修时间有关的参数

平均修复时间(MTTR 或 T_{CT}):平均修复时间是产品维修性的一个基本参数。其度量方法为:在规定的条件下和规定的时间内,产品在任意规定的维修级别上,修复性维修总时间与该级别上被修复产品的故障总数之比。

最大修复时间（T_{maxct}）：最大修复时间是平均修复时间的函数，即 $T_{maxct} = f(T_{CT})$。

预防性维修时间（MPMT 或 T_{pt}）：预防性维修时间与修复时间相似，计算时以预防性维修频率代替故障率。

平均维修时间（MTTS 或 T）：在规定的条件下和规定的期限内产品预防性维修和修复性维修总时间与该产品计划维修和非计划维修事件总数之比。

每工作小时平均修复时间（M_{TUT}）：在规定条件下和规定时间内修复性维修时间之和与产品工作时间之比。

维修停机时间率（T_{MD}）：产品每工作小时维修停机时间的平均值。

2）与维修工时有关的参数

每小时直接维修工时（DMMH/OH）：在规定的条件下和规定的时间内，产品直接维修工时总数与该产品寿命单位总数之比。

维修工时率（M_1）：在规定的条件下和规定的时间内，产品维修工时总数与该产品寿命单位总数之比。

3）与维修费用有关的参数

每工作小时直接维修费用（DMC/OH）；

每工作小时维修器材费用（MMC/OH）。

4）与维修任务有关的参数

恢复功能用的时间（MTTRF 或 T_{mct}）：在规定的任务剖面中，产品致命性故障的总维修时间与致命性故障总数之比。

重构时间（TR）：系统故障或损伤后，重新构成能完成其功能的系统所需的时间。

在上述与维修性定量属性相关的参数中，与维修时间有关的参数较其他因素更能突出维修效果的好坏，对于装甲车辆来说，在战场紧急任务状态下，尤其关注装甲车辆与维修时间有关的参数，并结合虚拟现实下的仿真技术，选定与维修时间有关的参数作为定量因素的评估内容。

在对与维修时间有关的参数的研究中，平均修复时间（MTTR）是维修性验证中最常用的定量参数，由于项目需要，在研究维修性定量属性时，还引入了装备平均更换时间。

5.5.3 装甲车辆维修性评估指标体系

通过对影响装甲车辆维修性因素的分析，并按照前面论述的原则和方法，总结出影响装甲车辆维修性好坏的基本属性，并按照一定的原则对其分类，从而形成了完整的体系结构，如图 5 - 12 所示。

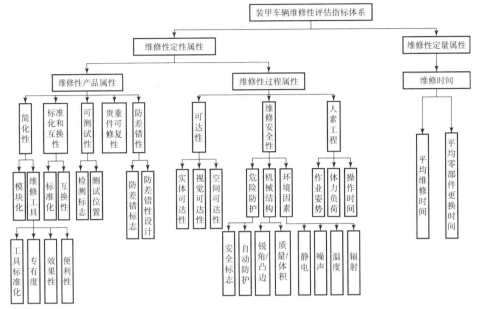

图 5 – 12　装甲车辆维修性评估指标体系

由图 5 – 12 可以看出，对装甲车辆维修性评估的重点包括两大基本方面：定性评估和定量评估。

其中，根据前述分析，定性属性从与产品结构相关的维修性产品属性和与维修过程相关的维修性过程属性两个角度对维修性进行考核。每一项属性下根据实际情况并参考国军标中的相关规定细化展开。

1. 维修性产品属性

简化性、标准化和互换性、可测试性、贵重件可修复性、防差错性属于维修性产品属性。

其中简化性包含模块化和维修工具两项指标因素，对维修工具的评价又细分为工具标准化、专有度、效果性、便利性 4 项指标。

根据国军标的相关规定，标准化和互换性是产品维修性设计过程中的基本要求，在评估指标体系中予以保留。

可测试性关注的是产品维修过程中易损坏部件是否留有容易测试的测试位置以及在相关位置是否有容易观察的测试标志。

对于某些特殊结构，在维修过程中的防差错性要求通过产品设计结构保证安装正确性；对于一些在维修过程中可能危害维修作业者人身安全的产品结构，在设计时需考虑留有标志并且进行结构上的防呆、自锁等设计。

2. 维修性过程属性

关于维修性过程属性，以可达性、维修安全性和人素工程作为主要指标。

可达性按照前述分析，主要从实体可达性、视觉可达性以及空间可达性 3 个角度进行评估。

对人素工程的分析，重点关注 3 项指标：作业姿势、体力负荷及操作时间。本书认为这 3 项指标是造成人体作业疲劳的关键性因素。

与维修安全性相关的指标主要包括：危险防护、机械结构以及环境因素。

3. 维修性定量属性

考虑装甲车辆的实际用途和特点，维修性定量属性主要从维修时间的角度出发，选择维修性验证中最常用的参数平均维修时间和平均零部件更换时间为定量评估指标。

减少平均维修时间和平均零部件更换时间对提升装甲车辆战时相应速度以及降低日常维护保养工作强度有着重要影响。

4. 面向装甲车辆维修性评估方法

在上述研究的基础上，针对评估指标体系中不同种类的指标，研究和寻找适当的评估方法，从不同的层面对装甲车辆维修性开展评估。

评估装甲车辆的维修性设计，评估对象为产品的设计结构。在模块化设计思想的指导下，产品设计人员交付的设计成果应带有结构化、模块化信息，这些信息在评估指标系统中继续保留，从而可以帮助评估者详细了解产品设计、装配结构，以便对产品开展维修性评估工作。

5.5.4 维修性定性属性评估方法

1. 维修性定性属性评估步骤

维修性定性属性包括维修性产品属性和维修性过程属性。维修性产品属性（以下简称为"产品属性"）与产品本身的结构、形状、材料等有关，是产品与生俱来的维修性要素。产品属性取决于设计，不随产品状态、维修环境、维修手段等因素的变化而改变，对日后维修质量的好坏起着决定性的作用。维修性过程属性（以下简称为"过程属性"）关注的是与实际维修工作相关的产品结构设计，维修性差的产品在维修过程中会出现如下问题：维修操作空间不够导致无法维修；维修时干涉问题导致维修人员处于别扭的姿态下，带来身体的损伤；产品设计有的方面没有顾及其所带来的安全性问题。正是基于这样的考虑，不能只针对产品本身，还需要从维修过程中发现产品存在的维修性问题。过程属性与产品属性一样重要。

2. 产品属性评估方法

产品属性在很大程度上决定了维修作业过程的难易，而这类属性作为设计时赋予产品的固有属性，依赖于以往的设计经验。此类指标因素较为主观。对此类属性的评估，需要借助设计评估准则，建立打分标准，由专家或评估人员参照产品结构特点，对每项属性进行对比和打分。

评估步骤如下：

（1）建立产品属性评估准则表。评估准则表应立足于产品结构特点和国家标准，对每个指标属性的设计要求进行细化，形成具体的评判标准，并力求每一项评判标准在使用中，都具有典型性、明确性、简化性、代表性的特点，尽量减少过多的思考和判断，使专家在评估的过程中意见集中，简便易行。

（2）确定合理的打分标准，为准则表中的每一条准则赋分。

（3）从评估准则表中选取适用的准则条目进行评估。评估准则表是基于通用产品制定的，对某一具体产品并非所有条目都适用。针对具体的产品结构，要从准则表中选取该产品适用的评估准则。

（4）划分产品结构单元，把大的产品结构分解为小的结构单元。整个产品关于某一项评估准则的得分，是组成其所有结构单元得分的平均值。

专家在评估过程中，根据评估方案中的产品维修性信息，分析产品的设计特点和维修性特点，对照评估准则，对组成产品的各个结构单元的维修性进行打分。

3. 过程属性评估方法

产品属性的评估主要面向产品的设计结构，其相关属性的信息直接来自维修样机的产品设计；而在进行与维修过程相关的属性评估时，如可达性、安全性等，必须借助虚拟现实下的维修任务建模。维修任务建模工作的开展要依托于对人体姿态库、维修工具库等技术内容的研究。

1）可达性评估准则

（1）实体可达。实体可达指的是工具或手能够沿一定路径或方式接近维修部位的程度。实体可达的好坏与人体可达域的大小有关，可以认为可达域是人的手臂形成的最大可触及范围。如果在实际维修作业过程中，操作位置偏离操作人员的可触及范围，甚至在其可达域之外，操作人员很难精准地完成作业，而且物体距离人体越近，操作人员越容易触及，其可达性越好。

利用 Jack 软件的可达域分析模块（Advanced Reach Analysis），可以完成实体可达性的分析，可达域分析工具可生成一个区域，这个区域能够为特定尺寸的数字人描绘出其最大可触及范围，如图 5 - 13 所示。在 Jack 软件中，针对产品结构的维修步骤，建立维修任务仿真的过程，构造出操作人员可达域包络空间，观察对比维修对象位于操作空间内的位置。

图 5 - 13　Jack 环境下的实体可达性分析

　　专家可以根据维修对象与手臂包络空间的相对位置，判断可达性的优劣，并对当前操作的可达性进行打分。

　　（2）视觉可达。维修过程的视觉可达是指在维修的过程中，眼睛能看到以及容易地看到所操作的物体。人眼能看到物体的范围是一个类似锥状的包络区域，也就是人们常说的"视锥"（View Cones）。视锥以人的眼睛为出发点，将眼睛能看到的区域立体地展现出来。根据人因工程学，初始 40°的圆锥角是人的最理想的视角范围，当然物体越处于视觉中央的位置，双眼观察效果越好。操作人员进行作业期间，操作位置是否处于操作人员的视锥范围或者最佳视角之内，将会直接影响作业舒适度以及操作效率。

　　基于人的视觉观察规律，在 Jack 软件中，构造操作人员维修过程的视锥模型，如图 5 - 14 所示，并设置不同的视锥角度值，以判断该产品结构的维修是否具备良好的可视性。

图 5 - 14　Jack 环境下不同的视角范围

专家在对维修过程中操作人员的视觉可达性进行评估时，可以依据被维修物体位于操作人员视锥范围内的位置进行打分。

（3）空间可达。产品的维修空间指的是零部件的结构设计是否留有足够的操作空间，主要与产品的结构设计和布局相关。空间可达性可以用作业空间比 r 来评估：

$$r = \frac{V}{V_{\min}} \tag{5-1}$$

式中：V——作业空间；

$V_{\min}$——最小作业空间，当操作部位和维修工具确定时，$V_{\min}$ 为定值。

在虚拟环境中对其测量，计算出作业空间大小，根据测量数据，计算出作业空间比 r。根据试验统计数据可知，当 $r > 1.5$ 时，可以认为维修部位作业空间比较好，即维修过程中一般不会发生碰撞和干涉。

如果考虑合理布局和充分利用空间的情况，作业空间比也不宜过大，可对作业空间根据具体情况进行调整。

2）安全性评估准则

安全性的评估要从产品维修过程仿真中分析维修作业可能给操作者带来的危害。国军标 GJB/Z 91-97 中详细规定了武器装备产品在设计过程中应该注意的安全性设计条目。在研究中结合装甲车辆维修的实际情况，将其总结为危险防护、机械结构、环境因素三个主要方面，并细化为具体的评价准则。

专家在开展产品的安全性评估时，需结合与产品相关的维修作业过程，通过观察产品在虚拟现实环境的维修状态，对照安全性评估准则开展评估。

3）基于立方体模型（Cube Model）的人因分析

疲劳特性的评估是从人因工效的角度对维修过程中操作人员的生理疲劳程度进行考核。疲劳特性评估主要参考人在维修过程中的作业姿态、体力负荷和工作时间。

经过多方面对比和查阅文献发现，立方体模型在评估人体的生物力学疲劳方面具有很好的效果，且应用广泛，因此考虑将该方法应用于维修作业评估。

立方体模型是 Kadefors 于 1994 年提出的一种生物力学评估方法。该模型的建立是以科学的数据为基础，研究者从研究中得出：与工作相关的身体疲劳在很大程度上受到 3 个相互关联的因素的影响，即姿势、载荷和持续时间。该方法是目前唯一在实际中应用的三维评估方法和被人们接受的计算机评估模型。

该模型包括 3 个因素：姿势变化（姿势）、在推/拉施力或手工作业中的外力作用（载荷）、静态或重复载荷作用时间（时间）。

根据立方体模型的理论，每一种因素都被划分成低等、中等和高等 3 种水平，等级越高，越不可以被接受。因此要根据研究问题的实际情况，事先制定一些标准来确定每一种因素的低等、中等和高等水平范围。

从人因工效学评估的角度看，基本因素都是极强相关的。例如，在一个最佳的区域中作业，只要在持续的工作中剧烈情况仅仅发生几次，那么即便高强度的工作也是可以被接受的；但是如果作业动作需要不停地重复，或者在一个很差的工作环境中，即便中等或者低等的类型也是不能被接受的。

因此，在立方体模型中，总共有 27 种不同的组合情况，对于每一种因素，都设置了一个可以接受的水准。Kadefors 认为接受度应该是由乘法模型导出的一个变量，在模型中，因素分值 1、2、3（低等、中等、高等情况）等级由好到差的分配是递增的。

$$A = 姿势 × 载荷 × 时间 \qquad (5-2)$$
$$(1 \leqslant A \leqslant 27)$$

根据计算的 A 的值，被分析的工作状态可以被接受（$A \leqslant 5$），有条件地被接受（$5 < A \leqslant 10$），或者不能被接受（$A > 10$）。

为实现该算法，需要对装甲车辆维修作业过程中的基本动作进行研究并分类，同时需要对维修作业时间进行估计。上述工作在维修流程建模过程中必须实现，因此将建模与评估二者相结合，具有理论和实际上的可行性。

（1）姿势分类。

对姿势的研究是开展立方体模型分析的基础。全面、系统地总结出维修过程所包含的维修姿态，科学地度量出其舒适等级，对疲劳特性结果的分析有着重要影响。

由于人体是一个复杂的运动系统，完全精准地建立人体运动模型是不可取的，考虑到在维修作业中，主要参与运动的身体部位包括躯干、颈部、上肢和下肢 4 个部分，因此可以将人的维修姿态模型简化为 4 个主要部位姿势的组合，见表 5-6。

表 5-6 人体维修姿势描述

部位	代码	姿势描述
颈部	1	中立位置；前屈或侧弯均 ≤30°，或扭转 ≤45°
	2	前屈或侧弯均 >30°，或扭转 >45°
	3	向后弯曲 >20°

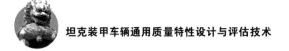

续表

部位	代码	姿势描述
上肢	1	双肘均在肩部以下
	2	一只胳膊抬起；一只肘在肩部以上
	3	双臂均抬起；双肘均在肩部以上
下肢	1	中立位置；膝部弯曲≤35°
	2	一条腿抬起；由一只脚支撑
	3	一条（双）腿弯曲；至少一个膝部弯曲>35°
	4	下蹲；双膝弯曲>90°
	5	行走
	6	跪姿；至少一个膝部触地
	7	坐在椅子上；脚处于臀部以下
	8	坐在地面上；脚和臀部等高
	9	爬；靠手和膝移动
	A	仰卧
	B	俯卧
	C	侧卧
躯干	1	中立位置；前屈、侧弯、扭转均≤20°
	2	适当前屈；20°≤弯曲≤45°
	3	严重弯曲；弯曲>45°
	4	侧弯或扭转；前屈≤20°且侧弯或扭转>20°
	5	弯曲和扭转；前屈和扭转均>20°

　　将身体4个部分可能的动作按照上表分类并编码，那么在维修过程中，所有可能的动作都可以看作表中基本动作的组合。因此，每一种作业姿势都可以对应一个4位编码，其中，第1位代表颈部的动作，第2位代表上肢的动作，第3位代表下肢的动作，第4位代表躯干的动作。由此理论上上述动作可以组成540种维修姿势。

　　对姿势进行归纳之后，需要通过试验对每一种姿势所对应的疲劳度进行测定。关于每种姿势的疲劳度的测定，孔令在2009年做了相关试验，由于某些姿势在实际工作中无法实现，他在研究中测定了其中375种姿态的疲劳度等级，按照1~9的标度（数值越大，表示越不舒适）得到了试验结果，见表5-7。本书参考了孔令的研究成果。

表 5 – 7 姿势的疲劳度等级

P	L	P	L	P	L	P	L	P	L	P	L	P	L	P	L	P	L
1111	2	1211	3	1311	3	2111	2	2211	3	2311	4	3111	4	3211	3	3311	3
1111	2	1211	3	1311	3	2111	2	2211	3	2311	4	3111	4	3211	3	3311	3
1112	4	1212	5	1312	6	2112	4	2212	5	2312	5	3112	6	3212	6	3312	7
1113	5	1213	6	1313	6	2113	5	2213	6	2313	6	3113	6	3213	7	3313	7
1114	3	1214	4	1314	4	2114	4	2214	4	2314	4	3114	4	3214	5	3314	5
1115	6	1215	6	1315	7	2115	6	2215	6	2315	7	3115	7	3215	7	3315	8
1121	5	1221	6	1321	5	2121	5	2221	6	2321	6	3121	6	3221	6	3321	7
1122	6	1222	6	1322	6	2122	6	2222	7	2322	7	3122	7	3222	7	3322	8
1123	6	1223	7	1323	7	2123	6	2223	7	2323	7	3123	7	3223	8	3323	8
1124	5	1224	5	1324	5	2124	6	2224	6	2324	6	3124	6	3224	7	3324	7
1125	7	1225	8	1325	8	2125	7	2225	8	2325	8	3125	8	3225	8	3325	9
1131	5	1231	5	1331	5	2131	5	2231	6	2331	6	3131	6	3231	7	3331	7
1132	5	1232	5	1332	6	2132	5	2232	6	2332	6	3132	6	3232	7	3331	7
1133	6	1233	6	1333	7	2133	6	2233	6	2333	7	3133	7	3233	8	3333	8
1134	5	1234	6	1334	6	2134	6	2234	6	2334	7	3134	6	3234	7	3334	7
1135	7	1235	7	1335	8	2135	7	2235	7	2335	8	3135	7	3235	8	3335	8
1141	5	1241	5	1341	6	2141	4	2241	5	2341	6	3141	5	3241	6	3341	7
1142	3	1242	4	1342	5	2142	4	2242	4	2342	5	3142	5	3242	6	3342	6
1143	5	1243	6	1343	7	2143	5	2243	5	2343	6	3143	6	3243	6	3343	7
1144	4	1244	5	1344	5	2144	5	2244	5	2344	5	3144	6	3244	6	3344	6
1145	6	1245	6	1345	7	2145	6	2245	6	2345	7	3145	6	3245	7	3345	7
1151	2	1251	3	1351	3	2151	2	2251	4	2351	4	3151	3	3251	4	3351	4
1152	3	1252	4	1352	5	2152	3	2252	4	2352	4	3152	5	3252	6	3352	6
1153	5	1253	6	1353	7	2153	5	2253	6	2353	7	3153	7	3253	7	3353	7
1154	4	1254	4	1354	5	2154	4	2254	5	2354	5	3154	5	3254	5	3354	5
1155	5	1255	6	1355	7	2155	6	2255	7	2355	7	3155	7	3255	7	3355	8
1161	3	1261	4	1361	4	2164	4	2261	5	2361	5	3161	5	3261	5	3361	6
1162	4	1262	5	1362	6	2162	4	2262	5	2362	5	3162	6	3262	6	3362	7

续表

P	L	P	L	P	L	P	L	P	L	P	L	P	L	P	L	P	L
1163	6	1263	6	1363	6	2163	6	2263	6	2363	7	3163	7	3263	7	3363	8
1164	5	1264	5	1364	6	2164	5	2264	6	2364	6	3164	6	3264	6	3364	7
1165	6	1265	7	1365	7	2165	5	2265	7	2365	8	3165	7	3265	7	3365	8
1171	1	1271	2	1371	3	2171	2	2271	3	2371	3	3171	3	3271	3	3371	3
1172	2	1272	3	1372	4	2172	3	2272	4	2372	4	3172	4	3272	4	3372	5
1173	4	1273	5	1373	5	2173	4	2273	5	2373	5	3173	5	3273	5	3373	6
1174	3	1274	4	1374	4	2174	4	2274	4	2374	5	3174	4	3274	5	3374	5
1175	5	1275	6	1375	6	2175	6	2275	6	2375	7	3175	6	3275	6	3375	7
1181	3	1281	3	1381	4	2181	3	2281	4	2381	4	3181	4	3281	4	3381	4
1182	3	1282	4	1382	4	2182	3	2282	3	2382	4	3182	4	3282	5	3382	5
1183	6	1283	6	1383	7	2183	6	2283	7	2383	7	3183	7	3283	7	3383	7
1184	4	1284	4	1384	4	2184	4	2284	4	2384	4	3184	4	3284	4	3384	4
1185	6	1285	7	1385	7	2185	6	2285	7	2385	8	3185	7	3285	8	3385	8
1191	5	1291	6			2191	5	2291	6			3191	6	3291	7		
11A1	2	12A1	2	13A1	3												
11B1	5	12B1	5	13B1	6												
11C1	4	12C1	4	13C1	5												

P：表示姿势代码；L：表示疲劳度等级。

在立方体模型中，每一种因素应被划分成 3 种等级，因此对上述试验结论进行重新归类，将得分为 1~3 的姿势归为姿势因素的第一等级，将得分为 4~6 的姿势归为姿势因素的第二等级，将得分为 7~9 的姿势归为姿势因素的第三等级，从而得到姿势的疲劳度分类，见表 5-8。

表 5-8　姿势的疲劳度分类

姿势等级	姿势种类
1	1111, 1114, 1142, 1151, 1152, 1161, 1171, 1172, 1174, 1181, 1182, 11A1, 1211, 1251, 1271, 1272, 1281, 1282, 12A1, 1311, 1351, 1371, 13A1, 2111, 2151, 2152, 2171, 2172, 2181, 2182, 2211, 2271, 2282, 2371, 3151, 3171, 3181, 3211, 3271, 3281, 3311, 3371

续表

姿势等级	姿势种类
2	1112，1113，1115，1121，1122，1123，1124，1131，1132，1133，1134，1141，1143，1144，1145，1153，1154，1155，1162，1163，1164，1165，1173，1175，1183，1184，1185，1191，1181，11C1，1212，1213，1214，1215，1221，1222，1224，1231，1232，1233，1234，1241，1242，1243，1244，1245，1252，1253，1254，1255，1261，1262，1263，1264，1273，1274，1275，1283，1284，1291，12B1，12C1，1312，1313，1314，1321，1322，1324，1331，1332，1334，1341，1342，1344，1352，1361，1362，1363，1364，1372，1373，1374，1375，1381，1382，1384，13B1，13C1，2112，2113，2114，2115，2121，2122，2123，2124，2131，2132，2133，2134，2141，2142，2143，2144，2145，2153，2154，2155，2161，2162，2163，2164，2165，2173，2174，2175，2183，2184，2185，2191，2212，2213，2214，2215，2221，2224，2231，2232，2233，2234，2241，2242，2243，2244，2245，2251，2252，2253，2254，2261，2263，2264，2272，2273，2274，2275，2281，2284，2291，2311，2312，2313，2314，2321，2324，2331，2332，2341，2342，2343，2344，2351，2352，2354，2361，2362，2364，2372，2373，2374，2381，2382，2384，3111，3112，3113，3114，3121，3124，3131，3132，3134，3141，3142，3143，3144，3145，3152，3154，3161，3162，3164，3172，3173，3174，3175，3182，3184，3191，3211，3212，3214，3221，3241，3242，3243，3244，3251，3252，3254，3261，3262，3264，3272，3273，3274，3275，3282，3284，3314，3342，3344，3351，3352，3354，3355，3361，3372，3373，3374，3381，3382，3384
3	1125，1135，1223，1225，1235，1265，1285，1315，1323，1325，1333，1343，1345，1353，1355，1365，1383，1385，2125，2135，2222，2223，2225，2235，2255，2265，2283，2285，2315，2322，2323，2325，2333，2334，2335，2345，2353，2355，2363，2365，2375，2383，2385，3115，3122，3123，3125，3133，3135，3153，3155，3163，3165，3183，3185，3213，3215，3222，3223，3224，3225，3231，3232，3233，3234，3235，3245，3253，3255，3263，3265，3283，3285，3291，3312，3313，3315，3321，3322，3323，3324，3325，3331，3332，3333，3334，3335，3341，3343，3345，3353，3355，3362，3363，3364，3365，3375，3383，3385

（2）载荷分类。

在维修作业过程中身体所受载荷来自维修作业任务，与维修对象的质量、操作工具等因素相关。

经过对装甲车辆维修作业的实地考察和测量，分析得出操作人员在维修时，在通常情况下所承担的外界载荷力量不会超过自身体力极限（极其笨重的零部件由天车、千斤顶等维修设备辅助）。基于上述分析，本书参照 Laring 等人在 2005 年的研究（在正常的手工物料搬运过程中，对人体所受外力载荷的等级划分），得到表 5 − 9 所示的分类。

表 5 − 9　载荷分类

载荷等级	载荷种类
1	力量水平低于 10% 的最大消耗（低于 1 kg）
2	载荷为 10% ～25% 的最大消耗（大于 1 kg 小于 2.3 kg）
3	力量水平超过 25% 的最大消耗（超过 2.3 kg）

（3）时间分类。

考虑到评估对象是产品结构单元，对同一结构单元的维修过程必然是连续的，结合对现场作业的考察，并参考 Sperling 等人在 1993 年关于立方体模型基本因素的分类准则，制定出了装甲车辆维修时间分类标准，见表 5 − 10。

表 5 − 10　维修时间分类

时间等级	时间长短
1	持续 < 10 min
2	持续 10 ～30 min
3	持续 30 min 以上

4. 维修性定性属性评估准则

通过对装甲车辆产品结构特点的分析和对 GJB/Z 91 − 97《维修性设计技术手册》的总结归纳，针对目前的装甲车辆维修性评估指标体系中的定性属性，分别对动力传动辅助系统、行动系统、电气系统形成了较为细化的评估准则，并附以合理的分值，见表 5 − 11 ～表 5 − 13。

对于每项指标的打分原则，参考常用的 1 − 9 标度法，并根据装甲车辆维修性评估指标体系有所调整。在 1 − 9 标度法中，分数从 1 开始，以 2 为间隔，从而得到 1、3、5、7、9 共 5 种层次的标准分值。考虑到评估指标项目数量以及与产品属性评估层次统一的原则，将打分层次间隔提升为 3，按照 1、5、8 的形式赋分，分值按照从优到劣的方向依次递增。

表 5 – 11 动力传动辅助系统维修性定性属性评估准则

维修性定性属性	评估准则
简化性	1 轴承座固定后安装，双头螺栓不会顶住侧装甲板 5 轴承座固定后安装，双头螺栓会顶住侧装甲板
	1 安装摩擦片不需要高压空气吹干 5 安装摩擦片需要高压空气吹干
防差错性	1 安装调整离合器钢球间隙时，测量活动盘拉臂摆动不会出现假行程 5 安装调整离合器钢球间隙时，测量活动盘拉臂摆动会出现假行程
	1 闭锁离合器顶压装置弹簧和主离合器的顶压装置弹簧筒有明显区分 5 闭锁离合器顶压装置弹簧和主离合器的顶压装置弹簧筒没有明显区分，但是有合适的标识或者防差错措施 8 闭锁离合器顶压装置弹簧和主离合器的顶压装置弹簧筒没有明显区分且没有合适的标识或者防差错措施
	1 行星转向机调整垫左、右侧有明显区分 5 行星转向机调整垫左、右侧没有明显区分，但是有合适的标识或者防差错措施 8 行星转向机调整垫左、右侧没有明显区分并且没有合适的标识或者防差错措施
贵重件可修复性	1 该零部件随车可修复 5 该零部件随车不可修复
	1 该零部件不包含贵重件 5 该零部件包含贵重件且大部分能修复 8 该零部件包含贵重件且大部分不能修复
	1 一把工具能开启所有的加油口盖 5 一把工具不能开启所有的加油口盖
	1 随车工具在箱内按定位存放 5 随车工具没有在箱内按定位存放
	1 标准件中有可以相互替代的 5 标准件中没有可以相互替代的
	1 零部件在维修拆卸时，不需要使用专用设备 5 零部件在维修拆卸时，需要使用专用设备

续表

维修性定性属性	评估准则
人素工程	1 插头采用钢柱锁的结构 5 插头没有采用钢柱锁的结构
	1 冲轴承时，有对准轴承内圈的装置 5 冲轴承时，没有对准轴承内圈的装置
	1 物件出入的通道口和维修通道口设有适当的维修空间，可以进行比较合理的姿态 5 物件出入的通道口和维修通道口没有设有适当的维修空间，不可以进行比较合理的姿态
	1 乘员可以自己完成调整、拆卸，以及门窗、甲板的开启等工作，不依赖本车乘员独立完成 5 乘员不能自己完成调整、拆卸，以及门窗、甲板的开启等工作，必须依赖本车乘员独立完成
维修安全性	1 动力舱温度处于安全范围 5 动力舱温度高，但有防护措施 8 动力舱温度高且没有防护措施
	1 乘员不会接近旋转机件或有毒液体 5 乘员在一定的情况下会接近旋转机件或有毒液体，但有防护措施 8 乘员在一定的情况下会接近旋转机件或有毒液体，且没有防护措施
可达性	1 定期注油的部件如传动、行动、操纵等装置，注油嘴设有方便观察和注油方便的位置，设有防泥沙、阻塞的措施 3 定期注油的部件如传动、行动、操纵等装置，注油嘴设有方便观察和注油方便的位置，但没有防泥沙、阻塞的措施 5 定期注油的部件如传动、行动、操纵等装置，注油嘴没有方便观察和注油方便的位置，但设有防泥沙、阻塞的措施 8 定期注油的部件如传动、行动、操纵等装置，注油嘴没有方便观察和注油方便的位置，也没有防泥沙、阻塞的措施
	1 动力传动系统需要乘员经常检查、调整和保养的零件或部位能够方便检查、调整和保养 5 动力传动系统需要乘员经常检查、调整和保养的零件或部位不方便检查、调整和保养

维修性定性属性	评估准则
可达性	1 动力传动系统需要保养的设备和易损坏件能够在车上进行检查、保养和拆卸检查 5 动力传动系统需要保养的设备和易损坏件不能够在车上进行检查、保养和拆卸检查
	1 软弯管上、下都未安装硬管 5 软弯管上方或者下方都安装有硬管 8 软弯管上、下方都安装有硬管
	1 空间受限的紧固件设有防松、锁紧和防锈措施 5 空间受限的紧固件没有防松、锁紧和防锈措施
标准化和互换性	1 振动过载冲击大管路采用软连接 5 振动过载冲击大管路未采用软连接
	1 排烟直管支架处的橡胶垫采用不易老化的材料，或有其他防护措施 5 排烟直管支架处的橡胶垫采用一般材料
	1 对一些重要连接紧固部位，采用力矩扳手限力 5 对一些重要连接紧固部位，未采用力矩扳手限力
	1 检查点、调整点、测试点、润滑点、添加点布局在易接近且方便的位置 5 检查点、调整点、测试点、润滑点、添加点没有布局在易接近方便的位置
	1 能运动的装备上的压力计是防震的 5 能运动的装备上的压力计不是防震的

表 5-12 行动系统维修性定属性评估准则

维修性定性属性	评估准则
简化性	1 扭力轴校正过程简单 5 扭力轴校正过程复杂
防差错性	1 扭力轴端面标记清楚 5 扭力轴端面标记不清楚

维修性定性属性	评估准则
贵重件可修复性	1 该零部件随车可修复 5 该零部件随车不可修复
	1 该零部件不包含贵重件 5 该零部件包含贵重件且大部分能修复 8 该零部件包含贵重件且大部分不能修复
	1 随车工具在箱内按定位存放 5 随车工具没有在箱内按定位存放
	1 标准件中有可以相互替代的 5 标准件中没有可以相互替代的
	1 零部件在维修保养时，不需要使用专用设备 5 零部件在维修保养时，需要使用专用设备
人素工程	1 质量大的零部件，在拆卸时，有辅助工具降低工人受力 5 质量大的零部件，在拆卸时，没有辅助工具降低工人受力
	1 轴套拧紧后，曲臂可顺利安装 5 轴套拧紧后，曲臂不易安装，但是能装上 8 轴套拧紧后，曲臂不能安装
维修安全性	1 用千斤顶顶车，车体不会滑行 5 用千斤顶顶车，车体会滑行，但是有防护措施 8 用千斤顶顶车，车体会滑行且没有防护措施
	1 在拆卸履带时，人员有保护措施 5 在拆卸履带时，人员没有保护措施
	1 用手转动负重轮时，内壁与平衡肘支座之间有防护装置防止手被绞入 5 用手转动负重轮时，内壁与平衡肘支座之间没有防护装置防止手被绞入，但是有明显标志提示危险 8 用手转动负重轮时，内壁与平衡肘支座之间没有防护装置防止手被绞入，也没有明显标志提示危险
	1 完全拔出扭力轴，平衡肘有固定装置防止其脱落 5 完全拔出扭力轴，平衡肘没有固定装置防止脱落，但是有明显标志提醒危险 8 完全拔出扭力轴，平衡肘没有固定装置防止脱落，也没有明显标志提醒危险
	1 分解主离合器被动部分使用弹簧压缩器 5 分解主离合器被动部分没有使用弹簧压缩器

维修性定性属性	评估准则
可达性	1 定期注油的部件如传动、行动、操纵等装置，注油嘴设有方便观察和注油方便的位置，设有防泥沙、阻塞的措施 3 定期注油的部件如传动、行动、操纵等装置，注油嘴设有方便观察和注油方便的位置，但没有防泥沙、阻塞的措施 5 定期注油的部件如传动、行动、操纵等装置，注油嘴没有方便观察和注油方便的位置，但设有防泥沙、阻塞的措施 8 定期注油的部件如传动、行动、操纵等装置，注油嘴没有方便观察和注油方便的位置，也没有防泥沙、阻塞的措施
	1 行动系统需要经常检查、维护、分解或修理拆装的零部件，经常需要维修检查的部位等周围有足够的空间以便于安装和使用测试接头与工具 5 行动系统需要经常检查、维护、分解或修理拆装的零部件，经常需要维修检查的部位等周围有足够的空间以便于安装和使用测试接头与工具
	1 空间受限的紧固件设有防松、锁紧和防锈措施 5 空间受限的紧固件没有防松、锁紧和防锈措施
标准化和互换性	1 需要同时进行维修的各部件采用专框组合布置 5 需要同时进行维修的各部件没有采用专框组合布置
	1 对一些重要连接紧固部位，采用力矩扳手限力 5 对一些重要连接紧固部位，未采用力矩扳手限力
	1 检查点、调整点、测试点、润滑点、添加点布局在易接近且方便的位置上 5 检查点、调整点、测试点、润滑点、添加点没有布局在易接近且方便的位置上
	1 能运动的装备上的压力计是防震的 5 能运动的装备上的压力计不是防震的

表 5 - 13　电气系统维修性定性属性评估准则

维修性定性属性	评估准则
防差错性	1 管接头数量不多，辨识性好 5 管接头数量多，难以分辨，但是有合适的标志 8 管接头数量多，难以分辨，并且没有合适的标志
	1 电缆插头有合适的标志或者防差错措施 5 电缆插头没有合适的标志或者防差错措施
	1 电气系统上直接有防差错标志，且可以清晰读取 3 防差错标志靠近电气系统，且可以清晰读取 5 防差错标志远离电气系统，易与其他产品混淆，有歧义 8 电气系统上没有防差错标志
	1 部件总成、拉杆及管接头有电源极性反接保护能力 5 部件总成、拉杆及管接头没有电源极性反接保护能力
贵重件可修复性	1 该零部件随车可修复 5 该零部件随车不可修复
	1 该零部件不包含贵重件 5 该零部件包含贵重件且大部分能修复 8 该零部件包含贵重件且大部分不能修复
	1 随车工具在箱内按定位存放 5 随车工具没有在箱内按定位存放
	1 标准件中有可以相互替代的 5 标准件中没有可以相互替代的
可测试性	1 电气系统维修性设计时同步考虑产品的可测试性及可诊断性 5 电气系统维修性设计时没有同步考虑产品的可测试性及可诊断性
可达性	1 动力舱线缆布局合理，管路条理清晰 5 动力舱线缆布局不合理，管路交叉明显
	1 电气部件具备在线调试和程序更新的外部调试、诊断口 5 电气部件不具备在线调试和程序更新的外部调试、诊断口
	1 驾驶舱配电盒子处于可拆装的位置 1 驾驶舱配电盒子处于可拆装的位置，但是拆装时可达性不好，姿势别扭 1 驾驶舱配电盒子处于不可拆装的位置

续表

维修性定性属性	评估准则
可达性	1 后舱配电盒在维修时，不需要将动力舱总体吊装 5 后舱配电盒在维修时，需要将动力舱总体吊装，并且动力舱处有配合吊装的装置 5 后舱配电盒在维修时，需要将动力舱总体吊装，并且动力舱处没有配合吊装的装置，吊装费劲
	1 空间受限的紧固件设有防松、锁紧和防锈措施 5 空间受限的紧固件没有防松、锁紧和防锈措施
标准化和互换性	1 所使用板卡具有通用性 5 所使用板卡不具有通用性
	1 零组件的可拆卸性良好 5 零组件的可拆卸性较差

5.5.5　维修性定量属性评估方法

维修性定量属性通常考察维修时间、维修工时、维修费用、维修任务等指标，其中维修时间较其他因素更能突出维修效果的好坏，尤其对于装甲车辆来说，在战场紧急任务状态下，更关注车辆的维修时间，选取平均维修时间（MTTR）作为定量属性的评估内容。

从 MTTR 角度，对维修性进行定量评估的分析步骤如下：

1. 采集试验数据

通过现场调研，对装甲车辆的维修时间进行测定，尤其针对维修过程中典型的作业步骤，多次、反复测量其维修时间，消除个别情况的干扰，获得准确、有参考价值的试验数据。

2. 建立维修动作库和标准时间库

全部收集每一种装备的每种故障所对应的维修动作模型是不太现实的，所以要利用维修过程分解的思想，构建维修动作库和标准时间库。

具体建立方法为：

归纳出经典的维修事件，将其全部分解到不可再分解的基本维修动作，如走一步、抓取工具、旋转一圈螺钉和开门等。通过统计、整理，分析出足够多的动作，建立装备维修动作库。

根据调研收集到的数据，结合数理统计的手段，建立每个装备维修动作所需要的时间，建立标准时间库。实践表明，一般情况下的维修时间采用对数正态分布的假设在大多数情况下是合理的。对数正态分布能较好地代表维修时间的统计规律，适用于描述各种复杂装备的维修时间，因此可以利用对数正态分布模型对维修时间进行处理。假设针对某一维修动作，试验测得的数据样本为 $X = (X_1, X_2 \cdots, X_n)$。

维修动作标准时间点估计：

$$\widehat{\text{MTTR}} = \hat{X} = \frac{1}{n} \sum_{i=1}^{n} X_i \tag{5-3}$$

维修动作标准时间区间估计：

单侧置信上限：

$$\text{MTTR}_U = \exp\left(\overline{\ln X} + \frac{1}{2}\hat{\sigma}^2 + \frac{\hat{\sigma}}{\sqrt{n}}Z_{1-\alpha}\right) \tag{5-4}$$

其中，$\hat{\sigma}^2 = \frac{1}{n-1} \sum_{i=1}^{n} (\ln X_i - \overline{\ln X})^2$，$n$ 为维修动作时间的样本量。置信区间为 $[0, \text{MTTR}_U]$。

双侧置信上、下限：

$$\text{MTTR}_L = \exp\left(\overline{\ln X} + \frac{1}{2}\hat{\sigma}^2 - \frac{\hat{\sigma}}{\sqrt{n}}Z_{1-\frac{\alpha}{2}}\right) \tag{5-5}$$

$$\text{MTTR}_U = \exp\left(\overline{\ln X} + \frac{1}{2}\hat{\sigma}^2 + \frac{\hat{\sigma}}{\sqrt{n}}Z_{1-\frac{\alpha}{2}}\right) \tag{5-6}$$

此时，置信区间为 $[\text{MTTR}_L, \text{MTTR}_U]$。

对某一维修作业过程进行定量分析。结合维修作业仿真流程，对要评价的维修作业任务按照标准动作库的原则进行分解，参照标准时间库，得到 MTTR 的估计值：

$$\text{MTTR} = t_1 + t_2 + \cdots + t_n \tag{5-7}$$

利用相关手段，对得到的 MTTR 进行修正，将修正后的数据与理想值进行对比，得出评估结论。

5.5.6　维修性综合评估算法

对维修性各项指标的评估结论，要将其体现到整个维修流程的整体评估中去，即需要选取合适的综合评估方法，充分考虑评估指标体系中全部因素的影响作用，对某一系统或流程的维修性设计做出评估。

由于维修性评估本身具有不确定性和主观性，因此选取的评估方法也应该具备一定解决"非精确"问题的能力。

1. 基于灰色关联度的模糊综合评估

模糊综合评估借助数学的概念，利用模糊关系合成的原理，可以将一些边界不清、不易定量的因素定量化，从多个因素对评估事物隶属度等级状况进行综合性的评估，该模型实际应用广泛，在很多实例中都取得了很好的经济效益和社会效益。

模糊综合评估的模型如下：

（1）确定因素集，$U = \{u_1, u_2, u_3, \cdots, u_n\}$；

（2）确定评估集，$V = \{v_1, v_2, v_3, \cdots, v_n\}$；

（3）求解因素对评价集各指标的隶属度，构造因素模糊矩阵；

（4）确定权重系数矩阵 $\boldsymbol{W}$；

（5）选择模糊算子，即一种数学计算方法；

（6）进行模糊运算，$\boldsymbol{B} = \boldsymbol{W} \cdot \boldsymbol{R}$。

此前，经过对装甲车辆维修性评估体系的研究，确立了装甲车辆维修性评估的属性因素，即综合算法中的因素集。关于模糊算法过程的评估集，经过对比并参考立方体模型的评估标准，本书选定好、中、差 3 个层次作为方案评估的尺度。

模糊算法本身"柔性"的关键，体现在运用模糊算法的过程中以及对权重、隶属度函数以及模糊算子的设置和选择上。经过一系列研究，最终确定如下方法作为装甲车辆维修性评估过程的模糊综合算法。

1）算法权重的选择

确定权重的方法通常有专家评估法、层次分析法等方式，本书通过对装甲车辆维修现场的调研并结合专家意见，对装甲车辆维修性评估指标体系的权重进行了设计。

2）隶属度的选择

在模糊评估算法当中，隶属度就是因素隶属于评价等级的程度，是构成因素模糊矩阵的要素。在进行模糊评估的过程中，隶属度的确定是将前期对单因素评估结果映射成算法作用分量的一项关键工作。

通过大量文献调研，本书提出了基于灰色关联度的隶属度确定方法。

关联度表征两个事物之间的关联程度，关联分析是灰色系统分析、评估和决策的基础。灰色关联度的基本思想是依据关联度对系统排序。

灰色综合评估的主要步骤包括：

（1）确定最优指标集（F^*）。

设 $F^* = [j_1^*, j_2^*, \cdots, j_n^*]$，式中 j_k^*（$k = 1, 2, \cdots, n$）为第 k 个指标的最优值。选定最优指标集后，可构造矩阵 $\boldsymbol{D}$。

$$\boldsymbol{D} = \begin{bmatrix} j_1^* & j_2^* & \cdots & j_n^* \\ j_1^1 & j_2^1 & \cdots & j_n^1 \\ \vdots & \vdots & \cdots & \vdots \\ j_1^m & j_2^m & \cdots & j_n^m \end{bmatrix} \qquad (5-8)$$

式中：j_k^i——第 i 个方案中第 k 个指标的原始数值。

（2）对指标值进行规范化处理。

由于评估指标通常有不同的量纲和数量级，故不能直接进行比较，为了保证结果的可靠性，需要对原始指标值进行规范处理，得到转换矩阵 $\boldsymbol{C}$。

$$\boldsymbol{C} = \begin{bmatrix} C_1^* & C_2^* & \cdots & C_n^* \\ C_1^1 & C_2^1 & \cdots & C_n^1 \\ \vdots & \vdots & \cdots & \vdots \\ C_1^m & C_2^m & \cdots & C_n^m \end{bmatrix} \qquad (5-9)$$

（3）计算综合评估结果。

根据灰色系统理论，将 $\boldsymbol{C}^* = [C_1^*, C_2^*, \cdots, C_n^*]$ 作为参考列，将 $\boldsymbol{C} = [C_1^i, C_2^i, \cdots, C_n^i]$ 作为比较列，用关联分析法分别求得第 i 个方案第 k 个指标与第 k 个最优指标的关联系数 $\xi_i(k)$。

其中

$$\xi_i(k) = \frac{\min_i \min_k |C_0(k) - C_i(k)| + \xi \min_i \min_k |C_0(k) - C_i(k)|}{|C_0(k) - C_i(k)| + \xi \min_i \min_k |C_0(k) - C_i(k)|}$$

$$(5-10)$$

式中：$\xi_i(k)$——第 k 个时刻比较值 C_i 与参考值 C_0 的差值；

ξ——分辨系数，$\xi \in [0, 1]$，引用它是为了减少极值对计算的影响，在实际使用中，一般取 $\xi \leqslant 0.5$。

若关联度 r_i 最大，则说明其与最优指标最接近。在灰色关联度分析中，关联度的概念反映了因素与标准之间的相似程度，在应用过程中，需要找到指标因素的最优值。最优值的概念可以看作模糊综合评估中的评语等级，因此考虑将因素自身的评估值与评估等级值之间的关联度作为其对该评估等级的隶属度，从而将两种算法的优点结合起来。

3）模糊算子的选择

模糊综合评估的最后一个步骤是对隶属度矩阵与权重进行运算，得到最终的评估结论。在运算过程中，模糊算子的选择对模糊综合评估结论的影响也起着至关重要的作用。

模糊算子的选择要结合实际分析对象的特点，常用的模糊算子有 4 种：$M(\wedge,\vee)$ 算子、$M(\times,\vee)$ 算子、$M(\times,+)$ 算子、$M(\wedge,+)$ 算子。

不同的算子对模糊综合评估结果的影响不同。充分考虑算子在实际应用过程中隶属度的利用程度、权数作用、信息综合程度等因素，本书选择能明显体现权数的作用、充分利用隶属度信息、综合程度较强的 $M(\times,+)$ 算子，将其作为装甲车辆维修性模糊综合评估过程中的实用算子。

$M(\times,+)$ 算子也被称为加权平均型算子，即

$$S_k = \min\left\{1, \sum_{j=1}^{m} w_j r_{jk}\right\}, \quad k = 1, 2, \cdots, n \qquad (5-11)$$

至此，在装甲车辆维修性评价方案中的模糊算法已经完全确定。

2. 算法应用过程

基于上述算法模型，结合装甲车辆维修性评估指标体系，给出该算法在评估过程中的应用步骤，如图 5-15 所示。

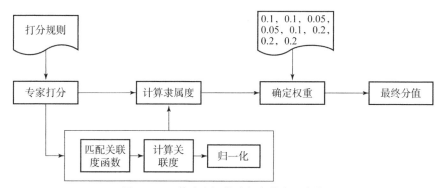

图 5-15　算法在评估过程中的应用步骤

1）打分规则

模糊综合评估的第一步是对评估对象打分。这里采用单层模糊评估，将整个装甲车辆维修性评估指标体系分成 3 个层次，如图 5-16 所示。

算法的评估对象是体系中的第一层次，即评判装甲车辆维修性优劣的定性属性，在算法运行时，不区分产品属性和过程属性，统一视为维修性定性属性。

算法的评估集为选定的评判维修性优劣的 8 项指标，即体系中的第二层次。

体系中的第三层次为算法的最底层，也就是最终直接赋分的层次。

第三层次是需要专家打分的指标项，最终计算总得分的时候，所有指标项以"加和取平均"的方式，将平均分赋给第二层的相应节点。

人素工程的分值来自专家的勾选和系统的自动计算。最终同样是将评估对象每个结构单元得分的平均值作为其人素工程指标的最终得分。

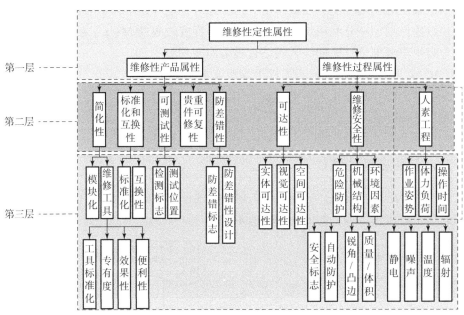

图 5-16　装甲车辆维修性评估指标体系结构层次

2）计算隶属度

采用灰色关联度的方式计算隶属度。

计算公式：

$$\xi_i(k) = \frac{\min_i \min_k |C_0(k) - C_i(k)| + \xi \min_i \min_k |C_0(k) - C_i(k)|}{|C_0(k) - C_i(k)| + \xi \min_i \min_k |C_0(k) - C_i(k)|}$$

$$(5-12)$$

式中：$\xi_i(k)$——第 k 个时刻比较值 C_i 与参考值 C_0 的差值；

ξ——分辨系数，$\xi \in [0，1]$，引用它是为了减少极值对计算的影响，在实际使用中，一般取 $\xi \leqslant 0.5$。

若关联度 r_i 最大，则说明其与最优指标最接近。

由于在评估过程中，是一个专家对单项目作一次评估，因此，对上述公式作相应简化。其中：

（1）$C_0(k)$ 为用作比较的值。

对于所有的打分项，$C_0(k)$ 可能是 [1，5，8] 中的某一个数；对于人素工程评估，$C_0(k)$ 可能是 [1，8，27] 中的某个数（对于使用 [1，5，8] 打分体系的指标，其平均分越接近 1，该指标越好，越接近 8，该指标越不好；同样对于疲劳性的分析，其平均分越接近 1，越舒适，越接近 27，越疲劳。节点数值 [1，5，8] 和 [1，8，27] 是评估等级好、中、差的极限值，用平均值与这些节点数值相比较，可以刻画出该项指标的最终得分与评估等级好、中、差的接近程度）。

（2）$C_i(k)$ 为分数平均值。

（3）ξ 取 0.5。

（4）所有 $\min_i \min_k |C_0(k) - C_i(k)|$ 取 0。

对于比较值为 [1，5，8] 的：

$\min_i \min_k |C_0(k) - C_i(k)|$ 的值取 $|8 - 1| = 7$。

对于比较值为 [1，8，27] 的：

$\min_i \min_k |C_0(k) - C_i(k)|$ 的值取 $|27 - 1| = 26$。

因此，上述公式可以简化为

$$\xi_i(k) = \frac{0 + 0.5 \times 7}{|C_0(k) - C_i(k)| + 0.5 \times 7} = \frac{0 + 3.5}{|C_0(k) - C_i(k)| + 3.5} \quad (5-13)$$

或

$$\xi_i(k) = \frac{0 + 0.5 \times 26}{|C_0(k) - C_i(k)| + 0.5 \times 26} = \frac{0 + 13}{|C_0(k) - C_i(k)| + 13} \quad (5-14)$$

k 的取值范围为 $1 \sim 3$，对每项指标来说，比如安全性，$C_i(k)$ 的取值就是得分的平均值，恒定；$C_0(k)$ 依次取 [1，5，8] 中的某一个或者 [1，8，27] 中的某一个，所以，每一项的指标最终得到 3 个隶属度：

$$[\xi_1(A), \xi_5(A), \xi_{10}(A)] \quad (5-15)$$

分别表示其对好、中、差的隶属程度。

3）隶属度的归一化

要将每项指标计算的出的 3 个隶属度归一化，归一化公式为

$$\xi'_n(A) = \frac{\xi_n(A)}{\xi_1(A) + \xi_5(A) + \xi_8(A)} \quad (5-16)$$

最终，所有的隶属度计算完毕后，得到的是一个 8 行 3 列的隶属度矩阵，即

$$\boldsymbol{R} = \begin{bmatrix} \xi'_1(A) & \xi'_5(A) & \xi'_8(A) \\ \xi'_1(B) & \xi'_5(B) & \xi'_8(B) \\ \vdots & \vdots & \vdots \\ \xi'_1(N) & \xi'_5(N) & \xi'_8(N) \end{bmatrix} \quad (5-17)$$

4）确定权重

输入 8 项指标的权重：

$$A = [x_1, x_2, \cdots, x_n] \qquad (5-18)$$

赋权采用 1 – 10 标度，对每项指标，从 1 ~ 10 中选出某个值作为其权重，数值越大越重要。

输入完权重之后，需要将其归一化，归一化方法如前：

$$x_i' = \frac{x_i'}{x_1 + x_2 + \cdots + x_n} \qquad (5-19)$$

得到

$$A' = [x_1', x_2', \cdots, x_n'] \qquad (5-20)$$

5）计算最终得分值

按照 M(×, +)型算子的计算规则，计算得出最终的评判矩阵

$$B = A' \cdot R$$

即

$$B_k = \min\left\{1, \sum_{n=1}^{8} x_n \xi_k'(N)\right\} \qquad (5-21)$$

最终得到的 B 为 3 维向量，即 $B = [b_1, b_2, b_3]$，对得到的 B 进行归一化：

$$b_i' = \frac{b_i'}{b_1 + b_2 + b_3} \qquad (5-22)$$

得到

$$B' = [b_1', b_2', b_3'] \qquad (5-23)$$

其中 b_1'，b_2'，b_3' 分别代表产品维修性定性属性对好、中、差 3 个评估等级的隶属度。结论按照最大隶属度原则，即在 b_1'，b_2'，b_3' 中取最大的那个数的值（如有相同值，取劣值）所对应的评语作为最后的评估结论。

|5.6 虚拟维修训练技术|

维修训练是现代装备日益复杂以及相应装备体系日臻完善的产物，基于虚拟现实技术和人工智能技术的维修训练系统能够有效地克服结合实装进行维修训练带来的问题，为进行装备维修训练提供先进的操作环境和模拟手段，对于改进训练效果、提高维修水平具有重要作用。而对新型装甲装备虚

拟维修训练平台技术的研究，则为开发新型装甲装备虚拟维修系统打下了坚实的基础，具有重大的军事效益和经济效益。虚拟维修训练技术是虚拟维修技术和智能训练技术的结合。虚拟维修训练是虚拟维修技术在装备维修训练领域的应用，以装备维修训练为对象，以虚拟现实技术为基础，以计算机及其相应的硬件设备为试验手段，为装备维修训练建立起一个"实装""实地"和"实时"的虚拟环境，有效地为装备维修操作训练、故障检测训练和技术保障训练等提供先进的试验环境和模拟手段，用于对真实装备进行实际维修操作之前的演练，在虚拟维修环境下进行维修训练的"预实践"。典型的虚拟维修训练系统组成如图 5 – 17 所示，典型的虚拟维修训练平台如图 5 – 18 和图 5 – 19 所示。

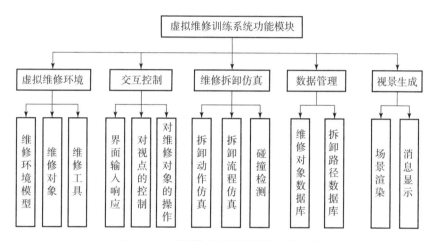

图 5 – 17   典型的虚拟维修训练系统组成

图 5 – 18   典型的虚拟维修训练平台（1）

图 5-19　典型的虚拟维修训练平台（2）

5.6.1　国内外虚拟维修训练技术研究现状

1. 国外虚拟维修训练技术研究现状

从 20 世纪 80 年代起，一些军事发达国家高度重视虚拟维修训练系统的建设。目前，虚拟维修训练是虚拟现实技术在军事应用的一个重要方面，在国外它广泛应用于原子能设备、航空航天设备、高压电力设备以及坦克、导弹、军用车辆等的维修训练中。

1990，美国国家航空航天局（NASA）开始搭建与哈勃望远镜配套的虚拟维修训练系统，并通过对宇航员的问卷调研，验证了该虚拟维修训练系统在整个维修工程中的不可替代的作用。经过这个虚拟维修训练系统的训练，宇航员于 1993 年 12 月成功地完成了哈勃太空望远镜的修复。图 5-20 所示为 NASA哈勃望远镜虚拟维修训练系统。

1995 年，洛克希德·马丁公司在联合攻击战斗机项目中利用模拟维修仿真手段演示了在航母上更换飞机发动机的全过程。

1996 年，McLin D. M. 和 Chung J. C. 利用现成的商业软件和定制软件开发了一个虚拟现实系统，并将其应用于坦克、导弹、军用车辆等的维修保养训练。

图 5－20　NASA 哈勃望远镜虚拟维修训练系统

1996—1998 年，德国 Fraunhofer 计算机图形研究所对利用虚拟现实技术实现装配仿真进行研究，并与宝马汽车公司进行了良好的合作。其研究成果直接用于宝马汽车装配和维修过程的检查与确认，其结果也同样用于维修训练。

1997 年，美国军用手册（MIL. HDBK—70A）中明确地提出："使用虚拟现实技术，维修工程师可以进入虚拟环境中，对虚拟产品进行维修。这样，部件的可达性、部件分配空间的合理性以及完成特定维修任务所需的大概时间等信息均可以借助虚拟现实技术来进行评估。"采用虚拟现实外设实现的维修过程仿真，属于"真实人修理虚拟产品"的应用类型。

2000 年，美国莱特伯特森空军与 GE 公司、洛克希德·马丁公司发起一项为期 3 年的项目 Service Manual Generation（SMG），该项目在维修分析的同时能够实现维修手册的生成，如图 5－21 所示。

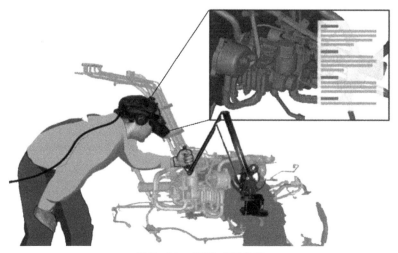

图 5－21　SMG 虚拟维修

2016 年，DISTI 公司赢得了美国陆军史催克机动火炮系统（Stryker Mobile Gun System）第四阶段项目的开发合同，为该系统开发虚拟维修训练器。该项目包含训练系统总体设计、开发、研制和后期维护，以及同已有系统的兼容，合同费用约为 300 多万美元。除了 DISTI 公司参与本系统的开发工作以外，还有承担史催克机动火炮系统前三阶段的 Stryker MTS 程序开发工作的罗克韦尔柯林斯公司一起参与本项目的研发，承担原始设备的生产制作。图 5 – 22 所示为美国军用车辆虚拟维修系统。

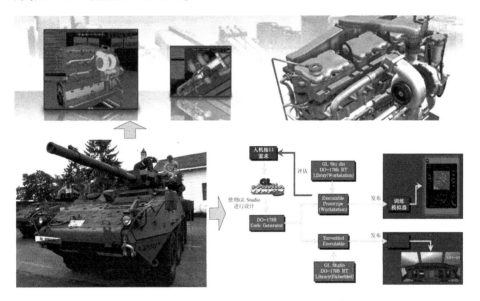

图 5 – 22　美国军用车辆虚拟维修训练系统

最近十几年，增强现实（AR）在虚拟现实的基础上作为一个研究领域逐渐发展起来。虚拟现实技术使用户完全沉浸在一个人造虚拟的环境中，看不到周围的真实世界。而增强现实技术允许用户看到真实世界，看到有虚拟对象叠加或合成的真实世界。因此，增强现实技术是对真实世界的补充，而不是完全替代真实世界。1997 年，Azuma 等人发表了一篇综述论文，定义了这个领域，概述了增强现实系统的特点，并总结了增强现实的发展。到今天，增强现实技术已经取得了显著的发展。在 20 世纪 90 年代，成立了几个增强现实研讨会，有国际增强现实研讨会、国际混合现实研讨会，以及增强现实环境设计研讨会。一些有资金资助的组织也非常关注增强现实，如日本的混合现实系统实验室和德国的 Arvika 协会等。华盛顿大学人机接口实验室（HIT）开发的软件工具包 ARToolkit（Augmented Reality Toolkit）能够帮助快速建立增强现实应用系统。增强环境实验室（AEL）开发的设计者增强现实工具包 DART（Designer's

Augmented Reality Toolkit）被用来快速建立增强现实应用的模型。

2. 国内虚拟维修训练技术研究现状

与一些发达国家相比，我国虚拟现实技术的起步晚但发展迅速，已经引起政府相关部门与科学家的高度重视。我国也已成功地将虚拟现实技术应用于直升机虚拟仿真器、坦克虚拟仿真器、导弹虚拟仿真器、虚拟战场环境观察器等多个方面。但在虚拟维修训练方面的研究还处于起步阶段。而虚拟现实应用系统的实现仍依赖国外先进的技术平台和国内应用环境的结合，但我国的研究者们在虚拟维修和训练方面的研究也取得了不错的成果。

某院校设计了基于虚拟现实技术的维修性仿真系统，利用沉浸式和人机交互式两种方式达到维修过程仿真的目的，设计出了比较全面的虚拟维修仿真系统方案。

国防科技大学的科学家使用 OpenGL Performer 平台，开发了某型装备虚拟维修仿真系统——VMS 系统，研究了虚拟场景组织和优化算法，提出了活动对象的概念，并将其用于维修人员的培训，取得了很好的效果。

电子科技大学的开发的某型炮车虚拟拆装训练系统，建立了虚拟拆装的实体模型，利用 VC＋＋和 Vega 软件进行仿真，用数据手套和位置跟踪器进行人机交互操作训练，用于拆装训练。

武汉理工大学开发的船舶动力装置虚拟维修系统，利用 SolidWorks 建模软件建立三维模型，用 Extend 软件平台进行虚拟维修流程管理的仿真，引入 Virtools 软件，实现对三维模型的控制。

清华大学的开发了一个基于流程图和仿真的某武器装备维修培训系统，采用 Transom Jack 进行仿真，研究了 VRML 数据的结构与显示方式、OpenGL 的编程技术和 AVI 视频技术。

北京航空航天大学等人开发了用于维修训练的桌面虚拟维修训练系统。用户通过在虚拟环境中的漫游，在实时更新维修信息的帮助下了解全部维修过程。

哈尔滨工程大学和武汉理工大学对汽轮机虚拟维修拆卸技术进行了研究。哈尔滨工业大学设计了一个面向鱼雷拆装的虚拟环境，用于鱼雷维修的虚拟培训，该虚拟环境的设计弥补了传统鱼雷维修培训存在的不足。在虚拟环境中用户可以通过基于虚拟现实技术的虚拟维修操作来实时模仿真实的维修操作过程。研究者研究了鱼雷样机建模技术和虚拟环境的时时渲染技术，通过扩展表示层采用空间变换的方法实现了鱼雷独立行为模型的建立，使鱼雷零部件都具有独立完成平移和旋转的能力，从而能够实现鱼雷的拆装过程。

国内针对一些装备，提出了虚拟维修训练的解决方案，设计了部分原型系统。如针对雷达装备，基于 USB 接口技术设计了通用雷达装备虚拟维修训练系统的人机交互系统。针对导弹装备，提出了基于虚拟现实技术、虚拟样机技术和过程仿真技术的某型导弹虚拟维修训练系统设计方法。针对舰船装备，海军工程大学建立了分布式装备维修仿真训练系统，系统可实现虚拟装备的生成、动态仿真与数据库的关联等。开发了桌面环境下使用的阀门维修 CAI 系统。国防科技大学基于计算机仿真技术，提出了一类训练模拟器系统的构造方法，该类型的训练模拟系统能提供一个虚拟综合训练环境，在实验室内就可模拟真实环境在本地进行装备训练任务，并且可以作为一个节点参加远程仿真系统。空军第一航空学院在对虚拟维修系统的组成和发展现状进行研究的基础上，对虚拟维修技术在培训方面的应用进行了初步的探讨，设计了航空发动机的虚拟维修训练系统，其成果主要用于训练模拟器。中国人民解放军战略支援部队信息工程大学探索了多媒体环境下进行计算机及外部设备维修教学、训练的新方法，构造了以软件模拟为核心的综合性维修教学、训练系统。

大连交通大学以实际工程应用为出发点，以 4102B 型柴油机为研究对象，从基本零件信息出发，分别应用三维 CAD 软件 Pro/Engineer 和三维参数化实体模拟软件 AutodeskInventor 进行装配体建模和装配仿真工作，实现了柴油机各个子装配体及整机的装配仿真动画，并利用 VC 开发管理系统和 Flash 制作演示系统来实现对装配仿真动画的后续处理，基本达到了柴油机产品演示和装配工人培训的目的。

国防科技大学针对装备虚拟维修系统总体方案及其关键技术开展了相关研究，并在 OpenGLPerformer 平台上进行虚拟维修训练系统的开发，利用集成碰撞检测库 ARPID 改进了 OpenGLPerformer 中的碰撞检测的方法并进行了验证，实现了虚拟维修训练原型系统，取得了良好的效果。

国内有专家提出了一种基于虚拟现实技术、虚拟样机技术和过程仿真技术的大型复杂装备虚拟维修训练系统设计方法。虚拟维修过程仿真控制部分包括虚拟环境生成和输出、人机交互、维修任务控制和虚拟样机及工具行为状态控制等 4 个模块，每个模块完成各自定义的系统功能。他们将这一理论成果应用于某型导弹装备虚拟维修训练系统，达到了很好的效果。

浙江大学开发了 VDVAS（Virtual Designed Virtual Assembly System）成功地将虚拟设计与虚拟装配过程集成到系统中，操作者能在系统的虚拟环境中利用三维操作和语音命令生成零件并建立其装配模型，其装配的顺序和路径可以通过交互式的拆卸和装配获得。系统的装配操作是通过约束识别和处理完成的，其拆卸过程的实现是通过约束动态解除来完成的。

中国石油大学以 Pro/Engineer 为基础，利用其二次开发功能并结合 VC++ 6.0 软件开发设计了干气密封参数设计系统。在这一系统中研究者完成了良好的人机界面设计，更重要的是其利用 Pro/Engineer 的二次开发功能研究了参数化设计技术和自动装配技术，实现了系统的交互功能。

海军工程大学的用 GL Studio 软件开发了某型舰炮虚拟训练仿真系统，其采用 3DSMax 和 GL Studio 两种建模工具构建系统模型，利用 Vega Prime 软件进行场景驱动，该系统成功地将 GL Studio 模型置入 Vega Prime 场景，并实现了场景模型间的交互控制。该系统具有较强的真实感和沉浸感，且互动性强。其交互操作界面友好，能够很好地对学员进行该型舰炮的虚拟操作训练。

中国人民解放军装甲兵工程学院的以典型装甲车辆为保障对象，利用 SolidWorks、3DMax 构造了装备的三维实体模型，运用 EON Studio 和 Cortona3D 进行了虚拟维修过程实时建模，并开发了虚拟维修训练系统。该系统为陆军主战装备维修保障能力的快速生成提供了有力的支持。

另外在增强现实技术领域，国内的研究起步较晚，但北京理工大学、国防科技大学、北京航空航天大学、电子科技大学、西安石油学院、华中科技大学、四川大学等已经在增强现实系统的摄像机校准算法、虚拟物体的投影注册算法、用于增强现实的头盔显示器的设计、增强现实三色立体基准注册技术、增强现实中的重叠问题、增强现实的工程应用等方面取得了一些研究成果。把增强现实技术应用于虚拟维修训练领域将为虚拟现实环境的构建以及受训者的真实训练效果提供更好的支持。

综上所述，虚拟现实技术应用于装备维修训练，可有效降低训练费用，且训练效果好。国外虚拟维修训练研究已进入实用阶段，正逐步完善。国内虚拟维修训练研究仍处于起步阶段，离实际工程应用还有距离，国内外典型虚拟维修训练平台及其应用见表 5 - 14，而基于虚拟战场环境装甲装备维修训练也是一个亟待解决的问题。

表 5 - 14　国内外典型虚拟维修训练平台及其应用

编号	虚拟维修平台	应用对象/领域
1	NASA 哈勃望远镜虚拟维修训练系统	哈勃望远镜

续表

编号	虚拟维修平台	应用对象/领域
2	洛克希德·马丁公司模拟仿真平台	联合攻击战斗机
3	虚拟现实系统	坦克、导弹、军用车辆等
4	德国 Fraunhofer 计算机图形研究所虚拟现实装备仿真平台	宝马汽车
5	美国莱特伯特森空军与 GE 公司、洛克希德马丁公司 Service Manual Generation 项目	战斗机
6	CAE 公司 NH90 直升机用的虚拟维修训练系统	NH90 直升机
7	美国陆军航空协会美军阿帕奇武装直升机虚拟维修训练系统	阿帕奇武装直升机
8	波音公司虚拟环境下的维修系统	联合攻击战斗机
9	美国 RTI 公司针对美军 M2A2 型军用车辆的模拟维修训练系统	M2A2 型军用车辆
10	美国 RTI 公司和美国海军航空兵作战中心训练系统部虚拟现实诊断训练器	装备维修培训
11	虚拟环境下安全维修训练器	美国 Sheppard 空军基地第 363 训练中队
12	通用操作训练环境系统	
13	DISTI 公司和罗克韦尔柯林斯公司美国陆军史催克机动火炮虚拟维修训练器	史催克机动火炮
14	石家庄军械工程学院基于虚拟现实技术的维修性仿真系统	装备
15	国防科技大学虚拟维修仿真系统 – VMS 系统	某型装备
16	电子科技大学虚拟拆装训练系统	某型炮车
17	武汉理工大学船舶动力装置虚拟维修系统	船舶动力装置
18	清华大学维修培训系统	某武器装备

续表

编号	虚拟维修平台	应用对象/领域
19	哈尔滨工程大学面向鱼雷拆装的虚拟环境	鱼雷
20	通用雷达装备虚拟维修训练系统	雷达装备
21	海军工程大学分布式装备维修仿真训练系统	舰船装备
22	空军第一航空学院航空发动机的虚拟维修训练系统	航空发动机
23	大连交通大学柴油机虚拟装配系统	4102B型柴油机
24	复杂装备虚拟维修训练系统	某型导弹
25	海军工程大学某型舰炮虚拟训练仿真系统	某型舰炮
26	装甲兵工程学院典型车辆虚拟维修训练系统	装甲车辆

5.6.2　虚拟维修训练关键技术概况与趋势

1. 虚拟维修训练关键技术概况

1）虚拟与半实物仿真维修训练的评估技术研究

除了对虚拟与半实物仿真维修训练的技术开发与系统设计进行研究外，对训练的评估进行研究也至关重要。评估训练人员在训练过程中习得维修技术的效率，需要测量训练前、后训练人员的维修水平，并确定训练后的维修水平相对于基准水平的差距，进而综合得出训练步骤是否起到了提升维修水平的作用，即纵向评估。纵向评估包括评估内容和评估方法。

国外偏向于纵向评估内容的研究工作，评估内容的研究包括：感觉与认知差异评估、决策差异评估、行动差异评估与关注差异评估。在感觉与认知差异评估方面，具有较低感知的训练人员在以感觉作为主要维修知识的获取任务上往往具有较差的表现，Starkes & Lindey 和 Williams & Grant 分别证明了基于感知认识的技能可以通过训练加速习得，所以该方面应当作为评估考量内容。在决策差异评估方面，专家能够很快速地解决问题，对于相关的故障状态和维修事件而言，他们具有较好的长期或短暂的维修记忆，并且能够深度剖析问题的本质。由于维修系统在设计时集成了大量的专家经验，所以有必要在决策差异方面进行评估，从而决定训练人员的决策能力是否趋近专家水平。行动差异评估主要体现在完成任务过程中的反应时间和动作时间，它是维修技能获得者的最本质表现。在关注差异评估方面，虚拟场景会随着维修任务的复杂程度，导致训练人员的认知复杂程度增加，由于认知复杂程度的增加会导致训练人员无法明确维修重点和流程，因此，有必要进行关注差异评估。

国内偏向于评估方法方面的工作，研究内容主要集中在以下方面：基于标准维修操作流程的评估方法、基于模糊评估和层次分析法、基于认知试验的方法、基于层次法和熵权法等。基于标准维修操作流程的评估方法紧贴装备维修实际，在标准维修操作流程的基础上，构建了操作完整性、操作顺序、操作时间评估指标体系，进而通过数学计算实现对虚拟维修训练的评估，有效地解决了虚拟维修系统中维修训练的评估问题。基于模糊评估和层次分析法针对虚拟训练评判界限的模糊性，建立了虚拟评估的因素集、备选集、权重集，通过AHP方法确定权重，利用梯形分布法得到隶属度，构建模糊综合评估的数学模型，实现针对虚拟维修训练的综合评估。除此以外，为了获得更好的评估效果，在模糊评估方法的基础上进一步分析了装备维修训练的特点，运用模糊综合评估方法，建立评估指标，确定各指标权重并建立模糊综合评估模型。基于认知试验的方法从知识认知的角度出发，在对装备维修训练效果的影响因素进行评估后，对比维修人员基于虚拟训练手段和传统训练手段的考试成绩，实现对虚拟维修训练效果的综合评估。基于层次法和熵权法以层次分析法为基础，构建了相应的指标体系，并确定了初始权重，然后使用熵权法分析了当前操作信息、标准信息以及历史操作信息，以确定修正权重；利用历史信息确定权重修正系数，三者结合实现指标权重的自适应调整，最终实现训练效果的综合评估。

2）基于增强现实的虚拟维修人机交互技术研究

目前，国内对于增强现实的研究还处于初步阶段。欧美发达国家的发展代表了当今世界基于增强现实维修技术的发展水平，尤其以人机交互的实现效果最为典型。在增强现实的虚拟维修领域，人机交互技术的研究主要集中在交互设备的携带方式，交互的内容以及交互的实现技术。

在交互设备选择方面，增强现实技术融合了计算机视觉和计算机图像技术，实现了基于摄像设备的人机交互。基于此，真实环境可以通过某种展示方式进行观察，并且展示效果可以在很大程度上表现真实事物的特征。目前，展示的方式主要有三大类：视觉透视、光学透视、投射。这3种方式借助一定的显示设备实现，根据这些设备的穿戴方式，将其分为头部穿戴、腕部穿戴、投影设备。在人机交互效果方面，不同穿戴方式的设备可能具有不同的交互效果。头部穿戴式设备在视觉范围方面存在严重的缺陷，正常的视觉范围是

170°，而头部穿戴式设备的视觉范围普遍小于 170°。这将会导致维修中对目标部件的操作以及目标部件的定位产生影响。对于腕部穿戴式设备而言，由于维修活动主要集中在双手，所以交互的自由度会因维修活动而受到限制。

交互的内容目前主要集中在以下几类：

（1）语言交互。该类交互的关键是语言识别，通过语音命令进行交互，交互设备中隐藏的麦克风和耳机可以识别语言、处理交互语音的记录、呈现语音信息以及实现语音对话。

（2）手势交互。该类交互的关键技术是手势识别。目前有两种识别机制：3D 交互，通过摄像头和识别算法进行手势识别；2D 交互，与 3D 交互的识别机制一致，但是在识别效果上，腕部穿戴式设备优于头部穿戴式设备。

（3）运动交互。该类交互的实现关键是基于物理定位的图像增强，定位技术包括 GPS、陀螺仪等。

在交互技术的实现方面，人机交互在虚拟维修中的本质是给予操作人员正确且必要的维修信息，并且将其呈现在增强现实的设备之上。信息量大并不代表能获得更好的效果。因此，交互的实现应当能够提取出维修情形中的主要特征，并过滤无关信息，提高人机交互中的信息质量。另外，高质量信息的呈现方式决定了维修人员的接受效率。针对以上两点，对交互技术的实现研究主要集中在 3D 模型的构建、追踪技术。

（1）3D 模型的构建。增强现实技术通常在主图像上叠加大量的子图像。每一个子图像包含了一定的像素映射关系，这些映射关系决定了哪些部分应当透明，哪些部分需要成像。成像内容主要是维修部件、零件的 3D 模型。目前，CAD 等构建的单元模型在增强现实中获得了广泛的应用。另外，数字逆向工程在 3D 建模方面也起到了重要的作用。

（2）追踪技术。在现实对象存在的前提下，对摄像设备进行 3D 定位是人机交互的关键技术，这方面的研究主要基于计算机视觉研究。目前，增强现实系统普遍在现实目标上叠加标记，这种方法能够使摄像设备快速跟踪被标定的现实目标，并且提供实时的信息呈现。这一过程主要分两步——量化步骤和检索步骤，即先进行数据点的提取，然后进行数据信息的检索匹配。另一种改进的实现技术是不需要标定现实目标，这类技术主要用于现实对象表面不可以添加任何标记物的情形，在此类技术中，高效实时的特征提取是技术核心。这些特征模式存在于现实目标之上，而且它们并不固定。这类技术首先利用视觉感知获取现实目标，并辨识出周遭的环境元素，然后识别目标，包括它的本质属性，例如形状、颜色、亮度，以及它的外部属性，例如位置、方向、运动状态等，在此基础上，追踪技术便可以组合现实与虚拟元素。

3）维修训练数据与设计数据的集成技术研究

在维修训练数据与设计数据的集成技术方面，欧洲航空航天与防务工业协会（ADS）制定的适用于所有武器装备技术资料数字化的规范（S1000D 标准），是得到国际认可的中性标准，应用越来越广泛，目前主要用于交互式电子手册（IETM）的研究和制作上。

美国在这些方面进行了相关研究，并制定了一系列标准，比较典型的有MIL‐PPRF‐87268A、MIL‐PPRF‐87269A 和 MIL‐HDBK‐511。韩国军方引进美国技术，并组织专家进行了一系列研究，形成适合本国的 IETM 技术。北大西洋公约组织（NATO）从 1998 年以来，采取各项措施，将 IETM 作为一种重要的 CALS（持续采办与全寿命周期支持）应用技术加以研究。

随着可扩展标记语言（Extensible Markup Language，XML）技术的发展，IETM 领域正在使用 XML 作为其数据格式标准。

日本是亚洲最早研究 IETM 技术的国家，早在 20 世纪 90 年代就完成了IETM 的调研，并得到了较好的发展。

我国从 20 世纪 80 年代开始由军方率先引入综合后勤保障（ILS）和 CALS概念，对 CALS 和 IETM 的基本概念、内容形式和应用前景有了一定的了解。随着计算机网络的飞速发展，IETM 的各种开发技术，如数据库技术、网络编程技术、虚拟现实技术都日趋成熟，为 IETM 中的维修训练数据与设计数据的集成提供了良好的技术环境和技术条件。

2006 年 2 月，总参谋部发布 GJB 3‐2006《电子对抗装备操作维修电子手册要求》。2008 年，总装备部电子信息基础部联合相关单位制定我军的 IETM标准，2009 年正式形成系列标准 GJB 6600‐2009《装备交互式电子技术手册》，也投入实际使用。该标准的编制为我军在虚拟维修训练系统开发中维修训练数据与设计数据的集成提供了数据发布依据。

2. 虚拟维修训练技术的发展趋势

（1）真实感。增强现实技术也是最近几年在虚拟现实技术的基础上发展而来的一项新技术，它利用 CG、多媒体、交互、光电现实、传感器等技术，将计算机生成的虚拟场景和周围的真实场景相融合。结合该技术可以最大限度地"蒙蔽"用户的感官，使其在感官的体验上分辨不出哪些是虚拟的场景，哪些是真实的场景，使系统的沉浸感大大增强。

（2）全面仿真。目前由于技术的限制，虚拟维修训练系统在实际应用中只停留在机械部分，很少涉及装备电气部分的模拟。将电路、液压等装备维修训练中不可缺少部分融入系统，必将大大增强训练效果。Spice 是使用广泛的电路仿真类开源软件，十分适合修改和扩展，因此在以后的虚拟维修系统的开发中可以选择把它集成进去，以实现装备电路的仿真。

（3）知识产权自主化。软件设计需要软件的开源化以及系统功能的多样化，目前国内使用的虚拟维修训练系统大部分都是采用 Virtools、Eon 等商用软件提供的开发功能进行开发，不仅购买开发平台需要极高的成本，而且难以开发具有针对性的产品。近年来在开源社区兴起了很多诸如 OSG、ORGA 的开源虚拟引擎，开发人员可以从这些开源引擎中寻找突破口，研发更适合我国国情的，且具有自主知识产权的软件开发平台，以摆脱国外产品的限制。

（4）虚拟维修训练系统设计理论的系统性深入研究。主要包括：①设计理论的研究：a. 在训练策略方面，观察学习与实操学习方式的选择；b. 在维修场景方面，认知真实性与物理真实性之间的匹配；c. 虚拟维修训练系统中的辅助指导；d. 虚拟维修训练系统的任务信息等。②虚拟维修训练系统实现方式的研究：a. 虚拟样机；b. 人体模型要素；c. 过程建模要素，主要集中于 IDEF3、UML、PERT 图和 Petri 网等。

（5）多学科协同。虚拟维修训练技术涉及维修性工程、维修保障工程、人机工程等多个学科，而各学科对产品的设计要求和规范既有重叠又有冲突，对这些要求和规范综合分析、优化重组，突出合理的虚拟维修训练系统设计准则是发展的必然。

（6）基于增强现实的虚拟维修训练。增强现实致力于通过设备将计算机生成的物体叠加到现实景物上，使它们一起出现在使用者的视场中，并允许使用者与虚拟物理进行交互。在维修操作中，基于增强现实的应用系统能够在操作人员视野的相应位置显示提示信息，引导操作人员完成维修任务，甚至可以将虚拟物体和实际零件装配在一起，尽管增强现实在虚拟环境的生成与显示、跟踪和定位、数据传输和计算能力等方面都很多问题需要攻关，但其仍是虚拟维修训练的发展方向之一。

|5.7　工程案例|

针对装甲车辆典型润滑系统进行案例分析，收集一定量的功能结构特征与维修性因素关系数据，确定润滑系统各单元功能结构特征对具体维修性因素的重要度，以及润滑系统中功能结构特征的重要度。

1. 机油箱功能结构特征—维修性定量、定性因素评估

1）机油箱功能结构特征对单个维修性定量因素的重要度评估

（1）多样本评估方法应用。

综合所有"功能结构特征与维修时间分解关系矩阵"选取机油箱功能结构特征与维修性定量因素中维修拆卸时间的影响程度数据，见表 5–15。

表 5–15　机油箱功能结构特征与维修拆卸时间的影响程度数据

功能结构特征 \ 样本	危险源	重量	维修频率	尺寸	警示接口	紧固接口	抓握接口	操作接口	输入接口	输出接口	维修工具	空间约束	外部危险特征	空间物理环境
P_1	3	2	1	2	1	9	5	2	2	2	9	7	5	2
P_2	2	2	1	2	1	9	5	1	1	3	7	5	5	2
P_3	3	1	1	1	2	7	6	2	1	2	7	6	3	1
P_4	4	3	1	3	2	7	4	1	1	2	5	7	5	2
P_5	3	1	1	1	1	9	5	1	1	1	7	7	5	1
P_6	3	2	1	1	1	8	5	1	1	1	6	5	4	1
P_7	2	1	2	2	1	8	4	1	2	1	7	5	5	3
P_8	2	2	1	1	2	9	4	1	1	1	5	7	5	1
P_9	3	1	1	1	1	7	5	1	1	1	7	6	3	1
P_{10}	4	3	1	3	2	7	4	1	1	2	5	7	5	2
P_{11}	3	1	1	1	1	9	5	1	1	1	5	7	5	2
P_{12}	3	1	1	1	1	8	5	1	1	1	6	5	4	1
P_{13}	2	1	2	2	1	8	4	1	2	1	7	5	5	3
P_{14}	2	1	1	1	1	9	4	1	1	1	6	5	4	1

其中，$P_1 \sim P_{14}$ 分别是回收的 14 份机油箱"功能结构特征与维修时间分解关系矩阵"中机油箱功能结构特征与维修拆卸时间的定量关系。

根据方法中的分析思路，运用主成分分析进行机油箱各功能结构特征的重要度评估，评估结果见表 5–16。

表 5 - 16　机油箱功能结构特征对维修拆卸时间的重要度

功能结构特征	危险源	重量	维修频率	尺寸	警示接口	紧固接口	抓握接口	操作接口	输入接口	输出接口	维修工具	空间约束	外部危险特征	空间物理环境
重要度	0.064	0.037	0.022	0.034	0.026	0.196	0.109	0.023	0.023	0.031	0.155	0.141	0.105	0.035

根据表 5 - 16 可画出机油箱功能结构特征对维修拆卸时间的重要度柱形图，如图 5 - 23 所示。

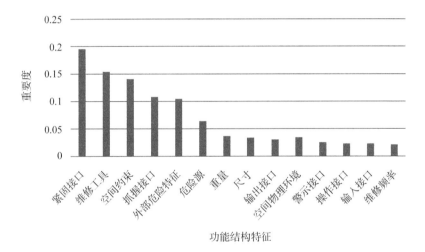

图 5 - 23　机油箱功能结构特征对维修拆卸时间的重要度柱形图

对于机油箱维修拆卸时间来说，各功能结构特征重要度排序为：紧固接口 > 维修工具 > 空间约束 > 抓握接口 > 外部危险特征 > 危险源 > 重量 > 尺寸 = 输出接口 = 空间物理环境 > 警示接口 > 操作接口 = 输入接口 > 维修频率。其中紧固接口、维修工具、空间约束、抓握接口和外部危险特征是在进行机油箱设计时需要着重考虑与权衡的功能结构特征。

（2）少样本评估方法应用。

综合所有"功能结构特征与维修时间分解关系矩阵"选取机油箱功能结构特征与维修性定量因素中维修拆卸时间的影响程度数据，见表 5 - 17。

表 5 - 17　机油箱功能结构特征与维修拆卸时间的影响程度数据

功能结构特征 / 样本	危险源	重量	维修频率	尺寸	警示接口	紧固接口	抓握接口	操作接口	输入接口	输出接口	维修工具	空间约束	外部危险特征	空间物理环境
P_1	3	2	1	2	1	9	5	2	2	2	9	7	5	2
P_2	2	2	1	2	1	9	5	1	1	3	7	5	5	2
P_3	3	1	1	1	2	7	6	2	1	2	7	6	3	1
P_4	4	3	1	3	2	7	4	1	2	2	5	7	5	2
P_5	3	1	1	1	1	9	5	1	1	1	7	3	5	1
P_6	3	2	1	1	1	8	5	1	1	1	6	5	4	1
P_7	2	1	2	2	1	8	4	1	2	1	7	5	5	3
P_8	2	2	1	1	2	9	4	1	1	1	7	5	4	1

其中，$P_1 \sim P_8$ 分别是回收的 8 份机油箱"功能结构特征与维修时间分解关系矩阵"中机油箱功能结构特征与维修拆卸时间的定量关系。

机油箱功能结构特征与维修拆卸时间的定量关系均值估计见表 5 - 18。

表 5 - 18　机油箱功能结构特征与维修拆卸时间的定量关系均值估计

功能结构特征	危险源	重量	维修频率	尺寸	警示接口	紧固接口	抓握接口	操作接口	输入接口	输出接口	维修工具	空间约束	外部危险特征	空间物理环境
均值估计	2.75	1.75	1.125	1.625	1.375	8.25	4.75	1.25	1.25	1.625	6.875	5.875	4.5	1.625

机油箱功能结构特征对维修拆卸时间的重要度见表 5 - 19。

表 5 - 19　机油箱功能结构特征对维修拆卸时间的重要度

功能结构特征	危险源	重量	维修频率	尺寸	警示接口	紧固接口	抓握接口	操作接口	输入接口	输出接口	维修工具	空间约束	外部危险特征	空间物理环境
重要度	0.062	0.039	0.025	0.036	0.031	0.185	0.106	0.028	0.028	0.036	0.154	0.132	0.101	0.036

根据表 5 - 19 可画出功能结构特征的重要度柱形图，如图 5 - 24 所示。

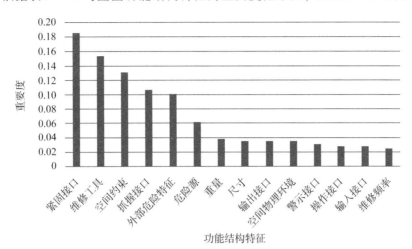

图 5 - 24　机油箱功能结构特征对维修拆卸时间的重要度柱形图

对于机油箱维修拆卸时间来说，各功能结构特征重要度排序为：紧固接口 > 维修工具 > 空间约束 > 抓握接口 > 外部危险特征 > 危险源 > 重量 > 尺寸 = 输出接口 = 空间物理环境 > 警示接口 > 操作接口 = 输入接口 > 维修频率。其中紧固接口、维修工具、空间约束、抓握接口和外部危险特征是在进行机油箱设计时需要着重考虑与权衡的功能结构特征。

2）机油箱功能结构特征对总维修时间的重要度评估

通过评估机油箱功能结构特征对维修过程各阶段时间的重要度，可以得到机油箱功能结构特征对维修时间分解的重要度数据，见表 5 - 20。

表 5 - 20　机油箱功能结构特征对维修时间分解的重要度

功能结构特征 ＼ 维修时间分解	准备工作时间	检测隔离时间	维修拆卸时间	修理替换时间	安装调校时间	检验复原时间
危险源	0.058	0.070	0.062	0.079	0.062	0.070
重量	0.019	0.023	0.039	0.079	0.039	0.023
维修频率	0.038	0.070	0.025	0.053	0.025	0.070
尺寸	0.038	0.047	0.036	0.105	0.036	0.023
警示接口	0.058	0.070	0.031	0.026	0.031	0.047
紧固接口	0.058	0.047	0.185	0.026	0.185	0.047

续表

维修时间分解\\功能结构特征	准备工作时间	检测隔离时间	维修拆卸时间	修理替换时间	安装调校时间	检验复原时间
抓握接口	0.077	0.047	0.106	0.079	0.106	0.070
操作接口	0.135	0.103	0.028	0.079	0.028	0.163
输入接口	0.038	0.107	0.028	0.079	0.028	0.070
输出接口	0.038	0.115	0.036	0.079	0.036	0.070
维修工具	0.154	0.103	0.154	0.132	0.154	0.116
空间约束	0.096	0.070	0.132	0.053	0.132	0.116
外部危险特征	0.097	0.070	0.101	0.053	0.101	0.047
空间物理环境	0.096	0.070	0.036	0.079	0.036	0.070

其中，每一个元素表示所对应的功能结构特征对所对应的维修时间分解的重要度。

根据方法中描述的，每一个维修阶段所消耗的时间对总的维修时间的贡献度是不同，也即 6 个维修时间分解部分本身对于总的维修时间来说重要度是不一样的。为了计算功能结构特征对总维修时间的重要度，还需要确定各维修时间分解部分对总维修时间的重要度，在这里，以时间贡献度作为重要度的衡量。因此，需要确定各维修时间分解部分的时间值。假设机油箱各维修时间分解部分时间值如表 5 - 21 所示。

表 5 - 21   机油箱各维修时间分解部分时间假设值

时间	准备工作时间	检测隔离时间	维修拆卸时间	修理替换时间	安装调校时间	检验复原时间
数据	20	10	25	35	25	10

计算得到综合重要度结果，见表 5 - 22。

根据表 5 - 22 可画出机油箱功能结构特征对总维修时间的重要度柱形图，如图 5 - 25 所示。

表 5 - 22 机油箱功能结构特征对总维修时间的重要度

功能结构特征	危险源	重量	维修频率	尺寸	警示接口	紧固接口	抓握接口	操作接口	输入接口	输出接口	维修工具	空间约束	外部危险特征	空间物理环境
重要度	0.066	0.044	0.042	0.055	0.038	0.098	0.086	0.076	0.054	0.057	0.141	0.098	0.080	0.063

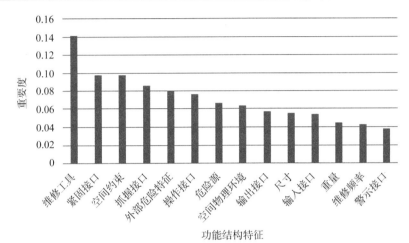

图 5 - 25 机油箱功能结构特征对总维修时间的重要度柱形图

机油箱各功能结构特征对总维修时间的重要度排序：维修工具 > 紧固接口 = 空间约束 > 抓握接口 > 外部危险特征 > 操作接口 > 危险源 > 空间物理环境 > 输出接口 > 尺寸 > 输入接口 > 重量 > 维修频率 > 警示接口。其中维修工具、紧固接口、空间约束、抓握接口以及外部危险特征相对来说，在机油箱维修性定量设计中应重点考虑。

3）机油箱功能结构特征对维修性定性整体的重要度评估

通过评估机油箱功能结构特征对维修性各定性因素的重要度，可以得到机油箱功能结构特征对维修性各定性因素的重要度数据，见表 5 - 23。

表 5 - 23 机油箱功能结构特征对维修性各定性因素的重要度

维修性定性因素 \ 功能结构特征	可达性	人素工程	简化设计	标准化和互换性	防差错性	维修安全性	可测试性	贵重件可修复性
危险源	0.079	0.082	0.048	0.016	0.077	0.145	0.085	0.045

续表

功能结构 特征 \ 维修性 定性因素	可达性	人素 工程	简化 设计	标准化 和 互换性	防差错性	维修 安全性	可测试性	贵重件 可修复性
重量	0.035	0.082	0.048	0.033	0.026	0.081	0.034	0.045
维修频率	0.032	0.049	0.095	0.016	0.077	0.048	0.051	0.091
尺寸	0.102	0.082	0.071	0.033	0.051	0.081	0.034	0.045
警示接口	0.035	0.082	0.071	0.082	0.026	0.113	0.085	0.045
紧固接口	0.051	0.033	0.071	0.115	0.051	0.048	0.065	0.023
抓握接口	0.092	0.115	0.119	0.082	0.026	0.081	0.051	0.045
操作接口	0.117	0.148	0.167	0.115	0.051	0.048	0.116	0.045
输入接口	0.044	0.049	0.071	0.148	0.231	0.032	0.105	0.159
输出接口	0.044	0.033	0.071	0.148	0.231	0.032	0.105	0.159
维修工具	0.92	0.049	0.071	0.115	0.051	0.081	0.085	0.114
空间约束	0.133	0.082	0.048	0.033	0.051	0.048	0.085	0.091
外部危险特征	0.051	0.066	0.024	0.033	0.026	0.113	0.051	0.045
空间物理环境	0.092	0.049	0.024	0.033	0.026	0.048	0.051	0.045

其中，每一个元素表示所对应的功能结构特征对所对应的维修性定性因素的重要度。

根据上述计算方法，需要确定对于机油箱维修性设计来说，8 个定性因素的权重如何。

各单元、系统在进行设计时 8 个定性因素相对权重视产品特性和设计要求而定，在这里，作为演示案例，假设对于机油箱维修性设计来说，8 个定性因素是同等重要的，即各定性因素的相对权重向量为

R = (0.125，0.125，0.125，0.125，0.125，0.125，0.125，0.125)

可得到机油箱功能结构特征对机油箱整体维修性的重要度，见表 5 - 24。

根据表 5 - 24 可画出机油箱功能结构特征对机油箱整体维修性的重要度柱形图，如图 5 - 26 所示。

表 5 – 24　机油箱功能结构特征对机油箱整体维修性的重要度

功能结构特征	危险源	重量	维修频率	尺寸	警示接口	紧固接口	抓握接口	操作接口	输入接口	输出接口	维修工具	空间约束	外部危险特征	空间物理环境
重要度	0.072	0.048	0.057	0.062	0.067	0.057	0.076	0.101	0.105	0.103	0.082	0.071	0.051	0.046

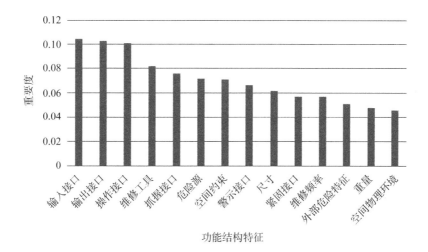

图 5 – 26　机油箱功能结构特征对机油箱整体维修性的重要度柱形图

机油箱功能结构特征对机油箱整体维修性的重要度大小排序：输入接口 > 输出接口 > 操作接口 > 维修工具 > 抓握接口 > 危险源 > 空间约束 > 警示接口 > 尺寸 > 紧固接口 = 维修频率 > 外部危险特征 > 重量 > 空间物理环境。其中输入接口、输出接口、操作接口、维修工具和抓握接口相对来说，在机油箱维修性设计中应重点考虑。

2. 机油管路及支架功能结构特征—维修性定量、定性因素评估

1）机油管路及支架功能结构特征对单个维修性定量因素的重要度评估

利用润滑系统数据，可以得到机油管路及支架功能结构特征对维修性定量因素的重要度，见表 5 – 25。

根据表 5 – 25 可画出功能结构特征对维修性定量因素的重要度柱形图，如图 5 – 27、图 5 – 28 所示。

表5-25　机油管路及支架功能结构特征对维修性定量因素的重要度

维修时间分解　功能结构特征	准备工作时间	检测隔离时间	维修拆卸时间	修理替换时间	安装调校时间	检验复原时间
危险源	0.038	0.100	0.019	0.061	0.140	0.167
重量	0.075	0.120	0.019	0.041	0.070	0.125
维修频率	0.075	0.040	0.058	0.082	0.070	0.083
尺寸	0.132	0.160	0.058	0.102	0.023	0.042
警示接口	0.038	0.060	0.038	0.102	0.116	0.021
紧固接口	0.057	0.100	0.058	0.102	0.047	0.042
抓握接口	0.019	0.040	0.173	0.061	0.047	0.021
操作接口	0.057	0.060	0.135	0.041	0.070	0.083
输入接口	0.075	0.040	0.115	0.020	0.116	0.125
输出接口	0.132	0.040	0.058	0.082	0.047	0.021
维修工具	0.113	0.100	0.038	0.061	0.023	0.104
空间约束	0.019	0.040	0.058	0.122	0.047	0.042
外部危险特征	0.151	0.040	0.058	0.082	0.116	0.042
空间物理环境	0.019	0.060	0.115	0.041	0.070	0.083

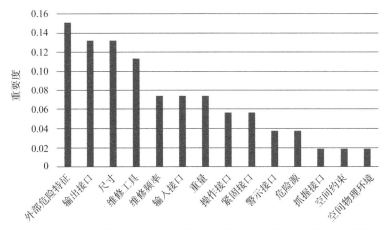

图5-27　机油管路及支架功能结构特征对准备工作时间的重要度柱形图

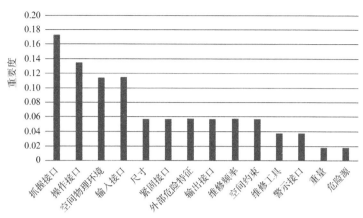

图5-28 机油管路及支架功能结构特征对维修拆卸时间的重要度柱形图

2）机油管路及支架功能结构特征对总维修时间的重要度评估

对于机油管路及支架功能结构特征对总维修时间的重要度评估，需要了解机油管路及支架或者相似产品的维修时间统计数据，由于目前缺乏机油管路及支架相关维修时间数据，此处暂不进行评估。在充分掌握相关维修时间数据信息的情况下，只需根据功能结构特征对总维修时间的重要度评估过程进行数据分析和综合即可。

3）机油管路及支架功能结构特征对维修性定性因素的重要度评估

利用润滑系统数据，可以得到机油管路及支架功能结构特征对维修性定性因素的重要度，见表5-26。

表5-26 机油管路及支架功能结构特征对维修性定性因素的重要度

维修性 定性因素 功能结构 特征	可达性	人素 工程	简化 设计	标准化 与 互换性	防差 错性	维修 安全性	可测 试性	贵重件 可修复性
危险源	0.109	0.021	0.184	0.034	0.085	0.034	0.041	0.167
重量	0.065	0.063	0.143	0.136	0.034	0.086	0.102	0.125
维修频率	0.043	0.063	0.061	0.034	0.051	0.052	0.041	0.083
尺寸	0.043	0.063	0.061	0.119	0.136	0.017	0.020	0.042
警示接口	0.043	0.104	0.061	0.034	0.034	0.103	0.102	0.021
紧固接口	0.065	0.146	0.082	0.085	0.051	0.069	0.122	0.042
抓握接口	0.109	0.042	0.102	0.051	0.017	0.052	0.061	0.021

维修性 定性因素 功能结构 特征	可达性	人素 工程	简化 设计	标准化 与 互换性	防差 错性	维修 安全性	可测 试性	贵重件 可修复性
操作接口	0.109	0.063	0.041	0.102	0.102	0.086	0.041	0.083
输入接口	0.043	0.083	0.020	0.119	0.034	0.034	0.020	0.125
输出接口	0.043	0.125	0.020	0.034	0.017	0.017	0.102	0.021
维修工具	0.109	0.042	0.020	0.034	0.102	0.052	0.020	0.104
空间约束	0.043	0.021	0.102	0.051	0.034	0.103	0.122	0.042
外部危险特征	0.130	0.125	0.041	0.102	0.119	0.155	0.020	0.042
空间物理环境	0.043	0.042	0.061	0.068	0.102	0.138	0.184	0.083

根据表 5 – 26 可画出功能结构特征对维修性定性因素的重要度柱形图，如图 5 – 29 ~ 图 5 – 31 所示。

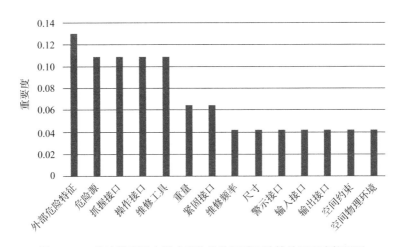

图 5 – 29　机油管路及支架功能结构特征对可达性的重要度柱形图

4）机油管路及支架功能结构特征对维修性定性整体的重要度评估

对机油管路及支架功能结构特征对维修性定性整体的重要度评估，首先需要了解各维修性定性因素对维修性定性整体的相对重要度。一般情况下，对各维修性定性因素进行等权处理，即各定性因素的相对权重向量为

$$\boldsymbol{R} = (0.125, 0.125, 0.125, 0.125, 0.125, 0.125, 0.125, 0.125)$$

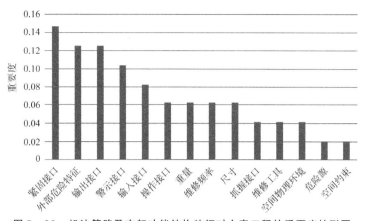

图 5 - 30　机油管路及支架功能结构特征对人素工程的重要度柱形图

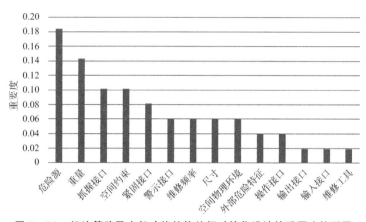

图 5 - 31　机油管路及支架功能结构特征对简化设计的重要度柱形图

利用上述计算得到的数据，可以计算得到机油管路及支架功能结构特征对机油管路及支架维修性定性整体的重要度，见表 5 - 27。

表 5 - 27　机油管路及支架功能结构特征对机油管路及支架维修性定性整体的重要度

功能结构特征	危险源	重量	维修频率	尺寸	警示接口	紧固接口	抓握接口	操作接口	输入接口	输出接口	维修工具	空间约束	外部危险特征	空间物理环境
重要度	0.084	0.094	0.054	0.063	0.063	0.083	0.057	0.078	0.060	0.058	0.060	0.065	0.092	0.090

根据表 5 - 27 可画出功能结构特征对维修性定性整体的重要度柱形图，如图 5 - 32 所示。

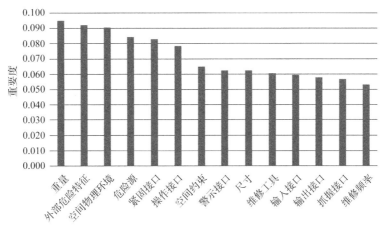

图 5－32　机油管路及支架功能结构特征对维修性定性整体的重要度柱形图

可看出在机油管路及支架设计过程中，重量、外部危险环境、空间物理环境以及危险源和紧固接口相对来说需要更加注意，以保证维修性。

利用上述方法同样对机油热交换器、机油预润泵的功能结构特征对维修性定量、定性因素的重要度进行了评估。

3. 结果分析

通过不同的计算方法评估了两种不同情况下，即功能结构特征与维修时间分解关系矩阵数据收集数量较多和较少时，机油箱各个功能结构特征对维修拆卸时间的重要度，并根据重要度进行排序。经过对比发现，两种情况下、两种方法计算所得到的结果几乎相同。所有的功能结构特征中，紧固接口、维修工具、空间约束、抓握接口和外部危险特征是在进行机油箱设计时需要着重考虑与权衡的功能结构特征。

根据假设的机油箱相似产品维修数据进行两层次重要度综合，得到机油箱各个功能结构特征对机油箱维修总时间的重要度，并根据重要度进行排序。得到结论：维修工具、紧固接口、空间约束、抓握接口以及外部危险特征相对来说，在机油箱维修性定量设计中更加重要。

通过不同的计算方法评估了两种不同情况下，即功能结构特征与维修性定性因素关系矩阵数据收集数量较多和较少时，机油箱各个功能结构特征对维修可达性的重要度，并根据重要度进行排序。经过对比发现，两种情况下、两种方法计算所得到的结果基本相同。在所有的功能结构特征中，空间约束、操作接口、抓握接口、维修工具和紧固接口相对来说，在机油箱维修性定性参数设计中更加重要。同时，分析两种不同计算方法所得到的结果的差异，对于主成分分析来说，相当数量的样本数据收集是非常重要的，在实际计算中，主成分分析将剥离样本之间重复的部分，其所利用到的样本信息可能是普通均值估计所不具有的，因此，主成分分析所得结果比均值估计所得结果更有可信性。

在假设机油箱维修性设计中 8 个维修性定性因素同等重要的情况下，进行了两层次重要度综合，得到机油箱各个功能结构特征对机油箱维修性定性整体的重要度，并根据重要度进行排序。得到结论：输入接口、输出接口、操作接口、维修工具和抓握接口相对来说，在机油箱维修性设计中更加重要。

分别对机油管路及支架、机油热交换器以及机油预润泵进行了相应的功能结构特征对维修性定性、定量因素的重要度分析，并得到了相应需要更多考虑的重要特征。

第 6 章

保障性设计分析技术与工程实践

保障性是确保坦克与装甲车辆顺利完成任务的通用质量特性之一，是系统的设计特性和计划的保障资源满足平时战备完好性和战时利用率要求的能力。保障性设计分析是提出合理的保障方案和保障资源要求的重要手段，在坦克与装甲车辆研制过程中同步考虑，进行规划，并在装备交付使用的时候提供相应的保障资源，以满足使用要求，对提升坦克与装甲车辆的作战效能和可用度具有重大的意义。

|6.1 概　述|

装备保障能力是装备战斗力的重要组成部分，现代信息化战争的节奏逐渐加快，装备之间的对抗强度逐渐加大，装备战损率有越来越高的趋势，对装备保障的依赖程度也越来越大。近些年发生的局部战争均表明，装备保障跟不上，装备保障能力不强，就很难取得战争的胜利。装甲主战装备能否在战争中充分发挥其作战效能，一方面与其自身功能特性有关，另一方面还与其保障性有密切关系。装备的保障性是指装备保持和恢复战备完好状态、能持续完成作战与训练任务的能力，也就是使装备召之即来，来即能战的能力，这种能力是保证装备充分发挥、保持、恢复与提高战术技术性能的重要支撑。

6.1.1　装甲装备保障问题分析

我军装甲装备的战术技术性能大幅度跃升，装备的技术含量越来越高，多数装备保障的要求也越来越高，难度也越来越大。

当前装甲装备保障方面存在的问题有：

（1）装备不便于保障，保障内容多，工作量大。导弹发射架位于副驾驶后侧，战斗状态下不便于装填导弹；发动机空气滤清器滤芯按照设计要求每30 h 进行清洗，但在风沙环境下连续使用约 10 h 就必须更换。这些问题严重影响了装备正常训练战备工作。

（2）对装备保障人员要求高，部队保障力量无法完全独立承担相应的保障任务。装甲装备更新换代步伐加快，电气化、集成化、模块化程度越来越高，对操作、维修保障人员综合素质的要求越来越高，但当前很多部队保障人员满编率和专业对口率不高，不少保障人员未经过系统培训，装备出现故障后，受限于维修技术水平，排除故障耗时长，甚至无法排除故障，影响训练进度。

（3）保障资源不配套，尤其是备品备件及技术资料不配套的问题尤为突出。某些新装甲装备维修教材、维护保养手册、模拟训练设备等资源缺口也较大。

上述问题均发生在装甲装备使用阶段，但究其产生的根本原因，则更多的是研制阶段的问题，一是装备"先天"不好保障，未能充分将保障问题纳入主装备设计考虑，造成主装备设计得不便于保障；二是装备保障配套不同步，未能充分考虑保障配套建设问题，保障方案和保障资源同步规划建设不够，导致装备在使用阶段无法得到及时有效的保障。这两个方面恰恰就是了装备系统保障性的核心。

6.1.2　装备系统的保障性

所谓保障性，是装备的设计特性和计划的保障资源满足平时战备完好性和战时利用率要求的能力（GJB 451 A《可靠性维修性保障性术语》），也就是具备召之即来，来即能战的能力。装备保障性一般是指装备系统（包含主装备和保障系统）的保障性，主装备必须要与之匹配的保障系统有机组合，形成装备系统，才能有效完成规定的作战与使用功能。

装甲主装备在列装部队后能否尽快形成保障能力，本质上取决于装备系统所具有的保障性，既要求装甲主装备本身具有便于保障的设计特性，又要求配套的保障系统具有能够对其实施及时有效保障的特性，上述两个方面合起来称为装备系统的保障性。

装甲装备保障性是装备系统的固有属性，它包括以下两个方面的含义：

（1）装甲装备自身要具有便于保障的设计特性，也就是装备自身"好保障"。装甲装备设计得可靠耐用，操作简便，易于维护、修理，便于检测、装卸、运输，便于补充燃油、冷却液、弹药等消耗品，主装备的保障工作内容就会少而精、难度也会降下来。比如装甲装备单车战斗准备工作内容少、时间短，装备具备自动装填弹药的能力，装备受油速率高、加油时间短等，都体现了装甲装备便于保障的特性。

（2）围绕装甲装备所规划的保障资源应当充足而且适用，也就是将装备

"保障好"。保障资源是指使用与维修装备所需的硬件、软件与人员等的统称（GJB 451A《可靠性维修性保障性术语》），是对装备实施保障活动的物质基础。通常保障资源包括八大类：（1）装备保障人力和人员；（2）备品备件；（3）保障设备；（4）技术资料；（5）训练与训练保障资源；（6）计算机保障资源；（7）保障设施；（8）包装、装卸、储存和运输保障资源。对于装甲主装备，所配套的保障资源如果在品种和数量上能满足其使用与维修需求，则说明所规划的保障资源是充足的；所配套的保障资源如果与主装备协调匹配，而且都是装备使用与维修保障所必需的，则说明所规划的保障资源是适用的。简而言之，与装甲主装备配套的保障资源，一方面要做到需要的都配齐，另一方面要做到不需要的不配备，也就是既要充足又不过剩。

如果所规划的保障资源不充足，就会因等待保障资源而延误装甲装备的保障行动，进而降低装甲主装备的战备完好性水平；如果所规划的保障资源不适用，就会出现保障总时间延长，或者保障资源过剩造成保障费用高涨的情况。

要想提高装甲装备的保障性水平，就必须同步开展保障性分析。通过开展保障性分析，一方面同步综合考虑装甲装备的保障问题，使保障考虑影响装甲装备设计；另一方面通过同步规划保障资源，建立经济有效的保障系统，对装甲装备实施及时有力的保障。

|6.2 装备保障性分析|

在主装备的研制过程中，为了有效将保障考虑纳入主装备设计，必须开展装备综合保障工程，而保障性分析则是开展装备综合保障工程所需的分析程序与方法，它是实现装备保障性目标的基础，是使装备"好保障"和"保障好"的重要保证。

6.2.1 装备保障性分析的基本概念

为了使装备设计得"好保障"并能将其"保障好"，军方和承研、承制单位都要在研制过程中开展大量的工作，军方需要充分开展装备保障性要求论证，提出科学合理的保障性要求，并适时对其进行考核验证；承研、承制单位则需要同步开展保障性设计与分析，规划装备保障方案与保障资源，确保装备在列装交付时同步提交保障资源，列装后尽快形成保障能力。通过双方的努力，一方面从保障的角度优化主装备设计，使其具有先天"好保障"的特性；

另一方面同步规划保障工作，形成保障方案并及时交付保障资源，为真正能"保障好"装备提供必要的物质基础。

装备保障性分析是连接主装备设计与装备保障设计之间的桥梁，是实现装备"好保障"和"保障好"的有效手段。装备保障性分析是在装备的整个寿命周期内，为确定与保障有关的设计要求，影响装备的设计，确定保障资源要求，使装备得到经济有效的保障而开展的一系列分析活动（GJB 451 A《可靠性维修性保障性术语》）。

从定义来看，装备保障性分析是实现装备保障性目标的重要分析性工具，它通过在装备研制与生产过程中综合运用相关方法和技术，通过反复的论证、分析、权衡、试验与评估过程，为以下工作提供支撑：

（1）协调确定装备保障性要求；

（2）在装备研制过程中考虑装备保障问题，并影响装备设计工作；

（3）研制或采购装备保障资源并及时建立保障系统；

（4）在使用阶段，以最低的费用提供装备所需的保障。

从以上对装备保障性分析的描述，可以归纳出装备保障性分析的四大工作内容：

（1）确定保障性要求；

（2）制定和优化保障方案；

（3）确定与获取保障资源；

（4）开展保障性试验与评价。

6.2.2　装备保障性分析的特点

装备保障性分析是装备系统工程过程的重要组成部分，是确保保障性要求在装备的设计过程中得以考虑的各种技术与方法的综合和运用。与可靠性、维修性等特性的设计与分析相比，装备保障性分析具有独特的结构化过程，其主要特点如下：

（1）分析工作具有同步衔接性。

装备保障性分析是通过规划保障来影响装备设计的重要方法，是装备设计与保障系统设计相协调的纽带。要为装备确定优化的保障方案和保障资源需求，就要求在装备研制早期同步综合考虑保障问题，在装备设计过程中通过装备保障性分析来优化装备的设计，并同步开展装备保障方案和保障资源配套建设。

（2）分析过程具有反复迭代性。

装备保障性分析贯穿于装备寿命周期各个阶段，不是一蹴而就的，也不是一个简单的序贯式过程，而是一个反复迭代的分析过程。随着装备研制过程的进展，装备保障性分析按照装备结构分解层次，从保障方案到保障计划再到保障资源逐渐深入；随着分析所需输入信息的逐渐精确与细化，分析的详细程度也由粗到细并与各阶段的分析要求相适应。通过反复迭代分析不断地权衡和修正分析结果，优化主装备设计并开展保障配套建设，最终实现费用、进度、性能与保障特性之间的最佳平衡。

（3）分析技术具有系统综合性。

装备保障性分析的主要任务是确定与优化保障方案和保障资源需求，为了实现该目标，需要按照系统工程过程，综合运用大量的分析技术，如功能分析可用于确定装备使用保障方案的分析技术；FMECA、以可靠性为中心的维修分析（RCMA）和修理级别分析（LORA）可用于确定维修保障方案；使用与维修工作分析（OMTA）可用于建立保障方案与保障资源间的有机联系；费用分析可以作为保障方案优化与权衡分析的分析技术；可靠性与维修性等方面的理论与技术在装备保障性分析过程中主要用于确定与优化保障资源的品种与数量。

6.2.3　装备寿命周期各阶段的保障性分析工作

装备保障性分析是一系列反复迭代、有序进行的分析工作，根据其定义与任务，在装备寿命周期的各个阶段都应有侧重地开展相应的保障性分析工作，以保证装备保障性目标的实现。装备寿命周期各个阶段主要的保障性分析工作如图6－1所示。

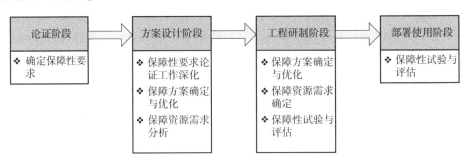

图6－1　装备寿命周期各阶段主要的保障性分析工作

1. 论证阶段的保障性分析工作

在论证阶段，结合装甲装备立项综合论证和研制总要求论证，保障性分析的主要工作内容是为装甲装备确定科学合理、协调匹配的保障性要求，保障性要求一般与可靠性、维修性要求等通用质量特性要求一并提出。确定的保障性要求既要考虑需求，应满足军事与作战需求对装备保障的要求；又要考虑可行，要考虑实现保障性要求的技术途径与可行性。

确定保障性要求是装备保障性分析工作的首要任务，明确的保障性要求是确定保障方案和保障资源的重要输入，也是最终开展保障性试验与评价的基本依据。

2. 方案设计阶段的保障性分析工作

在方案设计阶段，装备保障性分析工作全面展开，主要内容包括继续开展保障性要求论证、确定与优化保障方案、初步开展保障资源需求分析等，分析的重点是保障方案的确定与优化。

首先，应进一步进行保障性要求的论证工作，但此时的论证工作不再是确定保障性要求，主要是从保障性要求实现的技术可行性等方面进行论证，以保证保障性要求的落实。

其次，应重点开展保障方案的确定与优化工作，而且要尽早开展，经验表明，越早进行该项工作，就越能对装备的设计施加影响，更易于保证装备具有便于保障的特性。

同时，还应适时开展保障资源需求的分析工作。一方面通过对各保障方案的保障资源需求进行初步分析，为保障方案权衡分析提供支撑；另一方面通过分析各装备设计方案和保障方案对新的或关键的保障资源的需求，评估其对装备寿命周期费用和战备完好性的影响等。

3. 工程研制阶段的保障性分析工作

在工程研制阶段（含生产阶段），保障性分析工作的主要内容包括继续开展保障方案的确定与优化、确定保障资源需求、开展保障性试验与评估等，分析的重点是保障资源需求的确定。

首先，在该阶段，已产生了实物的样车（初样车和/或正样车），设计工作已进入较低的约定层次，保障方案的确定与优化工作也已进入非常具体的层次，保障方案更加明确，为保障资源需求的确定提供了更为明确的输入。

其次，为了保证保障资源与主装备同步交付部队，该阶段必须重点进行保障资源需求的确定工作，不仅要规划出备件、保障设备、技术资料等保障资源需求，还要对车库、修理间等建设周期长的保障设施提出相应的建设要求。

同时，在该阶段开展的性能试验和作战试验应涵盖保障性试验与评估工作，检验装备是否达到规定的保障性要求，作为转阶段评审的依据之一。

4. 部署使用阶段的保障性分析工作

在装备列装部署使用后，保障性分析工作的主要内容是开展保障性评估。其目的是在真实的使用环境下，收集装备保障的相关数据，评估装备真实的保障性水平，作为后续装备改进的依据。该项工作也可纳入装备在役考核工作一并进行。

6.2.4　装备保障性分析标准介绍

1. GJB 1371《装备保障性分析》

为全面支撑装备保障性分析工作的开展，我国于 1992 年颁布了 GJB 1371《装备保障性分析》。该标准是适用于各类装备系统和设备开展保障性分析的通用基础军用标准，规范了装备寿命周期内实施保障性分析的要求、方法和程序，作为装备订购方和承研、承制单位提出保障性分析要求、确定保障性分析工作和制定保障性分析计划、指导分析工作的基本依据。

标准中，保障性分析的详细要求分为 5 个工作项目系列，每个工作项目系列又可分为若干个工作项目和子项目，共有 15 个工作项目和 83 个子项目，见表 6-1。在装备研制、生产与使用过程中，可以根据型号研制的类型、装备的规模、设计的自由度与技术状态、可用的时间与资源等情况，在寿命周期的不同阶段对这些保障性分析的工作项目与子项目进行适当的剪裁。

表 6-1　GJB 1371 的工作项目系列、工作项目名称和目的

工作项目系列、工作项目名称	目的
100 系列——保障性分析工作的规划与控制	供正式的保障性分析工作的规划与控制活动
工作项目 101——制定保障性分析纲要	制定一份保障性分析工作纲要，以及早明确具有最佳效益的保障性分析工作项目及子项目
工作项目 102——制定保障性分析计划	制定一份保障性分析工作计划，以确定并统一协调各项保障性分析工作项目，确定各管理组织及其职责，并提出完成各项工作项目的途径

续表

工作项目系列、工作项目名称	目的
工作项目 103——有关保障性分析的评审	为承制方制定一项对有关保障性分析的设计资料进行正式评审和控制的要求，该要求应保证保障性分析的进度与合同规定的评审点一致，以达到保障性和有关保障性的设计要求
200 系列——装备与保障系统的分析	通过与现有系统的对比和保障性、费用、战备完好性主宰因素的分析，确定保障性初定目标和有关保障性的设计目标值、门限值及约束
工作项目 201——使用研究	分析并确定保障性初定目标和有关保障性的设计目标值、门限值及约束，确定与系统预定用途有关的保障性因素
工作项目 202——硬件、软件及保障系统的标准化	根据能在费用、人员数量与技术等级、战备完好性或保障政策等方面得到益处的现有和计划的保障资源，确定系统和设备的保障性及有关保障性的设计约束，给系统和设备的硬件及软件标准化工作提供保障性方面的输入信息
工作项目 203——比较分析	选定代表新研系统和设备特性的基准比较系统或比较系统，以便提出有关保障性的参数，判明其可行性，确定改进目标，以及确定系统和设备保障性、费用与战备完好性的主宰因素
工作项目 204——改进保障性的技术途径	确定与评估从设计上改进新研系统和设备保障性的技术途径
工作项目 205——确定保障性和有关保障性的设计因素	确定从备选设计方案得出的保障性的定量特性；制定系统和设备的保障性及有关保障性设计的初定目标、目标值、门限值及约束
300 系列——备选方案的制定与评估	优化新研系统的保障系统并研制在费用、进度、性能和保障性之间达到最佳平衡的系统
工作项目 301——确定功能要求	确定系统和设备的每一备选方案在预期的环境中所必须具备的使用、维修与保障功能，并进一步确定使用与维修系统和设备所必须完成的各种工作
工作项目 302——确定保障系统的备选方案	制定可行的系统和设备保障系统备选方案，用于评估与权衡分析及确定最佳的保障系统

工作项目系列、工作项目名称	目的
工作项目303——备选方案的评估与权衡分析	为系统和设备的每一个备选方案确定优先的备选保障系统方案，并参与系统和设备备选方案的权衡分析，以便确定在费用、进度、性能、战备完好性和保障性之间达到最佳平衡所需的途径（包括保障、设计与使用方面）
400系列——确定保障资源需求	确定新研系统在使用环境中的保障资源要求并制定停产后保障计划
工作项目401——使用与维修工作分析	分析系统和设备的使用与维修工作，以便：（1）确定每项工作的保障资源要求；（2）确定新的或关键的保障资源要求；（3）确定运输性要求；（4）确定超过规定的目标值、门限值或约束的保障要求；（5）为制定综合技术保障文件（如技术手册、训练大纲、人员清单等）提供原始资料
工作项目402——早期现场分析	评估新研系统和设备对各种现有的或已计划的系统的影响；确定满足系统和设备要求的人员与人力；确定未获得必要的保障资源时对新研系统和设备的影响；确定作战环境下主要保障资源的要求
工作项目403——停产后保障分析	在关闭生产线之前，分析系统和设备寿命周期内的保障要求，以保证在系统和设备的剩余寿命周期内有充足的保障资源
500系列——保障性评估	通过评估保障性保证新研系统和设备达到规定的保障性要求和改正不足之处
工作项目501——保障性试验、评估与验证	评估新研系统和设备是否达到规定的保障性要求；判明偏离预定要求的原因；确定纠正缺陷和提高系统战备完好性的方法

5个工作项目系列的内容具体下：

1）100系列——保障性分析工作的规划与控制

主要用于提供正式的保障性分析工作的规划与控制活动，用于保障性分析的管理与控制。该工作项目系列实质上是制定保障性分析工作纲要和分析计划以及评审的有关要求，以便对保障性分析工作进行及时有效的监控和管理。

2）200系列——装备与保障系统的分析

主要通过与现有装备系统的对比和保障性、费用、战备完好性主宰因素分析，确定保障性初定目标和有关保障性的设计目标值、门限值及约束。该工作项目系列实质上是通过研究、比较分析等工作分析影响保障性的主要因素，提出科学合理的保障性要求。

3）300 系列——备选方案的制定与评估

主要优化新研装备的保障系统并研制在费用、进度、性能和保障性之间达到最佳平衡的装备系统。该工作项目系列实质上是结合装备的设计方案和使用方案，首先通过功能分析、FMECA、RCMA、LORA 等分析技术分别确定装备的使用保障工作、预防性维修保障工作、修复性维修保障工作，即装备的备选保障方案，在此基础上，再根据不同的权衡准则，优选出最佳的保障方案，同时对其进行优化。

4）400 系列——确定保障资源需求

主要确定新研装备在使用环境中的保障资源要求并制定停产后的保障计划。该工作项目系列实质上一方面在研制过程中针对 300 工作项目系列确定的装备的使用与维修保障工作，开展使用与维修工作分析，并结合其他方法和技术，确定装备所需的人员、保障设备和备品备件等资源需求，以便同步配发部队；另一方面在初始部署使用阶段，及时建立经济有效的保障系统，促使装备尽快形成保障能力。

5）500 系列——保障性评估

主要保证达到规定的保障性要求和改正不足之处。该工作项目系列实质上是对装备开展保障性试验与评估，掌握装备的保障性水平，一方面在状态鉴定和列装定型时为转阶段提供依据；另一方面在使用阶段，通过实际使用数据，检验装备在真实的使用环境中的保障性水平。同时，通过试验与评估，还可找出装备在保障性方面存在的缺陷，为后续装备设计的改进提出相应的建议。

保障性分析各工作项目的应用范围见表 6 - 2。

表 6 - 2　保障性分析各工作项目的应用范围

工作项目（系列）名称	影响			各阶段的应用				
	主装备设计	保障系统设计	确定保障资源要求	论证阶段	方案设计阶段		工程研制与定型阶段	生产阶段及部署使用阶段
					方案论证	方案确认		
100 系列——保障性分析工作的规划与控制 101——制定保障性分析工作纲要 102——制定保障性分析计划 103——有关保障性分析的评审	主要用于保障性分析的管理与控制			√ √ √	√ √ √	√ √ √	√ √ √	√ √ √

续表

工作项目（系列）名称	影响			各阶段的应用				
	主装备设计	保障系统设计	确定保障资源要求	论证阶段	方案设计阶段		工程研制与定型阶段	生产阶段及部署使用阶段
					方案论证	方案确认		
200 系列——装备与保障系统的分析								
201——使用研究	★	★		√	√	√	√	×
202——硬件、软件及保障系统的标准化	★	★	★	√	√	√	√	√
203——比较分析	★	★		√	√	√	√	×
204——改进保障性的技术途径	★	★		√	√	√	△	×
205——确定保障性和有关保障性的设计因素	★	★		√	√	√	√	○
300 系列——备选方案的制定与评估								
301——确定功能要求	★	★	★	△	√	√	√	○
302——确定保障系统的备选方案		★		△	√	√	√	○
303——备选方案的评估与权衡分析	★	★	★	△	√	√	√	○
400 系列——确定保障资源需求								
401——使用与维修工作分析		★	★	×	×	△	√	
402——早期现场分析	★		★	×	×	×	√	
403——停产后保障分析		★	★	×	×	×	×	√
500 系列——保障性评估								
501——保障性试验、评估与验证	×	×	×	△	√	√	√	√
符号说明：★—有影响；√—适用；△—根据需要选用；○—仅设计更改时适用；×—不适用								

2. GJB 3837《装备保障性分析记录》

保障性分析工作贯穿于装备系统的整个寿命周期，涉及多种专业工程接口，是一个反复迭代的过程，其间涉及大量的信息和数据，包括输入数据、中间处理数据和输出数据。为了对这些信息进行及时有效的存储，1999 年我国颁布了与 GJB 1371 配套的信息（数据）标准：GJB 3837《装备保障性分析记录》。

GJB 3837 适用于有保障性分析要求的所有装备，在使用时应根据合同中规定的 GJB 1371 的工作项目和资料项目的要求进行剪裁和应用。装备保障性分析记录旨在对记录和处理装备保障性分析过程中产生的数据作出统一规定，包括数据单元的定义、编码、字段长度、记录的格式与结构以及输出报告的格式等，这是在装备研制过程中开展保障性分析工作的基础。GJB 3837 的核心内容是保障性分析记录关系表和保障性分析记录报告两大方面。

1）保障性分析记录关系表

GJB 3837 给出了十大类关系表和对应的数据单元，附录 A 和 B 中分别给出了关系表和数据单元的说明。

（1）附录 A——关系表结构及说明。该部分按功能范围将保障性分析记录关系表分为十大类，还分别针对各类关系表，通过关键数据单元建立了各关系表之间的关系示意图。保障性分析记录关系表的类别和内容见表 6 - 3。

表 6 - 3 保障性分析记录关系表的类别和内容

| 关系表类别 | | 包含关系表 | 内容说明 |
代码	名称		
X	交叉功能要求	7 个（XA ~ XG）	主要列出了多种关系表所共用的数据单元，如产品型号和工作单元代码等，用于构成保障性分析记录各个关系表的相互关系。订购方还在此类关系表中提供了部分用于权衡分析的供应保障、维修和人员等方面的数据
A	使用与维修要求	10 个（AA ~ AJ）	列出了能反映装备预期使用与维修要求以及使用与维修环境方面的信息，并分别记录了平时和战时有差别的使用与维修要求
B	产品的 RAM 特性；FMECA、RCMA	12 个（BA ~ BL）	提供了组成装备的所有产品的功能说明，列出维修方案，汇总了由 FMECA、RCMA 所得出的产品预防性和修复性维修工作的说明，并提出了装备更改设计或保障考虑的建议
C	工作清单、工作分析、人员与保障要求	11 个（CA ~ CK）	提供了完整的使用与维修工作分析、人员及保障要求方面的信息，这些信息可以用于确定工作频次、人员技能、工具、保障设备、保障设施和供应保障等方面的要求
E	保障设备要求	11 个（EA ~ EK）	汇总了有关现有的或新研的保障设备的信息，如保障设备的功能要求、参数、配置、设计数据和分配数量等

续表

关系表类别		包含关系表	内容说明
代码	名称		
U	被测单元要求与说明	8 个 （UA ~ UH）	提供了装备上的被测单元和测试设备的信息，包括被测单元参数及说明、所需的测试设备、测试程序以及所需的适配器或接口装置等，这些是 E 类关系表的有效补充
F	设施考虑	5 个 （FA ~ FE）	主要用于说明通过使用与维修工作分析得出的所需的保障设施要求，包括设施说明、设施要求说明等
G	人员技能考虑	4 个 （GA ~ GD）	记录了装备的使用与维修所需人员的专业与技术等级要求
H	包装与供应考虑	9 个 （HA ~ HI）	提供了产品的包装要求与供应保障的相关信息，这些信息为确定初始供应保障和编制各类供应技术文件奠定了基础
J	运输性工程分析	6 个 （JA ~ JF）	提供有关装备运输要求以及装运方式和运输说明等方面的信息，若对装备实施分解运输，应对每一分解部分提供有关的信息

其中每一类关系表都与某项具体的保障性分析工作直接联系起来，而且各自都包含不同数量的关系表，共 83 个。X 类关系表中的部分数据和 A 类关系表中的全部数据由订购方提供，由承制方将这些数据编入相应的关系表中；承制方还应根据 GJB 3837 中规定的数据单元的内容和格式，开发和提供其余 8 类关系表中的全部数据及 X 类关系表中除订购方提供的数据以外的所有数据。

（2）标准附录 B——数据单元定义。该部分给出了各关系表中所有数据单元的英文名称及其定义，有的定义中还给出了数据单元的数学模型，以便分析人员更好地理解和应用保障性分析记录。

2）保障性分析记录报告

在 GJB 3837 中，保障性分析记录数据以报告的形式输出。附录 C 中以示例的形式推荐了 41 种输出的保障性分析记录报告的格式，涵盖了装备的保障性要求、使用与维修工作、保障资源需求清单等几个方面，GJB 3837 推荐的保障性分析记录报告见表 6 - 4。GJB 3837 还给出了输出数据单元的来源，建立了保障性分析记录数据表与报告对应关系矩阵。

表 6 - 4　GJB 3837 推荐的保障性分析记录报告

编号	名称	编号	名称
LSA - 01	按技术专业码和维修级别计算的年总工时	LSA - 22	供应要求汇总
LSA - 02	维修汇总	LSA - 23	备件和保障设备清单
LSA - 03	维修配置表汇总	LSA - 24	关键性产品汇总
LSA - 04	保障产品利用汇总	LSA - 25	经确认的保障资源清单
LSA - 05	关键性维修工作汇总	LSA - 26	有害防护关键性产品汇总
LSA - 06	保障设备要求	LSA - 27	以可靠性为中心的维修分析汇总
LSA - 07	保障产品确认汇总	LSA - 28	故障模式、影响及危害性分析报告
LSA - 08	保障产品清单	LSA - 29	可靠性和维修性分析汇总
LSA - 09	零件标准化汇总	LSA - 30	人员要求汇总
LSA - 10	专用训练设备、装置汇总	LSA - 31	保障设备推荐数据汇总
LSA - 11	设施要求	LSA - 32	保障设备备选清单
LSA - 12	训练工作清单	LSA - 33	测试、测量和诊断设备要求汇总
LSA - 13	使用与维修工作汇总	LSA - 34	工具清单
LSA - 14	使用与维修工作分析汇总	LSA - 35	人员和训练报告
LSA - 15	维修保障计划汇总	LSA - 36	校准和测量要求汇总
LSA - 16	维修保障计划	LSA - 37	危险产品汇总
LSA - 17	包装要求数据汇总	LSA - 38	运输性汇总
LSA - 18	包装研制数据	LSA - 39	供应零件清单索引
LSA - 19	维修更换率汇总	LSA - 40	供应零件提货汇总
LSA - 20	约定层次的零件清单	LSA - 41	推荐结合生产的备件采购清单
LSA - 21	预防性维修检查和保养汇总		

6.2.5　装备保障性分析的流程与主要工作内容

保障性分析包括确定保障性要求、确定与优化保障方案、确定保障资源需求和保障性试验与评估等内容，中间一直贯穿着规划与管理活动。

图 6 - 2 所示是装备研制过程中保障性分析的工作流程。首先要通过使用研究、比较分析和标准化方法等确定相应的保障性要求（包括定性要求和定量要求）；然后根据装备的使用功能分析、任务剖面分解等步骤，确定装备的

使用保障方案，并根据 FMECA、RCMA 和 LORA 等分析技术，确定装备的预防性维修和修复性维修保障方案；在此基础上，通过单因素权衡和多因素权衡，对备选保障方案进行评估与权衡分析，优选出适用的保障方案；根据优化的保障方案，采用使用与维修工作分析技术，建立保障工作与保障资源需求的联系，得出一次使用与维修工作所需的保障资源；综合确定具体的保障资源配置方案。

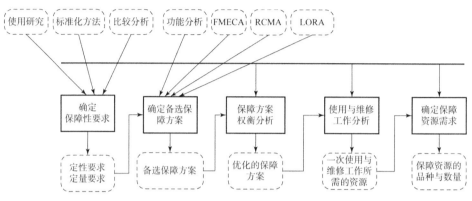

图 6 - 2　保障性分析的工作流程

1. 确定保障性要求

开展保障性分析的首要任务就是在立项论证阶段，以军事需求为牵引，科学地确定协调、合理的保障性要求，这是开展后续保障性设计分析工作的基础，同时也是保障性试验与评估的准则。

保障性要求是为了满足装备保障的目标而提出的有关装备保障性和保障问题的要求，既有定量的，也有定性的，包括保障性综合要求、有关保障性的设计要求和主要保障资源方面的要求等。制定保障性要求时应综合开展如下方面的工作：

（1）进行"使用研究"工作。要深入、细致地开展现场调研，全面掌握装备预期的使用方案、任务剖面、部署情况、列装部队的维修能力等，基本掌握装备将来可能面临的保障工作与任务，以有效地为新研装备保障性提供直接依据，并增强要求的针对性。

（2）进行"装备软件、硬件和保障系统的标准化"工作。装备的标准化和互用性直接影响其保障资源配置的品种与数量，保障系统的标准化则直接影响新研装备保障资源与部队现有装备保障资源的协调，在提出保障性要求的时候，必须充分考虑装备及其保障系统的标准化问题。

（3）进行"比较分析"工作。在提出保障性要求时，应针对新研装备建立比较系统或基准比较系统，进行比较分析。通过比较分析，一方面可以分析制约新研装备战备完好性、寿命周期费用的主导因素，为新研装备保障性要求的确定提供依据；另一方面能够明确与新研装备在结构、功能、保障方面相似的现役装备的设计缺陷，作为新研装备需要改进的保障性要求，同时还能有效提高所确定保障性要求实现的可行性。

（4）进行"改进保障性的技术途径"工作。大型武器装备的研制周期比较长，少则 3～5 年，多则 10 年甚至 20 年以上，在提出保障性要求时，一方面要考虑在未来的研制周期内相关关键技术的突破和应用，装备在这方面依然应具有先进性；另一方面，还要考虑到时是否有成熟的技术和方法确保先进的要求得以有效实现。

由于装备类型的不同及作战使命、任务的不同，编配体制的不同等，装备的保障性要求会有所不同，但通过上述 4 个方面的工作，可有效提高装备保障性要求的针对性、先进性和可行性。

2. 确定与优化保障方案

要将所确定的保障性要求有效纳入装备研制过程，需要有效规划和优化装备保障方案，一方面通过影响装备设计达到装备"好保障"的目标，另一方面为后续规划和获取装备保障资源提供保障工作信息作为输入，最终使装备系统研制能在费用、进度、性能与保障性之间达到最佳的平衡。

装备保障方案是部队实施装备保障工作的依据，保障方案配套是装备保障配套建设中的"软配套"，需要在论证阶段明确初始保障方案，并在方案设计阶段和工程研制阶段不断加以细化与优化，这项工作不是一蹴而就的，需要不断地进行反复迭代进行。一方面，保障方案应与装备设计方案和使用方案紧密协调，另一方面，还要在满足装备保障要求的前提下尽量优化。保障方案优化工作做得好，保障内容少、工作简单、耗费时间少、对人员技能要求低，就受部队欢迎，还可以有效减少保障资源的品种与数量，这些目标只有通过在装备研制过程中不断影响装备设计才能实现。

确定保障方案的首要工作是进行功能分析。部队面临的装备保障工作主要包括装备使用保障、装备预防性维修保障和装备修复性维修保障 3 个方面的内容。使用保障工作主要是保证装备正常动用发挥其使用功能，维修保障工作则主要针对装备不能或将不能完成规定功能的故障模式，因此，无论是使用保障工作还是维修保障工作，都需要进行功能分析。装备保障方案总体确定流程如图 6 - 3 所示。

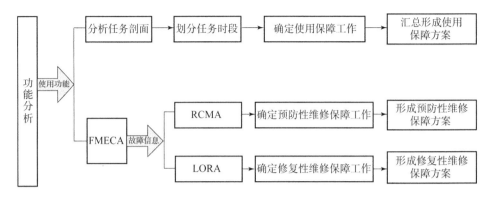

图 6 – 3　装备保障方案总体确定流程

一方面，通过分析装备的主要功能，明确其任务剖面，可明确不同任务对应的使用保障工作，如装甲车辆的基础训练（包括驾驶、通信和射击训练）、潜渡训练、沙漠和高原训练等。

另一方面，通过故障模式及其影响分析，提供故障信息作为输入，再通过 RCMA 和 LORA 等工作，可分别确定装备预防性维修保障工作和修复性维修保障工作的需求，进而形成装备维修保障方案。

在确定装备保障方案的过程中，一般应在满足装备保障要求的前提下，先提供多种能满足军方要求的备选保障方案，而后对备选保障方案进行权衡分析和优化。一是装备设计方案不变，对相应的备选保障方案进行选择和优化；另一方面，还可以反过来参与装备设计方案的优选，从保障的角度推荐较好的装备设计方案。

保障方案的权衡分析可从如下方面进行：一是用数学模型进行定量分析，如以装备的战备完好性、寿命周期费用或二者之比为准则，比较各备选保障方案的优劣；二是以某个因素或各保障要素的综合为准则进行定性的单项分析或综合分析，如以能源为准则进行权衡分析、针对各保障要素进行综合评估等；三是进行对比分析，与现役装备的保障方案进行比较，与保障性要求落实情况进行比较等。权衡分析工作在多数情况下并不复杂，往往通过后两种方式就很容易地比较出各备选保障方案的优劣。

保障方案的制定与优化是一个动态分析过程。在论证阶段，用户应提出初始保障方案，作为确定保障方案的依据和约束；在方案设计阶段，可根据装备的不同设计方案或其他因素制定装备的备选保障方案，并制定各备选方案的备选保障计划；在工程研制阶段，通过对备选保障计划综合权衡分析，得出优化的保障方案，而后制定优化的保障计划并确定保障资源需求。

3. 确定保障资源需求

装备保障资源是部队实施装备保障工作的物质基础，要能对装备实施经济有效的保障，需要及时确定装备保障资源需求。保障资源配套是装备保障配套建设中的"硬配套"，需要在方案设计阶段开始规划，并在工程研制阶段不断加以明确。

保障资源涉及人员与人力、备品备件、保障设备、保障设施、技术资料、训练保障、计算机资源、包装储运等，确定保障资源要求的直接根据是OMTA，根据OMTA的分析结果逐步汇总确定具体的保障资源需求。保障资源需求一定要满足部队保障工作的需要，科学地确定装备保障资源需求，要做好以下几项工作：

（1）通过OMTA建立保障方案与保障资源的有机联系。OMTA就是要求对保障方案中确定的保障工作按照工作时序进行层层分解，最后给出一次使用与维修工作所需的保障资源需求，为后续按照建制单位和保障周期综合确定保障资源的品种与数量奠定基础。在该项工作过程中，要特别关注可能的、关键的、新的保障资源需求，这些保障资源可能对装备的战备完好性和寿命周期费用产生较大影响，有时需要通过更改设计的方式加以更改或修正。

（2）通过"早期现场分析"充分考虑新装备将部署的保障资源对将列装部队的现有保障系统的影响。一个建制单位最终只能是一套有机的保障系统，要求新研装备的保障资源有机融入已有保障系统，尽量用一套保障资源保障所有作战装备，尽量优先选用现役装备的保障资源来保障新研装备，要将新研装备的保障资源对现有装备保障系统的冲击或影响降低到最低限度或可接受的限度。

（3）通过"停产后保障分析"考虑新研装备保障资源可能面临的过时、停产等方面的影响。由于技术的进步，许多电子产品、信息产品更新换代的周期大为缩短；由于市场竞争等因素，企业转产、停产、破产的情况也时有发生。要求在装备设计过程中充分考虑替代产品的兼容性，规划好装备的后续保障问题。

（4）根据装备部署数量及使用任务等情况，综合确定保障资源的具体需求。

在上述工作的基础上，考虑不同的维修级别划分，运用利用率法、类比法、排队论法等，确定保障资源的品种与数量配置方案。

4. 保障性试验与评估

要判定装备是否达到规定的保障性要求以及真实的保障性水平如何，需要通过保障性试验与评估来实现，这也是保障性分析的最后一步。

保障性试验与评估工作是明确装备设计缺陷、验证装备设计与保障系统建设是否达到规定保障性要求的重要手段。保障性试验与评估工作一般不需单独开展，应融入装备性能试验、作战试验和在役考核一并进行。由于保障性要求比较复杂，差别也较大，所以难以提供统一的、规范化的试验与评估方法，但有些共性的内容必须加以注意。

进行保障性试验与评估要重点注意以下几个问题：一是保障性试验与评估是一种综合性的试验与评估，因此，它一般不需单独开展，应纳入装备总的试验与评估（性能试验、作战试验和在役考核）工作一并进行；二是在研制过程中开展装备保障性试验与评估的主要目的，是验证装备保障性要求的实现程度进而为装备定型提供依据，在使用阶段开展保障性评估的目的，则是掌握装备在真实使用环境下的实际保障性水平；三是要将保障性试验与评估的重点工作落实在保障要素或保障资源的试验与评估工作中，在部队形成维修能力前，以验证保障系统的保障包的方式进行。

6.2.6 装备保障性分析的主要技术

前面提到，为了实现装备保障性的目标，在开展装备保障性分析工作的过程中，需要综合运用大量的分析技术。装备保障性分析工作与分析技术之间的大致对应关系如图 6 - 4 所示。以下简要介绍装甲车辆保障性分析过程中常用的分析技术。

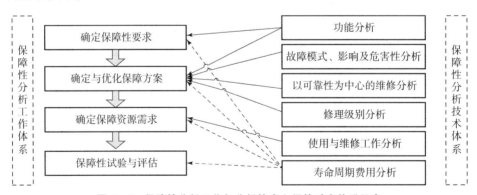

图 6 - 4 保障性分析工作与分析技术之间的对应关系示意

1. 功能分析

在装备保障性分析中，功能分析是确定装备使用保障和维修保障工作的基础。它是在装备的设计和研制过程中采用逻辑的与系统的分析方法，确定装备所必须完成的功能要求，并将这些功能层层分解为装备下一层次的功能。对装备的有关功能逐项加以分析，找出在使用过程中为充分发挥装备功能而应进行的使用保障工作，以及为保持和恢复装备所具备的功能而应进行的维修保障工作。这是一种分析功能要求，并将这些功能要求分解为一项项具体保障工作的方法，是一个反复迭代的过程。

通过装备使用功能分析，分析装备所具有的使用功能，一方面建立起使用功能与使用保障工作项目的对应关系，为建立使用保障方案奠定基础；另一方面，进一步分析与装备各项功能对应的故障模式，进而为后续确定装备预防性维修保障工作和修复性维修保障工作提供故障信息输入。

2. 故障模式、影响及危害性分析（FMECA）

装备维修保障工作是针对装备故障开展的，必须依据装备可能出现的故障模式来规划装备维修保障工作，FMECA（或 FMEA）可以为装备维修保障工作规划提供故障信息输入。

FMECA 是可靠性领域的一项重要分析技术，重点分析装备所有可能发生的故障模式及其影响，并根据其危害性区分轻重缓急，根据可利用资源情况，尽可能地将致命的、重要的故障模式消除在装备的研制阶段，或将该类故障模式发生的概率降低到人们可接受的程度。

FMECA 也广泛地应用于装备综合保障工程领域，只要产品存在可能的故障模式，就需要规划相应的维修保障工作。如果之前已经开展了 FMECA，则此处直接引用其相关分析结果即可。在规划装备的维修保障工作时，FMECA 主要用于：

（1）为确定装备的修复性维修工作提供直接输入信息；

（2）为确定装备的预防性维修工作提供直接输入信息；

（3）为后续确定装备的保障资源需求提供直接输入信息。

3. 以可靠性为中心的维修分析（RCMA）

以可靠性为中心的维修分析（RCMA）是按照以最少的维修资源消耗保持装备固有可靠性和安全性的原则，应用逻辑决断的方法确定装备的预防性维修要求的过程。装备的预防性维修要求一般包括需进行预防性维修的产品、预防性维修工作的类型及其简要说明、预防性维修工作的间隔期和维修级别的建议，也可以称为"4W"，即"What"（修什么）、"How"（怎么修）、"When"（何时修）、"Where"（何处修）。

RCMA 是确定预防性维修保障方案的重要方法，它以 FMECA 的结果为依据，通过确定修什么、怎样修、何时修、何处修 4 个问题，确定装备的预防性维修保障方案。它是特点是以最小的代价或资源消耗，保证装备的安全可靠。

RCMA 主要包括系统与设备的 RCMA、结构的 RCMA、区域检查分析和 RCMA 分析结果的组合。RCMA 总体工作体系及对应的确定预防性维修要求的一般流程如图 6-5 所示。一般情况下，系统与设备的 RCMA 应用最为广泛，主要针对功能项目（产品）开展；结构的 RCMA 主要针对结构项目（产品）开展；区域检查分析则主要针对需划分区域的大型装备开展；最终还要通过预防性维修工作的组合，将各项松散的预防性维修工作尽可能归并到几个大的间隔期，提高预防性维修工作的效率和效益。装甲车辆一般不需要开展区域检查分析。

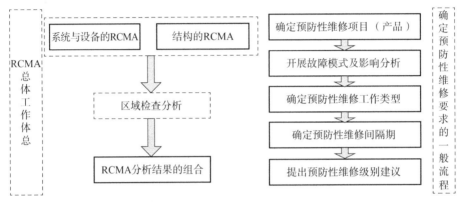

图 6-5　RCMA 示意

1）系统与设备的 RCMA

系统与设备的 RCMA 适用于装备、功能系统、分系统和各类设备以及其他相似产品，目的是确定系统和设备的预防性维修要求，包括需要进行预防性维修的项目（产品）、工作类型、间隔期并提出维修级别的建议。该项分析工作在后面结合装备预防性维修保障方案的确定与优化展开具体阐述。

其一般应包括如下步骤：

（1）确定 RCMA 分析项目，即重要功能产品。

（2）对 RCMA 分析项目进行 FMEA。如果已经开展过 FMEA，则可直接应用其结果。

（3）应用逻辑决断图确定预防性维修工作类型。一是划分故障模式影响类型，按照明显的或隐蔽的，安全性、任务性或经济性的影响，将故障模式影响分为 6 条分支；二是针对每条分支选择适用而有效的预防性维修工作类型。

（4）确定装备预防性维修间隔期。

（5）提出预防性维修级别的建议。

（6）对非重要功能产品，应按以往类似项目的经验或承制方的建议，确定是否进行预防性维修工作；如果需要，也应确定其所需预防性维修工作的类型和间隔期，提出维修级别的建议。

2）结构的 RCMA

结构的 RCMA 适用于不宜按系统和设备分析的大型装备的结构项目（结构组件、结构零件和结构细节），即用于承受动力、压（拉）力或操纵载荷的项目。其中，结构项目多数的传动部分应当开展系统和设备的 RCMA，但结构项目本体上与传动部分相连接的结构则需作为结构项目开展结构的 RCMA。其目的是确定结构项目的预防性维修要求，主要是检查等级和检查间隔期并提出维修级别的建议。

其一般应包括如下步骤：

（1）确定重要结构项目和非重要结构项目。对于非重要结构项目，应按以往类似项目的经验或承制方的建议，确定合适的检查工作。

（2）对重要结构项目进行 FMEA。如果已经开展过 FMEA，则可直接应用其结果。

（3）对重要结构项目分别对环境损伤和偶然损伤进行评级，并按评级结果选择下列要求：检查等级、首检期、检查间隔期、预防性维修工作间隔期探索计划。

（4）评审所确定的重要结构项目的环境损伤和偶然损伤的检查要求是否可行，若不可行，应修改项目设计。

（5）将各重要结构项目分为损伤容限或耐久性项目、安全寿命项目、静强度项目，并列出对安全寿命项目或静强度项目的环境损伤和偶然损伤检查要求。对于安全寿命项目，由承制方提出安全寿命；对于静强度项目，不需要考虑疲劳损伤检查要求。

（6）对损伤容限或耐久性项目进行分析，确定其疲劳损伤是否需要预定检查才能发现。若不需要，则只需列出对环境损伤和偶然损伤的检查要求即可，不需要考虑疲劳损伤检查要求。

（7）对损伤容限或耐久性项目的疲劳损伤进行评级，并按评级结果选择下列要求：检查等级、首检期、检查间隔期、预防性维修工作间隔期探索计划；

（8）分析对疲劳损伤的检查要求是否可由对环境损伤或偶然损伤的检查要求来满足，如能满足，则只需列出对环境损伤和偶然损伤的检查要求即可；如不能满足，则还需要对所确定的疲劳损伤的检查要求进行评审，若不可行，应修改项目设计。

3）区域检查分析

区域检查分析应在系统和设备的 RCMA、结构的 RCMA 后期进行，目的是确定区域检查的产品（项目）及间隔期要求。区域检查一般为目视检查，适用于需划分区域的大型装备，其内容应包括：

（1）检查费重要产品（项目）的损伤；

（2）检查由相邻产品（项目）故障引起的损伤；

（3）归并来自重要产品（项目）分析得出的一般目视检查。

其一般应包括如下步骤：

（1）划分区域并编号。按有关文件或订购方与承制方的协议划分区域，规定区域代码和区域工作顺序号。

（2）收集区域信息，主要包括：区域的状况、区域的边界、区域内需进行检查的产品（项目）、检查的通道及需拆卸的零部件。

（3）确定间隔期。一般考虑下列因素：零部件对损伤的敏感性、区域中的维修工作量、类似系统和结构的经验、承制方对新产品（项目）检查间隔期的建议。间隔期一般应与预定的装备预防性维修工作间隔期一致。

4）RCMA 分析结果的组合

RCMA 分析结果的组合的目的是把之前分析确定的各项预防性维修工作按间隔时间进行组合，形成 RCMA 的最终输出。

其一般应包括如下步骤：

（1）以现行的维修制度和维修工作量大、费用较高的预防性维修工作为基础，确定预定的装备维修间隔期。

（2）将系统与设备的 RCMA、结构的 RCMA 和区域检查分析确定的各项预防性维修工作按间隔期与相邻的预定间隔期进行组合。

（3）将组合后的预防性维修工作及其间隔期填入相应的汇总表中。

（4）列出每个间隔期上的各项预防性维修工作，并进一步落实成各种维修文件。

（5）在装备投入使用后，应根据预防性维修工作间隔期探索的结果，及时调整项目（产品）预防性维修工作的类型及其间隔期。

4. 修理级别分析（LORA）

装备不可避免地会发生故障，当出现故障时，必须对故障件如何处置作出决策，首先要明确是修理还是报废换新件，其次要明确在哪一级维修机构实施最合适。这就是装备修复性维修保障方案的主体内容，LORA 则是作出上述决策的有效分析技术。

1）基本概念

LORA 是一种系统性的分析方法，它以经济性或非经济性因素为依据，确定装备中待分析产品需要进行维修活动的最佳级别。

LORA 不仅直接确定了装备各组成部分的修理或报废地点，而且还间接为确认装备维修所需要的各类资源及人员训练要求等提供信息。

修理级别（以下称为维修级别）是指装备使用部门进行维修工作的各级组织机构。原来多采用三级维修机构，即基层级、中继级和基地级；现在大都采用两级维修机构，即部队级和基地级。各级维修机构都有规定的工作任务，并配备与该级别维修工作相适应的硬件资源及符合要求的人员。

2）分析方法

LORA 提供了非经济性分析和经济性分析两类分析方法，一般先进行非经济性分析，如无法给出明确决策，则可以继续开展经济性分析，最终给出修复性维修决策。

（1）非经济性分析。

在进行 LORA 时，应首先分析是否存在需优先考虑的非经济性因素，这些非经济性因素会直接影响或限制装备修理的维修级别，如现行维修保障体制的限制、保密的限制、安全性要求、特殊的运输性要求、人员与技术水平等。通过对这些因素的分析，可直接确定故障件在哪一级别修理或报废。

（2）经济性分析

当通过非经济性分析无法给出明确的修理决策时，则可进行经济性分析。其目的在于从费用的角度进行辅助决策。首先建立相关维修级别的修理费用计算模型，而后定量计算产品在所有可行的维修级别上修理所消耗的费用，最后比较各个维修级别上的修理费用，选择故障件修理费用最低的最佳维修级别。

5. 使用与维修工作分析（OMTA）

在保障性分析过程中，确定装备使用与维修工作后，要及时要建立起使用与维修工作与保障资源的关系，进而确定与主装备匹配的保障资源需求。这样才能及时研制与获取相关保障资源，确保主装备交付的同时保障资源同步交付，使用部队能及时建立保障系统对装备实施经济有效的保障。OMTA 则是衔接装备使用与维修工作和保障资源的纽带，是科学确定保障资源需求的重要分析技术。

1）装备使用与维修工作

使用与维修工作包括使用工作、预防性维修工作、修复性维修工作和战场抢修等。

（1）使用工作是指为保障装备在预期环境中使用所需的工作，主要是指使用保障工作。对于装甲装备来说，通常包括装备动用前准备（检查和充、填、加、挂等）、装备行驶间隙检查（检查油温、水温、油量、水量等）、装备动用后保养（清洁、擦拭、检查、调整、校正等）。这些工作是基于装备的主要功能和任务剖面制定的，由于装备特点不同，其范围和内容也不尽相同。

（2）预防性维修工作是为预防某一潜在故障或发现隐蔽功能故障而进行的工作。预防性维修工作类型通常有保养、操作人员监控、使用检查、功能检测、定时拆修、定时报废和上述工作的综合。在制定预防性维修方案时，可结合维修级别的划分和部队实际执行维修作业时的不同工作类型进一步加以综合。

（3）修复性维修工作是为修复故障装备而进行的维修工作，这种工作通常是非计划性的，一般包括原位修复、原件修复、换件修复等。

（4）战场抢修也称为战损修理，是在战场环境中为修复受损装备而进行的维修工作。战场抢修与平时预防性维修和修复性维修差别较大，主要是时间要求高，通常在特定的时间和条件下采用简易和应急的修复方法，快速修复装备或使其恢复到能执行主要作战功能的状态。

2）OMTA 的分析流程

OMTA 的分析流程比较简单，就是将每项保障工作按照时序分解为子工作或工序，然后对每一工序进行保障资源需求分析。但由于其需要对每项保障工作都进行分析，所以工作量还是非常大的。OMTA 的分析流程如图 6 - 6 所示。

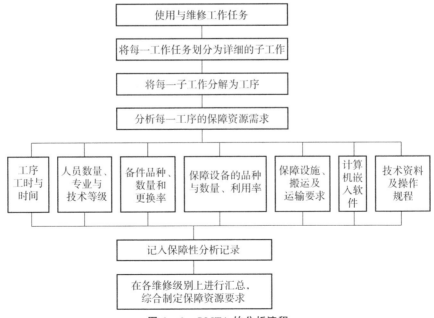

图 6 - 6　OMTA 的分析流程

应当注意的是，OMTA 输出的是各项保障工作单次所需的相关资源，无法直接用于部队建制单位保障周期内的保障资源配置，但它是确定部队建制单位保障资源总需求的前提和基本依据。

6. 寿命周期费用分析（LCCA）

在装备研制过程中要追求性能、费用、进度等方面的最佳平衡，尽可能降低装备寿命周期费用也是装备保障性分析工作追求的目标之一。这就需要在保障性分析过程中做好费用分析和控制工作，尤其是通过 LCCA，可有效为保障方案权衡与优化提供重要支撑。

1）基本概念

装备寿命周期费用（LCC）是在装备的寿命周期内，用于论证、研制、生产、使用与保障以及退役等的一切费用之和（GJB 451 A）。传统观念里对装备研制采购费更为重视，对装备使用与保障费用关注不够，但是随着装备先进程度的提高，使用与保障费用也在猛增，同时在很多装备寿命周期费用中所占的比重也往往超过 50%，甚至达到 70%。在装备研制时要高度重视装备寿命周期费用以降低研制风险。

2）费用分解结构

为了估算装备寿命周期费用，增强费用估算的准确性，往往采用建立费用分解结构的方式。费用分解结构是按装备寿命周期费用的构成分解成不同层次的费用单元，并将它们按序分类，用于估算寿命周期费用。装备类型不同，费用分析的目的不同，导致装备费用分解结构也有所不同。图 6 - 7 所示是一种典型的装甲车辆费用分解结构示例。

3）费用估算方法

费用估算的基本方法有类比估算法、参数估算法和工程估算法等，有时也可采用专家判断估算法。

（1）类比估算法。

类比估算法的基本原理是通过比较分析估算装备寿命周期费用。首先要选取或构建一个基准比较系统，然后从技术、使用与保障等方面比较估算装备与基准比较系统，分析两者的异同点及其对费用的影响，给出待估装备相对基准比较系统的费用修正值，再计算出待估装备的费用估算值。类比法多在装备研制的早期如论证阶段和方案设计阶段早期使用，此种方法可迅速地得出各方案的费用估算结果。

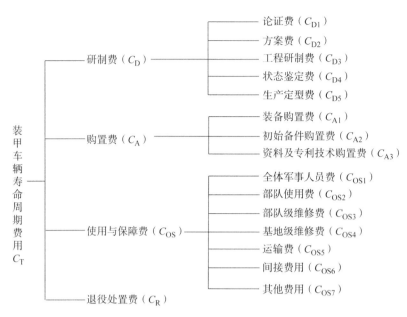

图 6-7 一种典型的装甲车辆费用分解结构示例

（2）参数估算法。

参数估算法的基本原理是通过回归分析建立数学模型来估算装备寿命周期费用。首先根据多个同类装备的历史费用数据，选取对费用敏感的若干个主要物理与性能特性参数（如重量、体积、射程、探测距离、MTBF 等），然后运用回归分析法建立费用与这些参数的数学关系式，最后将待估装备的参数值输入模型就可以得出待估装备的费用估算值。

（3）工程估算法。

工程估算法的基本原理是通过建立费用分解结构自下而上累加来估算装备寿命周期费用。每一费用单元都用工程的方法来计算，具有较高的准确性，是目前采用较多的方法，但该方法需要设计工程的具体数据，因此工程估算法一般用于方案阶段后期，工程研制、生产、使用阶段。

费用估算方法的选取可依据费用分析的目的以及所需决策的问题、所需费用值的要求精确度、装备研制阶段的进展及可用数据的详细程度等。一般情况下，寿命周期费用估算不能完全只依靠一种估算方法，提倡分析人员同时采用几种不同的估算方法以暴露一些隐藏的因素，同时也可以提高估算结果的准确性。

通过寿命周期费用分析，可得出不同的设计方案和保障方案以及主要保障资源对费用的影响，为装备设计方案和保障方案权衡优化以及保障资源优化配置提供决策依据，还可以为列装后改进使用方案和维修方案提供决策依据。

|6.3　装备保障性要求论证|

　　装备保障性要求是装备作战使用要求的重要组成部分，确定装备保障性要求（也称为装备保障性要求论证）是装备保障性分析工作的首要工作。保障性要求通常与可靠性、维修性等其他通用质量特性一起进行一体化论证，与型号论证中的战术技术指标论证同步进行。

　　保障性要求的确定要经历一个从初定到确定、由综合要求到单项要求、由使用要求到合同要求的细化、分解、转化、权衡的过程。装备保障性要求确定的主要过程如图 6 – 8 所示。

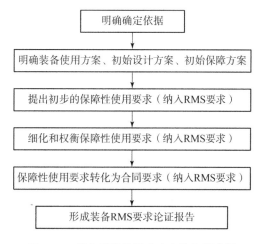

图 6 – 8　装备保障性要求确定的主要过程

6.3.1　装备保障性要求的分类

　　装备保障性要求是对有关装备保障性和保障问题要求的总称，具有广义性和综合性的特点。保障性要求有几种不同的分类方式，但不管哪种分类，保障性要求均应是可验证的，

1. 保障性定量要求与定性要求

　　按要求的性质分，保障性要求可分为保障性定量要求和保障性定性要求。

1）保障性定量要求

保障性定量要求用保障性参数及其指标来表征。不同种类的装备有不同的保障性定量参数，这些参数的指标应用使用参数的量值表示，并可根据合同和设计的需要转换为承制方可控制的合同参数量值。装甲车辆常见的保障性定量参数包括单车战斗准备时间、受油速率（加油时间）、保障资源（保障设备、备件等）满足率和利用率等。

2）保障性定性要求

保障性定性要求一般包括装备设计的便于保障的定性要求和保障资源定性要求。装备设计的便于保障的定性要求主要包括使用保障设计要求和维修保障要求。常见的使用保障设计要求包括：有关自保障设计要求（如设置有多种启动方式，有辅助动力等）、装备自带必要的自救和互救工具或设备要求（自救互救要求），以及等特殊的保障要求（如潜渡保障等）。维修保障设计要求包括：装备维修级别划分的要求（如三级维修和二级维修）、各级维修机构维修能力的要求、战场抢救抢修的要求等。保障资源定性要求主要是规划保障资源的原则和约束条件，这些原则取决于装备的使用与维修需求、经费、进度等，如保障设备的定性要求可包括：尽量减少保障设备的品种和数量、尽量采用通用的保障设备、尽量采用现有的保障设备、采用综合测试设备等。应当指出，有时定性要求与约束条件没有明确的界限，比如，维修人力和人员的约束条件就是对维修人力和人员的定性要求等。

2. 保障性综合要求、与保障性有关的设计要求、保障资源要求

按照 GJB 3872《装备综合保障通用要求》，从要求的内容分，可将保障性要求分为保障性综合要求、与保障性有关的设计要求和保障资源要求。

1）保障性综合要求

保障性综合要求从总体上反映装备系统的保障性水平，通常可以用战备完好性目标值来衡量。保障性综合要求体现了军方对装备保障的总体期望。

装备的类型、任务范围和使用特点各异，所采用的战备完好性参数也各有不同。舰船采用使用可用度等作为战备完好性参数；飞机采用能执行任务率和出动架次率等作为战备完好性参数；装甲车辆一般采用使用可用度、单车战斗准备时间等作为战备完好性参数。

2）与保障性有关的设计要求

与保障性有关的设计要求，主要包括可靠性、维修性、测试性、运输性、耐久性（寿命）、储存要求、加油速率等方面的要求。从这一点讲，保障性要求与可靠性、维修性等方面的要求很多时候密不可分，经常是你中有我我中有

你，并不一定有完全清晰的界限。

以装甲车辆为例，常用的与保障性有关的设计要求参数主要有：受油速度、平均故障间隔里程（时间）、平均严重故障间隔里程（时间）、平均维修间隔时间、平均修复时间、故障检测率、故障隔离率、虚警率等。

3）保障资源要求

保障资源要求应围绕八大类保障资源提出，包括：人员数量、专业与技术等级要求；保障资源种类与数量要求；订货和装运时间、补给时间和补给率要求；保障资源满足率和利用率要求；现有保障资源利用系数等方面的保障性要求。

以装甲车辆为例，常用的保障资源要求参数主要有：保障系统延误时间（包括平均管理延误时间和平均资源延误时间）、保障设备利用率和满足率、备件利用率和满足率、现有同类装备保障设备和保障设施利用系数等。

3. 保障性使用要求与保障性合同要求

按保障性要求确定的阶段和目的分，保障性要求还可分为保障性使用要求与保障性合同要求。

1）保障性使用要求

保障性使用要求来源于任务需求，从用户的角度来度量和描述装备保障性水平。其在装备立项综合论证时要同步提出，并纳入装备立项综合论证报告。此时的保障性定量要求称为保障性使用参数，包括使用可用度、能执行任务率（MC）、平均维修间隔时间（MTBM）等，定量要求指标（即使用值）包括目标值和门限值，体现了装备设计、质量、环境、使用、维修、延误等的综合影响。目标值是用户期望并试图获得的量值，门限值是满足使用要求必须达到的最低水平，是使用验证的依据。一般门限值为规定值的60% ~ 70%。

2）保障性合同要求

保障性合同要求由保障性使用要求转化而来，从合同验收的角度来度量和描述装备保障性水平。其在装备研制总要求论证时要同步明确，并纳入装备研制总要求中。此时的保障性定量要求称为保障性合同参数，包括固有可用度、平均维修间隔时间（MTBM）等，定量要求指标（即合同值）包括规定值和最低可接受值，只体现了设计、制造的影响。规定值是合同中规定的期望达到的量值，是设计的依据，一般产品按1.25倍规定值进行设计。最低可接受值是合同中规定的必须达到的最低要求，是合同验证的依据。在确定保障性要求的过程中，要将使用值当中的目标值转换为合同值当中的规定值，将使用值当中的门限值转换为合同值当中的最低可接受值。

对于装甲车辆来说，定量设计参数主要包括单车战斗准备时间和受油速度，对于保障系统和保障资源来说，还包括加油时间、保障设备满足率和利用率、备件满足率和利用率、保障延误时间等。

6.3.2　确定装备保障性要求的过程

确定装备保障性要求初始，要综合考虑作战任务与使用要求、标准化、互用性、先进性、可行性和已有装备设计缺陷等各方面的因素，明确保障性要求确定的主要依据。

1. 明确任务需求

1）任务和威胁

装备总体论证中确定的任务和威胁应作为确定保障性要求的重要依据，包括如下主要内容：

（1）现实与潜在的作战对象对我国构成或可能构成的军事威胁；

（2）新研武器装备应完成的作战使命和任务。

2）现役装备保障性方面存在的不足

装备总体论证时，应分析现有装备的能力或装备在对付未来威胁和执行新的作战任务方面存在的差距和问题，应重点明确在保障性方面存在的缺陷或不足，包括如下主要内容：

（1）根据国外同类装备保障性现状和发展趋势，分析我军现役装备保障性方面存在的差距；

（2）现役相似装备的保障性水平在使用中存在的缺陷和不足，在战备完好性、任务成功性、持续性和部署性等方面存在的主要问题；

（3）分析保障能力的不足，主要分析现役装备保障工作的难点和存在的问题。

3）明确装备使用方案、初步设计方案和初始保障方案

（1）明确新装备使用方案。

①明确新装备作战使命相关要素，主要包括如下内容：

a. 装备在未来战场上与其他装备的协同、使用地域、使用强度、使用人员数量和技术水平、拟部署的装备数量、保障机构的组成、各级保障机构的任务范围、约束条件等。

b. 该装备完成的作战任务和基本方法，给出各种任务的相对频度。

②明确装备的寿命剖面和任务剖面，必要时还需明确环境剖面。主要包括如下内容：

a. 寿命剖面。寿命剖面应描述寿命周期中所经历的全部事件和环境的时序，应对发生的各种事件、装备和其各组成部分所处的状态及其经历的时序作必要的说明。

b. 任务剖面。任务剖面应对任务从开始到结束的全过程进行描述，应明确任务的确切定义及完成任务的标准、装备各主要分系统和部件所处的工作状态、各类工作状态的时序和持续时间、使用环境特性描述、各类环境条件的时序和持续时间。一个任务剖面至少应包括构成任务的事件和任务持续时间（如发射次数、工作小时、行驶里程等）。对于完成多种任务的装备，可以构建多种任务剖面，也可以构建一个综合多种任务的典型任务剖面。

（2）明确装备初步设计方案。

初步设计方案作为进一步确定保障性要求的依据，主要包括如下内容：

①装备应具备的使用功能要求及其完成任务所必要的使用功能清单。明确与现役同类装备相比所应具有的新的功能项目。

②提出最低限度的必要的分系统清单，确定各分系统在完成功能要求中的作用。明确与现役装备相比所应具有的新的分系统或部件。

（3）明确装备初始保障方案。

保障方案应包括装备用户对装备保障工作的总体要求和设想，由各综合保障要素的初步设想组成，包括装备维修方案和动用准备方案，使用与维修操作人员的工种要求，能源和弹药等的补给方案、运输方案、储存方案等的设想。初始保障方案的内容应符合 GJB/Z 151《装备保障方案和保障计划编制指南》的规定。

2. 提出初步的保障性使用要求

初步的保障性使用要求主要包括：

（1）初步的保障性定量要求。根据装备平时战备训练的使用强度、装备完好率要求等，并参照基准比较系统和可能的技术改进，选择涵盖保障性综合要求、与保障性有关的设计要求、保障资源要求等适用的保障性使用参数，确定对应的使用值指标（目标值和门限值），并建立相应的计算模型，如使用可用度、单车战斗准备时间等。

（2）初步的保障性定性要求。

确定初步的保障性使用要求时用到很多技术和方法，主要包括使用研究、标准化研究、比较分析和改进保障性的技术途径分析。

①使用研究。

a. 与装备总体论证和可靠性、维修性等通用质量特性要求论证相协调，根据装备的任务范围，以及装备初步设计方案、使用方案和初始保障方案提供的信息，建立装备构成、任务（平时和战时）与战备完好性和保障系统等参数之间的量化关系。

b. 通过查阅资料和部队调查，收集战时和平时与确定保障性要求有关的使用数据。这些数据至少包括：装备平时战备训练的使用强度与持续时间、装备预期的使用寿命、有关人力和人员的限制条件、主要作战任务的频率与持续时间、两次战役或战斗间允许用于抢修装备的时间、现役装备系统部署机动能力等。

c. 在项目早期缺乏所需的可用信息时，可利用相关信息作出必要的假设，也可通过专家调查法和仿真等方法获取必要的信息。

②标准化研究。

a. 对现役已有分系统、零部件和系列化产品（如发动机、发电机、蓄电池、液压件等）在新型研制装备上采用的可能性进行分析，初步确定采用的程度，分析采用这些产品对战备完好性和寿命周期费用的影响。

b. 对现役装备的保障设施、设备等被采用或对其进行改造后采用的可能性进行分析，确定应采用现役装备的保障设施、保障设备的程度，作为保障系统设计的约束条件，并进一步分析采用这些保障设施、保障设备对战备完好性和寿命周期费用的影响。

③比较分析。

a. 确定基准比较系统。选定最能代表新型研制装备特性的一种同类现役装备或由几种现役装备的分系统、部件组成的合成体，作为基准比较系统。

b. 收集现役相似装备的与保障性有关的数据，包括现役装备的保障性水平、现役装备保障系统的保障能力（保障设施和保障设备编配情况、供应保障情况、人员编配及训练能力等）、有关使用维修消耗费用、有关试验与评估数据等。

c. 从可行性的角度，利用比较系统的保障性数据，分析新型研制装备可能达到的保障性要求。分析影响比较系统的战备完好性、寿命周期费用等的主导因素，新装备对这些因素的控制程度。分析比较系统在结构、功能、保障方面存在的缺陷，新型研制装备在消除这些缺陷方面的可行性。

d. 针对比较系统存在的不足与缺陷问题，包括保障资源与主装备的匹配问题、维修级别的划分、预防性维修间隔期和预防性维修的范围等存在的问题，形成保障能力的薄弱环节等，提出有关的保障性定性要求。

④改进保障性的技术途径分析。

a. 现役同类装备影响战备完好性的主导因素分析；

b. 改进战备完好性、降低寿命周期费用等可能的技术途径及其风险分析；

c. 拟采用的新技术对装备保障性的影响分析；

d. 拟采用可以缩短不能工作时间的新方法和新技术。

根据确定的初步的保障性使用要求，进一步加以权衡和细化，主要内容包括：

（1）细化保障性使用指标。应将保障性综合指标分解为反映装备保障设计特性和保障系统特性的单项指标，同时应将保障性系统级的指标分配到各分系统和重要部件，如使用可用度、单车战斗准备时间等。

（2）细化保障性定性要求。应提出各分系统、部件的保障性定性要求，并与系统级的保障性定性要求协调。细化后的保障性定性要求可直接纳入装备研制总要求。

装备保障性要求论证过程自始至终都存在协调和权衡分析工作，应不断反复迭代进行，经权衡优化后得到装备的保障性使用指标。

（1）反复迭代。

随着装备设计和试验工作的深入，应根据任务需求确定的装备功能要求，逐层向下分解到分系统和主要部件直至现场可更换单元，列出应执行的功能和各项功能之间的逻辑关系，形成功能体系结构，必要时应绘制功能流程图（功能框图）。功能分析和功能分配的结果应返回到要求分析，反复迭代和交叉进行使用研究、比较分析等分析工作，形成优化和细化的保障性要求。

（2）权衡分析。

为最终确定保障性定性和定量要求，应进行如下权衡分析工作：

①进行保障性要求之间的综合权衡分析，包括综合要求与单项要求之间、各单项要求之间的权衡分析以及对各单项要求的技术风险进行必要的评估；

②进行保障性要求与寿命周期费用之间的权衡分析，包括形成初始作战能力的保障资源的规划、研制、采购费的预测和部署后装备使用维修保障费的估计以及可能存在的风险的评估；

③进行保障性要求与研制进度之间的权衡分析，包括风险评估。

3. 将保障性使用要求转化为保障性合同要求

应随着装备设计的进展，尽早将保障性使用要求细化或转换为保障性合同要求，细化或转化的过程也就是设计条件和试验验证条件不断明确的过程，最终的转换或细化应在研制总要求论证结束前完成，明确装备保障性要求的规定值和最低可接受值。

应根据提出要求时的条件和验证条件，选择转换的技术和方法，转换有以下几种类型：

（1）使用值等于合同值，或者说其转换系数等于1，如装备或主要分系统、部件的平均预防性维修间隔时间、平均预防性维修时间等。

（2）使用值和合同值虽是同类指标，但描述的参数不同，计算参数的模型不同，所用的数据也不同，如使用可用度（使用值）、可达可用度或固有可用度（合同值），这种情况应分别分析其影响因素，建立相应的计算模型。

（3）使用值和合同值为同一个参数，但其量值不同，这种情况至少应有以数据为基础的转换系数，必要时也应建立转换模型。如单车战斗准备时间既是使用参数，也可作为合同参数，但在计算时所要考虑的影响因素不同，采用的数据也不同，故最后的量值是不同的。

将保障性使用要求转换成保障性合同要求应以数据为基础，基本的程序如下：

（1）分析影响使用值和合同值的因素；

（2）明确使用值和合同值的定义和统计计算方法；

（3）收集基准比较系统的使用和设计数据，利用统计分析方法，建立转换模型或统计出转换系数，将保障性使用值要求转换成保障性合同值。

4. 进行可验证性分析

应对提出的保障性使用要求和保障性合同要求进行可验证性分析。可验证性分析是确定提出的各项保障性指标能否得到验证的过程。通过可验证性分析，应明确如下主要内容：

（1）验证参数的定义和内涵，包括试验时应记录的数据、利用数据计算参数量值的方法。

（2）验证装备的故障判断准则，包括关联和非关联（责任和非责任）故障判断准则、任务成功的判断准则和严重故障（任务故障）判断准则等。故障判断准则应写入研制总要求或相关文件，并应进一步明确故障计数准则、时间确定的准则（指哪些时间属于维修时间、使用保障时间，哪些时间属于延误时间，哪些时间不应列入统计范围）。

（3）验证试验方案。根据 GJB 7686《装备保障性试验与评价要求》等有关标准规定的原则确定试验方案时，应明确指标的统计含义，说明所提指标是用置信下限（或上限）还是均值来度量；应规定检验的统计准则，包括试验的判决风险、样本数、试验总时间、置信水平等。当有多种任务剖面时，还应明确试验剖面，规定试验剖面的持续时间、各分系统的试验时间、综合环境试验条件等，试验剖面的设计应与任务剖面相协调。

（4）对不能或不适宜用统计试验方案验证的参数应提出评估验证的要求，有的指标可采用演示试验的方法进行验证，有的指标（如小子样的成功概率）可利用不同层次的数据通过建模仿真或其他综合的方法进行评估。

（5）验证装备保障性使用要求。装备保障性使用要求应在装备实际使用条件下通过在役考核来验证。在不具备使用验证条件的情况下，可以利用列装定型试验期间收集的数据和装备设计过程中的数据，利用仿真等技术进行分析评估，以评估保障性使用要求的实现情况。

装备保障性要求的可验证性分析应反复进行。在装备立项综合论证和研制总要求综合论证时，应分别进行一次可验证性分析，并将可验证性分析的过程和结论写入论证报告。

6.3.3　确定装备保障性要求的主要方法

在确定装备保障性要求的过程中，要全面考虑多方面因素，合理运用某种或综合运用多种方法，最终确定协调匹配的装备保障性要求。下面简单介绍几种确定装备保障性要求的常用方法。

1. 保障性参数指标的确定方法

1）作战需求导出法

有些保障性定量要求直接与作战和使用要求有关，如装甲车辆的单车战斗准备时间，应根据对装备所进行的作战任务需求和使用要求，利用相应的关联模型，通过分析计算导出其指标要求。

以单车战斗准备时间为例，该参数是与装甲装备战备完好性和应急能力有关的保障性综合参数，应根据作战和使用需求，尤其是作战任务需求确定，单车战斗准备时间一般不能超过整个部队完成战备等级转换所规定的时间的 50%。

如果部队从经常性战备状态转入三级战备状态需要 48 h，从三级战备状态转入二级战备状态需要 40 h，从二级战备状态转入一级战备状态需要 16 h，根据单车战斗准备时间不得超过部队完成战备等级转换所规定的时间的 50% 的原则，可确定单车战斗准备时间的要求如下：

（1）三级战备状态转入二级战备状态的单车战斗准备时间 ≤20 h；

（2）二级战备状态转入一级战备状态的单车战斗准备时间 ≤8 h。

由于在各级战备状态转换的过程中，装备都需要做相应的保障工作，以恢复装备的作战能力。因此，该项指标要求对装备的设计和保障资源配置考虑提出了要求。通过装备设计考虑保证各级转换的保障工作量少，所配置的保障资源能帮助使用人员在规定的时间内完成保障工作。

2）相似装备法

由于缺乏历史数据等原因，目前很多保障性参数指标尚未建立起与作战使用要求之间的关联模型，无法通过作战使用需求导出。利用相似装备的有关数据确定新研装备的保障性参数指标也是一种有效方法，通过类比并结合先进性和可行性等因素确定相关保障性参数指标。

首先，依然要考虑作战与使用需求，为保障性参数指标的确定提供一定的依据；然后，广泛收集相似装备（包括国内外同类装备，尤其是发展水平相当的同类装备）的有关保障性数据，并进行类比分析；最后，综合考虑先进性和可行性等因素合理确定保障性指标参数。从理论上，所有保障性参数指标都可以用此种方法确定，而且通过其他方法确定的保障性参数指标最终也应能通过此种方法合理确定。

3）权衡分析法

由于有些装备保障性参数指标之间或者其与某些可靠性、维修性参数指标之间存在着非常密切的联系，所以在确定装备的保障性参数指标时，必须充分考虑它们之间的协调性。这里面有两层含义，一方面，在通过其他方法初步确定了保障性定量要求之后，应进行各相关参数指标的协调性考虑；另一方面，也可以根据参数指标之间的关系，通过权衡分析与协调导出有关的保障性参数指标。

如固有可用度 A_i 与平均故障间隔时间 MTBF 和平均修复时间 MTTR 之间存在如下关系：

$$A_i = \frac{\text{MTBF}}{\text{MTBF} + \text{MTTR}} \quad\quad (6-1)$$

在其中的某一个参数指标（如 A_i）已经确定的情况下，可以根据一定的权衡准则（如费用最低、战备完好性最高、敏感度最低等），确定满足给定的 A_i 的相互协调的可靠性与维修性参数指标。

再如备件满足率、利用率和备件保障概率之间也存在一定的换算关系，也需要综合权衡考虑。

4）仿真法

仿真技术是美国国防部节约采办开支、缩短装备开发周期、提高装备战备完好性和后勤保障的效费比的一种有效手段，并一直处于世界领先地位。国外在综合保障仿真方面建立了一系列模型，目前比较有影响的相关仿真模型有 LCOM、TIGER、TSAR、LOGSIM、LogSAM、OPUS10、SIMLOX 等。近些年，随着可靠性仿真、维修性仿真、系统可用度仿真、保障资源仿真等技术的发展，仿真技术在我国装备综合保障领域也到了很大的发展。

通过综合保障仿真，一方面可以根据预期达到的作战效能推断出所需的保障性要求，进而明确装备应具有的保障性设计水平、保障资源的品种和数量配置要求，以及作战对保障的其他要求等，从而为科学确定保障性要求奠定基础；另一方面，通过保障过程仿真，可从可行性的角度进一步验证所确定的保障性要求的合理性。

2. 保障性定性要求的确定方法

对于装备保障性来说，由于既涉及装备自身是否"好保障"的设计特性，又涉及保障资源和保障系统能否对其提供有效保障的问题，相比可靠性、维修性等来说，装备保障性要求所独有的保障性定量参数不多，更多地体现在诸多定性要求上，而这些定性要求往往更能与装备的作战与使用要求挂钩，更能充分体现装备使用对保障性的需求。

目前，在确定保障性定性要求时，采用的方法主要有：（1）通过任务分析或作战需求分析，提出保障性定性要求；（2）通过比较分析，找出现役装备保障性方面存在的缺陷，分析导致影响装备战备完好性和寿命周期费用的主导因素，提出新研装备保障性定性要求；（3）通过装备和保障系统的标准化考虑，确定保障性定性要求；（4）从保障性要求实现的可行性和落实的技术途径等方面考虑，确定出保障性定性要求。

在具体操作上，首先，可以制定保障性定性要求模板；然后，根据具体装备的作战与使用任务要求在保障性定性要求模板中选用具体的要求条款或者予以细化，在设计中，承制方应当根据保障性定性要求制定保障性定性设计准则，并经订购方（军方）审定通过后，在设计中加以贯彻；最后，可用定性设计核对表等方式检验保障性定性要求的落实情况。

|6.4　装备保障方案的确定与优化|

装备保障方案是装备保障配套的重要组成部分，是实施装备保障工作的依据，也是后续确定装备保障资源要求的重要输入。保障方案的确定与优化是装备保障性分析的一项核心工作，通过同步确定与优化装备保障方案，一方面明确在什么时机，在哪个维修级别，对哪些产品开展哪些保障工作，另一方面可为后续优化保障资源品种和数量配置提供重要支撑，同时还可从保障性的角度反馈和优化装备设计，使装备设计更加便于保障。

6.4.1　保障方案概述

1. 保障方案的定义与组成

保障方案可描述为保障系统完整的系统级描述，它是对装备总体上保障工作的概要性说明，是落实装备保障性要求和实现保障性目标的总体规划。它实质上描述了在什么时机，在哪个维修级别，对哪些产品进行哪些保障工作。可以看出，保障方案规划了对保障对象应进行什么样的保障工作，但是并不涉及具体的保障资源，但是它最终又是通过保障资源来实现的，它是确定保障资源需求的重要的输入条件。

可见，保障方案包括两个部分的内容，一个是保障的系统级描述，其主要由使用保障和维修保障工作内容组成，另一个是保障资源的方案，其主要由保障资源的约束组成。在装备平时的使用过程中，为了保障装备使用功能的充分发挥，必须解决好 3 个方面的问题：一是在使用装备的正常功能时，某些功能需要通过保障工作才能发挥出来，需要进行使用保障工作；二是当装备的技术状况下降时，为了保持和恢复装备的技术状态，需要进行预防性维修保障工作；三是装备发生故障后无法实现规定的功能时，需要进行修复性维修保障工作。这 3 个方面的内容是保障方案的主体。因此，保障方案可分为使用保障方案和维修保障方案，维修保障方案又可细分为预防性维修保障方案和修复性维修保障方案。

2. 确定保障方案的一般过程

保障方案的确定，既要满足装备的保障性要求，又要与装备的设计方案与使用方案相协调。保障方案的确定是一个反复迭代、不断优化的过程，如图 6 - 9 所示。确定与优化保障方案主要有如下过程：

（1）进行功能分析，确定装备使用与维修功能要求；

（2）以初始保障方案为约束，针对装备的设计方案与使用方案制定备选保障方案；

（3）进行备选保障方案的评估与权衡分析；

（4）参与备选设计方案的评估与权衡分析；

（5）确定最优的保障方案。

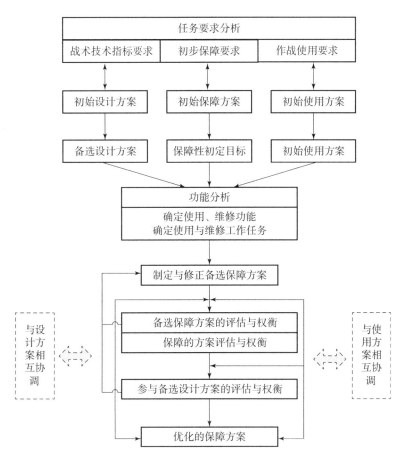

图 6 – 9　确定保障方案的一般过程

6.4.2　使用保障方案的确定

使用保障方案是为了保证装备使用功能的正常发挥，对装备执行某一任务或处于某一状态时所需进行的使用保障工作的描述，是保障方案的重要组成部分。应通过使用功能分析确定装备的全部任务剖面及其所处的状态，进而分析装备执行每一任务剖面或处于每一状态时所需要的使用保障工作类型及具体的使用保障工作，并最终形成装备执行该任务剖面或处于该状态时的使用保障方案。使用保障方案的确定是一个反复迭代的动态过程。

1. 建立装备功能与使用保障工作的关联

通过功能分析，确定装备所必须具备的功能，并将这些功能层层分解为装备下一层次的子功能。将装备的有关功能逐项加以分析，找出在使用过程中为保持和恢复装备所具备的功能应有的使用与维修功能，并将使用与维修功能分解为一项项具体工作任务或活动，其主要目的是从功能的角度建立装备系统各方面的使用保障要求。

功能分析的步骤包括：

（1）确定装备系统或分系统的功能；

（2）确定实现各项功能的方法：人工的、自动的，或两者相结合；

（3）确定完成每项功能所需的使用保障工作。

装备功能与使用保障工作的对应关系如图 6 – 10 所示。

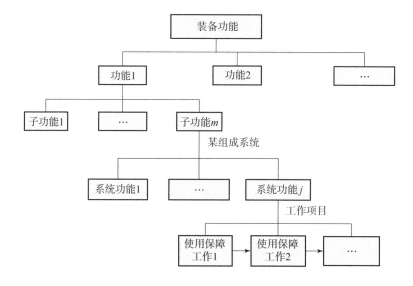

图 6 – 10   装备功能与使用保障工作的对应关系

2. 确定装备的任务剖面和任务阶段

使用保障方案的核心内容是在执行不同的任务时应进行的使用保障工作，如基础训练剖面、特殊训练剖面等；或装备处于某种状态时的使用保障工作，如保管和封存状态等。装备的任务剖面是多种多样的，所需要的使用保障工作也不一样。为了便于规划使用保障方案或使用保障工作，可以按照装备的使用任务或所处状态来规划使用保障方案，也就是确定装备的任务剖面或所处状态。

根据装甲主装备在部队的运用特点和情况，可将装甲主装备的典型任务剖面分为具体的平时训练剖面、参加战斗任务剖面和特殊任务剖面及其他状态。

典型装甲装备的任务剖面及状态如图 6 – 11 所示。

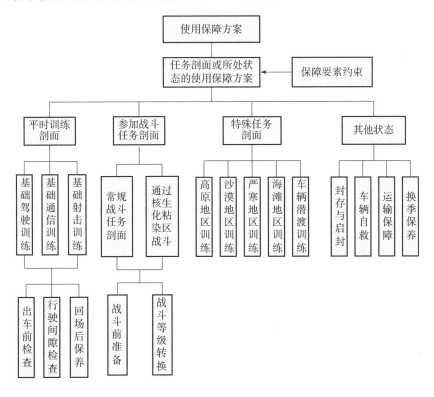

图 6 – 11　典型装甲装备的任务剖面及状态

　　一般装备的任务剖面仍比较宏观，很难根据使用功能直接确定其保障工作内容，与何时进行什么样的使用保障工作难以建立起一一对应的关系。因此，在确定装备的任务剖面后，很多时候还要将任务剖面进一步分解为各个具体的任务阶段，进而直接建立起任务剖面各任务阶段与使用保障工作的关系。

　　汇总装备各任务剖面或所处状态下的使用保障工作就形成了装备的使用保障方案，它规划出了装备在各种任务剖面或状态下的使用保障工作。为了确定装备在执行任何任务或所处任何状态时的使用保障方案，必须罗列出装备所有的任务剖面或所处的全部状态。

3. 确定装备的使用保障工作类型

　　在使用保障工作中，各类装备不同，任务剖面也比较繁杂，导致使用保障工作很烦琐。为了更好地归纳出适合各类装甲装备的使用保障工作，有必要确定各类装备的使用保障工作类型。通过装备使用功能分析，确定装备所具备的所有使用功能，并建立起任务剖面（或任务阶段）与使用保障工作类型的对应关系，为建立使用保障方案奠定基础。

装甲主装备的使用保障工作可归纳为如下 9 种类型。

1）出车前检查（含战斗前检查）

该类使用保障工作的内容涵盖了动力部分、传动部分、行动部分、操纵部分、通信部分、武器光学部分、火控部分、电气仪表、车体外部等。在各任务剖面里，具体的各项内容有所不同，可用使用保障工作类型的说明加以具体描述，如在平时训练剖面里的基础驾驶训练、基础通信训练和特殊任务剖面里的出车前准备，就不包括武器光学部分和火控部分的使用保障工作。

2）训练间隙检查

该类使用保障工作是平时训练剖面中各训练过程和参加战斗任剖面中战斗过程的主要使用保障工作。

3）等级转换时的准备工作

该类使用保障工作是参加战斗任务剖面中的一项使用保障工作，随转换时机的不同而不同。

4）回场后保养

该类使用保障工作同"出车前准备"相似，但内容不一样。在完成不同任务后的使用保障内容的侧重点也各有不同。

5）特殊任务

该类使用保障工作与特殊任务类型有关，应列出与正常条件下使用装备时保障工作内容的不同之处。主要包括以下各种情况的使用保障工作：

（1）高原地区训练；

（2）沙漠地区训练；

（3）海滩地区训练；

（4）车辆潜渡训练。

6）车辆自救

车辆自救是指利用自身的动力改善履带与地面的附着条件，增大附着力，从而使装甲主装备脱离淤陷地的方法。车辆自救的方法很多，主要有用圆木自救、用钢丝绳圈和履带销以及连接环对脱底装甲主装备进行自救、用长钢丝绳自救等。不同的自救方法所需的使用保障工作不同。

7）储备与保管

储备是指为保障部队战备和作战的需要，对军事装备及物资预先进行的有计划的储存。通常分为战略储备、战役储备和战术储备。储备的对象主要是弹药和物资器材。

保管对库存武器装备和物资器材来说是必不可少的，对装甲主装备及其各系统部件、光学仪器、弹药、物资器材的保管要求各有不同。

8）封存与启封

装备封存是指对暂不动用的装备及其附属的重要设备、部件，为防止环境影响，确保其完好而采取的综合防护技术措施。

装甲主装备封存期满或临时动用密封的装备，均需进行启封，从而需要使用保障工作来完成。

9）运输保障

运输保障是指对作战人员和物资实施机动的保障活动，目的是为满足部队的需要而提供适当的输送手段和条件。运输方式有铁路运输、公路运输、水上运输和空中运输等。

确定使用保障的工作类型，可为制定使用保障方案打下基础。根据装备各任务剖面或所处状态以及任务阶段，分别列出相应的使用保障工作类型及其对应的使用保障工作内容，即可汇总出装甲主装备的使用保障方案。

例如，执行平时训练任务中基础驾驶训练剖面的使用保障工作内容见表6-5。

表6-5　基础驾驶训练剖面的使用保障工作内容

任务剖面	任务阶段	分系统（部件）	使用保障工作内容
基础驾驶训练剖面	出车前检查	综合传动装置	检查液压油量是否达到量油尺的刻度要求（两刻线之间）……
	行驶间隙检查	综合传动装置	排除综合传动装置箱外简单故障……
	回场后保养	综合传动装置	检查箱体结合面、部件与箱体结合面、管路连接处有无渗、漏油现象；……

6.4.3　装备预防性维修保障方案的确定

装备维修保障主要解决两个方面的问题：一是为预防装备故障发生而提前开展的预防性维修保障工作；二是装备发生故障后需要开展的修复性维修保障工作。相应地，维修保障方案又可分为预防性维修保障方案和修复性维修保障方案。预防性维修保障方案的主体内容包括：需要进行预防性维修的产品、预防性维修工作的类型及其简要说明、预防性维修工作的间隔期、维修级别的建议。

1. 确定预防性维修保障方案的一般步骤

预防性维修又称为计划维修，它主要解决的是有寿件不同寿的问题。RCMA为确定预防性维修保障方案提供了有效的方法和手段。

运用 RCMA 确定装备的预防性维修保障方案的一般步骤如下：

（1）确定重要功能产品，即确定需要进行预防性维修的产品；

（2）进行 FMEA，确定每个重要功能产品的全部故障模式和故障原因；

（3）确定预防性维修工作类型，即确定针对每一功能故障的预防性维修对策；

（4）确定预防性维修工作的间隔期；

（5）提出预防性维修工作所处维修级别的建议。

装甲装备主要开展系统与设备的 RCMA，一般较少开展结构的 RCMA 和区域检查分析等工作，因此下面重点结合系统与设备的 RCMA 介绍确定预防性维修保障方案的步骤。

2. 确定重要功能产品

预防性维修要求的第一项内容就是确定应对哪些产品进行预防性维修，这些产品称为重要功能产品。并不是组成装备的所有产品都需要进行预防性维修，特别大型复杂装备包含大量的零部件，如果都进行预防性维修，则工作量很大，而且很多工作也没有必要。事实上，许多产品的故障，对装备的使用来说其后果都是可以容忍的，也就是说不会带来什么严重的影响。对于这些产品可以不进行预防性维修工作，而等产品发生故障后再作处理。只有会发生严重故障后果的产品才需要进行详细的分析。

装备在实际使用中发生故障是不可避免的，故障率服从指数分布的产品是不需要进行预防性维修的，早期故障和偶然故障更是不可能靠维修来预防的，耗损性故障也不必全部预防，只有会产生严重后果的故障才需要预防。另外，有些产品虽然可以进行预防性维修，但是可能进行预防性维修的费用比出了故障后再进行维修的费用还要高，所以从经济性的方面考虑，也没有必要进行预防性维修。

因此，需要进行预防性维修的通常是那些少量的重要功能产品，这样才能保证通过少量的消耗，取得装备最大的军事与经济效益。但重要功能产品由于其产生的故障后果和故障的表现形式（即明显的和隐蔽的）不同，采取的预防性维修的措施不同，因此，首先要研究故障影响或故障后果。

故障影响（后果）通常可以分为 3 类，即安全性影响、任务性影响和经济性影响。它们又都分为两种，即明显的和隐蔽的。

（1）安全性影响。

明显的安全性影响指的是明显功能故障或由该故障所引起的二次损伤对装备的使用安全有直接不利的影响，即会直接导致人员伤亡或装备的严重毁损。隐蔽的安全性影响是指一个隐蔽功能故障和另一个（或多个）功能故障的结合所产生的多重故障对使用安全的影响。对于有安全性影响的功能故障，必须进行预防性维修工作以避免其发生。

（2）任务性影响。

明显的任务性影响指的是明显功能故障直接产生妨碍装备完成任务的故障后果。每当出现此类故障就需要停止执行计划的任务。隐蔽的任务性影响是指一个隐蔽故障和另一个（或多个）功能故障的结合所产生的多重故障对任务能力的影响。

（3）经济性影响。

明显的经济性影响是指不妨碍使用安全和任务完成，但会造成较大的经济损失。隐蔽的经济性影响是指一个隐蔽功能故障和另一个（或多个）功能故障的结合产生的多重故障会造成较大的经济损失。

一般来说，如果一个产品的故障会有安全性、任务性或经济性的后果，那么称之为重要功能产品。对于重要功能产品，需要进行详细的分析，以确定适当的预防性维修工作。具体来说，重要功能产品一般是指其故障符合下列条件之一的产品：

（1）可能会影响安全；

（2）可能影响任务完成；

（3）可能导致重大的经济损失；

（4）产品隐蔽功能故障与另一有关或备用产品的故障的综合可能导致上述一项或多项后果；

（5）可能引起从属故障导致上述一项或多项后果。

确定重要功能产品的过程是一个粗略、快速而又偏保守的过程，一般不需要进行深入的分析。具体做法是：

（1）按照 WBS 将系统分解为分系统、组件、部件……直至零件，如图 6 - 12 所示。

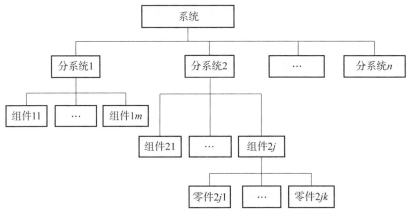

图 6 – 12　功能系统分解

（2）沿着系统、分系统、组件……的次序，自上而下依据不同产品的故障对装备使用的后果进行分析，确定重要功能产品，直至产品的故障后果不再是安全性、任务性和经济性影响时为止。低于该产品层次的都是非重要功能产品。

重要功能产品的确定主要靠工程技术人员的经验和判断力，而不需要用FMECA。如果在此之前已经进行了 FMECA，则可直接引用其结果来确定重要功能产品。可以参照表 6 – 6 通过回答问题来快速确定重要功能产品。

表 6 – 6　确定重要功能产品的提问

问题	回答	重要	非重要
故障影响安全吗？	是	√	
	否		？
有功能裕度吗？	是		？
	否	？	
故障影响任务吗？	是	√	
	否		？
故障导致很高的修理费吗？	是	√	
	否		？

在确定重要功能产品时应把握如下两个关键问题：

（1）重要功能产品的层次。

在重要功能产品的确定过程中，要选择最适宜的层次划分重要功能产品与非重要功能产品。这个层次必须低到足以保证不会有功能故障和重要的故障被漏掉，但又高到功能丧失时对装备整体会有影响，且不会漏掉分系统或组件内部几个产品相互作用而引起的故障。

然而，最适宜的层次也不是绝对的。例如可以将整台发动机定为一个重要功能产品，但特别要注意在分析过程中，不要遗漏其所有的故障模式（虽然故障可能很多），应得出发动机应做的全部预防性维修工作。也可将发动机本体、涡轮、涡轮叶片这几个层次的产品都定为重要功能产品，分别加以分析，则应该得出同样的结论。

（2）重要功能产品与非重要功能产品的性质。

重要功能产品与非重要功能产品具有如下基本性质：

①包含任何重要功能产品的任何产品，其本身也是重要功能产品；

②任何非重要功能产品都包含在它以上的重要功能产品之中；

③包含在非重要功能产品内的任何产品，都是非重要功能产品。

掌握了这几个性质，划分重要功能产品与非重要功能产品就会简便迅速得多。

装备上除了重要功能产品以外的功能产品即非重要功能产品。当然，有时对有的非重要功能产品也需要做一些比较简单的预防性维修工作，但这类预防性维修工作应控制在最小的范围内，使之不会显著地增加总的维修费用。

3. 进行 FMEA

预防性维修是以装备及其组成部分在使用中出现的故障有规律为基础的，旨在将维修工作做在故障发生之前，也就是要预防相应的重要故障模式发生。要做到这一点，就要对每个重要功能产品进行 FMEA，确定其所有的功能故障、故障模式、故障影响和故障原因，以便为下一步逻辑决断分析提供所需的输入信息。如果装备在可靠性设计中已经进行了 FMEA，则可直接应用其分析结果。

故障可以分为功能故障与潜在故障。功能故障是指产品不能完成规定功能的事件或状态；潜在故障是指产品将不能完成规定功能的可鉴别的状态。要确定产品的功能故障，需弄清产品的全部功能。功能故障还可进一步分为明显的功能故障和隐蔽的功能故障，明显的功能故障是指在其发生后，正在履行正常职责的操作人员能够发现的功能故障；隐蔽的功能故障则是指正常使用装备的人员不能发现，而必须在装备停机后做检查或测试才能发现的功能故障。

预防性维修工作就是要通过一系列功能，发现或排除某一隐蔽或潜在故障，防止潜在故障发展成功能故障。

4. 确定预防性维修工作类型

在确定了重要功能产品，以及其要预防的重要故障模式以后，就可以针对具体的故障模式及其原因确定应采取的预防性维修工作类型。

预防性维修工作类型是指利用一种或一系列的维修作业，发现或排除某一隐蔽故障或潜在故障，防止潜在故障发展成功能故障。通常所采用的预防性维修工作类型有 7 种：保养、操作人员监控、使用检查、功能检测、定时拆修、定时报废以及它们的综合工作。这些工作类型对明显的功能故障来说，是预防该故障本身发生；对隐蔽的功能故障来说，并不只是预防该故障本身的发生，更重要的是预防该故障与别的故障结合形成多重故障，从而产生更为严重的后果。各种工作类型的说明如下：

（1）保养：为保持产品固有设计性能而进行的表面清洗、擦拭、通风、添加油液或润滑剂、充气等作业，但不包括功能检测和使用检查等工作。

（2）操作人员监控：操作人员在正常使用装备时对其状态进行监控，其目的在于发现产品的潜在故障。其包括：对装备所做的使用前检查；对装备仪表的监控；通过感觉辨认异常现象或潜在故障，如通过气味、噪声、振动、温度、视觉、操作力的改变等及时发现异常现象及潜在故障。

（3）使用检查：按照计划进行的定性检查（或观察），以确定产品能否执行规定功能，其目的在于发现隐蔽的功能故障。

（4）功能检测：按计划进行的定量检查，以确定产品功能参数是否在规定的限度内，其目的在于发现潜在故障。

（5）定时拆修：对使用到规定时间的产品予以拆修，使其恢复到规定的状态。

（6）定时报废：对使用达到规定时间的产品予以报废。

（7）综合工作：实施上述两种或多种类型的预防性维修工作。

上述预防性维修工作类型，实际上是按其消耗资源从少到多、费用从低到高、工作量从少到多、实施难度从小到大、所需技术水平从低到高来排序的。在保证装备可靠性、安全性的前提下，从节省费用的目的出发，预防性维修工作的类型应按顺序进行选择。

根据上述分析，可以将预防性维修工作类型的确定过程用逻辑决断图的形式表达出来，应用逻辑决断图可以确定对各重要功能产品需做的预防性维修工作或其他处置，并以适用性和有效性准则加以判定。下面阐述通过逻辑决断分析选择预防性维修工作类型的基本方法。

1）逻辑决断图

逻辑决断图由一系列的方框和矢线组成，如图 6-13 所示。逻辑决断图的流程始于图的顶部，然后由对问题的回答"是"或"否"确定分析流程的走向。逻辑决断图共分为如下两层：

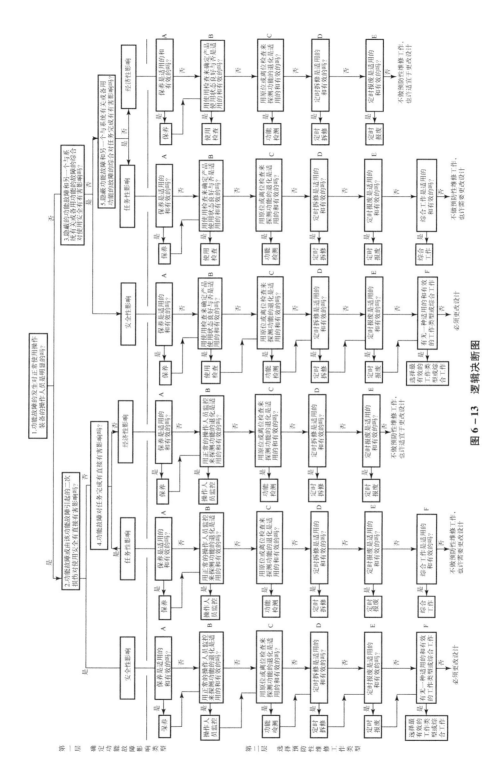

图 6 - 13　逻辑决断图

（1）第一层"确定功能故障影响类型"（问题1~5）。根据FMEA确定各功能故障的影响类型，即将功能故障的影响划分为明显的安全性、任务性、经济性影响和隐蔽的安全性、任务性、经济性影响。问题2提到的对使用安全的直接有害影响是指某故障或它引起的二次损伤直接导致危害安全的事故发生，而不是与其他故障的结合才会导致危害安全的事故发生。

（2）第二层"选择预防性维修工作类型"（问题A~F或问题A~E）。考虑各功能故障的原因，选择每个重要功能产品的预防性维修工作类型。对于有明显的功能故障的产品，可供选择的预防性维修工作类型为：保养、操作人员监控、功能检测、定时拆修、定时报废和综合工作。对于有隐蔽的功能故障的产品，可供选择的预防性维修工作类型为：保养、使用检查、功能检测、定时拆修、定时报废和综合工作。二者的差别在于明显的功能故障可选择操作人员监控这种工作类型来发现并处理，而隐蔽的功能故障则只能选择使用检查这种工作类型才能发现并处理。

2）预防性维修工作类型的选择

对逻辑决断图第二层的各故障影响类型分支中的问题，选择适用又有效的预防性维修工作类型要以产品的故障及其特性为依据。各分支对应的预防性维修工作类型的选择如下：

（1）明显的安全性影响分支：故障的安全性后果最为严重，必须加以预防。因此在本分支的分析中必须回答其中的所有问题，然后从各个适用而有效的工作中选择最为有效的工作或综合工作。通过分析后如果认为没有适用而有效的工作类型，必须更改设计。

（2）明显的任务性影响分支：一般来说，任务性影响虽然不及安全性影响后果严重，但对使用者来说也是极为重要的。所以本分支的分析中，不管对问题A的回答为"是"或"否"，都要进入下一个问题。自此而下，对某一问题回答为"是"时，分析即告结束，所选择的预防性维修工作类型就能满足要求。如果所有的问题的回答都是"否"，则说明无适用而有效的预防性维修工作可做。对于装备，要从故障对任务的影响程度考虑是否需要更改设计；对部分装备，还可通过权衡任务损失与更改设计费用之间的经济性来考虑是否更改设计。

（3）明显的经济性影响分支：本分支的分析等同于明显的安全性影响和明显的任务性影响分支。不同之处在于当没有适宜的预防性维修工作可做时，考虑更改设计的着眼点在于对故障损失与更改设计费用的权衡。另外，它无须考虑采取综合工作来预防故障。

（4）隐蔽的安全性影响分支：本分支与明显的安全性影响分支的区别在于用"使用检查"代替"操作人员监控"，其他类同。

（5）隐蔽的任务性影响分支：本分支与明显的任务性影响分支的区别在于用"使用检查"代替"操作人员监控"，其他类同。

（6）隐蔽的经济性影响分支：本分支与明显的经济性影响分支的区别在于用"使用检查"代替"操作人员监控"，其他类同。

3）各种预防性维修工作类型的适用性和有效性

某种工作类型是否可用于预防所分析的功能故障，不仅取决于其适用性，还取决于其有效性。

（1）各种预防性维修工作类型的适用性主要取决于产品的故障特性，其适用的条件如下：

①保养：保养工作必须是该产品设计所要求的；必须能降低产品功能的退化速率。

②操作人员监控：产品功能退化必须是可探测的；产品必须存在一个可定义的潜在故障状态；产品从潜在故障发展到功能故障必须经历一定的可以预测的时间；必须是操作人员正常工作的组成部分。

③使用检查：产品使用状态良好与否必须是能够确定的。

④功能检测：产品功能退化必须是可测的；产品必须具有一个可定义的潜在故障状态；产品从潜在故障发展到功能故障必须经历一定的可以预测的时间。

⑤定时拆修：产品必须有可确定的耗损期；产品工作到该耗损期有较大的残存概率；必须有可能将产品修复到规定状态。

⑥定时报废：产品必须有可确定的耗损期；产品工作到该耗损期有较大的残存概率。

⑦综合工作：所综合的各预防性维修工作类型必须都是适用的。

（2）各种类型的预防性维修工作的有效性主要取决于该工作类型对产品故障后果的消除程度，其判断准则如下：

①对于有安全性影响和任务性影响的功能故障，若该类预防性维修工作能将故障或多重故障发生的概率降低到规定的可接收水平，则认为是有效的。

②对于有经济性影响的功能故障，若该类型预防性维修工作的费用低于产品故障引起的损失费用，则认为是有效的。

③保养工作只要适用就是有效的。

预防性维修工作类型的适用性和有效性准则见表 6 - 7。

表 6 - 7　预防性维修工作类型的有效性和适用性准则

预防性维修工作类型	故障后果					
	明显的安全性影响	隐蔽的安全性影响	明显的任务性影响	隐蔽的任务性影响	明显的经济性影响	隐蔽的经济性影响
	有效性准则（对所有的工作）					
	必须将故障或多重故障的发生概率降低到规定的可接受水平		必须将故障或多重故障的发生概率降低到规定的可接受水平		必须有经济效果，即预防性维修的费用必须低于故障的损失（含修理费）	
	适用性准则					
保养	工作必须是设计所要求的，并能降低功能的恶化率					
操作人员监控和功能检测	产品功能的退化必须是可探测的； 产品必须具有一个可定义的潜在故障状态； 产品从潜在故障发展到功能故障必须经历一定的可以预测的时间； 操作人员监控工作还必须是操作人员正常工作的组成部分					
定时拆修和定时报废	产品必须有可确定的耗损期； 产品工作到该耗损期有较大的残存概率； 定时拆修工作必须能将产品修复到规定状态					
使用检查	能够确定产品使用状态的良好与否					
综合工作	所综合的预防性维修工作必须都是适用的					

4）暂定答案

预防性维修工作类型的决断分析需要大量的信息作基础。这些信息有的是设计、分析和试验数据，有的可从类似产品的经验获得，有的则需通过使用来积累，有的还需要做一些试验或验证求得。因此对新研装备来说，往往存在因所需的信息不足而不能确定的情况。此时只能对这些问题给出一个偏保守的暂定答案，但应用暂定答案后有可能会出现一些不利的影响。

采用暂定答案一般能保证装备的使用安全性和任务能力，但有可能选择了较保守的、耗资较大的预防性维修工作类型或提出了不必要的更改设计要求，从而影响预防性维修工作的经济性。所以，一旦在使用中获得了必要的信息就应及时重新审定暂定答案，判断其是否合适。如果不合适，则需重新选择适用而又有效的预防性维修工作类型，以提高有效性和降低费用。

5. 确定预防性维修工作的间隔期

在确定了上述内容后，还应确定何时进行预防性维修工作，也就是通常所说的预防性维修工作的间隔期。

预防维修工作的间隔期的确定比较复杂，涉及各个方面的工作，一般先由各种预防性维修工作类型做起，经过综合研究并结合修理级别分析和实际使用进行。因此，首先应确定各类预防性维修工作类型的间隔期，然后归并成产品或部件的预防性维修工作的间隔期，再与修理级别分析相协调，必要时可能还需要反馈更改设计。

预防性维修工作的间隔期直接与维修工作效能有关。对于有安全性或任务性影响的故障，间隔期过长则不足以保证装备所需的安全性或任务能力；间隔期过短则不经济。对于有经济性影响的故障，间隔期过长或过短都会影响经济性。但往往由于信息不足，难以一开始就确定得很恰当，所以一般开始确定得保守一些，装备投入使用后再通过维修间隔期探索加以调整。

预防性维修工作的间隔期的确定，一般根据类似产品以往的经验和承制方对新产品预防性维修工作的间隔期的建议，结合有经验的工程人员的判断加以确定。在能获得适当数据的情况下，也可以通过分析和计算确定。

6. 提出预防性维修工作所处维修级别的建议

经过上述过程后，最后还要提出各预防性维修工作在哪一维修级别进行的建议。维修级别的划分应符合维修方案。

维修级别一般分为基层级、中继级和基地级 3 级。现行维修体制中，又将其分为部队级和基地级。维修级别的选择取决于装备作战和使用要求、技术条件和维修的经济性，并与部队编制体制有关。除特殊需要外，一般应将预防性维修工作确定在耗费最低的维修级别。合理确定维修级别需要大量信息，这里不作详尽的阐述，只要根据具体的维修工作给出建议的维修级别即可。

6.4.4　装备修复性维修保障方案的确定

修复性维修又称为非计划维修，它主要解决装备出现偶然故障后如何处理的问题。为了使装备出现故障后能够得到及时有效的修复，需要对故障件进行合理的修理决策，以确定对故障件进行修理恢复还是报废换新，以及修复应在哪一个维修级别上进行，这正是修复性维修保障方案的主体内容。LORA 是确定装备修复性维修保障方案的有效手段。

LORA 不仅直接确定了装备各组成部分的修理或报废地点，而且还为确认装备维修所需要的保障设备、备件储存和各维修级别的人员及其技术水平与训练要求等提供信息。可见 LORA 的结果为确定修复性维修工作奠定了需求基础，继而为确定修复性维修保障方案奠定了需求基础。在装备研制过程中，LORA 主要用于制定各种有效的、最经济的备选修复性维修保障方案；在使用阶段，则主要用于完善和修正现有的维修和保障制度，提出改进建议，以降低装备的使用与保障费用。

1. LORA 的基本步骤

对每一待分析的产品，首先应进行非经济性分析，确定合理的维修级别。如果不易进行判断，则还可继续进行经济性分析，选择合理可行的级别进行修理或报废。LORA 包括 3 个基本步骤：数据准备、非经济性分析、经济性分析。图 6 – 14 所示为 LORA 的基本流程。

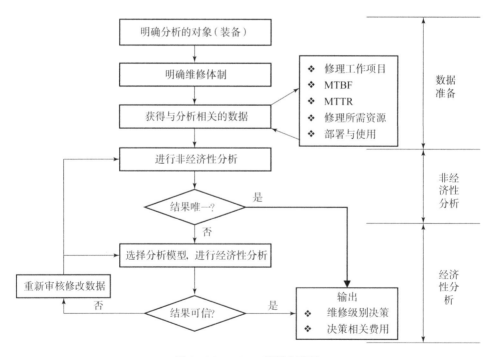

图 6 – 14　LORA 的基本流程

在 LORA 中比较困难的是建立 LORA 模型，因为分析模型与装备的复杂程度、装备类型、费用要素的划分、LORA 的时机等多种因素有关。在 LORA 中所采用的各类分析模型都有其特定的应用范围。利用图 6 – 15 给出的简化的

LORA 决策树，可初步确定待分析产品的维修级别。如果某待分析产品在中继级或基地级修理很难辨识出那个维修级别优先时，则可采用经济性分析模型作出决策。应该指出，同类产品，由于故障部位和性质不同，可能有不同的维修级别决策。

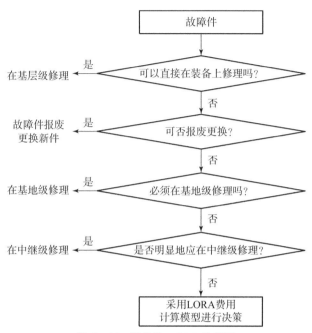

图 6 – 15　简化的 LORA 决策树

从寿命周期的全过程看，伴随着设计的进程，LORA 所需的数据逐步翔实、精确，这便要求重复、迭代地进行 LORA，以取得更加合理、准确的结果。因此，LORA 又是一个逐步细化的迭代过程，如图 6 – 16 所示。

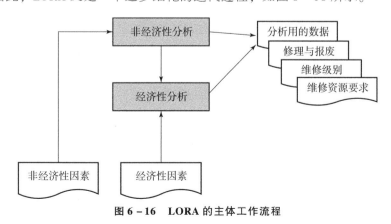

图 6 – 16　LORA 的主体工作流程

2. 分析所需要的数据

LORA 涉及大量的数据，分析前应该提供或确认在装备的结构及层次划分、维修保障体制、维修工作项目及所需资源、装备的部署与使用信息等数据。

1）装备结构及层次划分

简单装备或单一故障模式的装备，可作为一个单元来考虑；有多个装配层次或多种故障模式的装备，应按多个单元同时考虑并进行全面权衡。

2）维修保障体制

通常，装备的维修级别有基层级、中继级、基地级 3 级（目前也有按部队级和基地级实施维修的保障体制）。对于具体的装备，应该在分析前明确各个可能承担其维修任务的维修机构及其部署情况，描述故障件的流动过程，这些维修机构将作为分析决策的备选方案。对于每一维修机构，应确定其现有的维修资源及空闲情况，以保证分析结果的合理性与有效性。

3）维修工作项目及其所需的各类资源

为了将装备的一项或多项维修工作落实到某一维修机构，必须预先明确维修工作项目（包括周期要求）及其所需各类保障资源（人力、设备与设施、备件与器材、技术资料等）的种类及数量，这需要经过可靠性分析、维修性分析、RCMA 以及维修任务分析（MTA）等工作才能得到。

4）装备的部署与使用信息

装备的部署数量、任务次数及时间、活动范围等直接决定着对修复性维修保障的需求，这些信息应通过作战使用分析或任务剖面予以明确。

3. 非经济性分析

在实际分析过程中，有许多与维修相关的非经济性因素将影响或限制装备的维修级别，要求只能由特定维修机构或不能由特定维修机构来承担修复性维修工作任务。通过对维修过程中是否会有这些因素的全面分析与列举，并指定其约束的维修级别，往往可直接确定待分析产品在哪一级别维修或报废，从而可以得到可行的备选维修级别方案，也可能给出唯一的可行决策。因此在进行LORA 时，应首先分析是否存在优先考虑的非经济性因素。

很多情况下通过非经济性分析，就可确定故障件是维修还是报废以及相应的维修级别，这样的情况据统计已占所有故障件逻辑判断的 85% 以上。因此，非经济性分析是确定修复性维修保障方案的主要方法。

制约维修级别的非经济性因素主要包括：安全性，保密要求，法规或现有维修方案，产品维修限制，战备完好性或任务成功性，装卸、运输和运输性，保障设备，人力与人员，维修设施，包装与储存等。

1）安全性

若维修人员在维修过程中存在危险因素（可能遇到高电压、辐射、极限温度、化学或有毒物质、过大的噪声、爆炸物、超重等），且在某级别上维修时这些因素不能被有效地消除，则维修工作就不能由该级别承担。若所有的级别都不能承担维修工作，则该产品应在故障后报废；否则，应重新设计。

2）保密要求

若存在保密性要求（功能结构、性能指标、工作参数等），限制装备的维修工作不能在某个级别上实施，则维修工作就不能由该级别承担。若所有的级别都不能承担，则该产品应在故障后报废；否则应重新设计。

3）法规或现有维修方案

若有某些法规或条令、条例明确规定装备的某项维修工作不能或必须由某个维修级别承担，则该级别就不可或必须作为备选方案。例如，安全阀或压力容器的检修必须由国家认证的机构承担。

若类似装备的某项同样维修工作已明确由某个维修级别/机构承担或报废，则新装备的同样维修工作理应由该维修级别承担或报废。但该因素的约束性并不很强，应视维修任务数量、维修费用、最优的维修保障方案等的改变，而酌情考虑维修级别。

4）产品维修限制

若某产品在某级别/机构存在明显不值得/不允许维修，或在维修的过程中会伴随着其他会产生更大的损失（如破坏环境等）的事件出现，则应不在该级别维修或报废。如果已有某一维修级别或承制方对该产品的维修作出承诺，则维修工作就应由该级别承担。

5）战备完好性或任务成功性

若某产品在特定的维修级别维修或报废，对战备完好性或任务成功性会产生不利的影响，则该维修级别就不能承担该产品的维修工作或该产品不能报废。若因故障件送某级别进行维修的周转时间很长、某级别的技术人员到前方维修所需要的时间很长或某级别的维修人员工作负荷太重，而对战备完好性或任务成功性会产生不利的影响，则维修工作也不能在该维修级别进行。例如，对于必须原位维修的产品，应尽量在基层级维修，以保证当产品故障后，能得到及时修复，避免保障延误，以保证战备完好性或任务成功性。

6）装卸、运输和运输性

如果存在任何可能有影响的装卸与运输因素（如产品的重量、外廓尺寸、体积、特殊装卸要求、易损性等），而难以将其从装备上拆下并运往异地维修机构进行维修，则产品应该在基层级或可运输到的级别上进行维修。此因素实际上约束产品的维修地点，由于维修机构有时是可移动的，因此，应将战备完好性或任务成功性、维修机构赴现场维修的可能性等因素综合考虑。

7）保障设备

若在产品的某项维修工作中，所需的维修保障设备在某个特定级别上，由于存在设备性能、精度、尺寸、重量、适用性、有效性、机动性、工作环境、配备限制、安装限制，以及对使用保障设备的人员的技术要求，或需要特殊的工具、特殊的测试设备等因素的制约而无法配置或无法随该级别的维修人员赴维修现场，则该项维修工作就不能由该级别承担。

8）人力与人员

某个特定的维修级别不可能拥有满足要求的维修人员的技术等级水平/各种技术等级的人员数量，或维修工作由某个级别承担会造成过大的负荷（如超过产品允许的最长维修时间或人员所能承担的最多维修工时等）而降低战备完好性或任务成功性，则此项维修工作就不能由该级别承担。

9）维修设施

对于维修设施对维修级别的制约可从如下方面考虑：

若维修工作对设施有诸如高标准的工作间、高整洁度的工作场所、产品及保障设备的体积过大、气候因素、腐蚀限制等特殊的要求，则当某个维修级别不能建设这些设施时，维修工作就不能在该级别上进行。

若在维修的过程中有诸如对气密装置要求、维修次数限制、磁微粒检查、X射线检查、锻造、铸造等工艺性要求，则当某个维修级别不能满足这些工艺要求时，维修工作就不能在该级别上进行。

若在维修的过程中有诸如对振动与冲击试验、风洞试验等特殊的测试方法要求，则当某个维修级别不能实现这些要求时，维修工作就不能在该级别上进行。

若在维修的过程中有特殊的调整要求，则当某个维修级别不能完成时，维修工作就不能在该级别上进行。

10）包装与储存

对于计算机硬件、软件载体，危险材料，易碎材料等产品，如果由于其尺寸、体积、重量、挥发特性、腐蚀特性、易损性、气候因素等对包装与储存有过于严格的要求而难以在某个级别上完善地包装与储存，则会导致在该级别上无备件，从而不能进行维修。

以安全性和保密要求作为非经济性因素为例，进行非经济性分析时，对每一待分析的产品应回答表6-8中的问题。当回答完所有问题后，需将"是"的回答及原因组合起来，然后根据"是"的回答确定初步的分配答案。不是所有问题都完全适用于被分析的产品，应通过剪裁来满足被分析产品的需要。必须指出的是，对故障件或同一件上某些故障部位作出维修或报废决策时，不能仅以非经济性分析为根据，还需分析评价其报废或维修的费用，以使决策更为合理。

表 6 – 8　非经济性分析提问表

非经济性因素	是	否	影响或限制的维修级别				限制维修级别的原因
			O	I	D	X	
安全性： 　1. 产品在特定的维修级别上维修存在高电压的危险因素吗？ 　2. 产品在特定的维修级别上维修存在辐射的危险因素吗？ 　3. 产品在特定的维修级别上维修存在极限温度的危险因素吗？ 　4. 产品在特定的维修级别上维修存在有毒物质的危险因素吗？ 　5. 产品在特定的维修级别上维修存在过大的噪声的危险因素吗？ 　6. 产品在特定的维修级别上维修存在爆炸物的危险因素吗？ 　7. 产品在特定的维修级别上维修存在超重的危险因素吗？ 　8. 产品在特定的维修级别上维修存在其他危险因素吗？							
保密要求： 　1. 产品在任何特定的维修级别上维修存在功能结构的保密性要求吗？ 　2. 产品在任何特定的维修级别上维修存在性能指标的保密性要求吗？ 　3. 产品在任何特定的维修级别上维修存在工作参数的保密性要求吗？ 　4. 产品在任何特定的维修级别上维修存在其他保密性要求吗？							

4. 经济性分析

当通过非经济性分析不能确定待分析产品的维修级别时，则可进行经济性分析。如果完成某项维修任务，对维修级别没有任何优先需要考虑的因素时，则故障件维修的经济性就是主要的决策因素。

经济性分析是一个复杂的过程，需要定量计算产品在所有可行的维修级别上所需的维修费用。一个特定的装备，在现有的维修体制下，当其故障后，可能存在基层级、中继级、基地级（或部队级和基地级）维修和报废等多个可行维修级别的决策。对于每一个可行决策，经济性分析需首先分析和计算与决策有关的各种维修费用要素，包括备件与器材、人力、库存、保障设备与设施、技术资料、包装与运输等费用，即仅计算那些直接影响维修级别决策的费用。通过对这些费用的估算，得到该决策的维修总费用，然后比较各个维修级别的费用，以选择费用最低和可行的待分析产品（故障件）的最佳维修级别。

由于在经济性分析过程中，需要全面考虑各种费用要素，而这些费用要素对应的主要是各种维修保障资源，所以，计算每一决策所需的维修费用的过程，也就是明确该决策对保障资源需求的过程，因此，最佳决策给出的不仅是装备在哪个级别上维修或报废的决策建议，同时也给出了最佳的维修所需保障资源的规划建议。

鉴于各所需保障资源费用的计算是经济性分析的核心，下面分别按照描述可行决策、分析决策事件、建立费用估算模型、进行敏感性因素分析的程序详细阐述费用计算过程，也即经济性分析的一般步骤和方法。

1）描述可行决策

根据装备的维修体制，构造故障件的维修流动过程，以描述可行决策。

通常，基层级的维修能力比中继级的低，而中继级的维修能力又比基地级的低。对于一个有多个装配层次的装备，当它发生故障后，可能存在如下故障件流动过程：基层级人员将发生故障的 LRU 更换下来，并送往中继级；中继级人员则将故障的 LRU 中故障的 SRU 更换下来，并送往基地级；而基地级人员则将故障的 SRU 中故障的 SSRU 或零部件更换下来。如此逐级逐层进行工作，以保证故障装备及备件均得到维修。

这样，便实现了对一个维修级别决策的描述，可以看到：通常，LRU 在中继级修理，维修在基地级修理，而基层级仅承担维修的更换工作，在计算不同方案的费用时，此项工作的费用总是计算在内，不对维修级别决策产生影响的内容可不予考虑。

同时，也可以得到在进行不同的决策时，不同故障件维修的流动过程。

2）分析决策事件

事件是费用计算的基础。分析每一决策，明确决策所描述的维修过程中将发生的事件，可为后续计算费用奠定基础。

例如，对于上述决策，在中继级上，可能引发的事件有：

（1）为保证向基层级提供充足的 LRU，而必须发生的 LRU 采购、包装和运输及基层级仓库存贮（基层级送来故障的 LRU 后，必然要立即带一个好的 LRU 返回部队，以便及时修复装备，而坏的 LRU 则经修复后作为备件，再供基层级换取）。

（2）为保证有充足的 SRU 作为修理 LRU 的替换件而必须发生的 SRU 采购、包装和运输及仓库存贮。

（3）从由基层级流动过来故障的 LRU 及返回基层级的包装与运输。

（4）为保证能够更换每个 SRU 而配置维修设备与设施时发生的购置、安装以及维修设备与设施在维修工作中的能源消耗、损耗与折旧。

（5）维修过程中可能消耗一些材料。

（6）为使维修人员具有相应的维修技能而对其进行的培训。

（7）维修人员的工资、日常生活等。

（8）维修人员在维修过程中需要参考相关的技术资料。

3）建立费用估算模型

当一个可行决策所描述的过程中的相关事件确定后，对于每一个事件所需的维修保障资源、消耗资源及支持费用等要素便可明确，从而可建立费用估算模型，即构成了经济性分析模型，进而计算维修费用。

（1）总费用估算模型。

这里，只考虑在装备使用期内与维修级别决策有关的费用，即仅计算那些直接影响维修级别决策的费用。为阐明方法、简化程序，这里仅给出中继级维修（I）和基地级维修（D）费用的简化模型示例。简化模型如下：

$$C_\text{I} = C_\text{se} + C_\text{sem} + C_\text{td} + C_\text{tng} + C_\text{s} + C_\text{l} \tag{6-2}$$

$$C_\text{D} = C_\text{se} + C_\text{sem} + C_\text{td} + C_\text{tng} + C_\text{ss} + C_\text{ps} + C_\text{rp} + C_\text{l} \tag{6-3}$$

式中：C_D——基地级维修总费用；

　　　C_I——中继级维修总费用；

　　　C_se——保障设备费用；

　　　C_sem——保障设备维修费用；

　　　C_td——资料费用；

　　　C_tng——训练费用；

　　　C_ss——安全库存费用；

C_{ps}——故障件的包装、装卸、储存和运输费用；

C_s——备件的发运和储存费用；

C_{rp}——修理供应费用；

C_l——修理故障件的人力费用。

在利用上述费用模型计算出 C_D、C_I 的数值后，通过比较即可作出决策。

（2）单一费用估算模型。

因各级别涉及的资源及费用类型各不相同，故采用的方法也不尽相同，无法一一进行模式化，这里仅以中继级贮存 LRU 这个事件为例说明单一费用估算模型的应用方法。

假设中继级贮存 LRU 这个事件所伴随的资源消耗是订货、包装与运输、仓库占用等，这些资源及费用的消耗可按如下步骤进行计算：

若中继级负责维修的 LRU 的总数量为 N_I，LRU 的平均故障间隔时间为 MTBF，平均周转时间为 T_{SR}，在根据 LRU 的重要程度规定了备件保证概率 P 并得到标准正态分布分位点 U_P 后，便可计算出仓库的贮备数量 N_{SR}：

$$N_{SR} = \text{INT}\left(\frac{N_I \times T_{SR}}{\text{MTBF}} + U_P \times \sqrt{\frac{N_I \times T_{SR}}{\text{MTBF}}} \right) \tag{6-4}$$

在得到 LRU 的价格 P_S、运输费用率 P_{CR}、仓储费用率 V_{CR}，考虑了资金的时间价值 $R_Q(T)$ 后，可得到 LRU 在中继级的备件费用 C_{SP}：

$$C_{SP} = N_{SR} \times P_S \times (1 + P_{CR} + V_{CR} \times R_Q(T)) \tag{6-5}$$

4）进行敏感性因素分析

通过上述步骤的分析，可以得到导致已作出决策的决定性因素。若对此进行敏感性因素分析，便可能找到使每一级别维修费用都有明显下降的结果，以此作为改进目标，从而影响装备设计和保障系统建立，为建立使用维修制度提供更优的决策支持信息。

此处仅给出示例，假定某产品的可靠性水平提高一倍，从每 10 个使用小时发生 1 次故障提高到每 20 使用小时发生 1 次故障，则 LORA 的结果表明维修可在基地级完成，而且每一级维修的总费用也将有明显下降，见表 6-9（计算方法如上所述，计算过程从略）。

表 6-9　维修级别分析的敏感性因素分析　　　　　　　　万元

费用项	中继级维修	基地级维修
C_{se}	200	5
C_{sem}	20	0
C_{td}	10	0

续表

费用项	中继级维修	基地级维修
C_{tng}	60	0.5
C_s	216	—
C_{ss}	—	37.5
C_{ps}	—	270
C_{rp}	—	150
C_l	22.5	54
总费用	528.5	517
决策结果	基地级维修	

6.4.5　装备保障方案权衡优化

装备保障方案是为装备作战训练服务的，为了达到装备的保障性目标，可能会有多个备选保障方案满足要求。而装备在设计过程中本身还可能存在多个备选设计方案，这些备选设计方案和备选保障方案之间往往是多对多的关系，二者与装备使用方案需要相互协调。通过开展设计方案、使用方案和保障方案之间的权衡分析以及备选保障方案的权衡分析等，一方面可对保障方案进行优选，另一方面还可以从保障的角度为选择装备设计方案提供依据，通过参与装备备选设计方案的权衡分析来影响装备设计，以便在费用、进度、作战性能、战备完好性和保障性之间达到最佳平衡。

1. 保障方案评价的因素

要对保障方案进行优选，首先必须确定从哪些方面对保障方案进行权衡，也就是确定保障方案的评价因素。保障方案的评价因素很多，有综合的也有单项的，归纳起来有如下因素：设计方案、使用方案与保障方案相协调，保障资源，战备完好性的敏感度分析，LORA，对比评价，能源，费用，人员数量与技术等级，训练，诊断，生存性，运输性，保障设施等。以下简单介绍几种因素评价的基本思想。

（1）从实现装备设计、使用、保障的最佳平衡的角度进行权衡分析。因为保障方案是在装备的使用方案与设计方案的基础上形成的，所以，保障方案与设计方案、使用方案是密切协调的，并有机地联系在一起。名义上进行的保障方案的权衡，实际上权衡的最优方案就是使装备的性能、使用与维修能够得到最佳平衡的保障方案。

例如，通过系统分析考虑，可能有两级或三级维修两种维修保障方案，这两种维修保障方案在人力与人员、训练与测试要求方面将有明显不同。在这种情况下就可考虑通过寿命周期费用分析，权衡出较优的备选设计方案或备选保障方案。

（2）以各保障资源为评价准则进行保障方案评价，要求保障资源和设计特性具有最佳的结合。

保障资源是实施装备保障工作的物质基础，直接为保障工作提供支撑，但保障工作又是为装备使用服务的，从这个角度讲，保障资源是间接为装备使用服务的。而装备使用则依赖于装备设计，与设计方案密不可分。可以推断，如果设计方案好，对保障资源的要求就低；反之，如果设计方案不好，则对保障资源的要求就高。如果要求保障资源和设计特性具有最佳结合，一方面在设计方案可行的前提下，对保障资源要求低的保障方案更优；另一方面如果对保障资源的要求过高，可能就会反过来需要通过更改设计降低对保障资源的要求。

（3）战备完好性灵敏度分析就是要求装备系统的战备完好性对关键设计参数（可靠性与维修性参数等）、保障资源（备件、人力等）、保障系统参数以及费用等不是非常灵敏。

系统战备完好性目标是装备保障追求的目标之一，装甲车辆可选择使用可用度为战备完好性参数，它不仅代表了装备随时处于完好的状态，也与设计参数、保障资源等存在密切关系，便于进行灵敏度分析。

通过对备选保障方案进行战备完好性灵敏度分析，可以确定灵敏度较低的保障方案。例如改变关键的与保障性有关的设计参数 MTBF 或 MTTR 等，或者改变保障资源的种类和数量，可能会对战备完好性的影响明显不同，此时对战备完好性影响较小（灵敏度较低）的方案即较优的备选保障方案。同样，通过战备完好性灵敏度分析，改变关键的与保障性有关的设计参数，如提高MTBF或降低 MTTR 等，可能会明显提高战备完好性水平，此时该设计方案可能就为最优的设计方案。

（4）LORA 作为评价要素，在保障方案权衡分析中，主要解决的问题是资源级权衡分析方法。

在进行 LORA 时，可进行非经济性分析，也可进行经济性分析。如果通过分析，给出的维修或报废及其维修级别的决策，既能缩短维修时间，提高效率，又能降低费用，提高效益，那么该种保障方案就是较好的。

（5）对比评价。不同保障方案所输出的保障性参数值可能会有所不同，这些参数值与现役装备的保障性参数值以及军方提出的要求值有多大差距，是否满足了要求，现役装备的保障性设计缺陷是否在新装备上进行了更改，这些也是对保障方案进行权衡分析的重要内容。

（6）能源和油料。一般情况下要求能源和油料要通用，要便于筹措、运输，但有些设计方案要求使用新的能源和油料，虽说在装备的耐磨性和寿命等方面有了较大的提高，但也会给使用保障带来困难。进行这个方面的权衡，就是要对设计方案进行评估，从各个方面确认使用某种能源和油料的必要性，并从其对装备战备完好性和使用保障费用以及获取风险的角度进行权衡，最终对备选保障方案进行优选。

上述评价因素各有其适用范围，需要根据实际情况和掌握的信息有选择地应用，其权衡分析的一般范围需要由订购方与承制方协商确定。对于单项因素的评价与权衡分析，可以根据装备的复杂程度、特点以及研制度等实际情况进行适当的选择或剪裁。但这只是影响保障性的某个因素与装备的备选方案进行权衡，由于影响保障性的诸多因素相互之间是关联的，有的甚至互相制约，所以，常常需要进行综合权衡分析才能达到优化方案的目的。下面介绍几种常用的综合权衡分析方法。

2. 战备完好性权衡分析

战备完好性表示在平时和战斗开始时武器装备提供设计的功能输出（如机动、射击、通信等）的能力。战备完好性与可靠性和维修性设计、保障系统的特性和保障资源数量与配置有关。

许多装备类型都采用使用可用度 A_o 作为保障性总体参数。使用可用度是与能工作时间和不能工作时间有关的一种可用性参数，是表示装备在使用一段时间内使用时间与总时间的比值，如下式所示：

$$A_o = \frac{能工作时间}{总工作时间} = \frac{能工作时间}{能工作时间 + 不能工作时间}$$

不能工作时间主要是装备的平均修复性维修时间、装备的平均预防性维修时间和装备的平均延误时间，这些时间都体现了装备可靠性、维修性、保障性的设计水平和保障资源能满足需求的程度。因此，可以作为装备的战备完好性参数来进行保障方案的权衡分析。

装备服役后的总日历时间分布如图 6 - 17 所示。

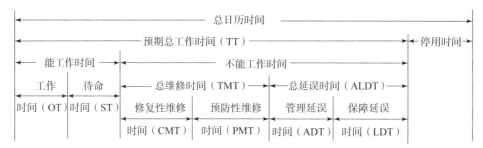

图 6 - 17　装备服役后的总日历时间分配

常用的使用可用度计算模型为

$$A_O = \frac{OT + ST}{OT + ST + PMT + CMT + ALDT} \qquad (6-6)$$

式中：OT——工作时间；

　　　ST——待命时间；

　　　PMT——预防性维修时间；

　　　CMT——修复性维修时间；

　　　ALDT——总延误时间。

确定了使用可用度计算模型，可为利用使用可用度进行保障方案权衡分析奠定基础。哪个备选保障方案输出的使用可用度最大，就认为这个保障方案最优。

3. 费用权衡分析

费用权衡分析是指针对不同的保障方案，计算其对应的寿命周期费用，通过比较费用的高低来选择保障方案的一种权衡分析方法。

寿命周期费用主要包括论证与研制费、购置费、使用与保障费、退役处置费等。费用估算的基本方法有：类比法、专家判断估算法、参数估算法和工程估算法等。前面已有介绍，此处不再赘述。

对于两种以上的设计方案或保障方案，可通过比较费用值的大小为方案权衡提供依据。对应寿命周期费用低的设计方案或保障方案即更优方案。

4. 保障资源综合权衡分析

在保障方案权衡过程中，如果考虑多个保障资源因素较多，则可采用保障资源综合权衡分析，关联矩阵表法或层次分析法都是有效的综合权衡分析方法。以关联矩阵表法为例，其具体步骤如下：

（1）明确评价要素，即八大类保障资源；

（2）利用层次分析法中的判断矩阵，计算出各保障资源的权重系数；

（3）给出各类保障资源评分准则，对某项保障资源要求越高，该项保障资源的评分越低；

（4）根据对备选保障方案的描述和各保障资源的评分准则，对各备选保障方案的不同保障资源选项进行打分，即单项评价值；

（5）将各保障资源的权重系数与各方案对应的各保障方案的单项评价值进行加权求和，最终得出各方案的得分排序，得分最高者即最优方案。

除了上述几种综合权衡分析方法外，还有很多权衡分析方法，如根据之前的评价因素开展单因素权衡，或者对战备完好性和费用进行综合，以二者之比为准则进行权衡等，需要根据实际情况选用。

6.5　装备保障资源需求分析

装备保障资源是实施装备保障的物质基础，是构建装备保障系统的基本要素。装备保障资源配备必须以保障方案规定的装备保障工作需求为依据，以装备保障系统结构及任务分工为基础，形成有效的保障能力；同时，还要避免配置过多的保障资源，以降低部队负担和保障资源的闲置浪费。为此，必须根据装备保障工作需求科学合理地确定保障资源的品种和数量，力争以最少的保障资源、最小的保障负担和最低的保障费用，提供装备所需的保障资源。

6.5.1　装备保障资源概述

目前与装备保障资源有关的定义如下：

GJB 451A《可靠性维修性保障性术语》对保障资源的定义为"使用与维修装备所需的硬件、软件与人员等的统称"。

GJB 3872《装备综合保障通用要求》对保障资源的定义为"使用与维修装备所需的全部物资与人员的统称"。

可见，装备保障资源一般包括保障设备，人力与人员，备品备件，技术资料，训练与训练保障资源，计算机保障资源，保障设施以及包装、装卸、储存和运输资源。

装备保障性分析的一项重要内容就是确定装备所需的保障资源需求。为形成装备保障能力，首先必须对新研装备开展保障性分析，明确装备使用与维修所需开展的各项工作，制定装备的使用与维修保障方案。在此基础上，分析每项使用与维修工作所需的保障资源，汇总得出装备在使用与维修工作中所需的初步保障资源需求。最后，根据装备的数量、使用情况和保障方案等，结合部队装备保障体制与编制，配备能够完成相应装备保障任务的装备保障资源，构建与装备体系相适应的保障体系。

6.5.2 装备寿命各阶段保障资源需求确定的主要工作

为保证装备部署时尽快形成保障能力，应在装备寿命周期早期就开展保障资源需求规划相关工作，确保装备保障资源需求规划的科学性与合理性。

1）在论证阶段应提出装备保障资源要求与约束

在论证阶段，应从装备的使命、任务出发，通过使用研究、比较分析、硬/软件及保障系统标准化分析等工作，提出新研装备对保障资源的要求与约束。

2）在方案设计阶段初步确定装备保障资源需求

在方案设计阶段，应对新研装备所需的新的或关键保障资源，或影响保障性、费用、战备完好性的主要保障资源进行初步分析，为备选保障方案的权衡分析提供依据。同时，还应着重考虑确定那些研制与建造周期长、技术复杂的保障资源（如诊断设备、保障设施、大型训练模拟器等）和研制阶段进行保障性试验所需要的保障资源，并尽早开展规划建设工作。

3）在工程研制阶段详细确定全部装备保障资源需求

在工程研制阶段，首先应将所确定的保障方案作为确定保障资源的重要输入；其次，通过使用与维修工作分析进行所有保障工作的分解，建立保障方案与保障资源的有机联系，确定一次保障工作与保障资源的对应关系；最后，综合确定出部队建制单位所需的保障资源品种与数量。

在 OMTA 过程中，要对新装备保障方案可能产生的关键、新的保障资源需求进行重点分析，这些保障资源需求是部队保障工作的风险源，很可能对装备的战备完好性和寿命周期费用产生较大影响，有时需要通过更改设计的方式加以更改或修正。

4）初始部署时评估新研装备对现役装备保障资源的影响

在新研装备初始部署时，要进行早期现场分析，分析其与现有装备在保障资源与保障方面的关系和对装备完好性的影响等，及时提出对保障资源配置的调整与改进措施。

5）在生产阶段确定停产后的装备保障资源的供应问题

装备停产后以及装备使用过程中的升级改造等，可能造成备件、维修用零件和保障设备供应不足，技术资料修改、人员训练改进等跟进不及时等问题。因此，应提前研究停产后保障问题的各种对策，如另辟供应渠道、利用承制方合同保障或部队保障等；采取增加供应和减少需求的补救措施，如寻找替代品、加强部队建制内修理机构的制配能力、将退役装备的零部件用于其他在役装备的维修工作等。

6.5.3 装备保障人力人员需求的确定

1. 确定人员专业、技术等级

通过 OMTA 可以从各项保障工序的角度分析相关保障工作对人员专业知识及其掌握程度、技能熟练程度等方面的要求，确定装备保障人员的专业和技术等级需求。

在确定新研装备保障人员时，首先必须确定人员专业，对于新装备增加的新功能，应尽量保持原有专业，或选择已有的人员专业；在确定人员技术等级时，则应尽可能选择低技术等级的人员完成相应工作，降低对人员技术等级的要求。

确定装备使用保障人员的需求时，应根据使用保障工作是否由使用人员承担进行确定。当使用保障工作由使用人员承担时，其专业与技术等级要求应重点考虑装备使用工作的要求，结合使用保障工作要求综合确定装备使用保障人员的专业和技术等级；当使用保障工作由专门的部门承担时，其人员专业与技术等级的确定方法与维修保障人员专业和技术等级的确定方法一致。

2. 确定人员数量

通过 OMTA 可初步确定一次使用与维修保障工作所对应的人员需求，综合确定部队保障机构中各专业、各技术等级人员的数量，可采用利用率法、相似系统法、专家估算法、排队论法等。

1）利用率法

利用率法是根据维修人员每人每天的利用率 ε 来计算人员数量的一种方法。其基本思想是：首先计算某维修级别上某专业的某技术等级维修人员应该完成的任务及时间，再综合考虑维修工作的频度（维修次数）、装备数量、年任务数量等确定全年总的维修工时，最后根据人员的利用率确定全年可用于维修的工作时间，从而计算各维修级别、各专业维修人员的数量。利用率法的基本步骤如下：

（1）确定全年某维修级别上某专业某技术等级维修人员的总工时。

因装备维修保障人员主要承担预防性维修工作，因此，为了简化分析的问题，以下主要以装备中预防性维修工作为依据确定人员数量。在确定人员数量之后，适当考虑可能承担的修复性维修任务，对所确定的人员数量进行适当的修正。

第一步：确定维修次数。根据前面的论述，在进行了维修工作的归并并确定了维修间隔期后，装备在某维修级别上的维修次数可以根据下式确定：

$$N_a = N_0 T_0 / T_a \qquad (6-7)$$

式中：a——维修级别（如小修、中修）；

N_0——维修级别 a 所保障的装备总数；

T_0——平均每台装备每年的任务时间；

T_a——装备在维修级别 a 上的修理间隔期；

N_a——装备在维修级别 a 上的年维修次数。

第二步：确定单台装备在某维修级别 a 上一次维修中某专业某技术等级维修人员的总工时。根据 OMTA 的结果，可以得到每次维修每个产品所需要的给定专业与给定技术等级的维修工时，由下式可以计算单台装备在给定维修级别 a 上进行一次维修所需某专业（j）某等级（k）修理人员的总工时：

$$T_{1ajk} = \sum_{i=1}^{n} t_{aijk} \cdot w_i \qquad (6-8)$$

式中：n——装备中包含的需预防性维修的部件数量；

w_i——单台装备中第 i 个部件的数量；

t_{aijk}——维修级别 a 上第 j 专业第 k 级维修人员维修第 i 个部件一次所需的维修工时。

第三步：确定全年某维修级别上某专业某等级维修人员的总工时。根据下式可以计算在维修级别 a 上第 j 专业第 k 级维修人员全年应完成的总工时 T_{ajk}：

$$T_{ajk} = N_a \cdot t_{1ajk} = N_a \sum_{i=1}^{n} t_{aijk} \cdot w_i \qquad (6-9)$$

（2）确定某维修级别维修人员总数。

第一步：确定全年某维修级别上某专业某等级维修人员的数量。考虑每人每天的时间利用率 ε，可以知道每个维修人员全年可用于维修的总时间，通过下式即可求得给定维修级别 a 上所需第 j 专业第 k 级维修人员的数量 R_{ajk}：

$$R_{ajk} = \frac{T_{ajk}}{ML\varepsilon} \qquad (6-10)$$

式中：M——全年的工作日数；

L——每天工作小时数；

ε——每人每天的时间利用率。

第二步：确定全年某维修级别上某专业维修人员的数量。通过下式按专业汇总即可计算出维修级别 a 上上所需第 j 专业维修人员的数量 R_{aj}：

$$R_{aj} = \sum_{k=1}^{p} \frac{T_{ajk}}{ML\varepsilon} \tag{6-11}$$

式中：p——某专业的技术等级总数。

第三步：确定全年某维修级别上维修人员的数量。考虑每年维修任务量的差别以及修复性维修等因素，可以用下式计算给定维修级别 a 上维修人员的数量 R_a：

$$R_a = \lambda_1 \lambda_2 \sum_{j=1}^{q} \sum_{k=1}^{p} \frac{T_{ajk}}{ML\varepsilon} \tag{6-12}$$

式中：R_a——维修级别 a 上维修人员的数量；

　　　q——该型装备的专业总数；

　　　λ_1——权衡系数（一般取值为 $1 \sim 1.5$），由于每年维修的任务量不同，可以根据每年部队级维修的实际情况而定；

　　　λ_2——权衡系数（一般取值为 $1 \sim 1.5$），由于在进行预防性维修时可能还要处理一些修复性维修工作，因此根据实际情况而定。

上述计算过程重点考虑的是预防性维修工作。如果知道各个零部件、组件等的故障率，则可以根据故障率、装备数量、装备年消耗摩托小时等，准确地计算出修复性维修工作的工时，进而可以更准确地确定人员数量。

利用率法在整个分析计算过程中，算法严谨、科学，以 OMTA 的结果作为输入信息，根据专业技术等级标准，结合人员利用率、相关权衡系数反复迭代进行，使人员数量、专业技术等级的需求分析真正做到了定量化。该方法的不足在于需要准确全面地使用 OMTA 信息，计算工作量较大。

采用利用率法确定使用与维修保障人员数量，是从保证完成规划的全部使用与维修保障工作所需的最低人员需求为出发点来进行计算的，该维修单位整个编制人员数量的确定还需根据部队的实际需要，考虑其他公勤人员后确定。

2）相似系统法

相似系统法，也称为相似产品法。该方法是根据装备研制与发展的继承性，参照相似装备的保障资源需求，确定新研装备的使用与维修保障人员专业、技术等级与数量。其基本思想是选择或构建新研装备的相似装备，再根据相似装备保障人员的情况确定新研装备的保障人员需求。利用相似系统法确定相似产品时，应同时要考虑以下几个条件：

（1）相似装备的结构、功能；

（2）维修级别；

（3）工作任务量；

（4）年维修次数；

（5）装备总数量。

在选择了相似装备后，可根据相似装备的年任务量、年维修次数，装备总数等计算维修人员需求，公式如下：

$$S = P \times \theta \times \lambda \qquad (6-13)$$

式中：S——新研装备给定专业与技术等级的维修人员数量；

P——相似装备对应专业和技术等级的维修人员数量；

θ——新研装备年保障总任务量/相似装备年保障总任务量，保障总任务量＝单台装备保障年任务量×年维修次数×装备总数；

λ——保障任务的难度系数，根据保障任务完成的难易程度可对专业等级作相应的调整，例如，工作任务难度加强，可提高一定数量的专业等级，取$\lambda = 1$，如工作任务难度加强，专业等级不变，取$\lambda > 1$。

例 6 – 1 现有某型新研装甲装备，不能找到与该型装备匹配的相似系统，预计其未来年均任务量为 100 摩托小时/年。现有 A、B 两型装甲装备，其中 A 型装甲装备的底盘部分与新研装甲装备相似，B 型装甲装备的上装部分与新研装甲装备相似。A、B 型装甲装备年均任务量均为 80 摩托小时/年。A 型装甲装备在基层级所需的装甲底盘维修人员为 8 人，B 型装甲装备在基层级所需的装甲上装维修人员为 6 人。由于新研装备结构更加复杂，其底盘部分维修难度是 A 型装甲装备的 1.2 倍，其上装部分维修难度是 B 型装甲装备的 1.5 倍。试用相似系统法确定新研装甲装备在基层级的维修人员需求。

A 型装甲装备的底盘部分和 B 型装甲装备的上装部分共同构成该型新研装甲装备的相似系统。可简单认为新研装甲装备与相似装备的保障工作量与其年均任务量成正比，根据式（6 – 13）可计算得出新研装甲装备在基层级的维修人员需求：

$$R_{基,底} = 8 \times \frac{100}{80} \times 1.2 = 12 \ （人）$$

$$R_{基,上} = 6 \times \frac{100}{80} \times 1.5 = 11.25 \approx 12 \ （人）$$

可知，新研装甲装备在基层级维修机构需要装甲底盘维修人员 12 人、装甲上装维修人员 12 人，共 24 人。

相似系统法作为一种定性的方法，既有广泛的使用范围，同时也存在着局限性。在研制阶段初期以及缺乏装备各种相关保障的信息时，相似系统法是一种快速而有效的确定保障人员需求的方法。

3）专家估算法

专家估算法是一种非常成熟的方法，在很多资料中都有详细的阐述，其应用也也比较简单，本部分不再展开，只对通过该方法确定保障人员需求的思路进行概略介绍。

专家估算法是以确定的保障方案为依据，根据多年从事装备使用、维修与保障相关工作专家的经验，分析、判断新研装备所需的保障人员专业、技术等级及数量。

用专家估算法确定人员数量、专业及技术等级的过程主要分为 3 个阶段，第一阶段要求各位专家分析部队现有的专业划分，确定是否能满足目前的维修保障工作的需求，是否需要设立新的保障专业，从而确定所有的专业类别；第二阶段是确定各专业、各技术等级所需的保障人员需求；第三阶段是在已确定了各专业、各技术等级的保障人员需求的基础上，确定各维修级别所需的保障人员的数量。

6.5.4　保障设备需求的确定

1. 确定保障设备的品种

确定装备保障设备的品种，首先要满足装备在部队的使用与维修保障的功能需要，为此应遵循以下原则：

（1）优先选用通用保障设备，减少专用保障设备的品种；

（2）优先选用现役装备的保障设备，尽量用现有保障设备完成新研装备的保障工作，减少保障设备需求；

（3）如果现役装备保障设备不能满足新研装备的保障需求，应考虑通过对其改进来提高其使用性能，但前提是改进费用必须在可承受的范围之内；

（4）如果现役装备保障设备或经过改进的保障设备不能满足保障工作任务的需要，可考虑成熟产品，即考虑选用与之相适应的、市场上可以购买的民用设备；

（5）如果民用设备仍然满足不了保障工作任务的需要，则可以考虑对其进行改进；

（6）如果在以上原则的基础上，各种保障设备的考虑都无法满足保障工作的需要，则需要进行保障设备的研制工作。

2. 确定保障设备数量的方法

保障设备需求的确定与人员需求的确定有许多类似之处，因此在保障设备数量的确定中，可借鉴人员数量的确定方法，包括利用率法、相似系统法、专家估算法和排队论法等。前文已经对利用率法、相似系统法和专家估算法进行了详细的说明，下面对用排队论法确定保障设备数量进行简要介绍。

在装备的维修事件中，对于修复性维修，故障的产生是一个随机过程，此时可以用排队论法确定满足修复性维修需要的保障设备数量；但对于预防性维修，其维修需求可根据装备使用情况预先确定，不符合排队论法中"顾客"随机产生的要求，因此不能采用排队论法确定相应保障设备数量。

用排队论法确定保障设备数量的具体过程如下：

（1）确定装备故障产生的泊松流。

假设装备出现故障的间隔时间服从参数为 λ 的指数分布，在 t 时间内有 k 个需要进行维修的装备故障（到达的"顾客"）的概率服从泊松分布：

$$P_k(t) = \frac{(\lambda t)^k}{k!} e^{-\lambda t}, t > 0, k = 0, 1, 2, \cdots \tag{6-14}$$

（2）确定装备维修设备的平均服务率（维修保障强度）ρ。

在 $[0, t]$ 区间内产生故障的装备（顾客到达）的概率为

$$F(t) = 1 - e^{-\lambda t}, t > 0 \tag{6-15}$$

假定维修时间服从指数分布，则故障装备的平均维修时间 $\mathrm{MTTR} = \frac{1}{u}$（$u$ 为平均修复率）。

在 $[0, t]$ 区间内装备故障被修复的概率（完成服务的概率）为

$$M(t) = 1 - e^{-ut}, t > 0 \tag{6-16}$$

装备保障力量的维修保障服务强度 ρ 为

$$\rho = \frac{m\lambda}{su}$$

式中：λ——故障装备的到达率；

　　　m——使用中的装备数量；

　　　u——故障装备的平均修复率；

　　　s——装备保障所需的保障设备数量。

（3）确定装备修复性维修保障设备数量（S）。

根据上述排队论系统中的模型，各项参数如下：

$$P_0 = \frac{1}{m} \times \frac{1}{\displaystyle\sum_{k=0}^{s} \frac{1}{k!(m-k)!}\left(\frac{s\rho}{m}\right)^k + \frac{s^s}{s!}\sum_{k=s+1}^{m} \frac{1}{(m-k)!}\left(\frac{\rho}{m}\right)^k} \tag{6-17}$$

$$P_n = \begin{cases} \text{如 } 0 \leq n \leq s, \text{则} \dfrac{m!}{(m-n)!\,n!}\left(\dfrac{\lambda}{u}\right)^n P_0 \\[3mm] \text{如 } s+1 \leq n \leq m, \text{则} \dfrac{m!}{(m-n)!\,s!\,S^{n-s}}\left(\dfrac{\lambda}{u}\right)^n P_0 \end{cases} \tag{6-18}$$

排队论系统中平均故障装备数量为

$$L = \sum_{n=1}^{m} n P_n \qquad (6-19)$$

$$L_q = \sum_{n=s+1}^{m} (n-s) P_n \qquad (6-20)$$

式中：L_q——正在等待维修的故障装备数期望值；

L——整个系统中的故障装备数量（正在接受和等待接受维修的故障装备数量）。

注：有效的到达率 λ_e 应等于每台故障装备的达到率 λ 乘以在系统外（即正常工作）的装备的期望数：

$$\lambda_e = \lambda(m-L) \qquad (6-21)$$

$$L = L_q + \frac{\lambda_e}{u} = L_q + \frac{\lambda}{u}(m-L) \qquad (6-22)$$

$$W = \frac{L}{\lambda_e} \qquad (6-23)$$

$$W_q = \frac{L_q}{\lambda_e} \qquad (6-24)$$

式中：W——每台装备的停机时间；

W_q——每台装备故障后等待维修的时间。

可根据上述计算公式，推算出各种排队参数，并优化得出装备所需的保障设备数量。

6.5.5 备品备件需求的确定

装甲装备在使用过程中进行预防性维修和修复性维修时，都需要备品备件保障，但由于预防性维修和修复性维修的机理不同，相应方法存在一定的区别。

1. 确定预防性维修备品备件需求

1）确定预防性维修备品备件品种

装备预防性维修备品备件品种的确定过程如下：

（1）分析新研装备的重要功能产品，确定备品备件候选对象；

（2）对重要功能产品开展 RCMA，确定需定时报废、定时拆修的重要功能产品，确定备品备件的品种；

（3）通过 OMTA，明确各项使用与维修保障工作中需要的备品备件品种，同时确定预防性维修所需的消耗品。

2）确定预防性维修备品备件数量

预防性维修备品备件数量的确定，需要考虑备品备件是否可修，再综合考虑装备数量、需更换零部件的单机件数、所提供的备品备件数量的保障时间跨度等进行确定。

（1）不可修零部件的预防性维修备品备件数量计算模型。

不可修零部件的预防性维修备品备件数量计算模型为

$$S = \theta \cdot F \cdot M \cdot N \cdot T \qquad (6-25)$$

式中：S——备件数量；

θ——加权系数；

F——零件的年维修频度（次/年）；

M——单装的零件件数；

N——装备数量；

T——装备使用保证期，或备件保证时间，一般以年为计量单位。

加权系数 θ 考虑各种不可预计因素造成的备件数量的增加情况，一般可取 $1 \sim 1.5$。可根据新研装备的不同、所处环境条件、所执行任务的艰巨性、制造工艺、战时和平时等因素，对加权系数进行调整。

（2）可修零部件的预防性维修备品备件数量计算模型。

可修零部件的预防性维修备品备件数量计算模型为

$$S = \theta \cdot F \cdot M \cdot N \cdot T \cdot \frac{\text{TAT}}{365} \qquad (6-26)$$

式中：θ、F、M、N、T——同式（6-25）；

TAT——维修周转时间（天）。

若考虑零部件的修复概率 r，则经式（6-26）计算出备件数量 S 后，再按下式计算备件数量：

$$S_r = S + S \cdot (1-r) \qquad (6-27)$$

式中：S_r——考虑了 r 后的备件数量；

S——经式（6-26）计算出的备件数量；

r——零部件修复率。

2. 确定修复性维修备品备件需求

保障方案规定了各级别维修力量对装备的维修深度，由此可确定各级别维修力量应储备的备品备件种类。如某型装甲装备保障方案规定，其发动机故障后在部队级进行换件维修，在基地级进行修复性维修。为此，该型装甲装备的发动机只需将部队级维修力量作为备件储备，在基地级则需储备用于修复发动机所需的零部件。

确定装备的修复性维修备品备件品种后，相应备件数量可按照可修和不可修两种属性分别进行计算。

1）不可修零部件的修复性维修备品备件数量计算模型

不可修零部件的修复性维修备品备件数量计算模型为

$$\lambda = \frac{(N \cdot M \cdot H \cdot T)}{\text{MTBUR}} \qquad (6-28)$$

式中：λ——不可修零部件消耗量的数学期望；

　　　　N——装备数量；

　　　　M——单装的零件件数；

　　　　H——装备年工作时间（h/年）；

　　　　T——时间跨度（年）；

　　　　MTBUR——装备相关零部件平均不定期更换时间（h）。

将 λ 代入下式即可求出装备不可修零部件的修复性维修备品备件数量：

$$p \leqslant \sum_{n=0}^{n=S} \frac{\lambda^n \cdot e^{-\lambda}}{n!} \qquad (6-29)$$

式中：S——备件数量；

　　　　p——备件保证概率。

2）可修零部件的修复性维修备品备件数量计算模型

可修零部件的修复性维修备品备件数量计算模型为

$$S_n = S \times \frac{\text{MTTR} + \text{TAT}}{365} \qquad (6-30)$$

式中：S——经式（6-29）计算出的备件数量；

　　　　MTTR——平均修理时间（天）；

　　　　TAT——维修周转时间（天）。

若考虑备品备件修复率 r，则在式（6-30）计算出备件数量 S 的基础上再按下式计算备件数量：

$$S_r = S + S \cdot (1-r) \qquad (6-31)$$

式中：S_r——考虑了修复率 r 后的备件数量；

　　　　S——经式（6-30）计算出的备件数量；

　　　　r——修复率。

在确定备品备件需求时，既要考虑满足预防性维修的需要，也要考虑满足修复性维修的需要，部队库存是满足两种需要的备品备件品种与数量之和。备品备件需求确定的关键是其品种与数量的确定，在确定备品备件数量时还要考虑产品是否可修以及产品的修复率等情况，只有这样才能尽量做到备品备件储备的科学化,符合部队的实际。

6.5.6　其他保障资源需求的确定

1. 技术资料

技术资料的编写贯穿于装甲装备寿命周期全过程,随着装甲装备研制的进展,当各专业工程所输出的数据更具体和更明确时,编写的技术资料也应不断细化。在方案设计阶段初期,应提出技术资料的具体编制要求,并依据保障性分析的结果和其他专业工程的工程数据与资料,在方案设计阶段后期开始编制初始技术资料。在工程研制后期和装备列装定型时,应编写完成各类技术资料,保证与装甲装备同步交付部队使用。应用技术资料的过程也是验证与审核其完整性和准确性的过程,对于技术资料中的错误要记录在案,通过修订通知加到原来的技术资料中。此外,当装甲装备、保障方案及各类保障资源变动时,技术资料也应根据要求及时修订。图 6 – 18 所示是装甲装备技术资料编写过程示意。

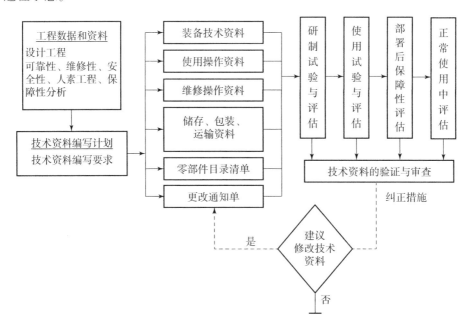

图 6 – 18　装甲装备技术资料编写过程示意

装甲装备技术资料应满足以下基本要求:

(1) 技术资料种类与编写内容的规范化要求。应对技术资料提出明确的种类和编写要求，编写的格式与内容要求通过 GJB 5432 等加以确定；

（2）技术资料的内容应当准确无误、简单明了、通俗易懂。

2. 训练和训练保障

一般在方案设计阶段后期或工程研制阶段早期就要着手规划人员训练和训练保障工作，其中首要工作是训练条件的准备，如拟订训练大纲和训练计划，编写教材，设计教具和训练器材。在训练工作的规划与准备过程中，一是要根据部队人员的素质和装备使用与维修保障的需要确定训练内容，若训练内容不适合部队使用与维修保障人员的素质条件，则可能需要更改装备设计；二是在新装备部署的前期进行人员的培训工作，保证相关人员在装备部署时具有开展新装备使用与维修保障工作的能力；三是对部队初始教员进行培训，参与初始训练的教员应尽可能参加工程研制阶段，特别是与综合保障工程有关的试验鉴定工作，以便获得必要的知识，保证部队后续由自身承担的培训工作的完成；四是开发相应的模拟训练器材，特别是对于有些装备，模拟训练工作可能在装备上进行，这样也会对装备设计产生直接影响。

没有适当的训练器材就不能有效地完成训练任务。因此，随着装备研制过程的进展，应配套研制训练器材，训练器材包括装备实物、教材、适用的手册、视听设备、模型教具、模拟训练器材、维修工具和测试设备等。

3. 计算机资源保障

当前装甲装备内嵌式计算机越来越多，其所消耗的资源和占用的管理时间也越来越多。

1）对内嵌式计算机保障资源的要求

应该加强对软件的配置控制及其状况的全面了解，以及对装甲装备使用阶段软件更改实施管理控制。应确保软件在装甲装备的鉴定定型试验期间得到充分的测试与检验，以便在部署前纠正其中的缺陷和不足。

2）计算机软件的保障工作

（1）软件的设计要求。

软件的设计要求包括以下内容：

①软件的设计准则。包括程序的结构、算法、标准格式、标准误差标识、程序段的模块化。

②软件的可靠性。只要其可用，则重复使用的功能应完全一致。在设计阶段要特别重视对软件的测试，彻底查明软件中的隐蔽缺陷，防止引起以后的故障。

③软件的可维护性。采用标准的算法和模块化的程序设计，以及在程序中尽可能加入详细的注解，以便后续实施维护。

④软件的安全性。负责软件安全性工程的人员应参与软件设计和测试过程，以便发现存在的问题并及时加以纠正。

⑤人机工程。设计软件时要充分考虑用户水平、人员视觉以及控制和显示之间的位置关系等诸多因素，以使设计出的软件易于操作、界面友好、人为差错少。

（2）软件的保障要求。

通常在软件开发的初步设计阶段就要提出初步的软件保障规划：

①保障环境：指保障用软件、保障设备、设施及人员等；

②保障操作：指操作说明、软件的修改、软件综合和测试、软件质量评估、配置管理、复制、纠正措施、系统和软件生成等；

③训练计划和供应；

④软件交付后发生变更的预计层次。

4. 保障设施

保障设施的分析确定工作应在装备方案阶段开始，对现有保障设施是否适用于新研装备，是否需要改造或建设新设施等方面进行分析。由于一种设施可以用于保障多种装备，所以还要评价新研装备在使用保障设施时对其他装备以及其他保障设施的影响。

对于初步拟定的新的保障设施的要求，应经过充分验证，再确定正式的要求，以便作为执行的根据。验证可在原有的设施上或模拟条件下进行，也可通过详细数据的分析予以验证，最后提出有关设施要求的详细论证资料。保障设施需求分析确定的一般过程如图6－19所示。

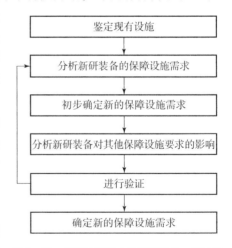

图6－19 保障设施需求分析确定的一般过程

5. 包装、装卸、储存和运输

1）确定包装要求

包装包括装运装备所需的各种操作规范和设备，它是为装运装备所做的所有准备工作。

（1）包装等级的确定。

包装要提供装备储存和运输时所需的必要的保护，其保护程度与要到达的目的地、将要采用的运输方式以及在目的地拟采用的储存方式等有关。拟采用包装容器装运的装备或设备，其设计、试验经订购方和承制方共同认可后，应确定防护包装和装箱要求。防护包装和装箱等级应根据保障工作的实际需要加以规定，其具体确定过程可参阅有关的国家标准或国家军用标准。

（2）防腐与装箱。

防腐的目的是保护准备装运的产品免受腐蚀或出现变质。一般来说，防腐方法包括清洁、干燥和封包。防腐方法的采用应与保护装备所需的等级一致。产品的装箱要求一般在产品规范的有关交货准备文件中提出，包括装箱图和有关的技术文件。

（3）包装容器及备件包装设计。

包装中应尽量选用标准的包装容器。对于需要专用包装的项目，一般也需要能重复使用多次的专用包装容器。

在确定装备及其部件的包装要求时，应制定备件包装设计的基本准则，其包括：

①每一包装容器中备件的品种和数量；

②包装容器重复使用程度；

③供包装设计用的储存空间和装卸约束条件；

④易碎品及其装卸约束条件；

⑤通用的包装方式。

总之，在确定包装要求时，应充分考虑到便于运输、装卸、储存、使用和管理。如果需要设计专用的包装容器，则应规定其设计的约束条件。

2）确定装卸要求

装卸指的是在有限范围内将货物从一地移动到另一地。通常限于单一的区域，如在货栈之间或库区内装卸，或从库存状态转换到运输状态以及从运输状态转换到库存状态。这种短距离的物品移动通常利用物资装卸设备，也可由人力完成。具体的装卸方式取决于装卸物品的重量、包装的尺寸及现场的条件等因素。

装卸设备是物品装卸的必要工具，在规划装卸设备要求时，应尽可能利用标准的装卸设备，避免研制特殊的装卸设备，否则可能大大增加整个装备系统的寿命周期费用。

3）确定储存要求

装备可在临时性或永久性的设施中作短期或长期储存。储存的方式主要有：库房、露天加覆盖物、露天不加覆盖物、特殊储存等。储存条件的确定主要是依据装备预期的使用和维修要求以及技术状态特性，并要与装备包装防护等级一致。在确定特殊的储存要求时，应充分考虑到各种因素，进行仔细的权衡，如需要空调的场所、需要特殊的温度控制、维持储存场所真空和压力水平等所需的设备以及储存中需要的隔离设施等。除此之外，还应特别注意战场条件下作战部队和直接支援部队用的储存设备。特殊的储存要求往往会带来很多特殊的设施、装卸和运输要求，因此必须慎重考虑。

4）确定运输要求和运输方式

运输是使用运输工具（或运输方式）将产品从一个地方输送到另一个地方的过程。运输性是指某项装备用牵引、自行推进或通用的运载工具通过公路、铁路、河道、空域或海洋等方式得以移动的内在性能。运输性是实施经济有效的运输的基础，在新研装备的规划设计中应及时加以考虑。

（1）确定运输要求。

确定装备的运输要求时，一方面要满足运输工具的尺寸、重量及重心的限制以及运输动力学参数和运输环境参数的要求，另一方面要满足装备装卸和战场抢救时的牵引特性。对于有毒物品和危险品的运输要作出专门的规定。

（2）确定运输方式。

装备的运输方式主要有铁路运输、公路运输、水路运输和航空运输。在确定装备的运输方式时，应根据任务要求和具体条件，在保证满足任务要求的情况下使费用最低。在许多情况下，运输方式的确定会对装备设计产生直接影响。

6.6 保障性试验与评估

保障性试验与评估是装备保障性分析的重要工作内容，是进行各种决策的重要环节，为权衡分析保障方案、降低研制风险、细化保障要求、确定保障资源的种类和数量、降低装备全寿命保障费、构建和优化保障系统、提高装备保障能力提供技术支持和决策依据。可见，保障性试验与评估是实现装备保障性目标的重要而有效的决策手段，贯穿于装备系统全寿命阶段。

6.6.1　保障性试验与评估概述

保障性试验与评估是指通过试验将装备系统、整装或部件与技术要求和产品规范进行比较，以评估装备的保障性水平，检查保障系统是否与装备匹配，是否达到预定的战备完好性水平。保障性试验与评估是保障性试验和保障性评估两项工程活动的紧密结合。保障性试验是为对新研装备的各项保障性要求进行评估而获取相关数据的活动；保障性评估是判定装备保障性水平是否达到相应要求的过程。前者是手段，后者是目的。

保障性试验与评估的目的在于从装备保障的角度发现装备系统的设计缺陷，确定和评估设计风险，评估装备系统的保障性水平，提出改进措施和建议，并为装备鉴定验收、列装定型、改进升级等提供依据。开展保障性试验与评估工作，首先要明确装备的保障性要求，而后针对各个不同的保障性要求进行试验设计，有目的性地开展试验工作，收集保障性试验数据，最后通过评价得出装备各项保障性要求的实际水平，给出保障性评估结论。

6.6.2　保障性试验与评估的分类

保障性试验与评估有多种分类方法，分别从不同的角度描述了保障性试验与评估的作用与目的。下面给出两种常见的分类方法：

（1）按照保障性试验与评估的对象划分，保障性试验与评估可分为系统战备完好性评估、与保障性有关设计要求的试验与评估、保障资源的试验与评估。

①系统战备完好性评估。系统战备完好性是保障性的综合要求，也是顶层要求。它反映了保障性的设计水平、保障资源与保障方案共同作用于装备系统所产生的综合效果，是对保障性水平的总体评估。系统战备完好性评估一般在装备部署后进行。

②与保障性有关设计要求的试验与评估。该项试验与评估工作可检验与保障性有关的设计是否与主装备适应、是否便于装备的使用与维修保障工作。

③保障资源的试验与评估。该项试验与评估工作可检验各保障资源品种与数量满足装备保障工作的程度，以及保障资源的功能能否满足装备使用与维修保障的需要。

（2）按照相关工作开展时间对应的装备寿命阶段划分，保障性试验与评估可分为论证阶段的试验与评估、方案阶段的试验与评估、工程研制阶段的试验与评估、生产阶段的试验与评估、使用阶段的试验与评估。

6.6.3 装备试验鉴定中的保障性试验与评估工作

装备试验鉴定工作是为对装备战术技术性能、作战效能和保障效能进行全面考核并独立作出评估结论的综合性活动，是发现装备问题缺陷、促进装备性能提升、确保装备实战适用性和有效性的重要手段，通常按照性能试验、状态鉴定、作战试验、列装定型、在役考核的基本程序开展。

在装备试验鉴定各阶段的工作中，都涉及保障性试验与评估工作。由于装备保障性与其他特性联系紧密，保障性要求较多，相关试验与评估工作较为复杂，在装备试验鉴定过程中一般不组织专项的保障性试验，而是结合可靠性试验、维修性试验和其他战术技术指标试验一并开展，同步获取相关保障性数据，继而开展保障性评估工作。

1. 性能试验中的保障性试验与评估

性能试验是在规定的环境和条件下，为验证装备技术方案、检验装备主要战术技术指标及其边界性能、确定装备技术状态等开展的试验活动。

装备性能试验是在新研装备批量生产前开展的试验与评估活动。由于是在新研装备没有实物或只有有限台样机的情况下进行的，且此时也尚未建立部队真实的保障系统，因此并不能对保障性相关要求进行全面的检验，尤其是保障性综合参数。此时开展的保障性试验与评估工作，首先应根据实际情况，对装备战术技术性能中规定的保障性设计要求进行试验与评估，检验其是否达到规定要求；其次，应对新研装备保障方案进行检验，协助选择较优的备选设计方案和保障方案，提出改进意见，优化新研装备保障方案；再次，应对确定的各类保障资源，即初始确定的保障资源包进行试验与评估，检验保障资源是否满足新研装备的使用与维修保障需求并达到规定要求，以及对保障资源的适用性进行检验。

2. 作战试验中的保障性试验与评估

作战试验是在近似实战战场环境和对抗条件下，对装备完成作战使命、任务的作战效能和适用性等进行考核与评估的装备试验活动。

装备作战试验在新研装备通过状态鉴定后，由生产单位组织小批试生产，指定试用部队，在近似实战战场环境和对抗条件下，将新研装备融入装备体系，开展相关试验鉴定工作，从而摸清装备的基本情况、性能底数并提供操作使用和作战运用参考等。此时，新研装备的样车已少量部署，在部队真实的使用环境和条件下，按照部队真实的训练、演习、对抗等任务对新研装备进行使用；同时，相关保障资源也随新研装备配发给试验部队，初步建立装备保障系统，部队可以对新研装备开展实际使用情况下的保障工作。因此，作战试验是第一次从保障的角度对新研装备设计进行系统评估，可根据具体的保障要求、补给供应时间、周转时间、储备水平、人员能力等来评价综合保障各保障要素，验证保障系统与新研装备的匹配情况及各保障要素之间的协调情况。作战试验过程中的保障性试验与评估工作要充分利用新研装备确定的保障设备和备品备件以及正式的技术资料和确定的各类保障计划进行；同时，为获取部队真实使用过程中的保障性试验数据，应在某些活动中限制供应商的参与，以真实评估新研装备的保障性水平。

3. 在役考核中的保障性试验与评估

在役考核是在装备列装服役期间，为检验装备满足部队作战使用与保障要求的程度所进行的持续性试验鉴定活动。重点跟踪掌握部队装备的使用、保障、维修情况，考核装备的部队适编性、适配性和服役期经济性，以及部分在性能试验和作战试验中难以充分考核的指标等，持续验证装备作战效能和适用性。

新研装备正式列装部队后，才能开展在役考核。此时，已经建立了真实的保障系统，具备了在部队真实使用任务和使用环境下对装备开展保障的条件，可对新研装备的管理、使用及规划的保障工作进行全面持续的评估。该阶段的试验与评估工作，要充分利用新研装备部署部队所编制的人员、设备、设施、备件及技术资料等保障资源，全面收集所需的各种资料与数据。由于大多数新研装备的战术技术指标在性能试验和作战试验阶段已经进行了考核，而保障性使用指标由于不具备条件多数尚未进行考核，为此在役考核应重点对保障性使用指标进行评估，并且应评估根据作战任务或训练任务对新研装备系统可用度的影响，改变保障策略能否提高装备的保障能力等。

6.6.4 保障性试验方法

1. 保障性统计试验方法

保障性统计试验通常选用或指定一定数量的样本，按规定的试验方案在规定的试验剖面中进行试验，记录规定的数据，供评估使用。

保障性试验剖面一般应纳入装备总的试验剖面中，应能覆盖所有预期要发生的保障事件。

试验方案应明确参试装备数量与合格判定准则。在制定试验方案时主要考虑以下内容：

（1）合同中规定的试验要求；

（2）待验证的参数及参数的分布类型；

（3）试验费用和持续的时间等。

采用保障性统计试验方法应针对不同的情况采用以下不同的措施：

（1）小子样情况下的保障性统计试验方法。

当试验样本量较少（小于等于 5 个）时，通常采用点估计的方法评估保障性参数。

（2）待评估参数的分布已知时的保障性统计试验方法

若待评估参数的分布已知，可按照数理统计中抽样检测的方法选择试验方案。在确定了订购方和承制方风险的基础上，确定一定置信度水平下试验样本量和合格判定准则之间的关系，从而通过试验数据统计，确定接收或拒收的结论。

（3）待评估参数的分布未知时的保障性统计试验方法

若待评估参数的分布未知，可采用非参数法选择试验方案，确定一定置信水平所对应的置信上（下）限与样本量和合格判定准则之间的关系，从而选择样本量和合格判定准则。

可见，采用保障性统计试验对保障性进行试验与评估，首先应统计相应的试验数据，确定其参数分布规律，再通过概率与数据统计的方法，进行参数的估计和接收或拒收判断。

2. 保障性演示试验方法

保障性演示试验一般针对定性保障性要求，以及不能或不需要通过统计试验进行评估的定量保障性要求和保障资源中规划的需评估的保障性内容进行。保障性演示试验主要涉及保障规划的合理性、保障资源的适用性和保障包的有效性。

保障性演示试验应在尽可能接近预期的现场使用与维修保障条件下，选取接近各维修级别相关保障人员技能水平的人员，按规定的程序和方法实施规定的保障作业，记录规定的数据，供评估使用。

在保障性演示试验中，一般不进行可能损坏装备或产生安全性危害的试验项目，除非确认该试验项目对提高装备保障性水平有很高的效益。对于必须开启封装的产品或对于密封产品的维修工作一般只加以分析，而不进行实际的演示工作。对于重复性的演示工作，一般只进行一次。

保障性演示试验一般根据保障性定性要求，通过演示试验来评估装备满足保障性定性要求的程度。

3. 保障性仿真试验方法

保障性试验本质上是为了建立装备的任务需求、任务条件、保障资源约束和装备使用效能的联系，它以装备执行任务和保障活动过程为建模与仿真的对象，其输出结果可以用来分析大量的装备系统及其保障系统特性，具有较强的综合评估能力。随着新研装备的研制、生产和部署，新研装备设计和保障方案细节的不断提高，装备综合保障仿真模型的状态、功能、仿真精度也将不断改进和提高，但由于各阶段试验鉴定工作的任务、目的、工作内容和可用数据等均不相同，保障性仿真试验在各试验鉴定阶段的具体作用和功能也有所不同。

在对新研装备进行试验与评估时，许多保障性要求是在部队真实使命任务、真实环境条件下需要达到的要求，而在新研装备真正批量生产并配发部队前，没有建立起真实的保障系统，无法统计真实数据进行保障性评估，如使用可用度。此时可通过保障性建模与仿真，模拟真实保障系统环境，获取相应的保障性评估所需的数据。同时，在新研装备的使用过程中，对采用什么样的保障方式或保障方案实施保障更加科学、费用更少、战备完好性更高，特定作战或训练任务需配置或携行哪些保障资源最为合理等问题进行试验与评估，所需的人力、物力、时间等投入较大，可通过仿真建模构建真实的作战行动和保障活动环境，获取所需数据，降低试验投入，提高试验效率。

6.6.5　保障性定量要求评估方法

对保障性定量要求进行评估，首先应统计相应的试验数据，确定其参数分布规律，从而通过概率与数据统计的方法，进行参数的估计，并对照相应要求给出接收或拒收判断。本小节首先对常用的参数分布类型确定方法进行统一介绍，然后再给出不同情况下的评估方法。

1. 确定参数分布类型方法

确定保障性定量参数的分布类型的一般做法是先假设产品参数的分布规律，然后在此基础上进行假设检验，证明假设是正确的。这种方法的弊端是作出的分布假设比较盲目，其次是在分布函数的拟合检验中，可能会出现几种假设分布在同一置信度水平下均接受的情况。可以肯定的是，在这几种分布类型中，肯定存在一种分布类型最接近评估对象所具有的分布规律。如果想确定哪种分布类型更接近评估对象，就要再增大置信度，重复检验一次或多次，计算工作将非常烦琐，评估工作也将非常复杂。

采用灰色关联度法确定最佳的分布规律，可以较好地解决上述问题。灰色关联度法能够一次性地对比多种常见的参数分布类型，并且最终确定最接近评估对象的分布规律。下面就灰色关联度法进行简要介绍。

灰色关联度法是一种曲线拟合的方法，它根据评估对象取值频率与常见分布取值频率的相似程度来判断评估对象的分布规律。灰色关联度法具有所要求的试验数据少、计算过程简单、易于流程化的特点，能够从多种常见分布中选择最接近评估对象的一种，将误差减小到最低限度。

灰色关联度法的适用对象是具有一定概率分布特点的参数。由于该方法的应用前提是必须有一定的试验数据作为目标数列，所以，该方法在工程研制阶段、生产与定型阶段、部署使用阶段可广泛应用。

应该注意到，灰色关联度法的结论是评估对象的分布规律最接近某种常见分布类型，并不是评估对象就是该种分布类型。因为，目前常见的分布规律并不涵盖所有的随机变量的分布情况。有些参数的分布确实存在规律，但是并不服从任何常见的概率分布。有时，通过灰色关联度法也无法找到合适的分布规律。这时，可利用非参数法等其他方法来解决。

2. 评估方法

在确定了保障性定量参数服从的随机分布之后，就可利用统计的数据进行保障性评估工作。评估工作可以分为3个方面：

（1）进行定量参数指标的点估计，即根据现场的统计数据，进行均值的计算。如根据试验情况，对装备单车战斗准备时间进行统计，利用求均值的方式，确定装备平均单车战斗准备时间，该种方法的应用非常广泛，特别是在统计样本量较少时经常使用，装备使用可用度的评估也经常用点估计的方法进行。

（2）进行定量参数指标的区间估计，即根据现场的统计数据，在规定的置信度下，计算参数指标可能的取值范围。如装备的加油时间，不同的人员给装备加油的时间不同，就是同样的人员给装备加油时间也不同，这几次加油时间的点估计值与下几次加油时间的点估计值又不同，这也正是概率的性质所决定的。但利用区间估计的概念与原理，可能确定在一定的置信度下平均加油时间的取值范围。不仅可以通过点估计掌握加油时间的平均水平，而且可以通过区间估计掌握加油时间的大致范围。

（3）在装备的鉴定定型阶段，通过假设检验的方法，针对军方提出的定量要求值，利用现场统计的数据，确定接收或拒收的判据，从而作出通过验收或拒绝接收的决策。

以下是典型分布的点估计和区间估计的计算公式，公式的推导过程可参见相关概率论和数理统计的书籍。

1）点估计方法

点估计是最常用的评估方法，在样本量较小时更加适宜。对于一种分布而言，点估计分为均值的点估计和方差的点估计。均值与方差的点估计的计算公式与分布类型无关，因此可用统一的公式。

参数均值 μ 的点估计值可用如下公式计算：

$$\hat{\mu} = \overline{X} = \frac{1}{n}\sum_{i=1}^{n} X_i \qquad (6-32)$$

参数方差 d^2 的点估计值可用如下公式计算：

$$\hat{d}^2 = \frac{1}{n-1}\sum_{i=1}^{n}(X_i - \overline{X})^2 \qquad (6-33)$$

2）区间估计方法

应该说，区间估计是对点估计的有效补充。不仅通过点估计掌握参数的可能取值，而且要通过区间估计，掌握每一次试验参数的取值范围。区间估计与参数的分布类型有关，并分为单侧区间估计和双侧区间估计。以下仅对几种典型的分布类型和不能确定分布类型时的情况介绍置信区间的计算公式（假定置信度为 α）。

（1）当参数服从正态分布时，可分为以下几种情况：

①当方差 θ 已知时，均值 μ 的双侧置信区间的下限和上限为

$$\hat{\mu}_L = \overline{X} - \mu_\alpha \frac{\sigma_0}{\sqrt{n}}, \quad \hat{\mu}_U = \overline{X} + \mu_\alpha \frac{\sigma_0}{\sqrt{n}} \qquad (6-34)$$

②当方差 θ 未知时，均值 μ 的双侧置信区间的下限和上限为

$$\hat{\mu}_L = \overline{X} - \mu_\alpha \sqrt{\frac{S^2}{n(n-1)}}, \quad \hat{\mu}_U = \overline{X} + \mu_\alpha \sqrt{\frac{S^2}{n(n-1)}} \qquad (6-35)$$

（2）当参数服从对数正态分布时，如果方差 σ^2 已知，但均值的数学期望 θ 未知，则单侧置信上限为

$$\mu_U = \exp\left(\overline{\ln X} + \frac{1}{2}\sigma^2 + \frac{\sigma}{\sqrt{n}}Z_{1-\alpha}\right) \qquad (6-36)$$

置信区间为 $[0, \mu_U]$。

双侧置信下限为

$$\mu_L = \exp\left(\overline{\ln X} + \frac{1}{2}\sigma^2 - \frac{\sigma}{\sqrt{n}}Z_{\frac{1-\alpha}{2}}\right), \qquad (6-37)$$

双侧置信上限为

$$\mu_U = \exp\left(\overline{\ln X} + \frac{1}{2}\sigma^2 + \frac{\sigma}{\sqrt{n}}Z_{1-\frac{\alpha}{2}}\right) \qquad (6-38)$$

置信区间为 $[\mu_L, \mu_U]$。

（3）当参数服从指数分布时，可分为 4 种情况进行区间估计：①有 n 个被试品，出现故障不能替换，当故障数为 r 时，进行定数截尾试验，即（n，无，数）；②有 n 个被试品，出现故障可以替换，当故障数为 r 时，进行定数截尾试验，即（n，有，数）；③有 n 个被试品，出现故障不能替换，当到规定的试验时间时，进行定时截尾试验，即（n，无，时）；④有 n 个被试品，出现故障可以替换，当到规定的试验时间时，进行定时截尾试验，即（n，有，时）。其单侧置信下限 $\hat{\mu}_L$ 和双侧置信区间（$\hat{\mu}_L$，$\hat{\mu}_U$）分别见表6-10。

表6-10   双侧置信区间和单侧置信下限

试验	双侧置信区间（$\hat{\mu}_L, \hat{\mu}_U$）	单侧置信下限 $\hat{\mu}_L$
（n，无，数）	$\left(\dfrac{2r}{\chi^2_{\frac{\alpha}{2}}(2r)}\hat{\mu}, \dfrac{2r}{\chi^2_{1-\frac{\alpha}{2}}(2r)}\hat{\mu}\right)$	$\dfrac{2r}{\chi^2_{\alpha}(2r)}\hat{\mu}$
（n，有，数）	$\left(\dfrac{2r}{\chi^2_{\frac{\alpha}{2}}(2r)}\hat{\mu}, \dfrac{2r}{\chi^2_{1-\frac{\alpha}{2}}(2r)}\hat{\mu}\right)$	$\dfrac{2r}{\chi^2_{\alpha}(2r)}\hat{\mu}$
（n，无，时）	$\left(\dfrac{2r}{\chi^2_{\frac{\alpha}{2}}(2r+2)}\hat{\mu}, \dfrac{2r}{\chi^2_{1-\frac{\alpha}{2}}(2r)}\hat{\mu}\right)$	$\dfrac{2r}{\chi^2_{\alpha}(2r+2)}\hat{\mu}$
（n，有，时）	$\left(\dfrac{2r}{\chi^2_{\frac{\alpha}{2}}(2r+2)}\hat{\mu}, \dfrac{2r}{\chi^2_{1-\frac{\alpha}{2}}(2r)}\hat{\mu}\right)$	$\dfrac{2r}{\chi^2_{\alpha}(2r+2)}\hat{\mu}$

（4）当参数分布类型未知时，如果试验样本量大于 30 个，可以认为该参数近似服从正态分布。

此时，单侧置信区间 $[0, \mu_U]$ 的置信上限为

$$\mu_U = \overline{X} + \frac{d}{\sqrt{n}}Z_{1-\alpha} \qquad (6-39)$$

双侧置信区间 $[\mu_L, \mu_U]$ 的置信下、上限为

$$\mu_L = \overline{X} + \frac{d}{\sqrt{n}}Z_{\frac{\alpha}{2}}, \quad \mu_U = \overline{X} + \frac{d}{\sqrt{n}}Z_{1-\frac{\alpha}{2}} \qquad (6-40)$$

3）接收或拒收判据

在装备研制过程中，通过台架试验或研制期间的工程样车的试验，可利用

点估计和区间估计的方法，了解保障性参数的实现水平。但在装备的鉴定定型阶段，就应给出详细的接收或拒收判据，以验证是否达到军方的要求。

6.6.6　保障性定性要求评估方法

1. 核对表法

核对表法是根据保障性定性要求，通过具有代表性的使用与维修人员或相关专业领域的专家，结合演示试验、使用与维修操作及经验，对新研装备保障性定性要求给出定性评估。下面通过示例对该方法进行介绍。

在某型装甲装备的保障性评估中，需要对保障设备从功能完备、使用可靠、便于操作、易于维修等方面进行评估。为评估这些定性要求，安排演示试验：选择 10 名有代表性的预期使用与维修该型装甲装备的人员来使用要评估的保障设备，并（背靠背地）填写表 6 – 11。

表 6 – 11　保障设备定性评估核对表

评估指标	评分等级				
	好	较好	一般	较差	差
保障设备功能性					
保障设备稳定性					
保障设备易使用性					
保障设备可维护性					

之后可采取层次分析法、关联矩阵法等相应方法结合使用与维修人员对保障设备的定性评估给出总的结论。

2. 将定性要求转化为定量要求进行评估

对于某些定性要求，可将其转化为定量要求，继而再对其进行评估。将定性要求转化为定量要求，可通过多次试验统计相应定性要求满足的次数，也可选取相关参量对定性要求进行描述，还可以根据满足定性要求的程度通过专家打分将定性要求转化为定量要求。下面通过示例进行说明。

本例中评估某型装甲装备的测试设备的性能能否满足平时和战时使用和维修的要求，即当该型装甲装备出现故障时，该测试设备能否及时、准确地测试出故障并成功诊断出故障原因。如果该测试设备进行诊断工作耗费的时间与此次维修工作的总时间之比，超过了该型装甲装备此次故障所造成停机时间的40%，则认为该测试设备在诊断故障的性能方面是不合格的，通过更加详细的数据及数据统计、分析，可以进一步得出该测试设备在诊断该型装甲装备何种故障不合格，以及何种原因导致这种诊断不合格的评估结果。

该评估方法的步骤如下。

1）将定性的评估准则转化为可量化的评估指标

该例中，将测试设备的性能转化为测试设备诊断故障的时间。

2）进行试验并收集数据

按规定的规程，使用该测试设备在装备的各个子系统进行诊断试验，表6-12给出了该测试设备在装备各个子系统中的诊断时间。

表6-12　测试设备的诊断时间与总维修时间

子系统	总维修时间		诊断时间		百分数	
	小时数	工时数	小时数	工时数	小时数	工时数
电气	94.2	212.1	53.7	70.0	57.0%	33.3%
悬挂装置	176.8	320.3	17.7	22.4	10.0%	6.9%
履带	87.8	190.7	4.4	5.7	5.0%	2.9%
发动机	137.5	231.4	85.2	138.8	61.7%	59.9%
传动	115.2	209.7	48.2	69.2	41.8%	32.9%
侧减速器	17.3	29.3	11.9	12.9	68.7%	44.0%
其他机动性设备	233.6	309.6	53.7	65.0	22.9%	20.9%
火力控制	92.8	124.8	30.6	37.4	32.9%	29.9%
炮塔驱动与稳定器	142.4	201.4	57.0	66.5	40.0%	33.0%
火炮反冲座	2.0	3.0	0.6	0.6	30.0%	20.0%
政府供应的设备	17.8	27.7	2.5	2.5	14.0%	9.0%
非机动性电气	21.9	40.4	7.5	9.3	34.2%	23.0%
其他非机动性设备	94.1	111.7	21.6	25.7	22.9%	23.0%

3）数据统计分析与评估

从表6-12中可以看出诊断时间对总维修时间的影响，动力传动系统（发动机）和电气系统的诊断时间都超过了总维修时间的50%以上，因此，该测试设备性能评估为不合格。

为了进一步明确诊断的效果，对该测试设备每次诊断的效果进行分析汇总，见表 6 – 13。

表 6 – 13　测试设备诊断效果汇总

	应用次数	百分比/%
满意（良好）	25	40
不满意（不合格）	37	60
总计	62	100

可以看出进行了 62 次诊断，但 60% 的诊断都没有达到满意的效果，只有 40% 的诊断达到满意的效果，少于总数的一半。

表 6 – 14 记录了该测试设备 37 次诊断的情况及对保障工作的影响，提示了诊断不满意的原因。

表 6 – 14　测试设备 37 次诊断的情况及对保障工作的影响

	次数	百分比/%
无故障报虚警	19	51
真正的故障未找到	18	49

经过详细分析，测试设备 37 次诊断失效的原因是多方面的。如利用该测试设备进行测试时，常常发现不了真正的故障，而是显示一种不存在的故障，或提示需要更换仍适用的零部件，这时维修人员也意识到没有进行真正的故障定位，但又没有办法，只有寻求承制方的帮助。测试设备自身也常常出现故障，有些是软件方面的问题，有些是硬件方面的问题。上述问题都将延长装备的停机时间，增加保障费用，降低装备的完好水平。

4）评估结论

（1）该测试设备的性能存在多种缺陷包括故障不能定位、提示更换仍适用的零部件、过分地要求承制方的帮助等，从而无法靠自己的力量诊断装备。

（2）该测试设备的多种缺陷将使供应保障和人力需求明显增大，无法准确定位故障部位、经常寻求承制方的帮助等，将大幅度增加装备的维修和停机时间，从而严重地影响装备的可用性。

（3）其对使用与保障费用的影响比对装备可用性的影响更加明显。一般来说，一次故障的修复时间比起两次故障之间的使用时间短得多，这意味着修复时间的少量变化不会对可用性产生较大的影响，但是，如果测试设备在诊断方面失效引起不必要的延误，将使修复时间变得较长并导致可用性的大幅度降低。

以某型装甲装备维修手册的适用性评估为例进行介绍：

（1）确定评估的量度。该手册的评估量度为错误率，必须体现在以下 3 个方面的内容：

①指导完成维修保障工作的说明是否正确；

②描述维修工作的插图是否正确；

③完成维修工作所需的工具清单是否正确。

评估的标准是当错误率达到 13% 时，即认为该手册是不适用的。

（2）将维修手册中各维修级别的各项维修工作进行细化，按说明、插图、工具清单 3 方面分类，并统计这 3 方面出现的错误率，编制数据表。该手册将各维修工作分成 31 项、2 034 个评估单元。表 6 - 15 所示是该手册关于实物分解和维修工作的 17、18、19 项工作记录信息。

表 6 - 15 某型装甲装备维修手册数据

工作编号	工作描述	维修级别	修复时间		人员平均数	手册说明数目				建议变更数目				错误率			
			小时	工时		总数	正文	插图	工具	总数	正文	插图	工具	$\rho_{总数}$	$\rho_{正文}$	$\rho_{插图}$	$\rho_{工具}$
17	维修或更换尾灯	基层级	0.35	0.42	1.2	58	28	20	10	7	4	—	3	0.12	0.14	—	0.3
18	拆卸或维修或重装炮塔密封泵	基层级	0.68	0.65	1	21	8	6	7	3	3	—	—	0.14	0.38	—	—
19	拆卸或重装液力制动油缸	基层级	0.72	0.72	1	20	9	5	6	13	10	3	—	0.65	1.1	0.6	—

（3）评估及结论

由表 6 - 15 可以看出，所记录的 3 项工作中，17、18 项工作中的"插图"，18、19 项工作中的"工具"是完全符合适用要求的；其余各项工作的各个评估单元均需改进，特别是 19 项工作中的"正文"评估单元属于完全不合格，需要进行完全的修改。

|6.7　工程案例|

　　主战坦克是重型突击系统的核心装备，是主要的地面突击装备，是未来信息化战场条件下战术互联网络的基本节点。主战坦克成建制编配于装甲机械化部队，主要用于高强度对抗的机动作战。作为一线突击兵器，其依靠其强大的火力、防护能力和机动能力，歼灭敌方的主战坦克和其他装甲目标，摧毁敌野战、坚固防御工事和有生力量。

　　主战坦克集火力、机动、防护性能于一身，是间断使用的可修装备，主要由动力系统、推进系统、防护系统、火力系统、火控系统、综合电子系统、定位导航系统、指控通信系统、电气系统等组成。

　　本节以某型主战坦克为例，对保障性分析的过程进行说明。需要注意的是，出于保密和篇幅等原因，本节所列出的部队体制编制、部队装备保障体制、装备保障性要求与保障方案等内容仅作为参考，与实际情况会有些出入，甚至较大有的差别，但保障性分析流程、主要的保障性参数和保障方案主体要素都是具有普适性的。

6.7.1　装甲装备保障性要求论证工程案例

1. 装甲装备使用方案

1）寿命剖面

主战坦克的寿命剖面通常如图 6-20 所示。

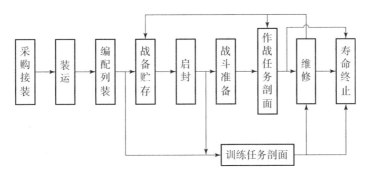

图 6-20　主战坦克寿命剖面

2）任务剖面

主战坦克实施多种任务，可以有多种任务剖面，如进攻作战任务剖面（图6－21）和防御作战任务剖面以及训练任务剖面等。通常选择装甲师或机械化师对野战阵地防御之敌进行进攻作战作为主战坦克典型的作战任务剖面。一个典型作战任务剖面包括战役机动、集结、开进和行进间展开、师当前任务、师后续任务、师尔后任务、撤出战场等，每个任务中又包括行驶、射击、通信联络等事件。对其所经历的事件和环境及其时序应详细描述（此处从略）。一个任务剖面包括所经历的事件和每一事件的持续时间（寿命单位），如主战坦克完成一次进攻作战的任务剖面应包括：任务距离为×××km，消耗××个弹药基数，火控系统工作××h，通信设备工作××h，特种防护装置随时处于可用状态等。图6－22所示主战坦克进攻作战任务剖面示意。一个训练任务剖面同样也包括任务距离、消耗弹药数、主要分系统的工作时间等。

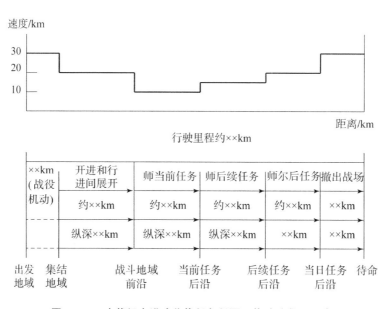

图6－21　主战坦克进攻作战任务剖面（战斗阶段）示意

2. 初始保障方案

1）使用保障方案

为了保证主战坦克正确动用以便发挥其作战使用性能，主战坦克在动用前、后和动用过程中均需一系列保障工作。通过功能分析，逐步确定主战坦克初始使用保障方案。使用保障工作内容主要包括：

（1）主战坦克从贮存状态（或不工作状态）转入使用状态的保障工作。主要有启封主战坦克；单独保管的设备（如瞄准镜、电台等）等的安装、调整；主战坦克动用前的技术检查，包括检查的方法、内容和所需的检测设备等的设想。

（2）能源保障。主要是电源、气源的保障，包括蓄电池、高压空气瓶等的充电、充气的方式和所需设备、设施的设想。

（3）油料和特种液的保障。主要是燃油、润滑油、冷却液等油液的贮存、保管、运输和加注的方式和所需设施、设备的设想。

（4）弹药保障。主要是弹药的贮存、保管和运输方式，以及相应设施、设备的编配设想。

（5）主战坦克的贮存保障。根据贮存的环境条件、封存方法、封存周期等要求，确定封存期内的检查和保养，封存器材供应和消耗品的种类、数量等的设想。

（6）对坦克自救器材、抢救牵引车等设备、装备的编配设想。

（7）对公路、铁路和海上运输的特殊要求和保障资源配置的设想。

2）维修保障方案

装甲机械化部队通常按三级维修管理体制设置维修机构（现在采取的为部队级和基地级二级维修体制，下面均暂按此体制），一般规定如下：

（1）基层一级，实施单位为使用分队，主要承担使用保障、等级保养以及用随车工具排除简单故障等任务。

（2）基层二级，实施单位为旅（团）修理分队，主要承担检修、小修和野战抢修等任务。

（3）中继级，实施单位为集团军（师）修理营和军区修理大队（营），主要承担中修、特修、项修、巡修、自制件生产及战时修理保障等任务。

（4）基地级，实施单位为总部大修厂，主要承担大修、特修和备件制造、战时技术保障支援等任务。

基层级和中继级采用以换件维修为主的维修方式，部件维修一般由基地级完成。

3）对预防性维修间隔期的要求

预防性维修间隔期通常应满足图 6 – 22 所示的基本要求。

3. 故障判别准则与极限状态（耐久性损坏）判断准则

1）故障判别准则

基本遵照 GJBz 20448《装甲车辆故障判别准则》执行。其中的术语"任

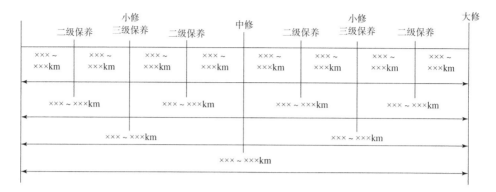

图 6 – 22 主战坦克预防性维修间隔期要求示意

务故障"按 GJB 451 A 的规定改为"严重故障",其定义为"使产品不能完成规定任务的故障"。

2）极限状态（耐久性损坏）判断准则

在规定的使用和维修条件下，当主战坦克或其主要部件因疲劳、磨损、腐蚀、劣变等耗损性原因，而使其无论从技术还是从经济上考虑，都不宜继续使用而应进行大修或报废时，即认为其达到极限状态或发生了耐久性损坏。对主战坦克及有耐久性要求的零部件应规定其极限状态（耐久性损坏）判断准则。对可修产品的要求是大修寿命，对不可修产品的要求是使用寿命。装甲车辆有寿命要求的产品一般达 20 余种，制定极限状态（耐久性损坏）判断准则的工作量很大，具体内容略。

3）主战坦克的主要保障性参数

以典型主战坦克为例，其主要保障性参数见表 6 – 16。

表 6 – 16 主战坦克的主要保障性参数

参数分类		参数名称	参数类型		适用范围			验证时机	验证方法
			使用参数	合同参数	整车	分系统	零部件		
综合参数	可用性参数	使用可用度（A_o）	√		☆			作战试验在役考核	使用评估
		可达可用度（A_a）		√	☆			性能试验	试验验证

续表

参数分类		参数名称	参数类型		适用范围			验证时机	验证方法
			使用参数	合同参数	整车	分系统	零部件		
与保障有关的参数	与使用保障有关的设计参数	单车战斗准备时间（任务前准备时间 T_{MST}）	√	√	☆			性能试验作战试验	演示验证使用评估
		受油速度 R_{RF}		√		☆		性能试验	演示验证
	保障系统及保障资源参数	保障设备满足率（R_{SEF}）	√		○			在役考核	使用评估
		保障设备利用率（R_{SEU}）	√		○			在役考核	使用评估
		现有同类装备保障设备利用系数（R_{ESEU}）	√	√	○			性能试验在役考核	演示验证使用评估
		备件满足率（R_{SF}）	√		○			在役考核	使用评估
		备件利用率（R_{SU}）	√		○			在役考核	使用评估
		现有同类装备保障设施利用系数（R_{ESFU}）	√	√	☆			性能试验在役考核	演示验证使用评估
		平均保障延误时间（T_{MLD}）	√		☆			在役考核	使用评估
		平均管理延误时间（T_{MAD}）	√		○			在役考核	使用评估

注：☆——优先选用参数；○——选用参数；√——参数类型

（1）使用可用度（A_O）。

使用可用度（A_O）用来度量主战坦克在使用环境下在规定的时间区间（如主战坦克每年的训练周期或一个大修期、一个中修期）能工作时间占总时间的百分比。在工程实际中 A_O 的表达式如下：

$$A_O = \frac{\sum_{i=1}^{n} (T_{oi} + T_{Si})}{\sum_{i=1}^{n} T_{Ti}} = \frac{\sum_{i=1}^{n} (T_{oi} + T_{Si})}{\sum_{i=1}^{n} (T_{oi} + T_{Si} + T_{CMi} + T_{PMi} + T_{Di})} \qquad (6-41)$$

式中：n——参试样本数；

T_{oi}——单台参试样车的工作时间；

T_{Si}——单台参试样车的备用时间（或称能工作不工作时间）；

T_{Ti}——单台参试样车的总拥有时间；

T_{CMi}——单台参试样车的修复性维修时间；

T_{PMi}——单台参试样车的预防性维修时间（不含大修时间）；

T_{Di}——单台参试样车的延误时间。

计算使用可用度时用日历时间计算，即一天的总时间按 24 h 计，T_{Si}、T_{CMi}、T_{PMi}、T_{Di} 都按 24 h 内主战坦克所处的状态进行统计，如在休息时间主战坦克处于修理状态，则应计入修复性维修时间或预防性维修时间。

使用可用度与装备的使用强度有很大关系，即 T_S 与 A_O 的关系是非常密切的，有时也称与使用策略有关。A_O 通常在使用阶段根据部队实际使用数据进行评估，也可在列装定型阶段根据装备试验数据进行评估。

（2）可达可用度（A_a）。

可达可用度（A_a）用于度量主战坦克在不考虑保障延误时间和备用时间的条件下工作时间占总时间的百分比，通常只考虑实际消耗的工作时间、修复性维修时间和预防性维修时间，在工程实际中用式（6-42）计算：

$$A_a = \frac{\sum_{i=1}^{n} T_{oi}}{\sum_{i=1}^{n} (T_{oi} + T_{CMi} + T_{PMi})} \qquad (6-42)$$

式中的 T_{oi}、T_{CMi}、T_{PMi} 含义同式（6-41），但与计算 A_O 的 T_{CMi} 和 T_{PMi} 的值是不同的，以实际消耗时间计算。

A_a 结合鉴定定型试验进行验证，可以按一个大修期统计各时间。

（3）单车战斗准备时间（任务前准备时间 T_{STM}）

单车战斗准备时间用于度量主战坦克便于进行使用保障的能力，通常指主战坦克在规定的条件（坦克本身各部分技术性能符合规定要求；3～4 个乘员工作，燃滑油料、弹药和车下单独保管的设备、机件到位）下，从封存状态转为随时可投入战斗的待机状态的准备时间，包括启封车辆和武器，安装并调校车下单独保管的设备和机件，安装蓄电池，加添燃油、冷却液和特种液，启封各种弹药并装放弹药，冬季加温发动机等所经历的时间（以 h 计）。

T_{STM} 在状态鉴定时可进行演示验证，应明确演示试验程序，规定哪些工作可以交叉进行、时间如何确定、每项工作的计时准则等细则，在定型样车上分别在常温、湿热、高寒、高原、沙漠地区进行 2 次以上演示，取其平均值。在列装定型阶段可结合作战试验进行使用评估。

（4）受油速度（R_{RF}）。

受油速度 R_{RF} 用于度量主战坦克在加油设备能力充足的情况下便于加注燃油的能力，通常用单位时间内接受燃油的数量来度量，计算公式如下：

$$R_{\mathrm{RF}} = \frac{L_{\mathrm{OI}}}{T_{\mathrm{OI}}} \tag{6-43}$$

式中：L_{OI}——单车载油量（L）；

T_{OI}——完成单车加油所用时间（min）。

通常在状态鉴定时进行演示验证，用定型样车演示 3～5 次，取其平均值。

（5）保障资源参数。

描述主战坦克保障资源充足和适用程度的基本参数主要有保障设备满足率（R_{SEF}）、保障设备利用率（R_{SEU}）、现有同类保障设备利用系数（R_{ESEU}）、备件满足率（R_{SF}）、备件利用率（R_{SU}）、现有同类保障设施利用系数（R_{ESFU}）等。

①保障设备满足率（R_{SEF}）：在规定的维修级别上和规定的时间内，能够提供使用的保障设备数与需要该级别提供的保障设备总数之比。

②保障设备利用率（R_{SEU}）：在规定的维修级别上和规定的时间内，实际使用的保障设备数与该维修级别实际拥有的保障设备数之比。

③备件满足率（R_{SF}）：在规定的维修级别上和规定的时间内，能够提供使用的备件数与需要该维修级别提供的备件总数之比。

④备件利用率（R_{SU}）：在规定的维修级别上和规定的时间内，实际使用的备件数与该维修级别实际拥有的备件数之比。

在实际应用中，"需要该维修级别提供的保障设备（备件）总数"和"实际拥有的保障设备（备件）数"是确定这些参数和验证这些参数的难点，论证时就应作出详细的说明。

在具体论证确定这些参数时，可以根据装备的具体情况和要求提出更加明确的定义。

上述参数仅为使用参数。在作战试验中只能进行初步评估，在在役考核时应继续进行使用评估。

⑤现有同类保障设备利用系数（R_{ESEU}）：现有同类装备的保障设备被新研装备利用的程度。其度量方法是新研主战坦克利用的现有同类装备的保障设备数量（含沿用和改进）与需要的保障设备总数之比：

$$R_{ESEU} = \frac{Q_{ESEU}}{Q_{SE}} \qquad (6-44)$$

式中：Q_{ESEU}——沿用和改进的现有保障设备数；

Q_{SE}——新研主战坦克需要的保障设备总数。

⑥现有同类保障设施利用系数（R_{ESFU}）：现有同类装备的保障设施能被新研装备利用的程度。其度量方法是新研主战坦克利用的现有保障设施数与所需保障设施总数之比：

$$R_{ESFU} = \frac{Q_{ESFU}}{Q_{ESFU} + Q_{NSF}} \qquad (6-45)$$

式中：Q_{ESEU}——新研主战坦克利用的现有保障设施数；

Q_{NSF}——新增保障设施数。

现有同类保障设备利用系数（R_{ESEU}）和现有同类保障设施利用系数（R_{ESFU}）通常在作战试验时进行演示验证，在使用阶段可结合在役考核进行使用评估。

（6）延误时间参数。

延误时间参数主要有平均保障延误时间（T_{MLD}）、平均管理延误时间（T_{MAD}）。

①平均保障延误时间是在规定的时间内，由于保障资源导致的延误时间的平均值：

$$T_{MLD} = \frac{T_{LD}}{N_L} \qquad (6-46)$$

式中：T_{LD}——保障延误总时间；

N_L——保障事件总数。

②平均管理延误时间是在规定的时间内，管理导致的延误时间的平均值：

$$T_{MAD} = \frac{T_{AD}}{N_L} \qquad (6-47)$$

式中：T_{AD}——管理延误总时间；

N_L——保障事件总数。

平均保障延误时间（T_{MLD}）和平均管理延误时间（T_{MAD}）应在作战试验时通过演示试验进行初步评估，在在役考核中继续进行评估。

4）主战坦克保障性定性要求

（1）保障性设计定性要求。

对新研装甲装备从保障性设计的角度提出的主要定性要求有：

①简化新研装甲装备的功能与结构，尽量减少零部件（元器件）的种类与数量，降低装备的复杂性，用最简单的方案实现装备的功能，减少保障工作量。

②最大限度地采用标准化的零组件、部件，并减少其品种与规格。

③采用压力加油及消除油沫等措施以缩短充填燃料的时间。

④应有良好的互换性和通用性，故障率高、易损坏、关键性的零部件更应具有良好的互换性和通用性。

⑤成本低的产品可设计成弃件式模块，并规定弃件式模块报废的维修级别和报废的标准。

⑥各部件总成、拉杆及管接头、电缆插头等，尽可能采用快速拆装结构，有防差错措施和电源极性反接保护能力，并应有防尘措施，电器插头应有良好的防水措施。保养和调整部位有良好的可接近性。所有管路（含油、水、进气、排气）应具有可靠的连接性和良好的密封性，不得有任何渗漏现象。

（2）保障资源定性要求。

对新研装甲装备从保障资源的角度提出的主要定性要求有：

①充分利用部队现有的保障设施，如修理间、保养间、库房等。

②减少专用工具和设备的品种及数量，采用通用化、系列化工具设备。

③对使用与维修人员的要求不应高于高中毕业；使用维修人员的初始编配方案中的技术专业、数量、技能等级等应参考部队现行的编制情况；基层级维修人员的工种数不得超过现有数量，对新的技术专业或特殊的人员要求应作出详细的说明。

④使用与维修人员训练应能利用现有设施、器材和设备完成。

⑤技术资料应正确、完整、易读，并与装备技术状态保持一致，满足使用与维修需要。技术资料的格式与内容应符合 GJB 5432《装备用户技术资料规划与编制要求》及有关标准和规定的要求。

⑥应按 GJB 437、GJB 438A、GJB 439 等有关标准和规定的要求开发装备内嵌入式软件，保证其便于操作、维护、测试和升级，并提供配套的保障与测试设备、工具以及相关文档。

⑦应能利用现有运输工具在我国领土全域范围内实施公路运输、铁路运输和海上运输；应考虑装卸时系留点的尺寸、形状、强度和标记等问题；器材的包装要求按《装甲装备器材包装技术通则》和《装甲装备器材包装容器尺寸条例》执行。

6.7.2　装甲装备保障方案的确定与优化工程案例

1. 使用保障方案示例

本小节以主战坦克出车（使用）前准备为例，对其使用保障方案进行说明。

在主战坦克每次出车（使用）前，均需对其按照相应使用保障方案进行检查和各项准备工作，以确保主战坦克出车后能够正常工作。每次出车前准备的时间大约需要 15~20 min。主要工作内容如下：

1）车体外部检查

（1）检查柴油、机油、液压油、冷却液的数量是否符合标准，不足时加添。

（2）检查备品箱、工具箱中备品是否齐全，自救器材是否携带齐全，固定是否牢靠。

（3）检查烟幕发射装置、大灯、各种信号指示灯、警报器、车体外部工作灯插座是否齐全完好，固定是否牢靠。

（4）检查车外通话器是否完好。

（5）检查各门窗口、盖、螺塞的固定和密封是否安全可靠。

（6）检查各部位的防护罩、防尘罩（套）是否齐全完好。

（7）检查风扇顶部装甲板固定是否牢固。

2）行动部分检查

（1）检查履带松紧是否适当，必要时进行调整。

（2）检查履带板有无裂纹、履带销是否折断，必要时更换。

（3）检查摩擦减震器的拉臂连接是否完好。

（4）检查主动轮、负重轮、诱导轮、托边轮等部件上的轮轴盖固定是否牢固。

（5）检查各部分紧固螺栓的紧固情况。

3）发动机、传动部分

（1）检查各油、水管连接处以及机体、箱体有无渗漏现象。

（2）检查起动电动机有无异常现象。

（3）检查各联轴器是否可靠。

（4）检查发动机排烟系统有无裂纹。

（5）检查蓄电池的电压及各导线的连接情况，电压不得低于 23 V。

（6）检查空气瓶内的气压，夏季不得低于 3 920 kPa，冬季不得低于 5 880 kPa。

（7）检查有无掉进物品。

4）起动发动机检查

（1）起动前按下电源开关，检查仪表板上的电流电压表，检查蓄电池电压，发动机起动后充电电流应不小于 5 A。

（2）在各种转速下检查发动机工作情况。

①检查检测仪表、失压报警器、摩托小时计、助力油压是否正常。

②检查起动电动机有无异常现象。

③检查助力系统是否灵活可靠，有无漏油现象。

④检查空气起动系统是否良好。

5）预防性维修保障方案示例

主战坦克预防性维修包括保养和定时维修两部分。

保养有一级保养、二级保养和三级保养，其中由使用分队完成的保养任务在装备使用任务中进行详细规定。

定时维修包括小修、中修和大修，部队只承担其中的小修和中修任务。

二级保养时机：在小修间隔的中间（中修前每行驶 1 400 ~ 1 500 km，中修后每行驶 900 ~ 1 000 km）进行。对于炮控分系统的二级保养内容如下：

（1）清除炮控液压系统各部件电缆插头油管上的尘土和污垢；

（2）检查炮控液压系统各部件的密封情况和垂直向系统补油箱内的油面，必要时在补油箱内添加液压油。

中修时机：当主战坦克行驶达到 6 000 km 时需要组织车辆中修。在整车中修阶段，通过视情拆检、更换、修复组件（总成）；更换二类零部件等已到寿命的部件和已磨损部件，将车辆维修和恢复到完好状态。中修时对火力分系统的具体中修要求如下：

（1）清除战斗部分的尘土、污垢，擦拭火炮、机枪的外部；

（2）用窥膛测径，对身管的技术状态进行鉴定；

（3）检查击针突出量，身管的垂直、水平松动量；

（4）检查火炮驻退机或复进机紧塞装置，零件磨损或损坏时排除；

（5）检查驻退液、润滑油的质量，补加驻退液；

（6）检查火炮高低机手轮力。

2. 修复性维修保障方案示例

修复性维修又称为非计划维修，它主要解决装备出现偶然故障的问题。为了使装备出现故障后能够得到及时有效的修复，需要对故障件进行合理决策，以确定对故障件是进行维修恢复还是报废换新，若进行维修恢复应在哪一个维修级别上进行以及相应的保障资源，这是修复性维修保障方案的主要内容。表 6 - 17 所示是主战坦克发动机的修复性维修保障方案示例。

表 6-17　主战坦克发动机的修复性维修保障方案示例

分系统	维修组件 （可更换单元）名称	故障模式	故障现象	故障原因	维修项目	所需资源 （人力、备件、设备）	建议维修级别
发动机	机油压力传感器	误指示	在行驶过程中,机油压力达到最大量程	机油压力传感器	吊舱更换机油压力传感器	机油压力传感器	中继级
	空气滤	报警	空气滤报警	空气滤芯损坏	更换 4 个空气滤芯	4 个空气滤芯	基层Ⅱ级
		裂纹	—	空气滤两侧连接增压涡轮的橡皮管老化,出现裂纹	更换两侧橡皮管	橡皮管	基层Ⅱ级
	排污电磁阀	不排污	车辆不排污	排污电磁阀故障	更换电磁阀	电磁阀	基层Ⅱ级
	涡轮增压器	漏油	发动机涡轮增压器调滑油回油管处漏油	密封垫损坏	更换密封垫	密封垫	基层Ⅱ级
	柴油散热器	漏油	车辆空调时自动熄火	柴油散热器漏油,油路进气	更换柴油散热器或柴油散热油管	柴油散热器或柴油散热油管	基层Ⅱ级
	高压泵	渗油	高压泵进油管连接处紫铜垫处渗油	紫铜垫损坏	更换紫铜垫	紫铜垫	基层Ⅱ级
	密封垫	磨损	漏水	中冷器上方水散热器的水管密封垫磨损	吊舱更换密封垫	密封垫	基层Ⅱ级
	发动机弹性支撑	损坏	—	弹性支撑损坏	更换弹性支撑	弹性支撑	基层Ⅱ级
	柴油浮子活门	漏油	漏柴油	柴油浮子活门损坏	更换柴油浮子活门	柴油浮子活门	基层Ⅱ级
	涡轮增压器	漏油	动力舱过热报警并有明火	增压器回油管密封垫处漏油	—	密封垫	基层Ⅱ级
	燃油呼吸器	喷油	燃油呼吸器向外喷油	发动机回油量过大导致膨胀油箱溢出	将发动机回油管与柴油箱吸油管直接连接,短接膨胀油箱	—	基层Ⅱ级

3. 维修保障方案权衡分析

下面以战备完好性为准则，对主战坦克维修保障方案进行权衡分析。

针对主战坦克提出两种维修保障方案：

保障方案 A：在 1 次大修间隔期内安排 2 次中修、7 次小修。2 次大修之间的保养与维修工作安排如下：

K – O – T – O – T – O – T – O – C – O – T – O – T – O – C – O – T – O – T – O – K

其中：K——大修；

      C——中修；

      T——小修；

      O——二级保养。

保障方案 B：对主战坦克进行技术攻关，提高其可靠性水平。在 1 次大修间隔期内安排 1 次中修、3 次小修。2 次大修之间的保养与维修工作安排如下：

K – O – T – O – T – O – C – O – T – O – K

假设两种维修保障方案的大、中、小修和非计划维修所造成的平均维修停车时间相同，见表 6 – 18。

表 6 – 18   平均维修停车时间   h

维修类别	大修	中修	小修	二级保养	非计划维修
每次保养维修停车时间	250.40	110.85	22.66	4.3	190.32

通过对比上述两种维修保障方案可知：维修保障方案 B 在 1 个大修间隔里程中共减少 1 次中修、4 次小修，5 次二级保养。装备在 1 个大修间隔期内的平均行驶时间为 900.36 h。

可计算得出两种维修保障方案下，主战坦克的单装可达使用度。

维修保障方案 A 的单装可达可用度为

$$A_A = \frac{900.36}{900.36 + 250.40 + 110.85 \times 2 + 22.66 \times 7 + 4.3 \times 10 + 190.32}$$

$$= \frac{900.36}{1\,764.40} = 51.03\%$$

维修保障方案 B 的单装可达可用度为

$$A_B = \frac{900.36}{900.36 + 250.40 + 110.85 + 22.66 \times 3 + 4.3 \times 5 + 190.32}$$

$$= \frac{900.36}{1\,541.41} = 58.41\%$$

从计算结果可见，通过更改该主战坦克设计，减少保障工作量，可使其可用水平提高近 7.5%，不仅可大幅度减少保障费用，而且可显著地提高装备的战备完好水平，效益是非常显著的。如果装备更改费用是可接受的，那么维修保障方案 B 是较好的选择，可以用较低的代价换回较高的效益。

6.7.3　装甲装备保障资源需求的确定工程案例

1. 保障人员需求的确定示例

本部分仅简要介绍利用公式估算法计算主战坦克基层级维修所需的保障人员数量。

主战坦克预期配属部队 100 台，年均每台主战坦克任务量为 50 摩托小时，基层级的维修间隔期（即小修间隔期）是 250 摩托小时。在主战坦克小修过程中，一名四级坦克维修工需修发动机喷油嘴 20 h 后，修主离合器 5 h，恢复变速箱技术状况 10 h 等，共计 150 h。假设基层级维修单位每人的平均时间利用率是 50%（即由于许多因素造成人员不可能全面 8 h 都在专注工作，而实际 8 h 中，只有 4 小时在工作）。下面确定主战坦克基层级维修所需的维修工人数。

步骤一：本例中该部队基层级全年需维修的装备台次数：

$$N_\text{基} = N_0 T_0 / T_\text{基} = 100 \times 50 / 250 = 20 \text{（次）}$$

步骤二：全年小修中四级坦克维修工承担的维修工时数为 $20 \times 150 = 3\,000$（工时）。

步骤三：基层级维修所需四级坦克维修工数量为

$$R_{\text{基},1,4} = 3\,000 / (1\,440 \times 50\%) \approx 4.1 \text{（名）}$$

（注：其中"1"表示坦克维修工；"4"表示技术等级为四级。）

由此可得，主战坦克基层级维修所需四级坦克维修工人数为 5 人。

2. 保障设备需求的确定示例

本部分仅简要介绍利用工时估算法计算保障设备数量。

通用空气滤清器清洗机用于清洗主战坦克的空气滤清器，通常配备在基层级维修机构，其数量估算过程如下：

（1）所保障的主战坦克总数为 130 台；

（2）可保障的使用与维修工作项目只有空气滤清器清洗一项。

（3）通常每台车辆 30~50 摩托小时需清洗空气滤清器一次，取平均数 40 摩托小时。全年每台车辆平均消耗 50 摩托小时左右，全年使用频度计算为 $f = 50 / 40 = 1.25$。

（4）每次的清洗时间不超过 15 min，取 $T_i = 0.25$ h。

（5）全年日历天数为 365 天，全年节假日数为 115 天，全年非维修工作日约为 135 天，一昼夜工作时间为 8 h，则全年可用于维修的工作时间计算为 $T_{\mathrm{N}} = (365 - 115 - 135) \times 8 = 920(\mathrm{h})$。

（6）该设备的计划维修停工率为 10%。

（7）所需保障设备数量计算为 $N_{\mathrm{d}} = (130 \times 1.25 \times 0.25)/(920 \times 0.9) \approx 0.05(台)$，保障设备数量确定为 1 台。

3. 预防性和修复性维修备品备件需求的确定示例

本部分以主战坦克主离合器为例，说明预防性和修复性维修备品备件需求的确定过程。

某部队配有主战坦克 100 台，每台的年均使用时间为 30 摩托小时，计算初始保障期 2 年内需配备的备品备件的品种和数量。

首先，对主离合器进行 FMECA，其分析结果见表 6-19。

表 6-19　对主离合器进行 FMECA 结果表

备件名称	故障模式	故障影响
内、外齿摩擦片	翘曲、烧结	主离合器分离不彻底，挂挡困难甚至挂不上挡，最终将影响任务
主、被动鼓	齿槽磨损	主离合器打滑
结合盘	密封不严，甩油	主离合器打滑
固定螺帽	磨损或松动	主离合器分离不彻底，挂挡困难，甚至挂不上挡
连接齿轮	磨损	无法及时有效地传递或切断动力
314 轴承	缺油或烧蚀	主离合器难以正常工作

对主离合器进行 RCMA，结果见表 6-20。

表 6-20　对主离合器进行 RCMA 的结果

备件名称	维修工作及说明	维修间隔期/h	维修级别
内、外齿摩擦片	定时报废	125	基层级
主、被动鼓	定时拆修	250	中继级
结合盘	定时拆修	250	中继级
固定螺帽	定时报废	250	中继级
连接齿轮	定时拆修	250	中继级
314 轴承	定时拆修	250	中继级

确定使用与维修工作分析中产生的消耗件。例如，进行预防性维修工作时，因拆修和更换工作产生的消耗品，如纸垫、毡垫、调整垫等。

根据不可修件备件的计算方法，对于内、外齿摩擦片，固定螺帽，固定螺栓，弹簧，弹簧销，调整垫，分离弹子，加权系数 θ 按 1.0 考虑；对于纸垫，加权系数 θ 按 1.5 考虑，对毡垫、密封环，加权系数 θ 按 1.4 考虑，这是由于这些零部件的不确定因素更大一些。计算结果见表 6 – 21。

表 6 – 21　不可修件数量

备件名称	加权系数	年维修频度	单机件数	装备数量	装备使用保证期/年	备件数量	配置层次
内齿摩擦片	1		9			432	
外齿摩擦片	1		8			384	
分离弹子	1		1			48	
弹簧	1		18			864	
弹簧销	1	0.24	18	100	2	864	基层级
调整垫	1		16			768	
毡垫	1.4		6			404	
纸垫	1.5		1			72	
密封环	1.4		1			68	
固定螺帽	1	0.12	6			144	中继级
固定螺栓	1					144	

根据可修件备件的计算方法，对于主、被动鼓，加权系数 θ 按 1 考虑；对于 314 轴承、60722 轴承、连接齿轮、结合盘，加权系数 θ 按 1.1 考虑。计算结果见表 6 – 22。

表 6 – 22　可修件数量

备件名称	加权系数	年维修频度	单机件数	装备数量	装备使用保证期/年	备件数量	配置层次
主动鼓	1		1			24	
被动鼓	1		1			24	
314 轴承	1.1		1			27	
60722 轴承	1.1	0.12	1	100	2	27	中继级
连接齿轮	1.1		1			27	
结合盘	1.1		1			27	

6.7.4　装甲装备保障性试验与评估工程案例

1. 保障性定量要求试验与评估

本部分以该新研主战坦克的固有可用度指标的试验与评估为例进行说明。

在主战坦克论证时提出的固有可用度指标的要求值为 0.9。在规定的试验剖面内，选用 3 台样车进行统计试验，该 3 台样车均发生了 5 次故障。收集全部参试样车的故障间工作时间和修复性维修时间见表 6－23 和表 6－24。

表 6－23　参试样车故障间工作时间统计

故障间工作时间 样车编号	故障				
	1	**2**	**3**	**4**	**5**
1	18	17	18	20	25
2	15	26	17	18	19
3	17	18	17	18	21

表 6－24　参试样车修复性维修时间统计

修复性维修时间 样车编号	故障				
	1	**2**	**3**	**4**	**5**
1	2	2.5	2	1.5	1.5
2	1.5	1.5	2	2	2.5
3	1.5	1.5	2.5	2	1.5

计算固有可用度的平均值，如下：

$$A_i = \frac{\sum_{i=1}^{n} t_{oi}}{\sum_{i=1}^{n} t_{ci} + \sum_{i=1}^{n} t_{oi}} = \frac{289}{289 + 28} = 0.912$$

计算得到的固有可用度的平均值为 0.912，大于该参数指标的要求值 0.9，因此评估结论为通过。

2. 保障性定性要求试验与评估

本部分以主战坦克的技术资料定性要求评估为例进行说明。

对技术资料评估的主要目的是验证所提供的技术资料能否使计划的使用者

在使用后有效地完成规定的使用与维修保障工作。评估准则包括：易于阅读和理解；提供的信息准确、完整和有效；在相应的维修级别上配有相应的必要操作说明书和文件。可通过建立一种适于量化评估的量度，例如错误率等，来简化评估过程，达到评估的目的。本示例对某型装备维修手册的适用性进行评估。

（1）首先确定技术资料的评估量度为错误率，必须体现在以下 3 个方面：

①指导完成维修保障工作的说明是否正确；

②描述维修工作的插图是否正确；

③完成维修工作所需的工具清单是否正确。

评估的标准是当错误率大于 13% 时，即认为该技术资料是不适用的。

（2）进行数据收集、统计分析。

将维修手册中各维修级别的各项维修工作进行细化，按正文、插图、工具 3 方面分类，并统计这 3 方面出现的错误率，编制数据表。该手册将各维修工作分成 31 项、2 034 个评价单元，表 6 – 15 所示是该手册关于实物分解和维修工作的 17、18、19 项工作的记录信息。

（3）得出评估结论。

由表 6 – 15 可以看出，所记录的 3 项工作中，17、18 项工作中的“插图”，18、19 项工作中“工具”是完全符合适用要求的；其余各项工作的各个评估单元均需改进，特别是 19 项工作中的“正文”评估单元属于完全不合格，需要进行完全修改。

第 7 章
测试性设计技术与工程实践

随着坦克与装甲车辆作战使命的新要求，需要在研制阶段开展功能和通用质量特性的并行设计，在设计阶段就将使用、维修、保障等各阶段因素进行综合考虑，以达到缩短研制时间、提高装备可达可用性、降低全寿命周期费用等目的。测试性是通用质量特性的特性之一，在系统设计定型后附加检测手段的方法增大了系统的监测费用和运行风险，在装备研制阶段并行开展测试性设计被认为是当前提升系统故障诊断能力和健康状态预测水平最为重要的手段之一。如何提高装备的测试性设计水平，做到在系统发生故障之前，结合历史工况、故障信息等多种信息资源对其故障的发生进行预测，并提供维修决策及实施计划等以实现系统的视情维修，减少维修耗费，增加装备的战斗力和可用性，是坦克与装甲车辆从单车到系统亟待解决的问题，也对测试性设计提出新的要求。为从根本上改变坦克与装甲车辆的测试性，必须在设计阶段考虑测试性设计，将测试性纳入设计指标，并同装备的战斗性能、可靠性、维修性等同时进行试验与评定。

|7.1　概　述|

测试性是指产品能及时准确地明确其工作状态（可工作、不可工作或性能下降）并确定其内部故障的一种设计特性。一个系统、设备或产品的可靠性再高也不能保证永远正常工作，使用人员和维修人员要掌握其健康状况，快速定位有无故障或何处发生了故障，这就要对其进行监控和测试。这种系统和设备自身所具有的便于监控其健康状况、易于进行故障诊断测试的特性，就是系统和设备的测试性。

7.1.1　测试性参数体系

装甲车辆常用的测试性参数主要有：故障检测率、故障隔离率和虚警率。

1. 故障检测率（Fault Detection Rate，FDR）

在规定的时间内，用规定的方法正确检测到的故障数与被测单元发生的故障总数之比，用百分数表示。

2. 故障隔离率（Fault Isolation Rate，FIR）

在规定的时间内，用规定的方法将检测到的故障正确隔离到不大于规定的可更换单元数的故障数与检测到的故障总数之比，用百分数表示。

3. 虚警率（False Alarm Rate，FAR）

在规定的时间内，发生的虚警数与同一时间内故障指示总数之比，适用于验证和外场数据统计，用百分数表示。

7.1.2　常用测试性术语

1. 测试性（Testability）

产品能及时准确地明确其工作状态（可工作、不可工作或性能下降）并确定其内部故障的一种设计特性。

2. 被测单元（Unit Under Test，UUT）

被测试的系统、分系统、设备、组件、部件等。

3. 可更换单元（Replaceable Unit，RU）

在规定维修级别上，可以从 UUT 上拆卸并更换的设备、组件、部件或零件等。

4. 自动测试设备（Automatic Test Equipment，ATE）

自动进行功能和（或）参数测试、评价性能下降程度或确定故障的测试设备。

5. 测试点（Test Point，TP）

测试 UUT 用的电气连接点，包括信号测试、输入测试激励和控制信号的各种连接点。

6. 基层级可更换单元（Line Replaceable Unit，LRU）

在工作现场（基层级）从系统或设备上拆卸并更换的设备、组件、部件或零件等。

7. 中继级可更换单元（Shop Replaceable Unit，SRU）

在维修车间（中继级）从 LRU 上拆卸并更换的设备、组件、部件或零件等。

8. 测试容差（Test Tolerance）

被测参数的最大允许偏差量。

9. 机内测试（Built－in Test，BIT）

系统或设备内部提供的检测和隔离故障的自动测试能力。

10. 外部测试设备（External Test Equipment，ETE）

在机械上与被测单元分开的测试设备。

11. 故障检测（Fault Detection，FD）

发现故障的过程；为确定 UUT 是否存在故障而进行的一次或多次测试。

12. 虚警（False Alarm，FA）

BIT 或其他监测电路指示有故障而实际不存在故障的情况。

|7.2 测试性设计方法|

7.2.1 功能和结构划分

1. 功能和结构划分原则

功能和结构划分应以产品的功能组成为基础，其基本原则如下：

（1）每个可更换单元应只包括一个逻辑上完整的功能；

（2）如果一单元有一个以上的功能，应能够对各功能进行单独测试；

（3）应减少反馈环，反馈环应避免与可更换单元交叉；

（4）当存在反馈环路时，应提供打开反馈环进行开环测试的方法；

（5）更换 LRU 后不再需要调整或校准；

（6）每个 LRU 应有独立的电源，以便于故障隔离；

（7）故障率高的元器件或组件应集中在一个可更换单元上，以便于检测和更换；

（8）设备中各组件插针的最大编号应设在固定方位，电源、接地、时钟等公共线应布置在连接器插针的固定编号上；

（9）同一模糊组的电路应装在同一个可更换单元中；

（10）所有的数字逻辑、高压电路和射频（RF）电路应分别划分在单独的可更换单元上；

（11）应减少逻辑电路的工艺类型，在可能的情况下，只使用一种工艺类型的逻辑电路。

2. 划分方法

复杂设备应被合理地划分为较简单的、可单独测试的 UUT。功能和结构的划分方法主要包括：

（1）产品层次划分：一般根据确定的维修方案，将一个复杂系统划分为若干个子系统或设备，子系统再分为若干个 LRU，LRU 再划分为若干个 SRU；

（2）功能划分：明确区分实现各个功能的电路；

（3）结构划分：根据功能划分的情况，在结构安排和封装时，将实现适当功能的硬件划分为一个可更换单元；

（4）电气划分：对于较复杂的可更换单元，应将要测试的电路与暂不测试的电路隔离开，以简化故障隔离，缩短测试时间。

7.2.2　测试点的选择与设置

1. 测试点的类型

测试点应根据设置的位置和用途进行选择。测试点一般分为外部测试点、内部测试点、有源测试点和无源测试点等。

1）外部测试点

外部测试点是指引到 UUT（例如 LRU 产品）外部可与 ATE/ETE 连接的测试点，用于测试 UUT 输入/输出参数，加入外部激励或控制信号，进行性能测试、调整和校准。利用外部测试点可以检测 UUT 中存在的故障，确定故障发生在 UUT 中哪个组成单元。外部测试点一般引到专用检测插座上或 I/O 连接器上。

2）内部测试点

内部测试点是指设置在 UUT 内组成单元（如 LRU 的 SRU）上的测试点。当外部测试点不能确定故障发生在 UUT 中哪个组成单元时，可利用内部测试点进一步测试。SRU 作为下一级维修测试的 UUT 时，其内部测试点可用作外部测试点。SRU 的测试点可设在 SRU 边缘、内部规定位置和 I/O 连接器上。

3）有源测试点

有源测试点是指测试时用于加入激励或测试控制信号的电路节点或测试点，只有这类测试点才能在测试过程中对电路内部过程产生影响和进行控制。有源测试点主要用于：

（1）数字电路初始化，即产生确定状态；

（2）引入激励；

（3）中断反馈回路；

（4）中断内部时钟以便从外部施加时钟信号。

4）无源测试点

无源测试点是指用于测试 UUT 性能参数和内部情况的一些电路节点或测试点。这类测试点用于观测时不能影响 UUT 内部和外部特性。例如 UUT 各功能块之间的连接点、余度电路中的信号分支和综合点、扇出或扇入节点等均是用于测试的无源测试点。

2. 测试点选择与设置的要求

选择测试点时，应将代表 UUT 性能的输出选作故障检测用测试参数和测试点，将 UUT 内部各组成单元的性能输出选作故障隔离用测试参数和测试点。中继级测试对象为 LRU，其检测用测试点一般为系统级隔离用测试点的一部分，隔离用测试点为所属 SRU 的检测用测试点。三级维修被测单元之间的测试点应注意统筹考虑，不应重复设置过多测试点。

UUT 测试点设置应符合下列要求：

（1）应满足故障检测与隔离、性能测试、调整和校准的测试要求。

（2）应兼容 ATE/ETE 的测试要求。

（3）应保证人员安全。

（4）应有清楚的定义和标记。

（5）应采取必要的保护措施，使设备不受损害。

（6）应采取必要的隔离措施，如高电压及大电流的测试点在结构上应与低电平信号的测试点隔离。

（7）每个 LRU 面板上应设有外部测试点或检测插座，以便于进行外部激励和测试，完成性能测试、故障检测与隔离。

（8）每个 SRU 应设有测试点，用于将故障隔离到部件或元件、检验 SRU 的功能、进行 SRU 的调整和校准等。

（9）性能参数测试点应设在 UUT 的 I/O 连接器上，正常传送输入/输出信号；除此之外的测试点应设在专用检测插座上，传送 UUT 内部特征信号；印制电路板上可设置用测试探针、传感头等人工测试的测试点，用于模块、元件和组件的故障定位，并应保证便于从外部可达。

（10）数字电路的测试点与模拟电路的测试点应分开，以便独立测试；应满足电磁兼容性设计的要求。

选择与设置的测试点应具有下列特性和功用：

（1）能够确认 UUT 是否存在故障，当 UUT 有故障时用于确定发生故障的组成单元、组件或部件。

（2）能够对 UUT 进行功能测试，以便维修。

（3）利用 ATE/ETE 对 UUT 进行测试时，应保证性能不降低，信号不失真；加入激励或控制信号时，保证不损坏 UUT。

（4）设置的测试点应有作为测试信号参考基准的公共点，如设备的地线。

3. 测试点选择与设置的步骤

（1）分析 UUT 的构成、工作原理、功能划分情况和诊断要求，绘制功能框图，表示出各组成单元的输入/输出及相互影响关系。对于印制电路板级 UUT，还应给出电路原理图和元器件表等有关资料。

（2）进行 FMECA 并取得有关故障率数据。进行方案设计时可用功能法进行 FMECA，由上而下进行。进行工程设计时再用硬件法进行 FMECA，以修正和补充用功能法进行 FMECA 的不足。每次分析均应填写 FMECA 表格。

（3）初选故障检测与隔离用测试点。一般是根据 UUT 及其组成单元输入/输出信号及性能分析确定需测试的参数与测试位置或电路节点。应特别注意影响严重的故障模式或高故障率单元的检测问题。

（4）根据各测试参数的检测需要，选择确定测试激励和控制信号及其输入点。

（5）根据故障率、测试时间或费用优选测试点，然后进行初步的诊断能力分析。如果预计的故障检测率和故障隔离率不满足要求，应采取改进措施。

（6）合理安排 UUT 状态信号的测试位置以及测试激励与控制信号的加入位置。一般 BIT 用的测试点设在 UUT 内部，而原位检测用的测试点应引到外部专用检测插座上，其他测试点可引到 I/O 插座上。印制电路板的测试点可放在边缘连接器上。

为实现有效测试，应完成下列工作：

（1）信号变换与调理；

（2）各测试信号的耦合或隔离设计；

（3）噪声敏感信号屏蔽或接地方案设计；

（4）激励和控制用的有源信号的选择与设计；

（5）引出线数量有限制时的多路传输方法设计；

（6）各测试点与测试设备接口适配器连接方案设计。

4. 测试点设置需求分析

对于装甲车辆各分系统或部件，应对需要设置的测试点进行需求分析，填写故障诊断需求分析表，格式如图 7－1 所示，各栏目的填写内容说明见表 7－1。

产品名称

×××故障诊断需求分析表

产品名称	组成单元名称	LRU/SRU 划分与定义	LRU/SRU 故障模式	危害度	故障诊断方法	故障诊断信息需求	维修方式分析	故障报警级别	故障检测信息数值范围	测试点需求

图 7 - 1　故障诊断需求分析表格式

表 7 - 1   故障诊断需求分析表各栏目的填写内容说明

栏目名称	填写内容说明
产品名称	列出分系统名称或分系统主要单元设备名称
组成单元名称	分行列出产品的组件名称
LRU/SRU 划分与定义	分析产品组件或零件出现故障后,属于 LRU 还是 SRU,并定义其维修属性(LRU 为基层级连队维修时可更换单元;SRU 为旅团车间级维修时可更换单元)
LRU/SRU 故障模式	分析每个 LRU/SRU 可能存在的故障模式
危害度	分析确定 LRU/SRU 可能存在的故障的危害度。故障危害度一般分为四级: Ⅰ类故障为灾难故障,会造成车辆或人员的伤亡,系统毁坏或任务失败,有可能造成严重的事故; Ⅱ类故障为致命故障,会导致任务的重要部分未完成及系统严重损失; Ⅲ类故障为临界故障,会引起人员轻伤或导致完成任务的能力有一定下降的系统轻度毁坏; Ⅳ类故障为轻度故障,会导致需要进行非计划维修
维修方式分析	明确具体的维修需求及级别(换件维修、重新调整参数维修、检修、润滑)。 在进行维修方式分析时,明确是现场可维修还是车间可维修,确定维修级别时,应按照军方的维修保障体制制定相应的规划内容。基层级小修主要指旅团车间级维修,配备必要的小修维修设备工具
故障诊断方法	确定针对 LRU/SRU 的故障诊断方法,如 BIT、ATE、目视、参数检测、逻辑推理、传感器数据采集等方式。 确定故障诊断方法的依据是系统的使用要求、初步维修方案、测试设备配置规划、保障系统、安全要求、环境条件以及人员配备等。通常是采用 BIT、ATE 和人工测试来提供 UUT(被测单元)的故障检测与隔离能力
故障诊断信息需求	针对故障需要的诊断信息、监控参数信息,或直接的产品故障代码上传信息

栏目名称	填写内容说明
故障报警级别	与监控参数的故障报警级别应统一。 故障报警级别分为四类：一级报警为需要紧急停车处理，显示为声光电报警；二级报警为需要回场后必须处理的故障，在应急情况下可以使用，显示为持续闪灯形式；三级报警为可在任务完成后再回场进行排除的故障，显示为长时间亮灯形式；四级报警为轻微故障，显示为间歇式亮灯形式
故障检测信息数值范围	功能正常时故障检测信息数值范围，如传动压力值范围
测试点需求	针对表格中状态监控的诊断方案，对测试点进行需求分析，说明诊断数据是需要直接上传至总线还是其他采集装置或分析模块

7.2.3　测试接口设计

测试接口要求如下：

（1）在每个维修级别上，均应确定使用 BIT、ATE、专用或通用测试设备，对 UUT 进行故障检测与隔离的方法；

（2）使用 ETE 应能完成对 UUT 进行校准、调试、检测及故障隔离；

（3）UUT 的检测信号在频率要求和测试精度上应与测试设备相适应；

（4）UUT 在电气上和结构上应尽量与 ETE/ATE 一致；

（5）模拟电路应按频率划分；

（6）测试所需的电源、激励源的类型和数目应与测试设备相适应；

（7）UUT 的测试点/检测插头应能够方便地连接到 ATE 上，宜选用标准的接插件、转接件；

（8）应能够消除测试点与测试设备之间的相互影响，保证 UUT 连接到 ATE 后性能不会降低。

防虚警设计要求如下：

（1）BIT 应具有一定的灵活性，被测系统改变时，BIT 软件及测试容差应作相应改变；

（2）BIT 设计应与维修用的测试设备相协调，能够验证由 BIT 电路故障造成的虚警；

（3）BIT 采用分布式测试时应能直接指出故障的 LRU；

（4）BIT 判定故障应以综合多次测试结果为准；

（5）在确定故障和报警时应考虑环境对 BIT 的影响；

（6）应合理规定 BIT 的测试容差；

（7）对计算机控制的产品进行测试时应监控电源的瞬变状态，避免造成虚警；

（8）对 BIT 结果进行滤波和延时，应使产品在识别故障状态前处于稳定状态；

（9）对敏感参数进行测试时，应进行几个循环，以确定间歇性故障；

（10）应区分产品故障的特性和产品在允许范围内的特性；

（11）必要时应设置 BIT 自动测试手段、参考电路和测试点，以检查和校准 BIT。

|7.3　BIT 设计|

7.3.1　系统级 BIT 设计

1. 设计内容

系统级 BIT 设计应包括整个系统的 BIT 总体功能、工作模式、结构布局和信息处理等方面的设计。装甲车辆系统级 BIT 设计应综合考虑各维修级别测试要求。装甲车辆系统级 BIT 方案的确定应符合下列要求：

（1）任务综合处理机和车辆综合处理机等设备要设计启动 BIT、周期 BIT、维修 BIT。BIT 能在系统工作期间周期地或连续地监测其运行状态并及时发现故障进行报警，系统运行前和运行后能进行必要的检测。

（2）子系统之间的通信应设计加电 BIT、周期 BIT 和维修 BIT。

（3）系统级 BIT 信息应按照信息等级，以相应方式通过视觉和听觉通知乘员。

（4）在综合处理机等计算机类设备数据记录模块中应能记录报警信息。

（5）BIT 信息应方便获取。

（6）除了综合处理机之外的各 LRU，应设计加电 BIT，并给出相应的指示（如指示灯，红色为未通过，绿色为通过）。

2. 系统级 BIT 设计流程

系统级 BIT 设计流程如图 7 - 2 所示。

1) 系统功能设计

系统功能设计主要包括状态监测、故障检测、故障隔离、故障预测及健康管理等功能设计。具体如下：

（1）状态监测功能：通过状态监测对产品关键特性参数进行实时监测，是确保产品正常运行以及任务可靠性、安全性的重要手段；

（2）故障检测功能：通过故障检测及时发现产品发生的故障，是确保产品任务可靠性和安全性的重要手段；

（3）故障隔离功能：通过故障隔离快速将系统故障定位于更换单元上，是提高产品维修效率、缩短维修时间的重要手段；

（4）故障预测功能：通过故障预测能够在故障发生之前预测故障将要发生的时刻，是产品实现任务可靠性和安全性及自主保障的重要手段；

（5）健康管理功能：通过健康管理能够根据诊断/预测信息、可用的资源和运行要求，对维修和保障活动进行智能判决，是减少测试设备、简化使用和维修训练的重要手段。

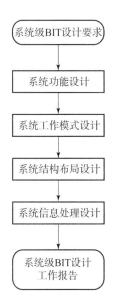

图 7 - 2 系统级 BIT 设计流程

2) 系统工作模式设计

根据运行阶段的不同，BIT 工作模式可分为：

（1）任务前 BIT：在系统执行任务前的准备过程中工作的 BIT，用于任务前的测试；

（2）任务中 BIT：在系统执行任务过程中工作的 BIT，用于任务中的测试；

（3）任务后 BIT：在系统任务完成后工作的 BIT，用于任务后的测试与管理。

常用的 BIT 类型包括以下 3 种：

（1）加电 BIT：用于任务前。加电 BIT 在系统通电并确认正常后立即开始工作，通常只运行一次。它将进行规定范围的测试，包括对在系统正常运行时无法验证的重要参数进行测试，系统进行自检测。

（2）周期 BIT：用于任务中。周期 BIT 在系统运行的整个过程中监测系统的重要参数，从系统起动的时刻开始直到电源关闭之前都在运行。

（3）维修 BIT：用于任务后。维修 BIT 在系统完成任务后进行维修、检查和校验时工作。

在开展系统工作模式设计阶段，应根据需要选择确定 BIT 应具备的工作模式：

（1）各阶段 BIT 的工作模式均应包括任务前 BIT。

（2）任务阶段存在状态监控和任务安全要求时，BIT 的工作模式还应包括任务中 BIT，任务中 BIT 在系统起动后持续运行，其运行时间应满足要求。

（3）任务结束后需要维修时，BIT 的工作模式还应包括任务后 BIT，任务后 BIT 应能够起动全部的任务前 BIT 和任务中 BIT，同时还能够调取 BIT 的记录数据。

3）系统结构布局设计

BIT 分布形式分为分布式、集中式和分布–集中式等形式。

（1）分布式的 BIT：产品各组成单元均具有 BIT，各 BIT 相互独立，根据各 BIT 测试结果来判断产品是否正常。

（2）集中式的 BIT：产品各组成单元中仅特定单元具有 BIT，或者特定单元为 BIT 专用单元，而其他单元没有 BIT，产品测试利用该 BIT 完成。

（3）分布–集中式 BIT：是分布式与集中式的综合，一般在分布–集中式的 BIT 设计中，产品各单元的 BIT 配合系统 BIT 共同完成测试。

4）系统信息处理设计

信息处理功能一般分为信息记录和存储、信息指示与报警和信息导出几类。系统信息处理设计应遵循以下原则：

（1）根据 BIT 定性设计要求确定 BIT 信息处理功能；

（2）信息记录和存储功能设计应考虑记录和存储的信息内容以及存储位置等；

（3）信息指示与报警功能设计应考虑指示位置、报警形式、报警指示器和报警级别；

（4）信息导出功能设计应考虑导出位置和导出方式；

（5）BIT 的信息存储、导出应由各 BIT 本地处理。

7.3.2　单元级 BIT 设计

1. 单元级 BIT 设计流程

根据规模大小，BIT 的实现途径分为 BITE 和 BITS，具体内容如下：

BITE 包括 BIT 专用的以及与系统功能共用的硬件和软件。根据 BITE 所处层次的差异，BIT 可分为系统级 BIT、LRU 级 BIT 和 SRU 级 BIT；BITS 是由多个 BITE 构成的测试系统，又称为系统 BIT。BITS 总体设计是从整个系统的角度，考虑装甲车辆总体的功能、性能、工作模式、结构布局和信息处理等因素。

单元级 BIT 设计泛指各级 BIT 详细设计。单元级 BIT 设计流程如图 7 – 3 所示。

2. 单元级 BIT 设计步骤

1）确定 BIT 设计要求

单元级 BIT 设计要求应根据产品的使用与维护特点确定。对于任务执行中可靠性和安全性要求较高的产品，至少对任务过程中的 BIT 提出定性、定量要求。对于需要利用 BIT 完成快速检修的产品，还应考虑提出维修 BIT 要求。

装甲车辆常用的 BIT 定量要求主要有：故障检测率（FDR）、故障隔离率（FIR）和虚警率（FAR）。

BIT 定性要求一般包括：

（1）BIT 的信息处理方式，如 BIT 信息的记录存储、指示报警和数据导出；

（2）BIT 的工作模式和要求；

（3）BIT 的诊断测试功能组成和要求。

2）BIT 测试对象分析

应明确每个 BIT 的测试对象参数类别。采用 BIT 进行测试时，应设置电路测试点，无法设置测试点的，应安装传感器。应根据产品功能特点，结合产品可靠性设计分析资料和经验，确定测试对象的所有故障模式，并通过故障影响程度、测试性分析确定哪些故障需要进行 BIT 诊断设计。

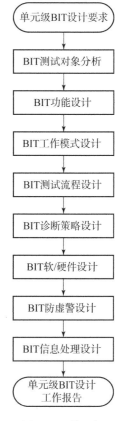

图 7 – 3　单元级 BIT 设计流程

3）BIT 功能设计

BIT 一般应具备状态监测或故障检测功能。被测单元包含多个 LRU 时，BIT 还应具备故障隔离功能。复杂的 BIT 除了状态监测、故障检测和故障隔离功能，还应具备故障预测功能。

4）BIT 工作模式设计

按照 BIT 运行阶段，BIT 工作模式分为任务前 BIT（加电 BIT）、任务中 BIT（周期 BIT）和任务后 BIT（维修 BIT）。具体内容如下：

（1）任务前 BIT（加电 BIT）：一般适用于被测单元在工作中发生故障危害度较小的产品，如智能配电盒、数据采集盒、综合信息采集单元等产品，任务前 BIT 用于任务前产品自检和状态评估，任务前 BIT 在系统通电后立即开始工作，对规定的参数和状态进行测试，检测参数甚至包括系统正常运行时无法验证的重要参数。

（2）任务中 BIT（周期 BIT）：一般适用于被测单元在工作中发生故障危害度较大的产品，或发生故障后对装甲车辆存在安全性影响的产品，如灭火抑爆装置、"三防"装置、敌我识别装置等产品。任务中 BIT 在被测单元正常工作过程中周期性地进行自检和状态监控，从系统起动的时刻开始直到电源关闭之前都在周期性地运行。

（3）任务后 BIT（维修 BIT）：任务后 BIT 一般与任务前 BIT 或任务中 BIT 混合使用，一般用于维修工作中需要进行状态检测、参数校验的产品。

根据被测单元故障的危害度及维修测试需要，BIT 工作模式可以采用多种模式。一般 BIT 的工作模式均应包括任务前 BIT。如果执行任务阶段存在状态监控和任务安全要求，则应包括任务中 BIT。如果任务结束后需要维护，还应包括任务后 BIT。

5）BIT 软/硬件设计

BIT 软/硬件设计原则如下：

（1）应遵循 BIT 设计准则及 BIT 通用要求。

（2）应分别明确由软件部分和硬件部分实现的 BIT 功能。

（3）BIT 软件设计中应尽量采用系统的功能软件或硬件，以降低 BIT 专用软件或硬件比例。

（4）BIT 的实现方式有软件、硬件或二者结合等 3 种方式，在 BIT 设计时，应开展 BIT 实现方式权衡分析，原则如下：

①当 UUT 没有微处理器时，应采用硬件 BIT 设计；

②当 UUT 有微处理器时，可采用软件 BIT 取代部分硬件 BIT；

③BIT 实现方式的权衡，应综合考虑硬件 BIT 和软件 BIT 的适用范围、成本以及 BIT 的可靠性等因素；

④车电系统、核心计算机、火控系统宜采用软件和硬件结合的方式；

⑤动力系统、辅助系统、传动系统宜采用硬件 BIT 实现方式；

⑥信息系统、通信系统宜采用软件 BIT 实现方式。

软件 BIT 的优点如下：

（1）在系统改型时，可通过重新编程得到不同的 BIT；

（2）将 BIT 门限、测试容差存储在存储器中，易于用软件修改；

（3）可对功能区进行故障隔离；

（4）综合测试程度更大，硬件需求少。

硬件 BIT 的优点如下：

（1）适用范围较广；

（2）在不能由计算机控制的区域，如电源检测，可采用硬件 BIT；

（3）当有计算机，但存储容量不足以满足故障检测和隔离需求时可采用硬件 BIT；

（4）信号变换电路可采用硬件 BIT。

7.3.3　BIT 技术

1. BIT 技术分类

BIT 技术按实现手段的不同可以分为扫描技术、环绕技术、模拟技术、并行技术和特征分析技术等；按被测对象的不同又可分为 RAM 测试技术、ROM 测试技术、CPU 测试技术、A/D 和 D/A 测试技术以及机电部件测试技术等。本书根据装甲车辆的特点将 BIT 技术划分为数字 BIT、模拟 BIT、环绕 BIT、冗余 BIT、动态部件 BIT 和智能 BIT 等 6 类，见表 7－2。

表 7－2　装甲车辆 BIT 技术分类

类别	说明
数字 BIT	特征分析 BIT 技术（校验和法、0－1 走查法、寻址检测法）、错误检测与校正码（EDCC）法、微处理器 BIT 技术、微诊断法、内置逻辑块观测法、边界扫描法、定时器监控测试法
模拟 BIT	比较器 BIT 技术、电压求和 BIT 技术
环绕 BIT	数字环绕 BIT 技术、模拟/数字混合环绕 BIT 技术
冗余 BIT	冗余电路 BIT 技术、余度系统 BIT 技术
动态部件 BIT	在线比较监控 BIT 技术、模型比较监控 BIT 技术
智能 BIT	利用人工智能的 BIT 技术

2. 各类 BIT 技术的适用范围及优、缺点

在开展测试性设计时，可根据表 7－3 选取适用的 BIT 技术。

表 7 - 3　各类 BIT 技术的适用范围及优、缺点

BIT 技术类型	适用范围	说明	特征	优点	缺点
数字 BIT	适用于只读存储器、随机存储器、微处理器、集成电路等数字器件	特征分析 BIT 技术	非并行测试技术，不能与系统的正常功能并行工作	1. 可通过附加硬件对存储器进行校验，实现 BIT 电路的自测试； 2. 通过对 CUT 深入分析，可以采用少量预先确定的测试模式，实现很大的故障检测百分比； 3. 采用板内 ROM 方法可以将测试模式存储在 ROM 中，可以方便地实现测试模式的成对出现； 4. 在 CUT 输出端个数增大或者所需模式数量减小时，与随机模式生产相比，板内 ROM 测试生产更具有竞争力； 5. 板内 ROM 技术的控制逻辑简单，而随机模式生成测试方法需要种子模式加载和专用的测试时序	1. 电子电路的复杂化导致测试工程师很难确定完整有效的测试模式； 2. 当为了获得充分的故障覆盖而要求测试模式数量很大时，或者 CUT 输入端数目很少时，或者输出端可以分割成端数更少的几个组时，则随机模式生产方法比板内 ROM 方法更具有优势； 3. 电路设计的改变常常要求对 ROM 重新编写； 4. 如果需要额外的 ROM 寻址总线，那么印刷电路板的费用和体积也相应地增加； 5. 存储测试模式所占用的存储器不能再为电路其他功能所有； 6. 在测试期间，CUT 和 BIT 的逻辑吞吐延迟限制了最大时钟频率

续表

BIT 技术类型	适用范围	说明	特征	优点	缺点
数字 BIT	适用于只读存储器、随机存储器、微处理器、集成电路等数字器件	错误检测与校正码（EDCC）法	并行测试技术	1. 该技术通过校正存储器的读写错误提高了存储器系统的可靠性； 2. 使用成品的 EDCC 芯片降低了所需的硬件数量； 3. 片内实现的错误检测和更正方便了使用，无须软件支持 EDCC 芯片	1. 随着数据位的减少，该方法的效率也降低，例如，80 位的数据只需要 8 个校验位，而 8 位的数据却需要 5 个校验位； 2. 对于大型存储器系统会需要大量的额外接口硬件； 3. 错误更正单元的延迟导致吞吐量的降低，对于高速系统的影响非常显著； 4. 需要额外的 RAM 保存校验位； 5. 增加的额外布线会使系统的布局和电路板设计更为复杂； 6. 增大了电路板的体积
		微处理器 BIT 技术	并行测试技术，该 BIT 在微处理器的正常运算过程中只能周期运行	1. 硬件空间消耗很少，只需要一个 ROM 的位置，即使使用了外部测试模块，硬件空间消耗也只有轻微的增加； 2. 绝大多数测试都是在微处理器运算速度下执行； 3. 通过微处理器自身可以执行对测试结果的监控	1. 测试存储器的需求量可能非常大，这取决于微处理器的特性、测试的完整程度和测试代码的优化程度； 2. 绝大多数测试代码需要使用汇编语言或者机器码编写，可读性不高

续表

BIT技术类型	适用范围	说明	特征	优点	缺点
数字BIT	适用于只读存储器、随机存储器、微处理器、集成电路等数字器件	微诊断法	并行测试技术，该BIT在微处理器的正常运算过程中只能间歇运行	1. 微代码BIT程序不占用应用软件开销； 2. 由于在微指令级别上执行，所以BIT运行速度快； 3. 该BIT既可以检验内部微计算机电路，又可以检验外围芯片的功能	处理BIT测试的微代码存储器空间限制，会造成更大量的硬件需求，如使用多个有限空间的存储器分片配置大型BIT时就需要更多的硬件；如果微代码ROM不能扩充，则会由于存储器不足而导致不能运行所有期望的测试
		内置逻辑块观测法	非并行测试技术	1. BILBO电路具有多种功能，便于采用专用集成芯片制作，具有很高的商用价值； 2. 可以将BILBO和具有多输入信号特征的寄存器/伪随机模式发生器的扫描技术合并使用，通过数据压缩算法还可以大大减少测试结果数据的存储需求； 3. 测试数据的收集速率只取决于集成电路的内部运行速度，数据的采样和压缩完全在被测电路内部完成；	1. BILBO电路必须作为被测电路的一部分联合使用； 2. BILBO电路比替代的锁存器复杂，导致需要额外的线路； 3. 对时序组合逻辑构成的测试向量时序器只具有有限的控制能力；

续表

BIT 技术类型	适用范围	说明	特征	优点	缺点
数字 BIT	适用于只读存储器、随机存储器、微处理器、集成电路等数字器件	内置逻辑块观测法	非并行测试技术	4. 与其他技术相比，该 BIT 具有更高的故障检测率，是对复杂的数字集成芯片的内部测试点进行监控的一种紧凑有效的工具； 5. 所需的软件支持最小	4. 由于将 BILBO 用作输入和输入寄存器，因此增加了电路的吞吐延迟
		边界扫描法	非并行测试技术	1. 由于 BIT 电路位于芯片的内部，因此基本上不再需要额外的硬件； 2. 通过寄存器的移位控制，可以将测试数据施加到芯片的输入端，并在输出端得到响应，实现对芯片核心逻辑的测试； 3. 通过寄存器的移位控制，可以对具有边界扫描功能的芯片或者 PCB 上的连线完成故障检测； 4. 可以将系统中的所有边界扫描链连接成一个系统级的扫描链，大大减少了测试端子的数量	1. BIT 电路位于芯片的内部，不仅增加了芯片的体积和成本，而且增加了芯片的设计和制作难度； 2. 边界扫描的时间开销随着扫描链的增大而成倍增长，测试模式也更加复杂； 3. 需要编写复杂的接口软件控制边界扫描的运行

BIT技术类型	适用范围	说明	特征	优点	缺点
模拟BIT	适用于A/D和D/A转换器、锁相环、振荡器等模拟器件	比较器BIT技术	非并行测试技术	1. 只要具备相关的信号处理能力，比较器BIT能够对多种信号（DC、AC、射频、调幅、调频或者其他）的幅度和频率进行检验； 2. 由于采用了多路转换器，因此对电路的测试点数目没有限制； 3. 电路的组成器件属于常规器件，因此可以在现货供应中直接购买，不需要定做； 4. 窗口比较器和比例提升电路具有很高的输入阻抗，对电路输出负载的影响很小	1. 参考信号必须保持精确，任何偏移都会造成错误的BIT结果； 2. 参考信号的维持会增加系统的电源消耗； 3. CUT输入端的模拟开关使输入端的等效电阻增大，会减缓输入信号； 4. 必要时可以使用比例提升电路，以确保CUT的各个输出通道的容差带与窗口比较器的容差带相同； 5. BIT电路需要额外的时钟信号，以控制通道选择并维持一定量的信号稳定时间； 6. 需要测试信号的生成电路
		电压求和BIT技术	并行测试技术	1. 与比较器BIT技术相比，电压求和BIT技术所需的元器件数目更少、电路板尺寸更小、电源消耗更少； 2. 由于并行测试，因此不占用系统的运行时间，并且在正常操作的任何时刻都可以进行故障检测； 3. 由于运算放大器具有很高的输入阻抗，因此大大降低了BIT电路对CUT负载的影响	1. 由于采用电压求和监控，因此对单个电压是否符合规范要求的检验能力有所降低； 2. 必须为窗口比较器提供参考电压，并确保它的精确性； 3. 只适用于检测静态信号； 4. 为了确定精确的电阻值，延长了准备时间； 5. 必须认真选择运算放大器，以提供精确和稳定的结果； 6. 通道越多，所需精度也越高

BIT 技术 类型	适用 范围	说明	特征	优点	缺点
环绕 BIT	适用于电路板、模块或分系统级产品的检测	数字环绕 BIT 技术	非并行测试技术	1. 只需要很少的硬件，而且所需硬件是现成的成品器件，便于实现； 2. 该技术可以和微处理器 BIT 技术联合使用	该技术仅适用于校验少量的接口，如果接口复杂，则测试模式数量很大，需要大量的 ROM 保存测试数据；相反，如果接口简单，则测试模式数量很少，会有大量的 ROM 空间剩余
		模拟/数字混合环绕 BIT 技术	非并行测试技术	1. 模拟环绕只需要很少的硬件，因此简单直观，便于实现； 2. 该技术可以与微处理器 BIT 技术联合使用，扩展检验的范围； 3. 模拟环绕能够为 A/D 和 D/A 转换器接口在动态范围、模拟精确度和转换时间等方面提供严格的测试； 4. 测试模拟可以采用阶跃响应、波形合成等实际应用指令	可检测的接口范围小。如果被测系统包含很多 A/D 或 D/A 转换器，则需要更多的模拟开关，增加了对成本和固件的需求，并有可能需要额外的 ROM 保存过多的测试模式

BIT 技术类型	适用范围	说明	特征	优点	缺点
冗余 BIT	适用于系统中的关键部件	冗余电路 BIT 技术	并行测试技术	1. 在冗余 BIT 中，由于 BIT 电路复制了 CUT，因此不论是 CUT 还是 BIT 电路的故障都可检测到； 2. 副本电路与 CUT 完全相同，因此缩短了设计时间	1. 在高频应用和严格的定时应用中，很难实现 CUT 与冗余电路输出信号的同步； 2. 由于差分放大器具有共模抑制和带宽限制，因此无法检测到 CUT 和冗余电路输出的瞬时变化； 3. 如果 CUT 具有多个输出，则需要更多的差分放大器和比较器电路
动态部件 BIT		模型比较监控 BIT 技术	并行测试技术	可以对没有余度信号可用的动态部件进行测试	硬件模型往往和被测装置有差距，造成故障判断不准确
智能 BIT	一般用于复杂的系统级 BIT 的设计			智能 BIT 是减少虚警、提高 BIT 性能的主要手段	智能 BIT 需要高性能的处理器和软件设计技术的支持

| 7.4 测试性预计与分析 |

开展测试性预计工作的目的主要是通过估计测试性指标是否满足规定要求，来评估和确认已进行的测试性设计工作，找出不足，采取必要的改进措施，改进设计。

7.4.1　系统测试性预计

1. 测试性预计步骤

测试性预计工作输入内容应包括系统及各组成部分的功能描述、划分情况和电路原理图，FMECA 结果，故障率数据，BIT 测试内容、方案、测试方法和原理，防虚警措施，测试点的选择结果，维修方案，以及类似产品的测试性预计设计经验等。

测试性预计工作的输出内容应包括详细功能框图、部件或故障模式的测试方法清单、预计的数据表和预计结果、不能检测与隔离的功能、部件故障模式和改进建议。测试性预计工作完成后形成测试性预计报告。

测试性预计按如下步骤进行：

（1）进行被测对象层次结构与组成分析；

（2）根据 FMECA 结果，确定被测对象的所有故障模式；

（3）根据可靠性预计结果，确定被测对象的故障率，以及每个故障模式的频数比；

（4）根据单元故障率以及单元故障模式频数比，确定单元各故障模式的故障率；

（5）确定每种故障模式所采用的测试方式（BIT、ATE 或人工测试等），给出每种测试方式可检测故障模式的故障率，从而得到该单元的故障检测率；

（6）确定该单元所能隔离到的单元数量以及对应的故障率，获得该单元的故障隔离率；

（7）对测试性预计结果综合分析，编写测试性预计报告。

2. 测试性预计内容及方法

1）建立测试性框图模型

测试性框图模型主要包括系统功能层次框图和多信号流图。系统功能层次框图表示从系统到 LRU（或 SRU）的各个层次的组成、因果关系、所需的测试要求和测试措施的系统框图。多信号流图是以有向图的形式表示产品的组成、连接关系、信号流程、组成单元的故障传输方向、设置的测试点及组成单元的故障模式与测试之间的相关关系。

2）数据准备

从 FMECA 和可靠性预计工作中获取各功能块的故障模式和故障率数据。

3）现场可维修的故障可检测性分析

分析系统维修方案计划的维修活动安排、外部测试设备规划及测试点的设置等，识别通过维护人员现场维修活动可以检测的故障及其故障率，也可从维修分析资料和 FMECA 表中得到这些数据。

4）不能检测的故障分析

列出用 BIT、驾驶员观测和计划维修均不能检测的故障模式，并按其影响和发生频率来分析对安全和使用的影响，决定是否需要进一步采取改进措施。

5）编写系统测试性设计描述表

根据系统研制过程的所有测试性设计资料，填写系统测试性设计描述表。系统测试性描述表见表 7 - 4。

表 7 - 4　系统测试性描述表

系统名称：　　　　　　　　　　　　　系统编号：

序号	测试编号	测试项目名称	测试点	测试方法	备注

系统测试性描述表中各栏填写内容说明见表 7 - 5。

表 7 - 5　系统测试性描述表中各栏填写内容说明

栏目名称	填写内容说明
系统名称	填写系统名称
系统编号	填写系统的编号，格式为"两位阿拉伯数字"
测试编号	填写测试编号，格式为"系统编号 – 标识符 – 顺序号"。标识符分为 3 种，分别为 A、M 和 B，A 表示这个测试是 ATE 测试，M 表示这个测试是人工测试，B 表示这个测试是 BIT 测试
测试项目名称	填写系统测试的部件、功能等
测试点	填写测试所用的测试点或测试接口
测试方法	填写测试用的测试方法

6）填写系统测试性预计工作表

将用各种方法可检测和隔离的故障模式的故障率填入系统测试性预计工作表中。系统测试性预计工作表见表 7 - 6。

表7-6　系统测试性预计工作表

系统/分系统：　　　　分析者：　　　　日期：

项目		组成部件		故障率			λ_D（检测的）					λ_{IL}（隔离的）			备注
序号	名称代号	编号	λ_{SR}	FM	α	λ_{FM}	LRU测试编号	BIT	ATE测试	人工测试	UD	1LRU	2LRU	3LRU	
1	LRU1	SRU11													
		SRU12													
		SRU13													
		…													
2	LRU2	SRU21													
		SRU22													
		…													
3	LRU3	SRU31													
故障率总计															
检测率、隔离率预计值															

系统测试性预计工作表中各栏填写内容说明见表7-7。

表7-7　系统测试性预计工作表中各栏填写内容说明

栏目名称	填写内容说明
系统/分系统	填写所分析系统或分系统名称
项目	"名称代号"处填写组成系统的LRU名称或代号
组成部件	填写组成LRU的部件（SRU）编号及其故障率λ_{SR}
故障率	填写SRU的故障模式（FM）、故障模式发生频数比（α）及其故障率（λ_{FM}）数据。FM与α可从FMECA表中得到，$\lambda_{FM} = \alpha\lambda_{SR}$
λ_D（检测的）	填写可检测到的故障模式的故障率，其中： （1）LRU测试编号：填写LRU的测试编号； （2）BIT：填写用BIT可检测到的故障模式故障率； （3）ATE测试：填写利用ATE可检测（自动或半自动的）到的故障模式故障率； （4）人工测试：填写通过人工检测观察点、指示器和内部测试点可检测到的（人工测试）故障模式故障率； （5）UD：填写用以上3种方式均检测不到的故障模式故障率

栏目名称	填写内容说明
λ_{IL}（隔离的）	填写可隔离到 1 个 LRU、2 个 LRU 或 3 个 LRU 的故障率
故障率总计	填写对应的表内各种故障率汇总结果
检测率、隔离率预计值	填写对应的故障检测率和隔离率预计值

7）系统故障检测率及隔离率预计

（1）故障检测率预计。

故障检测率（FDR）按式（7-1）计算。

$$FDR = \frac{N_D}{N_T} \times 100\% \tag{7-1}$$

式中：FDR——故障检测率，以百分数表示（%）；

N_D——在规定的条件下用规定方法正确检测到的故障数；

N_T——在工作时间 T 内发生的故障总数。

在进行测试性分析和预计时，一般采用故障率，式（7-1）可转换为式（7-2）。

$$FDR = \frac{\lambda_D}{\lambda} \times 100\% = \frac{\sum \lambda_{Di}}{\sum \lambda_i} \times 100\% \tag{7-2}$$

式中：λ_D——所有被检测出的故障模式的故障率之和，以小数表示；

λ——所有故障模式故障率之和，以小数表示；

λ_{Di}——第 i 个被检测出故障模式的故障率，以小数表示；

λ_i——第 i 个故障模式的故障率，以小数表示。

（2）故障隔离率预计。

故障隔离率（FIR）按式（7-3）计算。

$$FIR = \frac{N_L}{N_D} \times 100\% \tag{7-3}$$

式中：FIR——故障隔离率，以百分数表示（%）；

N_L——在规定的条件下，用规定的方法正确隔离到不大于 L 个可更换单元的故障数；

N_D——在规定的条件下，用规定的方法正确检测到的故障数。

在进行测试性分析和预计时，一般采用故障率，式（7-3）可转换为式（7-4）。

$$\text{FIR} = \frac{\lambda_L}{\lambda_D} \times 100\% = \frac{\sum \lambda_{Li}}{\sum \lambda_D} \times 100\% \qquad (7-4)$$

式中：λ_L——可隔离到不大于 L 个可更换单元的故障模式的故障率之和，以小
数表示；

λ_{Li}——可隔离到不大于 L 个可更换单元的故障中，第 i 个故障模式的故
障率，以小数表示。

8）不能检测故障分析

列出用 BIT、驾驶员观测和计划维修都不能检测的故障模式，并按其影
响和发生频率来分析对安全和使用的影响，决定是否需要进一步采取改进
措施。

9）虚警率预计分析

虚警率（FAR）按式（7-5）计算。

$$\text{FAR} = \frac{N_{FA}}{N} \times 100\% = \frac{N_{FA}}{N_F + N_{FA}} \times 100\% \qquad (7-5)$$

式中：FAR——虚警率，以百分数表示（%）；

N_{FA}——虚警次数；

N——指示（报警）总次数；

N_F——真实故障指示次数。

10）预计结果分析

将预计结果与任务书中规定的测试性指标进行比较，评定是否满足要求。
如不满足，应提出测试性设计上的改进建议。

7.4.2 LRU 测试性预计

1. 测试性预计所需资料

LRU 测试性预计输入的主要资料包括：

（1）LRU 的测试性框图；

（2）LRU 的接线图、流程图和机械布局图等；

（3）可靠性预计和 FMFA（CA）结果；

（4）内、外部观察测试点位置；

（5）输入/输出信号；

（6）LRU 的 BIT 设计资料；

（7）LRU 维修方案、测试设备规划的资料等。

2. 测试性预计步骤

1）BIT分析

分析 LRU 的 BIT 软件和硬件可检测和隔离的故障模式及故障率。

2）输入/输出（I/O）信号分析

分析利用 ETE（自动的或半自动的）可检测和隔离的故障模式，主要包括分析工作连接器 I/O 信号可检测和隔离的故障模式及其故障率、分析专用检测连接器 I/O 信号可检测的故障模式及其故障率，BIT 已用的 I/O 信号不再重复分析。

3）测试点可观测性分析

针对未设置 BIT 功能且无法通过 ATE 检测的故障模式，对 LRU 中 SRU 的工作状态测试点进行可观测性分析，评估测试点对 SRU 工作状态、故障状态、故障隔离、信息传输等状态是否满足故障诊断和故障隔离需求。

4）填写 LRU 测试性描述表

根据系统研制过程中所有的测试性资料填写 LRU 测试性描述表，见表 7 - 8。LRU 测试性描述表中各栏填写内容说明见表 7 - 9。

表 7 - 8　LRU 测试性描述表

LRU 名称：　　　　　　　　　　　　　　LRU 编号：

序号	测试编号	测试项目名称	测试点	测试方法	备注

表 7 - 9　LRU 测试性描述表中各栏填写内容说明

栏目名称	填写内容说明
LRU 编号	填写 LRU 编号，格式为"所属系统的编号 - 两位阿拉伯数字"。LRU 编号为 4 位数字，前两位代表 LRU 所属系统编号，后两位代表执行外部测试的 LRU 的编号
测试编号	填写测试编号，格式为"LRU 编号 - 标识符 - 顺序号"。标识符分为 3 种，分别为 A、M 和 B，A 表示这个测试是 ATE 测试，M 表示这个测试是人工测试，B 表示这个测试是 BIT 测试
测试项目名称	填写系统测试的部件、功能等
测试点	填写测试所用的测试点或测试接口

5）填写 LRU 测试性预计工作表

将 BIT 分析、I/O 信号分析及测试点可观测性分析所得数据填入 LRU 测试性预计工作表，并计算故障检测率和隔离率。LRU 测试性预计工作表见表 7 – 10，LRU 测试性预计工作表中各栏填写内容说明见表 7 – 11。

表 7 – 10　LRU 测试性预计工作表

LRU 名称：　　　　　所属系统名称：　　　　　分析者：　　　　　日期：

项目		组成部件		故障率			λ_{D}（检测）					λ_{IL}（隔离）			备注
序号	名称代号	编号	λ_{SR}	FM	α	λ_{FM}	LRU测试编号	BIT	ATE测试	人工测试	UD	1SRU	2SRU	3SRU	
1	SRU1	U1													
2	SRU2	U2													
故障率总计															
检测率、隔离率预计值															

表 7 – 11　LRU 测试性预计工作表中各栏填写内容说明

栏目名称	填写内容说明
项目	"名称代号"处填写组成系统的 LRU 名称或代号
组成部件	填写组成 LRU 的部件（SRU）编号及其故障率 λ_{SR}
故障率	填写 SRU 的故障模式（FM）、故障模式发生频数比（α）及其故障率（λ_{FM}）数据。FM 与 α 可从 FMECA 表中得到，$\lambda_{\mathrm{FM}} = \alpha \lambda_{\mathrm{SR}}$
λ_{D}（检测的）	填写可检测到的故障模式的故障率，其中： （1）LRU 测试编号：填写 LRU 的测试编号； （2）BIT：填写用 BIT 可检测到的故障模式故障率； （3）ATE 测试：填写利用 ATE 可检测（自动或半自动的）到的故障模式故障率； （4）人工测试：填写通过人工检测观察点、指示器和内部测试点可检测到的（人工测试）故障模式故障率； （5）UD：填写用以上 3 种方式均检测不到的故障模式故障率

续表

栏目名称	填写内容说明
λ_{IL}（隔离的）	填写可隔离到 1 个 LRU、2 个 LRU 或 3 个 LRU 的故障率
故障率总计	填写对应的表内各种故障率汇总结果
检测率、隔离率预计值	填写对应的故障检测率和隔离率预计值

6）提出建议

将预计结果与任务书的规定指标比较，若不符合要求，提出改进 LRU 测试性设计的建议。

7.4.3 SRU 测试性预计

SRU 测试性预计 LRU 测试性预计进行，分析对象为组成 LRU 的各个 SRU。SRU 测试性预计工作表见表 7－12，SRU 测试性预计工作表中各栏填写内容说明见表 7－13。

表 7－12 SRU 测试性预计工作表

SRU 名称：　　　　所属 LRU 名称：　　　　　分析者：　　　　　日期：

项目		组成元部件			故障率			λ_D（检测的）				λ_{IL}（隔离的）				备注
序号	名称代号	区位	代号	λ_{SR}	FM	α	λ_{FM}	SRU测试编号	ATE测试	人工测试	UD	1SRU	2SRU	3SRU	4SRU	
故障率总计																
检测率、隔离率预计值																

表 7－13 SRU 测试性预计工作表中各栏填写内容说明

栏目名称	填写内容说明
项目	"名称代号"处填写组成系统的 SRU 名称或代号
组成元部件	填写组成 SRU 的元部件区位、代号及其故障率 λ_{SR}
故障率	填写 SRU 的故障模式（FM）、故障模式发生频数比（α）及其故障率（λ_{FM}）数据。FM 与 α 可从 FMECA 表中得到，$\lambda_{FM} = \alpha\lambda_{SR}$

续表

栏目名称	填写内容说明
λ_D（检测的）	填写可检测到的故障模式的故障率，其中： （1）SRU 测试编号：填写 SRU 的测试编号； （2）BIT：填写用 BIT 可检测到的故障模式故障率； （3）ATE 测试：填写利用 ATE 可检测（自动或半自动的）到的故障模式故障率； （4）人工测试：填写通过人工检测观察点、指示器和内部测试点可检测到的（人工测试）故障模式故障率； （5）UD：填写用以上 3 种方式均检测不到的故障模式故障率
λ_{IL}（隔离的）	填写可隔离到 1 个 SRU、2 个 SRU、3 个 SRU 或 4 个 SRU 的故障率
故障率总计	填写对应的表内各种故障率汇总结果
检测率、隔离率预计值	填写对应的故障检测和隔离率预计值

|7.5 工程案例|

7.5.1 功能规划

测试性的功能规划如下：

（1）状态监测功能：实时检测 UUT 重要特性参数；

（2）故障检测功能：及时发现 UUT 存在的故障；

（3）故障隔离功能：可将 UUT 故障定位到规定的 UUT 的可更换单元；

（4）BIT 数据的显示、报警、存储和传输功能。

7.5.2 整体规划

为了使测试性满足状态监测，故障检测，故障隔离，BIT 数据的显示、报警、存储和传输四大部分功能的要求，具体规划如下：

（1）车辆电子控制系统内应有一个故障自诊断电路，能在车辆运行过程中不断监测各组成部分的工作情况并检测出电控系统的大部分故障。

（2）应通过预埋传感器或者运行参数监控的方式，实现对各主要系统的状态检测，并具有常见故障的检测隔离能力。

（3）对所检测的故障应实现故障定位，定位精度要求能够基本确定在基层级可更换单元上，并在结构上实现故障隔离。

（4）能够对所检测到的故障信息实行分级显示、报警或强制停机等功能，并能够对所有检测的信息按照日历时间储存、导出以及与出厂原始状态比对。

（5）能够基于统计信息实现对维修保障的提示与报警。

（6）需要测试的分系统都有足够的测试点，通过测量或激励内部电路节点，使故障监测和隔离达到较高的水平。

（7）测试点或输出设备应能够便于接近，并且对维修技术人员来说是可见的。

（8）为提供一致且完整的维修能力，在每个维修级别上定义综合 BIT、脱机自动测试和人工测试。

（9）故障显示应和驾驶员仪表板一体设计，分为报警、仪表、工况监控三大部分，次要的参数可在显示屏上按需要显示，并要留有仪表校验接口及数据读取接口。

（10）在显示的故障代码右侧，同步显示维修级别代码，故障级别代码分别对应轻微级、一般级和严重级。

（11）对安全和任务有影响的性能参数必须进行状态监控，所有异常情况都应能够记录存储，对影响严重的故障应能及时报警，并按其严重程度分为灯光报警和灯光、声音同时报警两种方式。

（12）故障诊断接口应具有良好的可控性、可观测性等特点，以及防差错措施和接口兼容性强的特点，可以通过车载工况监测装置进行参数监视和故障隔离。

7.5.3 主要系统测试性接口需求分析

确定主要分系统及设备的测试性设计需求，将各主要硬件产品的结构组成合理划分可更换单元级别，梳理不同维修级别的故障检测需求以及在 ××

×研制中或产品使用中需要监控的参数。下面列出了本系统需要进行状态监控的参数及监控范围，确定了不同层次可更换单元的维修方法及故障诊断需求。

1. ×××系统监控需求分析

×××系统监控需求分析见表7－14。

表7－14　×××系统监控需求分析

分系统名称	系统常见故障模式	危害度	状态监控报警级别	需求状态监控参数名称	监控参数正常值范围	诊断方式	需要总体提供的测试接口需求
喷油器	发动机功率不足、燃烧异常、振动加剧	Ⅲ类	三级	系统燃油压力和燃油消耗量、喷油器控制电流	0～180 kg/h、0～132 MPa、0～18 A	通过数据分析确定故障类型	已有检测接口
高压泵	系统压力难以升高或控制不稳，不能维持喷射所需压力	Ⅱ类	二级	监控高压泵内燃油温度和系统燃油压力、计量阀开度	−40℃～110℃、−40℃～50℃、0～132 MPa、0～3 A	利用传感器直接采集故障	已有检测接口
管路系统	燃油泄漏，系统压力减小或燃油消耗增加	Ⅲ类	三级	系统燃油压力和燃油消耗率	0～180 kg/h、0～132 MPa	通过数据分析确定故障类型	已有检测接口

2. ×××系统故障诊断需求分析

×××系统故障诊断需求分析见表7－15。

表7-15 ×××系统故障诊断需求分析

产品名称	组成单元名称	LRU/SRU划分与定义	LRU/SRU故障模式	危害度	维修方式分析	故障诊断方法	故障诊断信息需求	故障报警级别	故障检测信息数值范围	需要总体提供的测试接口需求
喷油器系统	喷油器	LRU	发动机功率不足,燃烧异常,振动加剧	Ⅲ类	换件维修,车间可维修	通过数据分析确定故障类型	喷油器控制电流,燃油消耗量	三级	0~180 kg/h,0~18 A	已有检测接口
高压泵系统	燃油计量控制阀	LRU	系统压力难以升高或控制不稳,不能维持喷射所需压力	Ⅱ类	换件维修,车间可维修	参数检测,传感器数据采集	计量阀控制电流	三级	0~3 A	已有检测接口
	高压泵	LRU	系统压力难以升高或控制不稳,不能维持喷射所需压力	Ⅱ类	换件维修,车间可维修	参数检测,传感器数据采集	高压泵高压燃油温度	二级	-40℃~110℃	已有检测接口
	低压泵	LRU	系统压力难以升高或控制不稳,不能维持喷射所需压力	Ⅱ类	换件维修,车间可维修	参数检测,传感器数据采集	高压泵低压燃油温度	二级	-40℃~110℃	已有检测接口
管路系统	油管	LRU	燃油泄漏,系统压力减小或燃油消耗增加	Ⅲ类	换件维修,车间可维修	目视,传感器数据采集	燃油消耗量,系统压力	三级	0~180 kg/h,0~132 MPa	已有检测接口
	燃油分配器	LRU	燃油泄漏,系统压力减小或燃油消耗增加	Ⅲ类	换件维修,车间可维修	目视,传感器数据采集	燃油消耗量,系统压力	三级	0~180 kg/h,0~132 MPa	已有检测接口

第 8 章

安全性工程

安全性是坦克与装甲车辆通用质量特性中非常重要的一种特性。坦克与装甲车辆往往工作在复杂恶劣环境和复杂任务环境中，常带有杀伤力和破坏力强的弹药，因此，其技术越复杂、使用要求越高、威力越大，其对安全的威胁可能性也就越大。安全性与可靠性等通用质量特性的关系非常密切，因此，开展坦克与装甲车辆的安全性设计与评估，是具备高安全性以保证人员、设备安全，保证规定任务完成的基石；保证坦克与装甲车辆的安全性设计，有利于提高可用性。

|8.1 安全性的基础概念及度量|

8.1.1 事故、危险、安全及安全性的内涵

本节重点介绍与安全性相关的基本概念，帮助读者理解安全，并作为安全性设计分析的基础。

1. 事故 （Accident/Mishap）

事故是造成人员伤亡、职业病、设备损坏、财产损失或环境破坏的一个或一系列意外事件。事故描述已经发生的事件，也是危险导致的结果。

事故是以人的视角对意外事件的描述。谈及事故有两个角度，一个是事故的严重程度。以生活中常见的交通事故为例，最轻的可能只是轻微的碰撞或剐蹭，只产生极小的财产损失。严重的则是车毁人亡，造成重大损失。依据事故后果的严重程度，人们对事故的重视程度也有所不同。对事故的重视程度，影响人们拟采取的相关措施。对于无法接受的事故，人们期望能找到某种措施加以避免或降低其后果的严重程度，这也是人们对安全的渴望来源。

2. 危险 （Hazard）

危险是可能导致事故的状态或情况。危险是事故发生的前提或条件，可以

用危险模式或危险场景来表述。

一般来说，危险是绝对的，安全是相对的。只要没发生事故，就是安全。危险是可以预测、消除或控制的，只要充分识别危险，即有可能大幅提高安全性。以装甲车辆的典型任务剖面为例，可以按照装甲车辆所处的环境与相关事件对危险进行预测和评估，如图 8-1 所示。但如果环境过于复杂，则预测难度大幅提升，比如地震等自然灾害带来的危险。

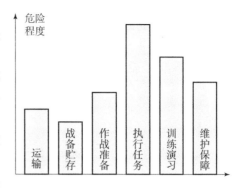

图 8-1 危险的预测

3. 危险源（Hazard）

危险源指危险或危险模式，常见的危险源包括系统自身固有的危险特性，如能量或毒性、行为边界，产品（硬件或软件）的故障，人为差错（包括由心理、生理等因素所引起的行为失误），有害的环境等。

危险源一般分为 I 类危险源和 II 类危险源。I 类危险源是指直接危险能量或危险物质，II 类危险源是指已经采取措施后仍然释放出来的危险能量或物质。

4. 安全（Safety）

关于安全，国内外的认知还有一定的差别。国外一般直接提及安全，即安全是一种情况和状态。如美军标-882 指出，安全是免于可能造成死亡、伤害、职业病，设备或财产的损失，以及对环境危害（事故）的情况。又如卡尔·韦克博士则指出，安全是一个"动态未发生的事件。"杰姆斯·瑞森博士则提出："安全的缺失比它的存在被更多地注意到。"从以上观点，国外更倾向于没发生事故就是安全。

国内则安全性与安全并列，如国军标-451 指出，安全性是产品所具有的不导致人员伤亡、系统毁坏、重大财产损失或不危及人员健康和环境的能力。

两者最大的差别在于国内认为安全（性）是系统的能力，可以进行好坏比较。国外则倾向于认为"安全"本身不可度量，也不可直接比较，但可从防控事故的角度确保系统安全。在这一观点上，国内外是一致的。

8.1.2 安全性的一般度量方式

1. 事故可能性（Mishap Probability）

特定事故发生的可能性程度，一般用概率度量或概率可能性等级划分描述。

2. 事故严重性（Mishap Severity）

事故发生后果的严重程度，一般用严重等级描述。

3. 事故风险（风险）（Mishap Risk/Risk）

事故严重程度和发生可能性的综合度量，简称风险（Risk）。

4. 事故率或事故概率（PA）

在规定的条件下和规定的时间内，系统的事故总次数 NA 与寿命单位总数 NT 之比，用下式表示：

$$PA = NA/NT$$

5. 安全可靠度（RS）

在规定的条件下和规定的时间内，在装备执行任务过程中不发生由设备或附件故障造成的灾难性事故的概率，用下式表示：

$$RS = NW/NT$$

6. 损失率或损失概率（PL）

在规定的条件下和规定的时间内，系统的灾难性事故总次数 NL 与寿命单位总数 NT 之比，用下式表示：

$$PL = NL/NT$$

8.1.3 安全性常见的评估方法

事故风险评估是国内外最为常用的安全性度量（也称定量评估）方法，GJB 900 也给出了相关的定义说明。美国、英国和澳大利亚、NASA 和 ESA 等均应用事故风险来度量安全性，美国最近统一的军民用标准 ANSI - GEIA - STD - 0010 中给出了美国最新的事故风险评估标准。

事故风险评估方法，需要首先建立事故后果与事故可能性的分类，见表 8 - 1、

表 8 - 2。然后，人们可以根据求解出的事故风险指数对事故风险进行评估。根据风险指数可决定采取哪种方式加以防控，具体风险指数的内涵见表 8 - 3。

表 8 - 1　事故后果分类

等级	严重性	事故后果
Ⅰ	灾难性	人员死亡、装备毁坏、不可恢复的环境严重损坏
Ⅱ	严重	人员严重受伤或患严重职业病、装备严重损坏、可恢复的环境严重损害
Ⅲ	轻度	人员轻度受伤或患轻度职业病、装备轻度损坏、可恢复的环境轻度损害
Ⅳ	轻微	轻于Ⅲ等的人员受伤、装备损坏或环境损害*

注：GJB 900 - 90 没有规定环境影响的严重性。

表 8 - 2　事故可能性分类

等级	发生程度	产品个体	产品总体	概率范围 （美军标 882D）
A	频繁	寿命期内可能经常发生	连续发生	$P > 10^{-1}$
B	很可能	寿命期内可能发生几次	经常发生	$10^{-2} < P < 10^{-1}$
C	有时	寿命期内有时会发生	发生几次	$10^{-3} < P < 10^{-2}$
D	极少	不易发生，但在寿命期内可能发生	极少发生，预期可能发生	$10^{-6} < P < 10^{-3}$
E	不可能	很不容易发生，在寿命期内可能不发生	极少发生，几乎不可能发生	$P < 10^{-6}$

表 8 - 3　风险指数的内涵

风险指数	准则
评价指数为 1 ~ 5	不可接受的风险，应立即采取解决措施
评价指数为 6 ~ 9	不希望有的风险，需由订购方决策
评价指数为 10 ~ 17	经订购方评审后可接受
评价指数为 18 ~ 20	不经评审即可接受

|8.2 安全性工程原理|

8.2.1 概念与内容

安全性工程以使用效能、适用性、时间和费用等为约束，贯穿系统全寿命周期，应用工程和管理的原理、标准和技术使系统达到可接受的风险。它既包括管理手段也包括技术手段。

安全性工程的主要工作内容如图 8 - 2 所示。

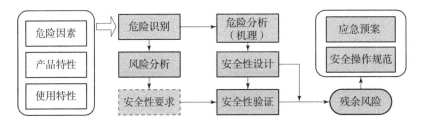

图 8 - 2 安全性工程的主要工作内容

首先的工作是进行危险识别和风险分析，在此基础上提出安全性要求。安全性要求包括定量要求和定性要求。常见的定量要求包括风险、事故率、严重等级、可能性等级等；定性要求是危险的各类防控，优先是消除危险，其次是减轻危险，最次是控制危险。

然后通过危险分析查找原因进行安全性设计和验证，最后对于残余风险需要制定安全操作规范和应急预案以及监控，实现风险的闭环管理。

8.2.2 工作思路

根据安全性工程的工作内容，在产品中开展安全性工作有 3 条主线，如图 8 - 3 所示，即风险闭环控制、安全性要求与验证、基于知识的安全性设计。3 条主线各有侧重，又有少量交叉。其中风险闭环控制以安全性分析、设计为主，还包括了一部分管理，要求对全寿命周期的危险进行识别、消减和残余风险监控。安全性要求与验证更偏重于量化指标的提出与评估。基于知识的安全性设计则主要从设计角度出发。

一些常用的标准中对上述工作有支持，如 GJB 900（A）主要关注装备自

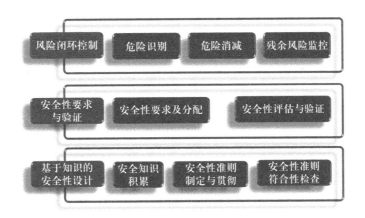

图 8 – 3　安全性工程的工作思路

身的安全性。产品的试验与生产安全归于安全生产管理部门；MIL882E 关注全寿命周期的安全分析与控制，降低采办与使用风险，包括试验、生产以及人身等安全问题，4761 关注安全性要求（研制保证等级）的提出以及安全性要求的可达性（验证）。

|8.3　安全性分析方法|

8.3.1　安全性分析工作、时机与关系

安全性分析通过对系统进行深入、细致地分析，检查系统或设备在每种使用模式中的工作状态，确定潜在的危险，预计这些危险对人员伤害、设备损坏或环境破坏的严重性和可能性。

安全性分析目的在于识别危险，评估事故风险，以便在寿命周期的各个阶段能够消除或控制这些危险。

装备的安全性分析及风险评估工作是一个反复迭代、不断完善的过程，应该在装备研制的早期就开始实施，而随着研制工作的进展、可获得的数据和信息的增多，在不同的寿命周期开展不同类型的安全性分析工作，以满足装备安全性要求。

装备寿命周期各阶段安全性分析工作流程如图 8 – 4 所示。各阶段的工作要点如下。

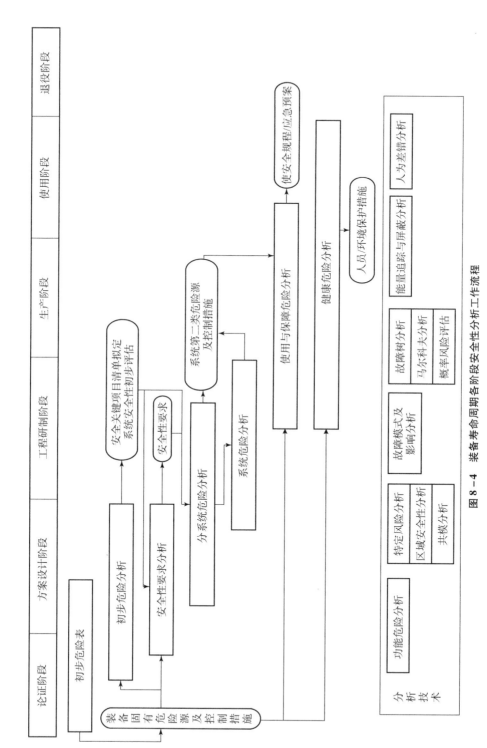

图 8-4 装备寿命周期各阶段安全性分析工作流程

1）论证阶段

提出安全性要求和安全性工作要求，编制初步危险表（Preliminary Hazard List，PHL），宏观确定危险的范围。

2）方案设计阶段

制定安全性大纲（工作计划），开展初步危险分析，确定装备及其系统的安全性要求。拟定安全关键项目清单，依据安全性分析结果进行方案权衡；总体单位提出对转承制方的安全性及其工作要求。

3）工程研制阶段

深入开展安全性分析与设计工作，进行安全性评审、验证与评估。结合操作规程对装备使用中的危险进行分析，制定使用安全规程和应急预案。

4）生产阶段

进行工程更改和技术状态更改的安全性分析与验证评估，采集并反馈信息。

5）使用阶段

收集、反馈使用安全性信息与事故调查信息，进行必要的设计更改与安全性验证评估，以及安全规程与应急预案的培训、使用与修订。

6）退役阶段

进行危险物质/材料的处置，防止人员伤亡和环境破坏。

为完成各项分析工作，需要采用具体的分析方法开展工作。通常会选取一种或几种方法来完成一项分析工作。常见的定性分析方法有：功能危险分析（FHA）、故障模式及影响分析（FMEA）、故障树分析（FTA）、潜在通路分析（SCA）、事件树分析（ETA）、意外事件分析（CA）、区域安全性分析（ZSA）、接口分析（IFA）、电路逻辑分析（CLA）、环境因素分析（EFA）等。定量分析方法有：故障模式、影响及危害性分析（FMECA），故障树分析（FTA），概率风险评估（PRA）等。

这些分析方法各有其特点，但也存在交叉相似之处，使用中应根据系统的特点、分析的要求和目的及分析时机，选用适当的分析方法。在分析过程中，不能死搬硬套，必要时要根据实际需要对其进行改造和简化，并且应从系统原理出发，开发新方法，开辟新途径，对现有方法进行总结和提高，形成系统性的安全分析方法。

8.3.2　初步危险表

1. 概述

初步危险表是一项用来识别和列出系统中可能存在的潜在危险和事故的分

析技术。它在方案设计阶段或初步设计阶段开展，是后续危险分析的起始点。如果经初步危险表识别出某一危险，在获得更多系统设计信息后，应对该危险进行深入的分析和评估。初步危险表是一种设法使焦点集中在危险区域的管理手段，该危险区域需要更多的资源以消除危险或将危险的风险控制在可接受的水平。对经初步危险表识别出的所有危险都应通过更详细的技术进行分析

2. 方法与步骤

初步危险表分析过程如图 8 - 5 所示。

图 8 - 5　初步危险表分析过程

具体包括以下步骤：

（1）明确任务、任务阶段和任务的环境剖面。了解系统设计、使用方案以及主要的系统部件。

（2）确定初步危险表分析的目的、定义、工作分解结构、日程安排和流程。确定系统中要分析的单元和功能。

（3）挑选所有要参与初步危险表分析的成员，并明其确责任。充分发挥团队成员在不同领域内的专长（如设计、试验、制造等）。

（4）收集所有分析必需的设计、使用和过程资料（如设备清单、功能框图和使用方案等）。制成危险检查表，收集有关的经验教训以及其他可用的危险资料。

（5）初步填写表格。

（6）列出识别到的和可能存在的系统危险以及潜在系统事故。如果可能，根据可用信息，识别安全关键功能和顶层事故（TLMs）。

（7）提出安全性设计准则和能够消除或减少危险的安全性设计方法。

（8）形成初步危险表文件。

一个有代表性的初步危险表见表 8 - 4。

表 8 - 4 初步危险表示意

初步危险表分析				
系统单元类型：①				
危险序号	系统项目	危险	危险影响	备注
②	③	④	⑤	⑥

3. 注意事项

（1）牢记初步危险表分析的目的是识别系统危险和事故；

（2）最好的方式是从调查系统硬件项目、系统功能和系统能源入手；

（3）利用危险检查表和以前的经验教训进行危险识别；

（4）危险的记录应该是可理解的，但无须详细描述（初步危险表中的危险不必包含危险的所有三要素：危险元素、触发机制和输出）。

8.3.3 初步危险分析

1. 概述

初步危险分析（Preliminary Hazard Analysis，PHA）是一项在无详细设计信息时识别危险、危险致因因素、影响、风险水平并给出建议措施的安全性分析工具。初步危险分析提供了一套识别和梳理系统危险的方法，并能根据初期有限的设计信息为系统设计制定最初的系统安全性要求（SSRs）。初步危险分析旨在于项目研制过程中，尽早从安全性的角度来影响设计。初步危险分析一般不会持续到分系统危险分析（SSHA）开始以后进行。

2. 方法与步骤

初步危险分析的过程如图 8 - 6 所示。

具体包括如下步骤：

（1）明确系统的范围和边界。明确任务、任务阶段和任务环境。了解系统设计、使用以及系统的主要组成。

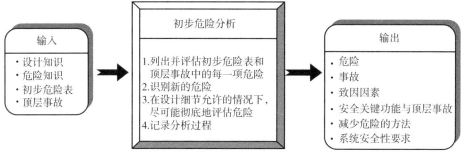

图 8 - 6　初步危险分析的过程

（2）确定初步危险分析的定义、分析表、日程安排和流程。明确待分析的系统构成和功能。

（3）建立适用的安全性设计准则、安全性技术规范、安全性设计指南，并明确安全关键因素。

（4）采集信息，收集所有分析必需的设计、使用和过程相关的信息（如图纸、功能图和使用方案等）。

（5）实施初步危险分析。

（6）评估风险。确认每个被识别的危险在系统设计中有和没有减少危险措施情况下的事故风险。

（7）提出纠正措施建议。对消除或减少被识别危险所需的纠正措施提出建议。与设计部门合作，将建议转化为系统安全性要求。同时确认已在设计或规程中已体现减少危险的安全特征。

（8）监控纠正措施。审查试验结果，以确保安全性建议和系统安全性要求在减少危险方面达到预期的效应。

（9）跟踪危险。

（10）形成初步危险分析文件。

一个有代表性的初步危险分析表见表 8 - 5。

表 8 - 5　初步危险分析表

系统：① 分系统功能：②			初步危险分析				分析人员：③ 日期：④		
序号	危险	原因	影响	模式	IMRI	建议措施	FMRI	备注	状态
⑤	⑥	⑦	⑧	⑨	⑩	⑪	⑫	⑬	⑭

3. 注意事项

（1）牢记初步危险分析的目的是识别系统危险、危险影响、各方面危险致因因素和风险。初步危险分析的另一副产品是识别顶层事故和安全关键功能。

（2）先在单独的分析表页上列出并系统地评估系统硬件分系统、系统功能和能源。针对每一类别，识别可能导致初步危险表确认的顶层事故的危险。同样可以应用危险检查表识别新的顶层事故和危险。

（3）为开展初步危险分析，初步危险表中的危险必须转变为顶层事故。利用顶层事故以及危险检查表和危险识别的经验教训来识别危险。

（4）在评估系统硬件、功能和能源时，可能重复识别到相同的危险，对此不必有所顾虑，这样做是为了使分析工作完全覆盖系统以识别出所有的危险。

（5）对识别出的危险进行深入分析，以确定其致因因素、影响和风险。

（6）当危险的致因因素和影响确定以后，其风险就可以得以确定或估计。

（7）初步危险分析表中记录的危险应清晰易懂，并包含尽可能多地了解危险所必需的信息。

（8）初步危险分析表中的"危险"栏不一定要包含危险三要素：危险元素、触发机制和输出。把初步危险分析表的若干栏结合起来能够包含危险的所有三要素。例如，可将危险元素写在"危险"栏中，将触发机制写在"原因"栏中，将输出写在"影响"栏中。将"危险""原因"和"影响"3 栏综合即可完整地描述危险。

8.3.4 分系统危险分析/系统危险分析

1. 概述

分系统危险分析/系统危险分析是为了进一步深入开展安全性分析工作，确定安全性关键件，详细分析影响安全性的各类危险及其影响，进行事故风险评估，为安全性验证提供证据。结合操作规程对装备使用中的危险进行分析，为制定使用安全规程和应急预案提供依据。

（1）分系统危险分析（SSHA）。它重点分析与分系统设计有关的危险和组成分系统的部件之间的功能关系所导致的危险及其对系统安全性的影响。分析角度包括硬件、功能、材料、危险源。分系统危险分析实际上是初步危险分析的扩展与细化。随着分系统设计的进展，分系统危险分析也应进行迭代和修改。

（2）系统危险分析（SHA）。它是在分系统危险分析的基础上进行的系统级安全性分析，用以进行系统级功能故障和分系统间相互作用产生的安全性问题分析，重点是接口，关注顶层风险和关键安全功能。SSHA 与 SHA 最简单的方法是表格式分析方法，如同 FMEA。

GJB 900A 将二者统一称为系统危险分析，但开展的工作相当于分系统危险分析，但没有额外强调系统危险分析的部分。

2. 方法与步骤

分系统危险分析/系统危险分析的过程如图 8 – 7 所示。

图 8 – 7　分系统危险分析/系统危险分析的过程

具体包括以下步骤：

（1）定义系统执行的操作，并明确其范围和边界。了解系统的设计和使用，以及详细分系统设计。

（2）制定分系统危险分析/系统危险分析计划。

（3）制定适用的安全性设计准则、安全性技术规范、安全性设计指南，并明确安全关键因素。

（4）收集分析所需的所有详细设计和使用信息。其中包括：原理图、使用手册、功能流程图和可靠性框图等。制定危险检查表，收集有关的经验教训以及其他可用的危险相关信息。

（5）实施分系统危险分析/系统危险分析。

（6）评估风险，确认每个被识别的危险在系统设计中减少危险措施实施前、后的事故风险水平。

（7）提出纠正措施建议。提出对所识别危险进行消除或减少所需的纠正措施建议。与设计部门合作，将建议转化为系统安全性要求。同时，确认设计或流程中用于减少危险的安全特性。

（8）纠正措施监控，以保证安全性建议和系统安全要求在减小危险方面达到预期的效应。

（9）跟踪危险。

（10）编写分系统危险分析/系统危险分析报告。

分系统危险分析/系统危险分析表示意见表 8-6。

表 8-6　分系统危险分析/系统危险分析表示意（以系统危险分析为例）

系统：①		系统危险分析			分析人员：② 日期：③			
序号	TLM/SCF	危险	原因	影响	IMRI	建议措施	FMRI	状态
④	⑤	⑥	⑦	⑧	⑨	⑩	⑪	⑫

3. 注意事项

（1）目的是确认已识别危险的具体分系统原因，以及先前未识别的危险。对风险评估和降低方法进行细化。

（2）隔离分系统，仅查找分系统中的危险。分系统危险分析中危险影响仅限于分系统内部。系统危险分析识别分系统危险分析接口危险及其致因因素。

（3）分系统危险分析首先将初步危险分析得到的危险填入分系统危险分析分析表。通过评估分系统部件，以确定这些危险的具体致因因素。实际上，初步危险分析中的功能危险和能源危险将被转化为分系统危险分析所分析的分系统的相应责任。

（4）通过评估分系统的硬件部件和软件模块识别新的危险及其致因因素。利用一些分析辅助工具，如顶层事故表、危险检查表、以往的经验教训、事故调查报告以及相似系统中的危险，帮助识别新的危险。

（5）很多危险是固有危险（接触高压、超重、火灾等）。一些分系统危险可能会造成系统危险（如意外的导弹发射），但通常是多个分系统共同造成该类系统危险（因此需要系统危险分析）。

（6）考虑作为分系统危险原因的分系统错误输入（命令错误）。

（7）利用初步危险分析和分系统危险分析的危险建立 TLMs。TLMs 用于系统危险分析中识别危险，随着分系统危险分析工作的进展，继续制定 TLMs 和 SCFs，并在分析中加以应用。

（8）分系统危险分析表中的危险记录应清晰易懂，并尽可能多地包含理解危险所必要的信息。

（9）分系统危险分析表中的"危险"栏未必包含危险三要素：危险元素、触发机制和输出。将分系统危险分析表的若干栏组合起来能够包含危险的所有三要素。例如，将危险元素填入"危险"栏中，将触发机制填入"原因"栏中，将输出填入"影响"栏中。"危险""原因"和"影响"3 栏共同完整地描述危险。这 3 栏的信息提供了危险三角的三边。

（10）分系统危险分析不对功能进行评估，除非该功能完全包含于该分系统之中。功能一般会跨越分系统的边界，因此应在系统危险分析中予以评估。

8.3.5　使用与保障危险分析

1. 概述

使用与保障危险分析（OSHA）侧重于把危险工作状态与其他活动、区域和人员隔离开来；提供控制措施以防故障对系统造成不利影响或引起人员伤亡或设备损坏；设计及安装部件使操作人员在使用、维护、修理或调整期间远离危险；使操作人员免受不必要的生理和心理压力，进而避免可能导致差错而伤害人员；保护操作人员，在危险部件、设备等处安装有效的标准警告系统。

2. 方法与步骤

使用与保障危险分析的表格法首先主要是分析在人员正确操作下，系统规定的操作规程存在的危险隐患；然后，分析可能的人员操作失误造成的危险及其影响；其后，分析在系统使用或保障过程中可能的意外事件，以及其带来的危险；最后，提出设计更改、建议的操作规程和制定应急预案。

使用与保障危险分析的过程如图 8 - 8 所示。

具体包括如下步骤：

（1）对操作活动进行定义，并明确范围和边界，了解操作活动及其目标。

（2）采集信息。采集分析所必需的设计和使用信息，包括原理图和使用手册。

（3）列出作业流程和具体的作业，制定使用与保障危险分析中要分析的全部流程和作业的详细列表。该列表可直接取自处于最终稿或草稿状态的手册、规程说明或操作使用计划。

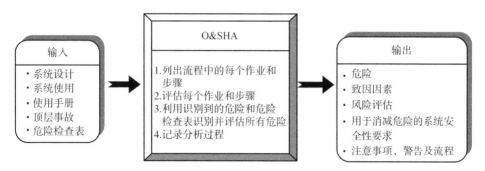

图 8 - 8　使用与保障危险分析的过程

（4）进行使用与保障危险分析。将作业列表填入使用与保障危险分析表；对作业列表中的项目逐一评估，并识别作业中的危险；将作业和流程与危险检查表进行对比；将作业和流程与以往经验教训进行对比；识别危险时，梳理作业间的关系、时序以及并行开展的作业。

（5）确认系统设计中危险减少措施实施前、后的事故风险水平。

（6）提出消除或减少所识别危险所需的纠正措施，与设计部门一起，将该建议转化为系统安全性要求。此外，确定已用于设计或流程中的、可减少危险的安全特性。

（7）确保警告和注意事项的落实。

（8）监控纠正措施。

（9）跟踪危险。

（10）生成使用与保障危险分析文件。

使用与保障危险分析表示意见表 8 - 7。

表 8 - 7　使用与保障危险分析表示意

系统：① 操作：②		使用与保障危险分析				分析人员：③ 日期：④			
作业	危险 序号	危险	原因	影响	IMRI	建议措施	FMRI	备注	状态
⑤	⑥	⑦	⑧	⑨	⑩	⑪	⑫	⑬	⑭

3. 注意事项

（1）使用与保障危险分析的目的是评估系统设计与操作流程，以识别危险并消除或减少作业危险。

（2）使用与保障危险分析工作从将被分析的具体作业单元填入使用与保障危险分析表开始。

（3）使用与保障危险分析表中所记录的危险应明确且易于理解，并且包含尽可能多的必要信息以理解危险。

（4）使用与保障危险分析表中"危险"一栏无须包含所有的危险三要素（危险元素、触发机制和输出），使用与保障危险分析表中的若干栏组合即可包含危险的所有三要素。

8.3.6 健康危险分析

1. 概述

健康危险分析（Health Hazard Assessment，HHA）是一项从人员健康方面评估系统设计的分析技术，包括考虑人机工效、噪声、振动、温度、化学物品、危险材料等。健康危险分析的目的是识别系统设计中的人员健康危险并通过设计消除这些危险。如果不能消除健康危险，则必须采取保护措施将相应风险降低到可接受水平。在制造、使用、试验、维修和报废阶段都要考虑健康危险。

健康危险分析与使用与保障危险分析有一定的相似之处，但两者的关注点不同。使用与保障危险分析评估操作人员作业和活动来进行危险的识别，而健康危险分析重点关注的是人员健康问题。这两种方法偶尔有部分重叠。

2. 方法与步骤

健康危险分析的过程如图 8 - 9 所示。

具体包括如下步骤：

（1）获取关于系统的所有设计、使用和制造数据。

（2）获取已知健康危险检查表，如化学物品、材料和流程等。同时，获取系统操作中已知的人的承受极限检查表，如噪声、振动和热。

（3）获取所有可应用于人员健康危险的规章资料和信息。

（4）利用检查表、检查系统、识别系统中所有可能的健康危险源和过程，如果可能应确定其数量和位置。

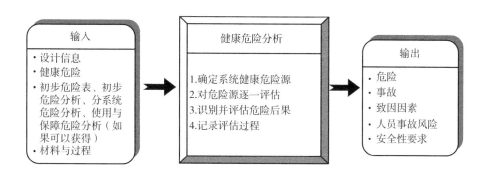

图 8 - 9 健康危险分析的过程

（5）识别并列出系统设计中由健康危险源造成的潜在危险。

（6）制定设计消减措施或在健康危险源路径上设计屏障。同时，确定已使用的用于消除或减小危险的设计属性。

（7）确定在系统设计中采用设计控制前、后，对人员健康的事故风险水平。

（8）确认当前的设计控制措施是否充分，若不充分应补充减小事故风险的控制措施建议。

（9）跟踪危险。

（10）生成健康危险分析文件。

健康危险分析表示意见表 8 - 8。

表 8 - 8 健康危险分析表示意

系统：① 分系统：② 操作：③ 模式：④		健康危险评价		分析人：⑤ 日期：⑥					
危险类型	序号	危险	原因	影响	IMRI	建议措施	FMRI	备注	状态
⑦	⑧	⑨	⑩	⑪	⑫	⑬	⑭	⑮	⑯

常见的健康危险类型见表 8 - 9。

表 8 - 9　常见的健康危险类型

序号	名称	示例
1	物理危险	如噪声、冷热应力、离子辐射或非离子辐射等
2	化学危险	如易燃、易爆、腐蚀、有毒、致癌、窒息、呼吸刺激物等
3	生物危险	如细菌、病毒等
4	人机功效危险	如提升要求、工作强度等
5	防护装置失效危险	如通风、噪声衰减、辐射屏蔽等

8.3.7　功能危险分析

1. 概述

功能危险分析（FHA）是指系统地、综合地检查产品的各种功能，以确定不但在它故障时，而且在它正常工作时可能产生或诱发产生的潜在危险。其一般在整机级与系统级开展，随着产品细致程度的增，也可向下级延伸。高一层次的功能危险分析的输出是下一层次的输入。

其目的是发现功能缺陷导致的危险；分析功能故障导致的危险，包括其他功能故障对其影响；分析各种功能综合、协调实现导致的危险；在此基础上，确定危险对人员/产品安全的影响极其严重程度，并形成安全性要求，并将此要求分解给软、硬件。

2. 方法与步骤

功能危险分析的过程如图 8 - 10 所示。

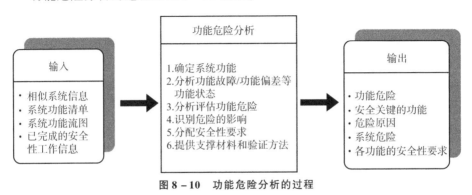

图 8 - 10　功能危险分析的过程

具体包括如下步骤：

（1）定义要执行的任务操作，并确定其范围和边界，理解任务操作及其目标。

（2）获取分析工作所需的所有必要的设计和操作数据，包括图表和手册。

（3）详细列出功能危险分析要分析的所有功能。可从现有设计文档中直接获得，重要的是对所有功能都要考虑。

（4）对功能清单中的每一项进行功能危险分析，评估每种功能故障模式的影响后果，识别不同任务阶段中所有的功能故障模式。利用已有的危险分析结果和危险检查表辅助识别功能危险。识别危险和现有的消除或降低危险的设计特性。

（5）对识别的危险评估其事故风险等级。

（6）根据事故风险等级，确定对安全具有关键影响的功能。

（7）对风险不可接受的危险提出改进措施，并确定安全性要求以消除和减轻危险。还应确定为减轻危险在设计和规程中已有的安全特性。

（8）审查设计要求，确保改进措施得到落实。

（9）跟踪危险。

（10）编写分析报告。

功能危险分析表示意见表 8 - 10。

表 8 - 10　功能危险分析表示意

编号	故障状态	任务阶段	故障影响	严重性等级	参考的支撑材料	验证方法	研制保证等级
（1）	（2）	（3）	（4）	（5）	（6）	（7）	（8）

研制保证等级表示意见表 8 - 11。

表 8 - 11　研制保证等级表示意

研制保证等级	安全性目标	目标说明
A	极不可能	$<10^{-9}/FH$
B	极微小	$<10^{-7}/FH$
C	微小	$<10^{-5}/FH$
D	有可能	$<10^{-3}/FH$
E	无要求	无要求

3. 注意事项

(1) 应尽早在论证与方案设计阶段进行。

(2) 基于功能，首先必须建立功能基线。

(3) 应仔细列入系统的所有功能与工作模式。

(4) 列出系统的所有工作状态，包括应急状态。

(5) 只针对产品功能分析，切勿将软、硬件危险模式写入。

(6) 要注意分析在操作和维修时的人为差错。

(7) 分析后必须列出危险故障状态的清单和处置方法。

|8.4　安全性设计方法|

8.4.1　安全性设计的基本概念

安全性设计是通过各种设计活动来消除和控制各种危险，提高现代复杂系统的安全性。安全性设计是保证系统满足规定的安全性要求最关键和有效的措施，它包括进行消除和降低危险的设计、在设计中采用安全和告警装置以及编制专用规程和培训教材等活动。安全性设计是对安全性分析结果的处理。

安全性设计的目标是形成3大体系，包括：

(1) 预防体系：消除危险或降低风险，提高固有安全性；

(2) 保障体系：防护/隔离、告警与标示等保障手段；

(3) 救援体系：应急处理等补救手段，减少损失。

8.4.2　安全性设计需求与层级

安全性设计根据风险控制要求的不同，有不同的层级，如图8-11所示。在设计中为满足安全性要求和纠正已判定的危险，应按以下优先顺序采取措施：

(1) 最小风险设计。首先在设计上消除危险，若不能消除已判定的危险，应通过设计方案的选择将风险减少的订购方规定的可接受水平。

（2）采用安全装置。若不能通过设计消除危险或不能通过设计方案的选择满足订购方的要求，则采用安全装置。

（3）采用报警装置。若最小风险设计和安全装置都不能有效地消除已判定的危险或满足订购方的要求，则应采用报警装置来检测危险状况，并向有关人员发出适当的报警信号。报警信号应明显，以尽量减少人员对信号作出错误反应的可能性，并应在同类系统内标准化。

（4）制定专用规程和进行培训。若通过设计方案的选择不能消除危险，或采用安全装置及报警装置也不能满足订购方的要求，则应制定专用规程和进行培训。除非订购方放弃要求。对于 Ⅰ 级和 Ⅱ 级危险决不能仅使用报警装置、注意事项或其他形式的提醒作为唯一减少风险的方法。专用的规程包括个人防护装置的使用方法。对于关键的工作，必要时应要求考核人员的熟练程度。

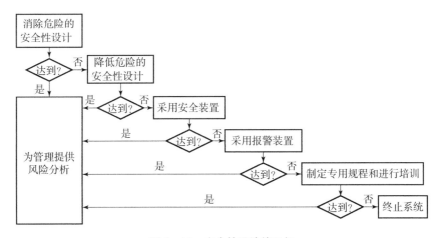

图 8-11　安全性设计的层级

8.4.3　通用安全性设计方法

按照 GJB/Z 99-1997 针对通用产品的危险，可以按照表 8-12 进行安全性设计。

8.4.4　专用安全性设计方法

1. 电子产品安全性设计方法

对一般电子产品，可以表 8-13 进行安全性设计。

表 8 - 12　通用产品安全性设计方法

序号	危险类型	基本控制原则	危险控制方法
1	环境危险	防护/屏蔽装置，改善工作环境	（1）控制能量
2	热	供暖/冷却，通风，湿度，个人装具	（2）环境危险的控制
3	压力	降压，改变压力媒介，改进压力容器	（3）材料变质危险的控制
4	毒性	防护装置，通风，改进材料	（4）隔离
5	振动	消除振动，隔振，控制振源	（5）闭锁、联锁、锁定
6	噪声	消除或控制噪声，隔离，个人保护装置	（6）降额
7	辐射	屏蔽，防护装置	（7）冗余
8	化学反应	避免反应物质的接触	（8）状态监控
9	污染	控制污染源，过滤，保持清洁	（9）故障—安全设计
10	材料变质	改进材料，改进设计方案，定期检查和更换，隔离	（10）告警
11	着火	控制温度，避免燃料与火源接触，降低物质活性	（11）标志
12	爆炸	起爆控制装置，储存	（12）损伤抑制
13	电气	绝缘体，防电击措施，防止电弧或电火花，散热，防静电，防雷击，起动保护装置，警告标志	（13）逃逸、救生、营救
14	加速度	改进设计，防护装置	（14）薄弱环节
15	机械	防护装置，告警标示，培训，制定操作规范	

表 8 - 13　电子产品安全性设计方法

序号	危险类型	控制方法
1	电子、电气危险	（1）防电击 ①限制电路输出的电压或电流 ②外壳防护 ③安全接地措施 ④防止危险带电件与可触及件之间的绝缘击穿 ⑤防止一次电路的电容器放电 ⑥安全联锁装置 （2）防雷电 （3）防止设备意外起动事故

续表

序号	危险类型	控制方法
2	高温 （热）危险	（1）机壳设计 （2）发热元件的处理 （3）合理选用热保护装置 （4）选用适当的散热方法
3	着火危险	（1）限制易燃材料的温度 （2）限制可能的桥接 （3）限制导电零部件进入设备的可能 （4）限制着火和火焰蔓延 （5）限制易燃材料的温度 （6）减小火焰蔓延 （7）使用正确的电源软线 （8）使用合适的软线护套 （9）正确使用端子 （10）正确配置器具输入插座 （11）使用低可燃性的代用材料 （12）将可燃性材料与引燃源隔开 （13）采取排风措施来减小蒸汽聚集 （14）对可能的危险提供警告标记
4	化学危险	（1）尽可能避免使用有潜在危险的化学品 （2）通过提供防护、排气或容器措施来减小可能性 （3）提供警告标记 （4）使散发物减至最少 （5）尽可能减少能产生臭氧的功能 （6）采取充分的室内排气措施 （7）采取清除臭氧的过滤措施 （8）减少悬浮在空气中的细微颗粒 （9）在有细微颗粒源附近避免使用气动装置 （10）警告用普通真空吸尘器去清除洒落物可能引起的危险
5	辐射危险	（1）电磁屏蔽
6	静电危险	（1）防止电荷聚集 （2）排除或安全中和累积电荷

2. 机械产品安全性设计方法

对于一般机械产品，可以按表 8 - 14 进行安全性设计。

表 8 - 14　机械产品安全性设计方法

序号	危险类型	控制方法
1	机械危险	（1）一般设计方法 ①锐边和棱角安全性设计 ②危险旋转或其他运动的零部件 ③松脱、爆炸或内爆的零部件安全性设计 ④针对设备的不稳定性的安全性设计 （2）防挤压危险的安全性设计 （3）防剪切危险的安全性设计 （4）防切割危险的安全性设计 （5）防缠绕危险的安全性设计 （6）防拉入危险的安全性设计 （7）防冲击或撞击危险的安全性设计 （8）防摩擦磨损危险的安全性设计 （9）防止设备意外起动事故
2	热危险	（1）尽可能降低运动件的运动速度 （2）减小运动副的摩擦 （3）加强冷却降温措施 （4）防止高温流体的喷射等
3	噪声危险	（1）消除噪声方法 （2）噪声隔离方法
4	振动危险	（1）消除振动 （2）对人员、其他部件或其他设备进行隔振； （3）在振源处控制（减小）振动
5	加速度危险	（1）电磁屏蔽设计 （2）安装防护装置

3. 火工品安全性设计方法

对于一般火工品，可以按照表 8 - 15 进行安全性设计。

表 8 – 15　火工品安全性设计方法

序号	危险类型	控制方法
1	着火、爆炸危险	（1）防静电设计 ①"堵"静电系列设计技术 ②使用对静电钝感的药剂 ③"泄放"静电系列设计技术 ④采用抗静电电极塞 ⑤采用半导体涂料泄放静电 （2）防射频技术 ①电火工品射频钝感化技术 ②低通滤波器衰减射频能量技术

|8.5　安全性工程管理|

安全性工程管理的核心是保障系统/产品的系统安全工作能够目标明确、职责清晰、责任到位、有序地按计划开展，并全程受控，顺利实现系统安全的工程目标。

（1）要成立专门负责安全性工作的组织机构，明确职责分工，全面和全过程负责管理系统/产品的系统安全性的各项工作。

（2）最为核心的工作是制定系统/产品研制中的安全性工作计划。安全性工作计划全面统领系统/产品的系统安全性工作。根据装备的安全性要求和特点，以及装备研制的进度、费用等，全面规划安全性工作。包括：确定应开展的安全性工作项目（管理和工程）和项目要求、项目实施的细则（工作目的目标、工作的实施人员、工作项目的输入/输出、时间节点、保障条件，以及各项工作和系统各层次工作的相关性及接口，甚至包括采用的技术手段等）。

（3）危险的闭环与风险管理。系统安全性工程是以"危险"为核心的，管控事故风险。因此，在系统安全性管理中，危险的闭环控制是其十分重要的核心工作，可以说所有的工作都围绕着危险的闭环控制展开。所谓危险的闭环控制，就是识别所有可能的危险，在系统全寿命周期，使每一个危险的处理方式与结果处于管控之下，如危险的消除、降低危害程度、降低导致事故的概率、以及采取防护措施、使用规范、使用过程监控等。总之，对每一个危险都有明确的处理方式与结果，并将整体事故风险控制在可接受范围之内。

安全性工程管理涉及产品的全寿命周期过程与全系统对象。其他相关工作还有：对各研制阶段的安全性工作及其技术结果的评审，作为过程控制手段，保证事故风险被控制在可接受范围内；根据安全性分析的结果，确定安全关键项，在研制过程中对其进行重点控制，因为这些关键项对装备的事故风险影响至关重要；系统/产品研制的总体单位，对于子系统、设备等研制单位，成品供应方等的安全性要进行综合管理：提出安全性要求及工作要求、进行过程监控、检查其安全性工作、对其安全性工作的结果进行检查验证，还有试验安全管理、安全性信息管理和安全培训等工作。

|8.6 工程案例|

安全性分析是全方位逐渐深入的过程。以装甲车辆为例，对其进行初步危险分析。初步危险分析是后续分系统/系统危险分析的基础。其分析思路过程是相似的。初步危险分析可以从功能、约定设备、能量源等角度展开。针对该地面移动平台，事故后果严重等级和事故发生可能性等级以及风险指数见表 8 – 16 所示。详细分析结果见表 8 – 17～表 8 – 19。

表 8 – 16　风险指数表

	1 灾难的	2 危险的	3 严重的	4 轻微的	5 无影响
A 频繁		3	6	11	18
B 很可能	2	4	8	13	20
C 有时	5	7	9	15	22
D 极少	10	12	14	16	24
E 不可能	17	19	21	23	25

表 8 – 17　初步危险分析（功能类示例）

序号	名称	危险	阶段	危险原因	危险影响	控制前 IMRI			控制措施类型	控制措施	控制后 FMRI			状态	备注
						后果	可能性	HRI			后果	可能性	HRI		
PHA – F – 0001	车载控制功能	车载控制箱不能接受指令信号	机动	信号电路故障	车载控制功能丧失	2	B	4	通过设计方案消除危险	对电路进行冗余设计	5	F	25	已处理	
PHA – F – 0002	驱动与控制功能	驱动电极功能在任务过程中丧失	机动	电动机故障	无法控制地面移动平台的运动	2	B	4	采用安全装置	定时检修	4	E	23	已处理	
PHA – F – 0003	导航与定位功能	导航功能丧失	使用	导航通信中断	不能对地面移动平台进行导航	3	B	8	采用报警装置	对导航功能进行报警设置	4	E	23	已处理	

表 8 - 18　初步危险分析（约定设备示例）

序号	名称	危险	阶段	危险原因	危险影响	控制前 IMRI			控制措施类型	控制措施	控制后 FMRI			状态	备注
						后果	可能性	HRI			后果	可能性	HRI		
PHA – E – 0001	电池供电系统	电池漏电	充放电,供电	电池使用时间过长、环境潮湿造成漏电	漏电会造成人员触电，或引发火灾	2	C	7	采用安全装置	对供电系统电路设置电路安全报警装置	4	D	16	已处理	
PHA – E – 0010	驱动与运动控制系统	目标探测与识别失效	传输信号、侦查	传感器故障	路径规划错误	1	B	2	通过设计方案消除危险	对系统进行冗余设计	4	C	15	已处理	
PHA – E – 0014	车载控制箱	无法对建筑物进行识别	建筑物侦查	图像探测距及识别电路出错	无法对该地面移动平台发送控制信号	1	D	10	通过设计方案消除危险	进行冗余设计以防电路出错	5	F	/	已处理	

表 8 - 19　初步危险分析（能量源示例）

编号	名称	危险	阶段	危险原因	危险影响	控制前			控制措施类型	控制措施	控制后			状态	备注
						S	P	HRI			S	P	HRI		
PHA – S – 0001	蓄电池	蓄电池爆炸	机动	电路短路	地面移动平台损毁	3	C	9	采用安全装置	增加保险装置	4	D	16	已处理	

参 考 文 献

[1] GJB 1909 A，装备可靠性维修性保障性要求论证［S］.

[2] GJB 2116，武器装备研制项目工作分解结构［S］.

[3] GJB 451 A，可靠性维修性保障性术语［S］.

[4] 装备通用质量特性要求论证实用技术研究［R］.北京：中国人民解放军装甲兵工程学院，2014.

[5] RMSST 设计与分析评价技术［R］.北京：中国人民解放军装甲兵工程学院，2016.

[6] GJB/Z 1391 – 2006《故障模式、影响及危害性分析指南》装备通用质量特性要求论证实用技术研究［R］.北京：中国人民解放军装甲兵工程学院，2016.

[7] 基于一体化综合保障的装备体系备件需求确定研究［R］.北京：中国人民解放军装甲兵工程学院，2017.

[8] GJB 1909 A《装备可靠性维修性保障性要求论证》实施指南.北京：中国人民解放军陆军装甲兵学院，2018.

[9] 装备体系质量评价方法研究［R］.北京：中国人民解放军陆军装甲兵学院，2019.

[10] 曾生奎，赵廷弟，张建国，等.系统可靠性设计分析教程［M］.北京：北京航空航天大学出版社，2001.

[11] 曹晋华，陈侃.可靠性数学引论［M］.北京：科学时代出版社，1986.

[12] 肖刚，李天柁.系统可靠性分析中的蒙特卡罗方法［M］.北京：科学出版社，2003.

[13] Yi Xiaojian, Shi Jian, Hou Peng. Chapter 1： Complex System Reliability Analysis Method：Goal Oriented Methodology. System Reliability［M］. InTech Open Access Publisher，2017.

[14] Yi Xiaojian, Shi Jian, Mu Huina. Goal Oriented Methodology & Application in Nuclear Power Plants：A Modern Systems Reliability Approach［J］. Elsevier，2019.

［15］Yi Xiaojian，Lai Yuehua，Dong Haiping，Hou Peng. A Reliability Optimization Allocation Method Considering Differentiation of Functions ［J］. International Journal of Computational Methods，2016，13（4）.

［16］Yi Xiaojian，B. S. Dhillon，Dong Haiping，Shi Jian，Jiang Jiping. Quantitative Reliability Analysis of Repairable Systems with Closed – Loop Feedback Based on GO Methodology ［J］. Journal of the Brazilian Society of Mechanical Sciences and Engineering，2017，39（5）：1 845 – 1 858.

［17］Yi Xiaojian，B. S. Dhillon，Shi Jian，Mu Huina，Dong Haiping. Reliability Analysis Method on Repairable System with Standby Structure Based on Goal Oriented Methodology ［J］. Quality and Reliability Engineering International，2016，32（7）：2 505 – 2 517.

［18］Yi Xiaojian，Shi Jian，B. S. Dhillon，Mu Huina，Zhang Zhong. A New Reliability Analysis Method for Vehicle Systems Based on Goal Oriented Methodology ［J］. Proceedings of the Institution of Mechanical Engineers，Part D：Journal of Automobile Engineering，2017，231（8）：1066 – 1095.

［19］Yi Xiaojian，Shi Jian，B. S. Dhillon，Hou Peng，Lai Yuehua. A New Reliability Analysis Method for Repairable Systems with Multi – Function Modes Based on Goal Oriented Methodology ［J］. Quality and Reliability Engineering International，2017，33（8）：2 215 – 2 237.

［20］Yi Xiaojian，Shi Jian，B. S. Dhillon，Hou Peng，Dong Haiping. A New Reliability Analysis Method for Repairable Systems with Close – Loop Feedback Links ［J］. Quality and Reliability Engineering International，2018，34：298 – 332.

［21］装备质量特性与保障能力生成研究 ［R］. 北京：中国人民解放军陆军装甲兵学院，2019.

［22］单志伟. 装备综合保障工程 ［M］. 北京：国防工业出版社，2007.

［23］GJB 3872《装备综合保障通用要求》实施指南（第二版补充版）. 总装备部电子信息基础部技术基础局、总装备部技术基础管理中心，2007.

［24］美军综合后勤保障手册（第三版）. 总装备部电子信息基础部技术基础局，总装备部技术基础管理中心，2010.

［25］外军装备综合后勤保障与保障性最新资料汇编. 总装备部电子信息基础部技术基础局，总装备部技术基础管理中心，2010.

［26］美国陆军手册 73 – 5《使用试验与评价指南》. 总装备部电子信息基础部技术基础局，总装备部技术基础管理中心，2012.

［27］GJB 438B，军用软件开发通用要求 ［S］.

［28］GJB 439A，军用软件质量保证通用要求［S］.

［29］GJB 1371，装备保障性分析［S］.

［30］GJB 1378A，装备以可靠性为中心的维修分析［S］.

［31］GJB 2961，修理级别分析［S］.

［32］GJB 3837，装备保障性分析记录［S］.

［33］GJB 3872，装备综合保障通用要求［S］.

［34］GJB 5432，装备用户技术资料规划与编制要求［S］.

［35］GJB 7686，装备保障性试验与评价要求［S］.

［36］GJB/Z 151，装备保障方案和保障计划编制指南［S］.

［37］GJB/Z 1391，故障模式、影响及危害性分析指南［S］.

［38］GJBz 20448，装甲车辆故障判别准则［S］.

［39］GJBz 20517，武器装备寿命周期费用估算［S］.

［40］2019 年上半年陆军装备质量形势分析报告［R］. 陆军装备部，2019.

［41］陆军装备质量安全保障需求分析报告［R］. 陆军装备部，2019.

［42］装备保障方案确定方法研究［R］. 北京：中国人民解放军装甲兵工程学院，2003.

［43］典型装备使用保障研究［R］. 北京：中国人民解放军装甲兵工程学院，2003.

［44］保障方案权衡分析与优化研究［R］. 北京：中国人民解放军装甲兵工程学院，2003.

［45］装备保障资源确定方法研究［R］. 北京：中国人民解放军装甲兵工程学院，2003.

［46］装备保障性试验与评价模型与方法研究［R］. 北京：中国人民解放军装甲兵工程学院，2003.

［47］典型装备保障资源配套建设研究［R］. 北京：中国人民解放军装甲兵工程学院，2004.

［48］面向作战与训练任务的装备保障资源优化配置方法研究［R］. 北京：中国人民解放军装甲兵工程学院，2012.

［49］综合保障技术体系研究［R］. 北京：中国人民解放军装甲兵工程学院，2012.

［50］基于精细化管理的装甲装备保障效益评估研究［R］. 北京：中国人民解放军装甲兵工程学院，2015.

［51］装备全寿命保障能力综合研究［R］. 北京：中国人民解放军装甲兵工程学院，2015.

［52］ 基于分析平台的装备保障性分析验证技术［R］．北京：中国人民解放军装甲兵工程学院，2015．

［53］ 新型机械化部队装备体系维修保障资源规划与优化技术研究［R］．北京：中国人民解放军装甲兵工程学院，2015．

［54］ 装备综合保障顶层国家军用标准修订研究［R］．北京：中国人民解放军装甲兵工程学院，2016．

［55］ 装甲装备保障资源验证方法研究［R］．北京：中国人民解放军装甲兵工程学院，2016．

［56］ 新型装甲装备通用质量特性要求确定与权衡分析技术研究［R］．北京：中国人民解放军陆军装甲兵学院，2019．

［57］ 陈守华．保障方案权衡分析方法研究——费用权衡分析［C］．中国人民解放军装甲兵工程学院第九届学术年会论文集，2003．

［58］ 刘福胜．备品备件需求确定方法研究［C］．应用高新技术提高维修保障能力会议论文集，2003．

［59］ 陈守华．GJB3837《装备保障性分析记录》与综合保障工作平台数据库的建立［C］．第三届装备可靠性维修性保障性研讨会论文集，2005．

［60］ 陈守华．保障资源定性要求评价方法研究［C］．装备保障支撑理论与关键技术学术研讨会论文集，2006．

［61］ 张波，等，单装维修器材消耗标准制定方法及其应用［J］．中国人民解放军装甲兵工程学院学报，2018．

［62］ 石君友．测试性设计分析与验证［M］．北京：国防工业出版社，2011．

［63］ GJB 3385 - 1998，测试与诊断术语［S］．

［64］ GJB 2547A - 2012，装备测试性工作通用要求［S］．

［65］ GJB 900 - 90，系统安全性通用大纲［S］．

［66］ GJB/Z 99 - 97，系统安全性工程手册［S］．

［67］ MIL - STD - 882D, U. S. Department of Defense. Standard Practice for System Safety: ESOHR Risk Management Methodology for Systems Engineering［S］. 2000.

［68］ ECSS - Q - ST - 40C, Spaceproductassurance：Safety. European Cooperation for Standardization［S］.

［69］ GEIA - STD - 0010, Standard Best Practices for System Safety Program Development and Execution［S］.

［70］ NM87117 - 5670, Airforce System Safety Handbook［S］.

［71］ CliftonA. EricsonII. Hazard Analysis Techniques for System Safety［M］. Johnwiley & Sons, Inc., Publication, 2005.

［72］ SAEARP476，U. S. The Society Automotive. Aerospace Recommended Practice：Guide – linesand Methods Conducting the Safety Assessment Processon Civil Airborne System and Equipment ［S］.

［73］ GB 4064 – 83，电子设备安全设计导则 ［S］.

［74］ GJB/Z 150. 1 – 2007，军用电子设备安全设计指南. 第1部分：电击防护 ［S］.

［75］ SJ/Z 11266 – 2002，电子设备的安全 ［S］.

［76］ 杨有启，钮英建. 电气安全工程 ［M］. 北京：首都经济贸易大学出版社. 2000.

［77］ GB/T 15706. 1 – 2007，机械安全基本概念与设计通则. 第1部分：基本术语和方法 ［S］.

［78］ GB/T 15706. 2 – 2007，机械安全基本概念与设计通则. 第2部分：技术原则 ［S］.

［79］ 孙桂林. 机械安全手册 ［M］. 北京：中国劳动出版社，1993.

［80］ GJB 373A – 97，引信安全性设计准则 ［S］.

［81］ GJB 551 – 88，火工品术语 ［S］.

［82］ GJB 1054 – 90，火炸药贮存安全规程 ［S］.

［83］ GJB 2001 – 94，火工品包装、运输、贮存安全要求 ［S］.

［84］ GJB 4377 – 2002，弹药、导弹用火工品安全性要求 ［S］.

［85］ 叶迎华. 火工品技术 ［M］. 北京：北京理工大学出版社. 2007.

［86］ AC23. 1309 – IC，U. S. Federal Aviation Administration. Advisory Circular：Equipment，Systems，and Installations in Part 23Airplanes ［S］.

［87］ SAEARP 4754，U. S. The Society of Automotive Engineering. Aerospace Recommended Practice：Certification Considerations for Highly – Integrated Complex Aircraft Systems ［S］.

［88］ MIL – HDBK – 514 （USAF），U. S. Department of Defense. Department of Defense Handbook：Operational Safety，Suitability，&Effectiveness for The Aeronautical Enterprise ［S］.

［89］ MIL – HDBK – 764 （M），U. S. Department of Defense. Department of Defense Handbook：System Safety Design Guide for Army Material ［S］.

［90］ DEF – STAN – 00 – 970，lssue5. Design and Airworthiness Requirements for Serviece Aircraft ［S］.

［91］ DEF – STAN – 00 – 56，lssue4. Safety Management Requirements for Defence Systems ［S］.

［92］ DOE – HDBK – 1163，U. S. Department Energy. DOE Handbook：Integration of Multiple Hazard Analysis and Activities ［S］.

索 引

0 ~ 9（数字）

3D 模型构建 261

100 系列——保障性分析工作规划与控制 288

200 系列——装备与保障系统分析 288

300 系列——备选方案制定与评估 289

400 系列——确定保障资源需求 289

500 系列——保障性评估 289

A ~ Z、γ ~ η

AMSAA 模型 143、145

ATE 396

BIT 396、403、407

　软/硬件设计原则 408

　设计 403

BIT 技术 408、409

　分类 409

　适用范围及优缺点 410（表）

CA 65、65（表）

Duane 模型 143、144、144（图）

　参数确定 144

ESS 45

ETE 397

FA 397

FAR 396

FD 397

FHA 448

FMEA 62、62（表）、327

FMECA 42、59 ~ 61、66、299

　分析技术 59

　技术分析步骤 61、61（图）

　输出清单 66

FMECA 技术标准 59、60（表）

　工作流程 60

FRACAS 40

FTA 装甲车辆可靠性建模与分析应用实例 93

GJB1371 工作项目系列、工作项目名称和目的（表） 286

GO 法 51、53、55、58、118

　标准操作符类型 52（图）

　定量计算 58

　定性分析 58

　分析流程 55

　分析所得系统可用度和各功能故障率结果（表） 118

　概率公式算法 53

　基本理论 51

GO 法装甲车辆可靠性建模与分析 51、88

　应用实例 88

GO 法装甲车辆可靠性、维修性指标权衡优化分配 76 ~ 80、85 ~ 87

　方法 76

　方法流程 85、87（图）

　结果分析与评估 87

　模型建立 86

　模型求解 86

索 引

问题结构（图） 87

问题描述 86

问题描述数学模型 79

问题目标函数 78

问题求解 80

问题约束条件 77

GO 法综合传动装置电液控制系统优化分配
104、110、111

模型建立 104

模型求解 111

问题描述 110

GO 图 53、57、89

建立 57、89

GO 图模型 51、109

建立 109

GO 运算 53

HHA 446

Jack 环境下不同视角范围（图） 229

Jack 环境下的实体可达性分析（图） 229

LCC 305

LCCA 305

LORA 302、303、334～336

分析方法 303

基本步骤 334

基本概念 302

基本流程（图） 334

主体工作流程（图） 335

作为评价要素 344

LRU 396

LRU 测试性描述表（表） 421

各栏填写内容说明（表） 421

LRU 测试性预计 420

输入主要资料 420

LRU 测试性预计工作表（表） 422

各栏填写内容说明（表） 422

NASA 哈勃望远镜虚拟维修训练系统（图）
253

OMTA 303

OMTA 分析流程 304、304（图）

OSHA 444

P_1 和 P_2 权重（表） 116

PA 432

PHA 439

PL 432

RCMA 299、300（图）

RCMA 分析结果组合 302

步骤 302

RDT 140

RGT 140

RS 432

RU 396

SHA 442

SMG 虚拟维修（图） 253

SRU 395、423

测试性预计 423

SRU 测试性预计工作表（表） 423

各栏填写内容说明（表） 423

SSHA 441

Testability 396

TP 396

UUT 396、398

测试点设置要求 398

VDVAS 256

$\gamma > 0$ 时威布尔分布函数直线化（图） 181

η 的估计（图） 181

m 的估计（图） 181

A

安全 431、432

可靠度 432

安全性 35、230、325、430～432、450

定性要求 35

基础概念及度量 430

评估方法 432

评估准则 230

　　一般度量方式 432

　　影响 325

　　与安全并列 431

安全性分析 435、456

　　方法 435

　　工作、时机与关系 435

　　结果 456

　　目的 435

安全性工程 429、434、455、456

　　工作内容（图） 434

　　工作思路 434、435（图）

　　管理 455、456

　　原理 434

安全性设计 450、451

　　层级（图） 451

　　方法 450

　　基本概念 450

　　需求与层级 450

安装工艺更改（图） 192

B

百公里平均保养工时 29

百公里平均预防性维修工时 28

版本型单元 78、125

　　费用函数（表） 78

　　相关参数（表） 125

包装等级确定 361

包装容器及备件包装设计 361

包装要求 360

保障方案 295、296、318、319、343

　　定义与组成 318

　　评价因素 343

　　权衡分析 296

　　确定一般过程 318、319（图）

　　确定与优化 295

　　首要工作确定 295

制定与优化 296

保障能力 388

　　需求确定示例 388

保障设备 353、371、388

　　定性评估核对（表） 371

　　品种确定 353

　　数量方法 353

　　需求确定 353、388

　　需求确定示例 388

保障设施 360

　　需求分析确定的一般过程（图） 360

保障系统级描述 318

保障性 281、294、307～309、313、315、
　　367

　　参数指标确定方法 315

　　仿真试验方法 367

　　合同要求 309、313

　　要求 294、307

　　综合要求 308

保障性定量要求 307、308、367、371、
　　391

　　评估方法 367

　　试验与评估 391

　　与定性要求 307

保障性定性要求 34、308、371、391

　　评估方法 371

　　确定方法 317

　　试验与评估 391

保障性分析 289、292、294、298

　　工作流程（图） 294

　　工作项目应用范围（表） 289

　　记录报告 292

　　与分析技术之间的对应关系（图）
　　298

保障性分析记录关系表 291

　　类别和内容（表） 291

保障性设计 279、382

定性要求　382

　　分析技术与工程实践　279

保障性使用要求　309、311、313

　　初步提出　311

　　转化为保障性合同要求　313

保障性试验　365、367

　　方法　365

　　统计试验方法　365

保障性试验与评估　297、298、362、363

　　分类　363

　　工作　298

　　目的　363

保障性演示试验　366

　　方法　366

保障资源　297、309、318、346、358、
381、383

　　参数　381

　　定性要求　383

　　方案　318

　　需求确定　297、358

　　要求　309

　　综合权衡分析　346

备品备件需求确定　355

被测单元　395

比较分析　295、312

比例组合故障率分配方法　75

标度　70

　　与模糊数权重评估　70

标准化研究　312

表格法　444

补偿措施分析　64

不可修件数量（表）　390

不可修零部件　357

　　修复性维修备品备件数量计算模型
357

　　预防性维修备品备件数量计算模型
356

部署使用阶段保障性分析工作　286

C

采集试验数据　243

参考文献　459

参试样车　391

　　故障间工作时间统计（表）　391

　　修复性维修时间统计（表）　391

参数分布类型方法　367

参数估算法　306

操作符　51

测试点　396、398、399

　　类型　397

　　设置需求分析　399

测试点选择与设置　398～399

　　步骤　400

　　要求　399

测试接口　403

　　设计　403

　　要求　403

测试容差　396

测试设备　372、373

　　37 次诊断情况及对保障工作影响（表）
373

　　诊断时间与总维修时间（表）　372

　　诊断效果汇总（表）　373

测试性　34、393～396、424

　　定性要求　34

　　功能规划　424

　　设计方法　397

　　设计技术与工程实践　393

　　术语　396

　　预计与分析　416

测试性预计步骤　417、421～423

　　BIT 分析　421

　　LRU 测试性描述表填写　421

　　LRU 测试性预计工作表填写　422

测试点可观测性分析 421

输入/输出（I/O）信号分析 421

提出建议 423

测试性预计工作 415、416

目的 415

所需资料 420

测试性预计内容及方法 416~420

不能检测故障分析 420

测试性框图模型 417

数据准备 417

系统测试性预计工作表填写 418

系统故障检测率及隔离率预计 419

现场可维修故障可检测性分析 418

虚警率预计分析 420

预计结果分析 420

层次分析法 346

层次结构模型 73、73（图）

层次局部权重估计 73

产品各研制阶段 FMECA 工作流程（图）
61

产品功能与故障模式 63

产品可靠性 4、134

基础能力要求 4

产品起始技术状态 186

产品属性评估 228

步骤 228

方法 228

产品维修性系统权衡优化过程 204

功能结构设计 204

维修性设计 204

场效应管管脚断裂 192、192（图）

常规环境应力筛选 136

车体外部检查 384

承制方、转承制方和供应方进行监督和控制
25

承制方和转承制方监督和控制 39

初步保障性 311

定量要求 311

定性要求 311

初步设计方案 310

初步危险表 437~439

方法与步骤 438

分析过程（图）438

示意（表）439

注意事项 439

初步危险分析 439~441

方法与步骤 439

过程（图）440

注意事项 441

初步危险分析（表）440、457、458

初始保障方案 310、376

使用保障方案 376

维修保障方案 377

初始化信息素地图 83

储存要求 362

D

打分规则 247

单参数指数分布 161

单车战斗准备时间 27、315、380

要求 315

单一费用估算模型 342

单一分配系统故障率分配 76

单元级 BIT 设计 405

流程 405、406（图）

单元级 BIT 设计步骤 407、408

测试对象分析 407

功能设计 407

工作模式设计 407

软/硬件设计 408

设计要求确定 407

单元级功能结构特征与维修性 213、214

定量要素关系矩阵（表）213

定性参数关系矩阵（表）214

单元级维修性设计要素　205

单元可靠性评估　159

挡位油缸组合（表）　102

典型环境应力　137

点估计　159～161、172、176、369

　　方法　369

电气系统维修性定性属性评估准则（表）
　242

电应力　159、186

　　设计　186

　　施加（图）　159

电子产品　150、451、452

　　安全性设计方法　451、452（表）

电子产品可靠性强化试验　150、151（图）

　　试验项目　150

定量参数指标　368

　　点估计　368

　　区间估计　368

定量环境应力筛选　136

定量计算　96

定时截尾　184

定时维修　385

定数截尾　183

定性分析　95、437

　　方法　437

　　共因失效故障树建立　95

定性要求转化为定量要求评估　371

动力传动部分整体吊装时间　29

动力传动辅助系统维修性定性属性评估准则
　（表）　237

动态故障树　67、68

　　分析技术　67

　　分析流程（图）　67

对比评价　345

滤波组件改进（图）　193

对象层 F 相对于准则层　112、113

　　B1 的模糊判断矩阵（表）　112

B2 的模糊判断矩阵（表）　113

B3 的模糊判断矩阵（表）　113

E ～ F

二项分布单元可靠性评估　160

发动机、传动部分检查　384

反复迭代　313

方案设计阶段保障性分析工作　285

防腐　361

防虚警设计要求　403

仿真法　316

非计划维修　333、385

非经济性分析　303、336、339

　　提问（表）　339

非替换定时截尾寿命试验　178

非替换定数截尾寿命试验　176

费用分解结构　305

费用估算　305、306、341

　　方法　305、306

　　模型　341

　　选取　306

费用函数　78

费用权衡分析　346

分析所需要数据　336

分系统通用质量特性主任设计师职责　13

分系统危险分析　441、443

分系统危险分析/系统危险分析　441～443、
　443（表）

　　方法与步骤　442

　　过程（图）　442

　　注意事项　443

风扇控制系统工作原理分析　101

风险指数表（表）　456

风险指数内涵（表）　433

复杂性　49

G

改进保障性技术途径　295、312

分析　312

工作　295

改进遗传算法　117、120

　　参数（表）　117

　　执行第 10 次分配结果（表）　120

改进蚁群算法　119，121～122

　　参数（表）　119

　　分配结果　121、122（表）

　　系统费用（图）　119

概论　1

高加速寿命试验　149

高温老化试验　137

隔离分系统　443

个体适应度计算　81

各阶段通用质量特性评审主要内容及时机
（表）　21

功能分析　295、298、320

　　步骤　320

功能故障率复合分配系数 P_1 和 P_2（表）
　　114

功能故障影响类型确定　330

功能规划　424

功能和结构划分　396、397

　　方法　398

　　原则　397

功能结构设计　206、209、210

　　特征表达　209、210（图）

　　要素　206

功能结构设计要素选型优化过程　202、204

　　部件选型　204

　　方案优化　202

功能结构特征定义（表）　207

功能缺陷导致的危险　448

功能危险分析　448～449、449（表）

　　方法与步骤　448

　　过程（图）　448

　　注意事项　450

功能系统分解（图）　326

工程案例　35、88、186、263、375、424、
　　456

工程估算法　306

工程寻解　82

工程研制阶段保障性分析工作　285

工作项目要求　38

共有信号　54、55、92

　　精确处理方法　55

　　修正算法　54

　　状态概率算法　54

　　组合 GO 运算及系统成功概率计算结果
（表）　92

故障报告、分析和纠正措施系统　25、40

故障分类　141

故障概率等级　65

故障隔离率预计　419

故障检测　64、396

　　方法分析　64

故障检测率预计　419

故障模式、影响及危害性分析　42、63、
　　299

故障模式　63、63（表）、65、66

　　分析　63

　　频数比　65

　　危害度与产品危害度　66

故障判别准则　377

　　与极限状态（耐久性损坏）判断准则
　　377

故障数据　65

故障树　42、95

　　分析　42

　　建立　95

故障率分配步骤　73

故障率复合分配　70、73、75

　　方法流程　75

　　问题求解　73

故障影响 64、66

    分析 64

    概率 66

故障与故障模式 63

故障原因分析 64

故障诊断需求分析表（表） 400、401

    各栏目填写内容说明（表） 402

关联矩阵表法 346

关系表结构及说明 291

管理任务 14

国内现状 7

国内虚拟维修训练技术研究现状 255

国外现状 6

国外虚拟维修训练技术研究现状 252

过程属性评估方法 228

H ~ J

含延缓纠正 141

核对表法 371

恒定高温 137

互反型标度（表） 71

环境应力筛选 45、135 ~ 137、139

    实施 139

    作用 135

灰色关联度法 368

灰色关联度模糊综合评估 245

灰色综合评估步骤 245

火工品安全性设计方法 455（表）

基本可靠性 28

基层级可更换单元 395

基础驾驶训练剖面的使用保障工作内容
（表） 323

机内测试 396

机械产品安全性设计方法 454、454（表）

机械液压类产品 151

机油管路及支架功能结构特征 271 ~ 276

    对单个维修性定量因素重要度评估 271

    对机油管路及支架维修性定性整体重要
度（表） 275

    对简化设计重要度柱形图（图） 275

    对可达性重要度柱形图（图） 274

    对维修拆卸时间重要度柱形图（图）
273

    对维修性定量因素重要度 272（表）、
273（表）

    对维修性定性因素重要度评估 273

    对维修性定性整体重要度柱形图（图）
276

    对准备工作时间重要度柱形图（图）
272

    对总维修时间重要度评估 273

    维修性定量、定性因素评估 271

机油箱各维修时间分解部分时间假设值
（表） 268

机油箱功能结构特征 264 ~ 271

    对单个维修性定量因素重要度评估
264

    对机油箱整体维修性重要度（表）
271

    对机油箱整体维修性重要度柱形图
（图） 271

    对维修拆卸时间重要度（表）
265、266

    对维修拆卸时间重要度柱形图（图）
265、267

    对维修时间分解重要度（表） 267

    对维修性定性整体重要度评估 269

    对维修性各定性因素重要度（表）
269

    对总维修时间重要度（表） 269

    对总维修时间重要度评估 267

    对总维修时间重要度柱形图（图）
269

    维修性定量、定性因素评估 264

与维修拆卸时间定量关系均值估计
（表） 266
与维修拆卸时间影响程度数据（表）
264、266
即时纠正 141
极限状态判断准则 378
计算机软件保障工作 359
计算机资源保障 359
计算隶属度 248
加速试验 147
基本条件 147
加速寿命试验模型 149
简化 LORA 决策树（图） 335
健康危险分析 446、447、447（表）
方法与步骤 446
过程（图） 447
健康危险类型（表） 448
交叉操作 81
接收或拒收判据 370
结构 RCMA 301
步骤 301
结构关联表达 208
结构及工作原理分析 67
系统工作原理分析 67
系统故障判据确定 67
系统结构分析 67
结构可靠性 184
结果分析 123、276
经济性 303、325、340
分析 303、340
影响 325
纠正方式 141
决策事件分析 341

K

可达可用度 27、380
可达性 223、228

评估准则 228
可更换单元 396
可靠度 182～184
点估计 182
区间估计 182
置信下限 183、184
可靠寿命置信下限 183
可靠性 5、33、39、41、44、45、67、
69、88、93、95、150、159、299
定性要求 33
分配、分析和评估关系（图） 69
关键产品 44
建模、分配与预计 41
建模与分析应用实例 88、93
框图绘制 67、95
能力发展需求 5
评估技术 159
评审 39
强化试验 150
维修分析 299
信息管理要求 41
研制试验 45
指标分配 69
可靠性、维修性指标权衡优化分配方法
76、85
流程 85
可靠性、维修性指标权衡优化分配问题 77～
80
描述数学模型 79
目标函数 78
求解 80
约束条件 77
可靠性工程师职责与义务 37
可靠性工作 35～38、45
计划制定 38
项目选择原则 45
要求 35

原则　36

　　组织机构和运行管理要求　36

可靠性摸底试验　153~156、186、188、

190

　　被试品数量及技术状态　153

　　冲击应力设计　159

　　电应力设计　154

　　湿度应力设计　156

　　试验方法及时间　153

　　试验环境与条件要求　154

　　试验剖面　154

　　试验剖面设计　156

　　试验性质及目的　153

　　试验要求　159

　　温度应力设计　156

　　详细实施步骤（表）　188

　　振动应力设计　154

可靠性设计　41、43、49

　　分析工作管理要点　41

　　技术与工程实践　49

　　准则　43

可靠性试验　45、133、134

　　分类（图）　134

　　工作管理要点　45

　　评估与工程实践　133

可靠性增长　142、143

　　管理　142

　　过程跟踪与控制　143

　　计划制定　142

　　模型　143

　　目标制定　142

可靠性增长试验　140

　　步骤　146

　　要求　140

可靠性专项组职责与义务　37

可靠性总师职责与义务　36

可行决策描述　340

可修件数量（表）　390

可修零部件　356、357

　　修复性维修备品备件数量计算模型

357

　　预防性维修备品备件数量计算模型

356

可验证性分析　314

空间可达　230

L ~ N

类比估算法　305

利用率法　349

利用相似系统法条件　351

立方体模型人因分析　230

隶属度归一化　249

联体泵马达系统工作原理分析　102

两参数威布尔分布　176

两参数指数分布　172

论证阶段保障性分析工作　284

逻辑决断　328、329（图）

履带车辆典型谱型（图）　156

履带车辆固紧货物窄带随机振动数据（表）

155

滤波组件改进（图）　193

滤波组件管脚对壳体短路　192、193（图）

美国军用车辆虚拟维修训练系统（图）

254

面向时空要素装甲车辆维修性评估指标体系

研究　219

敏感性因素分析　342

敏感应力分析　152

　　结果汇总（表）　152

模糊层次分配法　70

模糊层次分配的故障率分配　73

模糊层次分配和新、旧系统分配的故障率复

合分配　70、73、75、77

　　方法　70

方法流程（图）77

流程 75

问题求解 73

模糊判断矩阵构建 73

模糊数权重评估 71、72

模糊综合评估 245

模糊综合算法 245

模块定性分析和定量分析 68

模块分解 68

模型比较（表）145

模型元素表示方法（表）212

目标函数 79

目视检查 302

耐久性 44、378

　　分析 44

　　损坏判断准则 378

内部测试点 398

内嵌式计算机保障资源要求 359

能源 345

P ~ R

排队论法确定保障设备数量 354

判断是否满足停止准则 81、85

平均故障间隔里程 28

平均维修停车时间（表）387

平均修复时间 28

平均严重故障间隔里程 28

评估方法 368、372

　　步骤 372

评估工作 368

评估结论 373、374、392

评估指标体系 219、221

　　建立过程 221、221（图）

　　建立原则 219

评估指标体系特征 220

　　简约性 220

　　可运算性 220

同向性 220

系统性 220

相互独立性 220

评价系统 59

起动发动机检查 384

区 间 估 计 159、160、165、173、177、369

　　方法 369

区域检查 301、302

　　步骤 302

　　分析 301

权衡分析 313

权衡分析法 316

人素工程 224

人体维修姿势描述（表）231

人员数量确定 349

人员专业、技术等级确定 349

任务和威胁 310

任务后 BIT 408

任务可靠性 28

任务剖面 311

任务前 BIT 408

任务性影响 325

任务需求 310

任务中 BIT 408

软件 BIT 优点 408

软件保障要求 360

软件设计要求 359

S

三参数威布尔分布 179

三角模糊数 72

扫频正弦振动 138

筛选度 136

设计型单元相关参数（表）124

设计质量 198

生产质量管理主要任务 25

生产质量与售后服务质量管理 25

湿度应力设计 187

实体可达 228

实体可达性分析（图） 229

实验数据记录（表） 191

时间对强度影响（图） 148

时间分类 236

使用保障方案 319、383

    确定 319

    示例 383

使用可用度 379

使用寿命 29

使用研究 294、311

使用与保障危险分析 444～446、445（表）

    方法与步骤 444

    过程（图） 445

    注意事项 446

使用与维修工作分析 303

事故 430～433

    后果分类（表） 433

    严重性 432

事故风险 432

    评估 432

    评估方法 432

事故可能性 432、433

    分类（表） 433

事故率或事故概率 432

视觉可达 229

试验方案 366

试验记录 190

试验能力 9

试验剖面 152、187

    设计 187

    制定 152

试验照片（图） 192

手势交互 261

首次大修前工作时间 29

受油速度 27、381

寿命可靠性 183

寿命剖面 311

寿命周期费用分析 305

输出清单 66

输入数据 89

数据处理 58

数据单元定义 292

数据统计分析与评估 372

双侧置信区间和单侧置信下限（表） 370

算法参数设定 80、83

算法应用过程 247

算法在评估过程中的应用步骤（图） 247

算法执行 20 次设计单元维修率分配结果（图） 117

算法执行 20 次系统费用（图） 118

算法执行次数所对应设计单元故障率和维修率漂移次数（表） 120

随机生成初始种群 81

随机振动 137、139

    可以诱发故障模式 137

    试验参数 139

损失率或损失概率 432

T

梯形模糊数 72

通用安全性设计方法 451

通用产品安全性设计方法（表） 452

通用质量特性 1、3、12、13、19、26、30、31

    参数分类及适用阶段 30、30（表）

    参数设计分解层次 31

    参数体系 26

    工作计划 18

    计划分解 18

    技术 3

评审　19

　主要参数　26

　专项组职责　13

　组织管理机构　12、12（图）

通用质量特性管理　11~12、14~15

　工程实践　11

　阶段　14

　模式　14

　任务　14

　实施阶段及管理工作项目　15

　思想　14

W

外部测试点　397

外部测试设备　396

完全样本　183

危害矩阵（图）　66

危害性分析　65

危险　430、431、455

　闭环与风险管理　455

　预测（图）　431

危险源　431

威布尔分布单元可靠性评估　176

威布尔概率坐标纸　179

　结构（图）　179

维修安全性　223

维修保障方案　387

　权衡分析　387

维修保障体制　336

维修动作库和标准时间库建立　243

维修费用有关参数　225

维修工时　225

　参数　225

　项目及其所需资源　336

维修过程仿真　216

维修级别非经济性因素　336~338

　安全性　337

包装与储存　338

保密要求　337

保障设备　338

产品维修限制　337

人力与人员　338

任务成功性　337

维修方案　337

维修设施　338

战备完好性　337

装卸、运输和运输性　337

维修级别分析敏感性因素分析（表）　342

维修任务有关参数　225

维修时间　224、236

　参数　224

　分类（表）　236

维修性　205、206、210~212、222、223、226、227

　参数和环境要素表达　210、211（图）

　产品属性　222、226

　定量要素确定　205

　定性和定量影响　206

　过程属性　223、227

　和功能结构特征关联关系表达　211、212（图）

维修性－功能结构特征关联关系模型　205、208

　构建　208

维修性定量属性　224、227、243

　评估方法　243

维修性定性属性　222、227、236

　评估步骤　227

　评估方法　227

　评估准则　236

维修性定性要求　33、205

　确定　205

维修性评估　216、219

　指标体系建立方法研究　219

指标体系研究　219

综合评估算法　244

维修性设计　195、197～198、205

评估技术与工程实践　195

技术　197

内涵　197

要素　205

维修性主动设计　200、202、203（图）

技术　200

流程　200、202、203（图）

维修训练　250、262

数据与设计数据集成技术研究　262

温度冲击　138

温度循环　137、138

可诱发故障模式　137

温度应力设计　187

问题和差距　8

无源测试点　398

X

系统安全性工程　455

目标　455

系统测试性　416、425

接口需求分析　425

预计　416

系统测试性描述表　417

各栏填写内容说明（表）　418

系统测试性预计工作表　418

各栏填写内容说明（表）　418

系统成功准则　57、103

定义　57

确定　103

系统定义　61

系统分析　56、75、85

数据收集　75

系统工作原理分析　93、100

系统故障　94、426、427

判据确定　94

诊断需求分析　426、427（表）

系统故障率复合分配　76

系统级—功能级故障率复合分配问题（图）　86

系统级 BIT 设计　404

内容　404

系统级 BIT 设计流程　404、405（图）

系统功能设计　405

系统工作模式设计　405

系统结构布局设计　406

系统信息处理设计　406

系统级功能结构特征与维修性要素关系矩阵（表）　215

系统级维修性设计要素　206

系统监控需求分析　426、426（表）

系统接口关系与输入、输出边界条件分析　103

系统结构分析　93

系统内部结构关联（图）　209

系统特殊状态定义　56

系统特性确定　103

系统危险分析　442

系统与设备 RCMA　300

步骤　300

现役装备保障性方面存在的不足　310

相似系统法　351

相似装备法　316

项目管理部门职责　38

新、旧系统分配故障率分配　74

新、旧系统故障率变化量分配方法　74

新、旧型号综合传动装置电液控制系统可靠性指标确定　104

信号流　51

信息素地图更新　84

行动部分检查　384

行动系统维修性定属性评估准则（表）　239

性能可靠性 182

性能试验 364

　　保障性试验与评估 364

修复性维修 333、356、385

　　保障方案示例 385

　　备品备件需求确定 356

修理级别分析 302

虚警 396

虚警率 29、395

虚拟维修 215、216、250～252

　　系统方案（图） 215

　　训练技术 250

　　训练技术研究现状 252

　　训练系统组成（图） 251

虚拟维修训练关键技术 259

　　概况与趋势 259

虚拟维修训练技术发展趋势 262

　　多学科协同 263

　　全面仿真 262

　　系统性深入研究 263

　　增强现实的虚拟维修训练 263

　　真实感 262

　　知识产权自主化 263

虚拟维修训练平台 251（图）、252
（图）、258

　　应用表（表） 258

虚拟现实环境下装甲车辆维修性评估过程总
　　结 216

虚拟现实维修性评价 215、216

　　流程 216

虚拟现实虚拟维修仿真及维修性评估流程
（图） 217

虚拟与半实物仿真维修训练评估技术研究
259

选择操作 81

选择与控制元器件、零部件和原材料 43

选择与设置的测试点特性和功用 398

循环次数与温变率对应关系（表） 151

训练保障 359

Y

严酷度 65

延缓纠正 141

延误时间参数 382

研制保证等级表（表） 449

研制单位可靠性职责 38

研制阶段可靠性工作项目 45、46

　　适用分析 46

　　选择 45

研制阶段通用质量特性管理 15、16

　　工作项目 16

　　实施流程 15

研制模式 8

研制试验条件支撑 9

液压变速供油系统 93～99

　　部件单独失效率（表） 98

　　部件共因失效率（表） 98

　　动态故障树（图） 96

　　分析 93

　　故障树（图） 95、96

　　结构（图） 94

　　可靠性框图（图） 95

　　失效概率变化曲线（图） 99

　　失效概率相对误差（图） 99

　　工作原理分析 102

液压供油系统 88、92、100

　　GO图（图） 89

　　定性分析 92

　　分析 88

　　各部件操作符可靠性参数（表） 90

　　工作原理分析 100

　　结构（图） 88

液压供油系统GO法 91、92

　　定量运算 91

定性分析结果（表）　92

遗传算法改进　80、82

流程（图）　82

蚁群路径地图（图）　83

改进蚁群算法流程　82、85（图）

蚁群游走　84

因素评价基本思想　343

应力的均值和标准差已知而强度均值和标准
差未知情况　185

应力和强度　147、147（图）、184

均值和标准差均未知情况　184

应力设计　186

应力施加示意（图）　157、158、188

应力试验准则（图）　148

应力寿命试验　148

硬件 BIT 优点　409

优化模型构建　80、82

油料　345

有限元分析　44

有源测试点　398

与保障性有关的设计要求　308

语言交互　261

预防性和修复性维修备品备件需求确定示例
389

预防性维修保障方案　324、385

示例　385

一般步骤确定　324

预防性维修备品备件　355、356

品种确定　355

数量确定　356

需求确定　355

预防性维修工作　327～328、330～333

间隔期确定　333

所处维修级别建议　333

预防性维修工作类型　327～332

确定　327

适用性和有效性　331

选择　330

有效性和适用性准则（表）　332

约束判断和目标函数求解　84

运动交互　261

运输方式　362

运输要求　362

Z

在役考核　365

保障性试验与评估　365

载荷分类　235、236（表）

暂定答案　332

增强现实的虚拟维修人机交互技术研究　260

战备完好性　345

权衡分析　345

振动时机选择（表）　156

振动应力设计　187

整体规划　424

正态分布单元可靠性评估　182

执行算法　81

指数分布单元可靠性评估　161

指数互补型标度（表）　71

中继级可更换单元　396

中修时机　385

重要功能产品　324～327

层次　326

确定　324、325

确定过程　325

提问（表）　326

与非重要功能产品性质　327

主离合器　389

进行 FMECA 结果（表）　389

进行 RCMA 结果（表）　389

主战坦克　375～378、382、386

保障性定性要求　382

发动机修复性维修保障方案示例（表）
386

进攻作战任务剖面（战斗阶段）示意（图） 376

　寿命剖面（图） 375

　预防性维修间隔期要求示意（图） 378

　主要保障性参数 378、378（表）

专家估算法 352

专家评判 76、111

专用安全性设计方法 451

装备安全性分析及风险评估 435

装备保障方案 295、296、317、343

　权衡优化 343

　确定 296

　确定与优化 317

　总体确定流程（图） 296

装备保障能力 280

装备保障人力人员需求确定 349

装备保障设备品种确定原则 353

装备保障性分析 283、286、290、293、298、347

　标准 286

　工作内容 283

　记录 290

　流程 293

　主要技术 298

装备保障性分析特点 283、284

　反复迭代性 283

　同步衔接性 283

　系统综合性 284

装备保障性要求 307、310

　分类 307

　过程确定 310

　论证 307

　确定主要方法 315

　确定的主要过程（图） 307

装备保障资源 297、347

　定义 347

需求分析 347

需求工作 297

装备部署与使用信息 336

装备初步设计方案 311

装备初始保障方案 311

装备服役后总日历时间分配（图） 346

装备功能与使用保障工作 319、320

　对应关系（图） 320

　关联 319

装备故障产生泊松流确定 354

装备结构及层次划分 336

装备任务剖面和任务阶段确定 320

装备软件、硬件和保障系统标准化工作 294

装备生产 25

装备实战适用性要求 5

装备使用 9、310、321

　保障工作类型确定 321

　方案 310

　影响 9

装备试验鉴定 364

　保障性试验与评估工作 364

装备寿命周期 284、305、348、436

　费用 305

　各阶段安全性分析工作流程（图） 436

　各阶段保障性分析工作 284

　各阶段保障资源需求确定工作 348

　各阶段主要保障性分析工作（图） 284

装备寿命周期各阶段安全性分析 435~436

　方案设计阶段 437

　工程研制阶段 437

　论证阶段 437

　生产阶段 437

　使用阶段 437

　退役阶段 437

装备所需的保障资源需求确定 347

装备维修保障 323

装备维修设备平均服务率确定　354

装备系统保障性　281

装备性能试验　364

装备修复性维修保障　333、354

　　方案确定　333

　　设备数量确定　354

装备研发模式和发展机制转变　5

装备预防性维修保障方案确定　323

装备作战试验　364

装甲产品可靠性能力需求　5

装甲车辆　56、61、201、221、306、409

　　BIT 技术分类（表）　409

　　FMECA 技术应用在产品设计中的步骤
　　61

　　GO 法分析流程（图）　56

　　费用分解结构示例（图）　306

　　功能结构设计流程（图）　201

　　维修性影响因素分析　221

装甲车辆可靠性优化分配技术　69、100

　　工程案例　100

装甲车辆维修性评估　216、218、227

　　方法　216、227

　　总结　216

　　总体思路（图）　218

装甲车辆维修性评估指标体系　225、226
（图）、248

　　结构层次（图）　248

　　研究　219

装甲车辆维修性设计　199、200

　　分析与验证过程（图）　200

　　工作存在的问题　199

　　国内外现状　199

　　与功能结构设计流程　200

装甲车辆系统　50、57

　　分析规则　56

　　建立 GO 图原则　57

装甲主装备使用保障工作类型　322

车辆自救　322

出车前检查　322

储存与保管　322

等级转换时的准备工作　322

封存与启封　323

回场后保养　322

特殊任务　322

训练间隙检查　322

运输保障　323

装甲装备　4、16、46、321、358

　　技术资料基本要求　358

　　任务剖面及状态（图）　321

　　型号研制各阶段可靠性工作项目矩阵
　　（表）　46

　　样车通用质量特性管理实施流程（图）
　　16

装甲装备保障　280、383、388

　　方案确定与优化工程案例　383

　　存在问题　280

　　问题分析　280

　　资源需求确定工程案例　388

装甲装备保障性　281、375、391

　　含义　281

　　试验与评估工程案例　391

　　要求论证工程案例　375

装甲装备使用方案　375

　　任务剖面　376

　　寿命剖面　375

装甲装备通用质量特性　4、16、19、20、
26、32、33

　　常用参数设计分解层次（表）　32

　　常用参数体系（图）　26

　　定性要求　33

　　发展需求分析　4

　　工作计划分解流程（图）　20

　　工作计划制定流程（图）　19

　　管理工作项目应用矩阵（表）　16

装甲装备维修手册 374

　　适用性评估 374

　　数据（表） 374

装箱 361

装卸要求 361

追踪技术 261

准则层 B 相对于目标层 A 的模糊判断矩阵

　（表） 112

姿势分类 231

姿势疲劳度 233、234

　　等级（表） 233

　　分类（表） 234

自动测试设备 396

综合传动装置电液控制系统 100、101、

　104、109、111、120

GO 图模型（图） 109

　　单元和逻辑关系操作符（表） 104

　　分配结果 120

　　分析 100

　　功能故障率分配层次结构（图） 104

　　功能故障率求解 111

　　功能框图（图） 100

　　功能影响因素确定 104

　　结构（图） 101

总费用估算模型 341

最小割集可靠性框图（图） 96

最终得分值计算 250

作战试验 364

　　保障性试验与评估 364

作战需求导出法 315